28개의 카테고리로 알아 보는

한국의 조경수

이광만 · 소경자 지음

 나무와문화 연구소

28개의 카테고리로 알아 보는

한국의 조경수 ❶

발행일 · 2017년 6월 30일 1쇄 인쇄
지은이 · 이광만, 소경자
발 행 · 이광만
출 판 · 나무와문화 연구소

등 록 · 제2010-000034호
카 페 · cafe.naver.com/namuro
e-mail · visiongm@naver.com
ISBN · 978-89-965666-8-7 16480
      · 978-89-965666-6-3 (세트) 16480

정 가 · 30,000원

국립중앙도서관 출판시도서목록(CIP)

한국의 조경수. 1 / 지은이 : 이광만, 소경자. ─ [대구] :
나무와문화 연구소, 2017
      p. ;   cm

ISBN 978-89-965666-8-7 16480 : ₩30000
ISBN 978-89-965666-6-3 (세트) 16480

조경 수목[造景樹木]
나무(식물)[木]

485.16-KDC6
582.16-DDC23   CIP2017015385

머|리|말

원고를 끝내고 조경에 입문 후의 지난 10여 년의 시간을 돌이켜보았습니다. '무식하면 용감하다'는 말이 있듯이, 처음에는 그야 말로 아무 것도 모르고 그저 자연이 좋아서 나무가 좋아서, 나무를 키워보겠다고 덤벼들었습니다. 여러 번의 실패와 좌절을 맛보아야 했으며, 왜 이런 무모한 시작을 했는지 후회를 하기도 했습니다. 그러나 자연은 결코 인간을 속이지 않을 거라는 믿음 하나로 이 일에 매진하였습니다. 지금도 그 믿음에는 변함이 없습니다. 《한국의 조경수》는 〈나무와 문화 연구소〉를 출범하고, 죽기 전에 나무 관련 책 20권을 쓰자고 약속을 하고 나서 출간하는 네 번째 책입니다. 2년 동안 거의 매일 나무사진 촬영과 자료수집, 집필에 전력하였습니다.

이 책은 우리나라에서 자주 볼 수 있는 251종의 조경수를 나무의 생태, 조경적 가치와 기능에 따라 28개의 카테고리로 분류하였습니다. 그리고 각 수종마다 나뭇잎, 열매, 겨울눈, 수피, 뿌리 등의 사진을 실어 나무에 대한 이해를 높였습니다. 또 '조경수 이야기', '조경 포인트', '재배 포인트', '병충해 포인트', '전정 포인트', '번식 포인트' 등의 항목을 두어 누구나 쉽게 조경수를 즐기고 재배할 수 있게 하였습니다. 특히 '조경수 이야기'에서는 조경수가 단순한 나무가 아니라, 오랜 역사와 문화를 가진 문화재라는 측면에서 재미있는 이야기로 풀어나갔습니다. 나무가 혹은 조경수가 생물학적 측면에서뿐 아니라 이처럼 재미있는 이야기로도 접근이 가능하다는 것을 보여주기 위해서 노력하였습니다. '조경 포인트'는 조경수의 조경적 측면에서 관상 포인트와 활용 가치에 대해 기술하였습니다. '재배 포인트', '병충해 포인트', '전정 포인트', '번식 포인트'는 조경수를 재배하는데 있어서 실질적인 도움이 될 수 있는 내용으로 구성하였습니다. 전문일러스트가 그린 많은 그림을 삽입하여 그림만으로도 쉽게 이해할 수 있도록 기획하였습니다.

이 책이 나오기까지 많은 분들의 도움이 있었음을 밝혀둡니다. 귀중한 나무 사진을 기꺼이 제공해주신 아로 이양노님, 수목의 병충해에 관해 조언과 관련 사진을 제공해주신 진흥녹화센터의 최윤호님, 나무열매를 먹는 조류의 사진을 제공해주신 대곡 정덕채 선생님께 깊은 감사를 드립니다. 그 외에도 흔쾌하게 자료와 사진을 제공해주신 많은 분들의 충심어린 도움과 조언이 없었다면, 오늘 감히 여기까지 오지 못했을 겁니다.

각고의 노력을 기울였다고 생각하지만 미흡한 점도 많이 발견되리라 여겨집니다. 그러나 오늘은 여기에서 마무리하겠습니다. 그리고 '더 좋은 것'은 내일을 위해 남겨두겠습니다.

2017년 6월 **이광만 · 소경자**

아이콘 설명

① 수형

아이콘	수형	아이콘	수형
	원추형		배상형
	우산형		부정형
	달걀형		주립형
	타원형		포복형
	수양형		덩굴형
	구형		

② 잎

아이콘	잎 모양	아이콘	나는 방법
	둥근잎 톱니		어긋나기
	둥근잎 전연		마주나기
	갈래잎		돌려나기
	손모양 겹잎		모여나기
	깃모양 겹잎		
	바늘잎		
	비늘잎		

③ 꽃

아이콘	꽃 모양	아이콘	붙는 방법
	꽃잎이 여러 장인 꽃		가지 끝에 하나의 꽃이 피는 것
	깔때기 모양의 꽃		꽃줄기에 여러 개의 꽃이 피는 것
	종 모양의 꽃		꽃자루 끝에 꽃이 모여서 피는 것
	나비 모양의 꽃		작은꽃이 아래로 드리워 피는 것
	긴 통 모양의 꽃		기타
	꽃잎이 없는 꽃		
	기타		

④ 열매

아이콘	열매 모양	아이콘	열매 모양
	구형 또는 타원형이며, 익어도 벌어지지 않는 열매		익으면 열매껍질의 3곳 이상이 갈라지는 열매
	작은 열매가 여러 개 모여 있는 열매		침엽수에서 보이는 솔방울 모양의 열매
	콩과 식물 특유의 콩꼬투리 모양의 열매		참나무과 나무에서 보이는 도토리 모양의 열매
	주머니 모양이며, 열매껍질의 1곳이 갈라지는 것		기타
	단풍나무에서 흔하게 보이는 새 날개 모양의 열매		

⑤ 수피

아이콘	수피의 모양	아이콘	수피의 모양
	평활		껍질눈
	그물망		얼룩무늬
	세로줄		길게 벗겨짐
	갈라짐		기타

⑥ 겨울눈

아이콘	성상-겨울눈	아이콘	성상-겨울눈
	낙엽수-비늘눈		상록수-비늘눈
	낙엽수-맨눈		상록수-맨눈
	낙엽수-숨은눈		상록수-숨은눈

⑦ 뿌리

아이콘	뿌리의 형태
	심근형
	중근형
	천근형

⑩ 병충해 아이콘

아이콘	병해충의 종류	아이콘	병해충의 종류
	식엽성		선충
	흡즙성		곰팡이
	천공성		세균
	충영성		바이러스
	종실해충		

⑧ 조경 포인트

아이콘	주요 용도	아이콘	주요 용도
	정원수		녹화수
	공원수		가로수
	과수		방풍수
	산울타리		방화수

⑪ 전정 포인트

아이콘	전정의 형태	아이콘	전정의 형태
	전년지에서 개화하는 낙엽교목류 -개화 후 그리고 겨울에 가지치기를 한다.		포기형 관목류 -개화 후 가지치기를 한다.
	당년지에서 개화하는 낙엽교목류 -겨울에 가지치기를 한다.		둥근형 관목류 -개화 후 수관깎기를 한다.
	상록교목류 -개화 후 수관깎기를 한다.		덩굴성 식물

⑨ 재배 포인트

아이콘	설명	
	광 요구도	양수
		중용수
		음수
	내 한 성	강
		중
		약
	수 분 요구도	건조
		적윤
		습윤

⑫ 번식 포인트

아이콘	번식의 종류	아이콘	번식의 종류
	실생		분주
	삽목		휘묻이
	접목		높이떼기

조경수 이름　　과명/속명　　성상/수고　　분포　　　　　　수형

조경수 분류

QR코드

11-3
녹음수

벽오동

· 벽오동과 벽오동속
· 낙엽활엽교목　· 수고 15m
· 중국 원산, 대만, 일본(오키나와); 전국에 식재

학명

영명/일명/중명

학명 *Firmiana simplex* 속명은 18세기 오스트리아제국 이탈리아 롬비디의 총독이고, 파우다 대학교 식물원의 후원자이었던 Karl von Firmian의 이름에서 비롯되었다. 종명은 '단일한'이라는 뜻으로 홑잎을 뜻한다. ┃영명 Chinese parasol tree ┃일명 アオギリ(青桐) ┃중명 梧桐樹(오동수)

| 잎

어긋나기
길래잎이며,
밑부분이
3~5갈래로
길라진다.
오동나무 잎과
비슷하다.

10%

잎 사진

나무 사진

| 꽃

암꽃　　　　수꽃

암수한그루. 가지 끝에 대형 원추꽃차례에 노란색 꽃이 모여 핀다.

꽃 사진

| 열매

삭과.
열매는
종자가 익기
전에 벌어진다.
종자는
완두콩 모양이고
식용이 가능하다.

| 겨울눈

끝눈은
반구형이며,
10~16개의
눈비늘조각에
싸여있다.

열매 사진

겨울눈 사진

수피 사진

| 수피

유목　　　　성목

유목은 청록색이고 매우 매끈하다.
성장함에 따라 회백색이 되고
세로줄이 생긴다.

| 뿌리

중근형. 중ㆍ대경의 수하근과
사출근이 발달한다.

뿌리 사진

조경수 이야기

조경수 이야기

일본목련의 일본 이름은 호오노키朴ノ木이며, 나무껍질이 두터워서 꼬우보쿠厚朴라고도 부른다. 우리나라에서는 일본목련을 후박厚朴나무라고 잘못 부르는 경우가 많은데, 이는 1920년경 이 나무가 처음 도입될 당시 수입업자들이 후박厚朴이라는 일본목련의 일본 이름을 그대로 번역해서 수입하였기 때문이다. 우리나라에는 녹나무과의 상록교목인 후박나무 *Machilus thunbergii* 가 따로 있기 때문에, 이 나무는 반드시 일본목련 *Magnolia obovata* 이라 불러야 한다. 우리나라의 후박나무를 일본에서는 타부노키椨ノ木라고 부른다.

일본목련은 다른 종류의 목련에 비해 키가 크고 잎도 크다. 5월경 잎이 나온 다음에 가지 끝에 큰 꽃이 피는데, 백목련만큼 수가 많지는 않지만 향기가 진하다. 가운데 붉은 색의 큰 수술대가 우뚝 솟아 흰색의 꽃잎과는 대조를 이룬다. 이처럼 다른 목련에 비해 관상가치가 떨어지지 않음에도 불구하고, 우리나라에서 많이 심지 않는 이유는 이름 앞에 일본이라는 단어가 붙어 있기 때문인 것으로 여겨진다.

일반 목련류와 달리 잎이 먼저 나오고, 가지 끝에 꽃이 1개씩 듬성듬성 달린다. 꽃의 크기는 지름이 15cm 정도로 어린아이 머리만큼 큼지막하다. 꽃은 노란색이 많이 섞인 유백색이며, 향기가 강해서 황목련 또는 향목련이라는 이름으로도 불린다.

조경 Point

조경 포인트

다른 목련 종류와는 달리 커다란 잎이 나온 후에 연한 노랑 빛을 띠는 향기가 강한 꽃을 피운다. 수간이 곧게 자라고, 돌아가면서 가지가 뻗어 단정한 수형을 보여준다. 자연수형으로 키우면 주택의 정원, 공원, 가로수 등으로 활용하기에 좋다. 새싹이 나올 때의 가지는 꽃꽂이의 재료로도 인기가 있다.

재배 Point

재배 포인트

다습하지만 배수가 잘 되며, 부식질이 풍부한 산성~중성토양이 좋다. 햇빛이 잘 비치는 곳이나 반음지에 식재한다. 내한성은 강한 편이며, 강풍으로부터 보호해준다.

병충해 Point

병충해 포인트

병해충으로는 잿빛곰팡이병, 흰가루병, 가문비왕나무좀 등이 알려져 있다. 가문비왕나무좀은 침엽수와 활엽수를 광범위하게 가해한다. 목질부로 침입하여 갱도 내에 암브로시아균을 배양하기 때문에 수세가 현저하게 쇠약해져서 수목이 고사하는 경우도 있다. 화학적 방제로 벌레똥을 배출하는 침입공에 페니트로티온 (스미치온) 유제 50~100배액을 주입하여 성충을 죽인다. 피해목 안에 있는 성충은 4월 이전에 제거하여 소각하거나 땅에 묻는다.

전정 Point

전정 포인트

맹아력이 강하여 강전정에도 잘 견디지만, 정원에 식재한 경우에는 보통 자연수형으로 키운다. 2월 하순~3월에 정원의 크기에 따라 적당한 높이에서 잘라주어 수고를 제한하고, 길게 자란 도장지 정도만 잘라서 수형을 정리한다.

번식 Point

번식 포인트

가을에 잘 익은 열매를 채취하여 종자를 둘러싼 과육을 제거하고 바로 파종하거나 습기가 있는 모래 속에 노천매장해두었다가, 다음해 봄에 파종한다.

28개의 카테고리로 알아 보는
한국의 조경수 ❶

28개의 카테고리로 알아 보는
한국의 조경수 ❷

01
PART

28개의 카테고리로 알아 보는

한국의 조경수

개나리

- 물푸레나무과 개나리속
- 낙엽활엽관목 · 수고 2~3m
- 한반도 고유종; 전국에 관상수로 식재

학명 *Forsythia koreana* 속명은 스코틀랜드의 원예가(왕립정원의 관리자 역임) William A. Forsyth를 기념한 것이며, 종소명은 한국이 원산지인 것을 나타낸다.
영명 Korean golden-bell | 일명 チョウセンレンギョウ(朝鮮連翹) | 중명 朝鮮連翹(조선연교)

| 잎

마주나며, 피침형이다.
가장자리는 1/3 이상의
상반부에 날카로운 톱니가 있다.

100%

| 꽃

장주화   단주화

암수딴그루. 암술이 수술보다 긴 장주화(암꽃 역할)와 암술이 수술보다 짧은 단주화(수꽃
역할)가 있다. 잎이 나기 전에 잎겨드랑이에 노란색 꽃이 모여 핀다.

| 뿌리

| 열매

삭과. 달걀형이며 갈색으로 익는
다. 종자는 긴 타원형이고 가장자
리에 날개가 있다.

천근형. 노끈 모양의 수평근이 발달한다.

| 겨울눈

긴 타원형이고 끝이 뾰족하며,
12~16장의 눈비늘조각에 싸여있다.

백합과의 참나리와 비슷하게 생겼지만 아름답기로는 이에 미치지 못한다 하여 이름 앞에 '개'자를 붙인 것으로 보인다. 개나리 쪽에서는 서운한 이름이지만, 무리로 피어 있는 개나리를 보면 홀로 핀 참나리보다 훨씬 낫다는 생각이 든다. 북한에서는 식물이름 앞에 '개'라는 접두어를 쓰지 않는데, 개나리만은 그대로 쓰고 있다고 한다. 중국과 일본에서는 개나리를 연교連翹라고 한다. 씨앗을 쪼개면 하나하나의 모양이 깃털翹과 비슷하기 때문이다. 그러나 우리나라에서 연교라 하면 개나리의 열매를 가리킨다. 연교는 열을 내리고 해독작용을 하며, 종기나 상처가 부은 것을 삭이거나 뭉친 것을 풀어주는 효능을 가진 한약재로 쓰인다.

이른 봄, 잎이 나오기 전에 노란 꽃을 피우는 꽃나무로는 개나리·생강나무·산수유나무·히어리 등이 있는데, 그 중에서 개나리가 추위에 특히 강하며, 주위에서 가장 흔하게 볼 수 있는 봄꽃의 대표주자라 할 수 있다. 길옆으로 길게 무리지어 피어있는 개나리를 빼고는 봄을 상상할 수가 없을 정도이다.

개나리 하면 생각나는 월남 이상재 선생의 일화가 있다.

▲ **임실 덕천리 산개나리군락**
산개나리가 자랄 수 있는 남쪽한계선으로 학술적 가치가 높다.
천연기념물 제388호.
ⓒ 문화재청

어느 날 선생이 강연하는데 일본 순사랑 형사들이 뒤에 들어와 감시하니까 뒷산을 보면서 "때아닌 개나리꽃이 왜 이리도 많이 피었을까?" 하면서 짐짓 딴청을 피웠다. 일반 청중들은 이내 그 말의 뜻을 알아차리고 강당이 떠나갈 듯이 폭소를 터뜨렸다. 당시에 형사는 '개'라 낮춰 부르고 순경들은 '나리'라 불렀으므로, 이상재 선생이 개나리꽃이라 한 것은 청중들 사이에 몰래 끼어 있던 일본 형사들을 조롱하는 말이었던 것이다.

조경 Point

우리나라 어디에서나 가장 흔하게 볼 수 있는 봄을 대표하는 꽃나무로 3월에 잎보다 먼저 노란색 꽃을 피운다. 맹아력이 매우 강해서 땅에서부터 여러 개의 가지가 나와 빨리 자라므로 적당한 높이에서 잘라서 산울타리로 활용하거나, 차폐식재, 경계식재 등으로 활용할 수 있다. 넓은 정원인 경우는 잔디밭에 심거나, 산책로에 군식 또는 열식하면 이른 봄에 따뜻한 정취를 느낄 수 있다. 경사면이나 절개지에 지면피복용으로도 심는다. 근래에 공원, 학교, 철로변, 아파트단지 등 식재범위가 점차 늘어나고 있다.

재배 Point

습기가 있지만 배수가 잘 되며, 적당히 비옥한 토양에 심는다. 척박지에 잘 견디며, 토양산도 Ph5 정도이다. 내한성이 강하며, 햇빛이 잘 비치는 곳이나 나뭇잎 사이로 간접햇빛이 비치는 정도의 그늘진 곳에 식재하면 좋다.

나무				개화	└새순	꽃눈 분화						
월	1	2	3	4	5	6	7	8	9	10	11	12
전정	전정				꽃후							전정
비료	한비				시비							한비

개나리의 대표적인 해충으로는 잎만 먹어치우는 개나리잎벌이 있다. 애벌레가 4월 하순~5월 중순에 무리지어 잎을 갉아 먹는데, 피해가 심하면 잎을 다 먹어치워서 가지만 남는다. 애벌레의 발생초기인 4월 하순에 에토펜프록스(크로캅) 수화제 1,000배액 또는 카탑하이드로클로라이드(파단) 수용제 1,000배액을 10일 간격으로 2~3회 살포하여 방제한다. 선녀벌레는 성충과 애벌레가 잎이나 가지의 수액을 빨아 먹고, 애벌레가 흰 솜과 같은 물질을 분비하므로 기생 부위가 하얗게 보인다.

개나리가지마름병은 6월경에 가지에 흑갈색의 반점이 생기고, 진전됨에 따라 상층부의 잎은 낙엽이 지고 가지는 고사하는 병이다. 만코제브(다이센M-45) 수화제 500배액, 터부코나졸(호리쿠어) 유제 2,000배액을 교대로 2~3회 살포하여 방제한다.

▲ 선녀벌레 피해가지

2~3월이 숙지삽, 6~8월이 녹지삽의 적기이다. 숙지삽은 충실한 전년지를, 녹지삽은 충실한 햇가지를 사용하며 굵은 가지일지라도 발근이 잘 된다. 삽수는 15~20cm 길이로 자르고 아래쪽의 잎은 제거한다. 삽수에 충분히 물을 올려서 강모래, 진흙, 펄라이트, 버미큘라이트 등을 넣은 삽토상에 꽂는다. 물삽목도 가능하다. 개나리는 수형이 주립상을 이루기 때문에 뿌리가 붙은 가지를 떼어내어 따로 심는 분주번식이 용이하다. 또 가지가 지면과 닿으면 발근하므로, 이것으로 취목(성토법) 번식도 가능하다. 분주와 취목은 2~3월이 적기이다.

주립상이므로 분주번식이 용이하다.

◀ 분주 번식

넓은 정원이나 장소에 식재했다면 전정이 필요하지 않다. 가지의 폭을 제한하고자 할 경우에는 꽃이 진 후에 원하는 곳의 잎눈을 남기고 잘라준다. 다시 제한하고자 할 때는 10~11월에 한 번 더 가지의 끝을 잘라준다. 약하게 전정할수록 가지가 뻗어 나가는 세력이 커지고 꽃도 많이 피며, 강하게 전정할수록 가지가 뻗어나가는 세력이 작아지고 꽃도 적게 핀다.

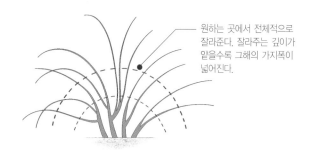

원하는 곳에서 전체적으로 잘라준다. 잘라주는 깊이가 얕을수록 그해의 가지폭이 넓어진다.

▲ 꽃이 진 후의 전정

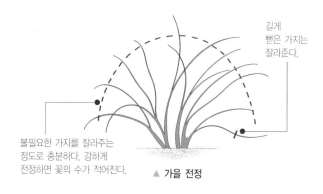

길게 뻗은 가지는 잘라준다.

불필요한 가지를 잘라주는 정도로 충분하다. 강하게 전정하면 꽃의 수가 적어진다.

▲ 가을 전정

꽃산딸나무

• 층층나무과 층층나무속
• 낙엽활엽소교목 • 수고 5~10m
• 북아메리카 원산; 전국에 식재

 학명 *Cornus florida* 속명은 라틴어 corn(뿔)에서 온 말로 나무의 재질이 단단한 것에서 유래된 것이며, 종소명은 '꽃이 많이 피는' 이라는 의미이다.
영명 Flowering dogwood │ 일명 ハナミズキ(花水木) │ 중명 大花四照花(대화사조화)

꽃

꽃과 포

꽃

꽃봉오리

양성화. 흰색 또는 연분홍색의 꽃잎처럼 보이는 것은 총포이며, 그 가운데 황록색의 작은 꽃이 모여 핀다.

열매

핵과. 긴 타원형이며, 9~10월에 붉은색으로 익는다.

잎

마주나기. 달걀형 또는 타원형이며,
가장자리는 밋밋하다.
가을 단풍이 아름답다.

35%

겨울눈

꽃눈은 밑이 편평한
구형이다. 잎눈은
가늘고 길며,
끝이 뾰족하다.

수피

회갈색을 띠며,
성장함에 따라
가늘고 작은조각으로
갈라져서 벗겨진다.

예수의 십자가를 꽃산딸나무로 만들었다고 한다. 그래서 두 번 다시 십자가가 되지 않겠다고 줄기가 가늘어지고, 십자가처럼 생긴 4장의 포苞 끝부분에 예수의 손발에서 흘러내린 피를 나타내는 붉은 흔적이 남아있다는 이야기가 돌았다. 이런 이유로 한동안 교회에서는 이 나무를 많이 심었지만, 근거가 없는 이야기라 하여 그 열풍은 사라졌다.

하지만 지금도 어느 수목원의 꽃산딸나무를 소개하는 안내판에는 다음과 같은 내용이 적혀있다. "예수가 못 박힌 십자가의 나무로 선택되어 매우 고통스러워했던 나무이다. 예수가 이를 갸륵히 여겨 "너의 꽃잎은 십자가 모양을 하되 가운데는 가시관 형상을 하며, 꽃잎의 끝에는 못이 박힌 핏자국을 지니게 될 것이다"라고 하여 기독교에서는 매우 신성시 여기고 있다. 꽃잎의 끝을 살펴보면 못 자국과 붉은색의 핏자국 형태를 볼 수 있다."

포의 끝부분이 붉은 빛을 띠며 가운데 부분이 움푹 들어가 있어서, 기독교신자들이 듣기에는 그럴싸한 설명이다. 그러나 꽃산딸나무는 북미 동부, 멕시코 동북부가 원산지이며, 예수가 살던 지방에는 이 나무가 없었으므로 십자가를 만든 나무로 쓰였을 리는 만무하다.

영어 이름은 도그우드Dogwood인데, 이는 나무껍질이나 잎을 달인 물이 개에게 생긴 옴을 치료하는데 효과가 있다고 하여 붙여진 이름이다. 일본 이름은 '꽃이 아름다운 층층나무' 라는 뜻의 하나미즈키花水木 혹은 미국산딸나무라고 한다. 일본에서는 1912년 도쿄 시장이 일본의 상징인 벚나무를 미국 워싱턴시에 가로수로 기증하고 미국으로부터 답례로 받은 꽃나무라 하여, 미국과 일본의 외교를 돈독하게 해준 나무로 알려져 있다. 꽃말은 '내 마음을 받아 주세요', '공평하게 한다', '답례', '화려한 사랑' 등인데, 이 중에서 '답례' 는 미국에서 답례로 받았다는 것에서 유래한 것이다.

조경 Point

미국에서는 미시시피 주의 주화로 지정될 정도로 널리 사랑을 받는 조경수이다. 공원녹지나 주택의 정원 등에 녹음수를 겸한 첨경수로 심으면 꽃과 그늘을 함께 즐길 수 있다. 꽃이 위를 향해 피기 때문에 정원에 심을 때는 위에서 보거나, 아니면 조금 떨어져서 볼 수 있도록 심으면 좋다. 한 그루만 심을 때는 붉은색 꽃이 아름답게 보이지만, 섞어 심을 때는 흰색과 붉은 색을 2:1 정도의 비율로 심으면 흰색 꽃의 선명함이 돋보인다. 가지가 옆으로 번지는 성질이 있어서 다소 넓은 공간에 심는 것이 좋다. 꽃뿐 아니라 단풍과 열매도 관상가치가 있다.

재배 Point

부식질이 풍부하고 배수가 잘되는 비옥한 토양에 심으면 좋다. 양지 또는 반음지에 식재하면 잘 자란다. 토양산도 pH 4.8~7.7 이므로 알카리성 토양은 피한다.

나무				개화	새순	꽃눈 분화		열매	단풍		
월	1	2	3	4	5	6	7	8	9	10	11	12
전정	전정				전정						전정
비료	한비					꽃후					한비

병충해 Point

꽃산딸나무의 최대 적은 미국흰불나방인데, 지름 10cm 정도의 꽤 큰 나무도 피해를 입을 수 있다. 나무 주위의 잡초를 제거하면 예방이 가능하며, 8월경에 잠복소를 설치하여 유인한 후에 소각한다. 발생하면 페니트로티온(스미치온) 유제 1,000배액,

인독사카브(스튜어드골드) 액상수화제 2,000배액 등을 살포하여 방제한다.

좁은 장소에 식재된 쇠약한 나무는 흰가루병 등의 병해를 입기 쉽다. 윗가지부터 마르기 시작해서 아래로 퍼져서 고사하는 경우도 흔하게 볼 수 있다. 식재면적이 좁은 곳에서는 토양이 빨리 건조하고, 포장에서 반사된 햇빛으로 인해 증산작용이 가속화되기 때문에 건조의 피해를 입기 쉽다. 이러한 장소에는 유사

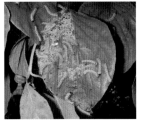

종이면서 건조에 강한 산딸나무를 식재하는 것이 좋다.

이외에 탄저병, 오동나무새눈무늬병(두창병), 반점병 등의 병해와 차주머니나방 등의 해충의 피해가 발생한다.

▲ 미국흰불나방 애벌레

전정 Point

전정을 하지 않아도 수형이 크게 흐트러지지 않으며, 인공적으로 수형이 쉽게 만들어지지 않는다. 꽃이 가지 끝에서 거의 수평으로 피기 때문에 수고를 낮게 해주지 않으면 꽃을 관상하기가 어렵다. 따라서 높은 곳의 가지는 솎아주어 수고를 낮추어준다. 10월 이후부터 꽃이 진 후에는 언제든지 전정이 가능하다.

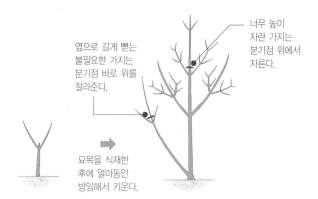

옆으로 길게 뻗는 불필요한 가지는 분기점 바로 위를 잘라준다.

너무 높이 자란 가지는 분기점 위에서 자른다.

묘목을 식재한 후에 얼마동안 방임해서 키운다.

번식 Point

10월경에 열매가 붉은색을 띠면 채취하여, 흐르는 물에 과피를 씻어내고 종자를 발라낸다. 이것을 바로 파종하거나 비닐봉지에 넣어 냉장고에 보관하였다가, 다음해 2월 하순~3월 상순에 파종한다. 발아하면 서서히 해가 비치는 곳으로 옮겨 햇볕에 단련시킨다. 1년 후에 직근을 자르고 이식한다. 붉은 꽃이 피는 원예품종의 종자를 파종하면 어미형질이 그대로 나타나는 것은 거의 없고, 흰 꽃 등 다른 색의 꽃으로 형질변화가 일어난다.

녹지삽은 6~7월에 충실한 햇가지를 삽수로 사용한다. 삽목 후에 해가림을 해서 건조하지 않도록 관리하며, 발아하면 서서히 햇볕에 내어둔다. 원예품종은 삽목 후에 화분 전체를 비닐로 덮어서 밀폐삽목을 하면 효과적이다. 숙지삽은 충실한 전년지를 잘라서 삽수로 사용한다. 여름~가을에 하는 삽목은 신초나 신초의 눈을 접수로 사용한다. 모두 2~3년생 산딸나무나 꽃산딸나무의 실생묘를 대목으로 사용한다.

접목은 2~3월과 6~9월이 적기이다. 접수와 대목의 형성층을 밀착시킨 후, 광분해테이프를 감아 고정시킨다.

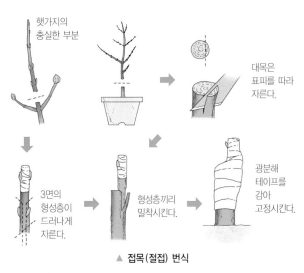

햇가지의 충실한 부분

대목은 표피를 따라 자른다.

3면의 형성층이 드러나게 자른다.

형성층끼리 밀착시킨다.

광분해 테이프를 감아 고정시킨다.

▲ 접목(절접) 번식

모란

- 작약과 작약속
- 낙엽활엽관목   • 수고 2~3m
- 중국(안후이성, 허난성 서쪽), 히말라야; 전국적으로 식재

학명 *Paeonia suffruticosa* 그리스신화에 나오는 의신(醫神) Paeon에서 유래된 것이며, 트로이전쟁 후에 상처를 치료하기 위하여 사용된 것으로 보인다.
종소명은 '작은 떨기나무의'라는 뜻이다.   영명 Tree paeony   일명 ボタン(牡丹)   중명 牧丹(목단)

잎

어긋나기.
세겹잎이 두 번 붙는 2회 삼출겹잎이다.
작은잎은 달걀형이며,
3~5갈래로 갈라진다.

30%

꽃

양성화. 가지 끝에 1개의 큰 꽃이 핀다.
꽃색은 백색, 분홍색, 적색, 적자색 등
다양하다.

열매

골돌과. 긴 타원형이며, 갈색으로 익는
다. 황갈색의 털이 많다.

겨울눈

달걀형이며,
끝이 뾰족하다.
6~8장의
눈비늘조각에
싸여있다.

▲ 작약 (*P. lactiflora*)

모란은 예로부터 '꽃 중의 꽃花王'으로 군림해왔다. 활짝 핀 모란꽃은 매우 호화롭고 복스러워 보이지만 야하지 않아서, 마치 군자의 모습을 대하는 듯하다. 우리나라 전통 민화 속에서도 부귀영화를 상징하는 꽃으로 알려져 있으며, 부귀화라고도 불린다. 모란꽃은 나이 80세를 의미하여, 그림에 모란꽃을 그려 넣으면 '80세까지 부귀영화를 누리세요' 라는 의미가 된다.

모란의 원산지는 중국이다. 수나라 양제 때부터 궁중에서 재배가 시작되었으며, 당나라 때는 민가에서도 재배가 성행했다고 한다. 모란이 우리나라에 전래된 유래는 《삼국유사》에 자세하게 기록되어 있다. 신라 진평왕 때 당태종이 홍·자·백 3색의 모란을 그린 그림과 함께 모란 씨 3되를 보내왔다. 그때 아직 어린 공주였던 선덕여왕은 "꽃은 아름다우나 벌과 나비가 없으니, 이 꽃에는 반드시 향기가 없을 것이다"라고 예언하였다. 과연 그 씨를 심어 꽃이 핀 후에 보니 향기가 없었으므로 공주의 지혜를 칭찬했다는 일화이다. 그러나 정작 선덕여왕은 이 그림에 나비가 없는 것은 당 태종이 선덕여왕이 배우자가 없음을 조롱한 것이라 하여 예민한 반응을 보였다.

또 모란과 관련된 설화 중에 〈화왕계花王戒〉가 있다. 신라시대 때 신문왕이 설총에게 재미있는 이야기를 해줄 것을 청했는데, 이때 설총이 신문왕에게 들려준 이야기가 화왕계이다. 꽃나라를 다스리는 화왕 모란이 자신과 만나고자 하는 많은 꽃 중에서 처음으로 찾아 온 요염한 미인장미의 갖은 아첨에 넘어갔다가, 뒤에 나타난 백두옹 할미꽃의 간곡한 충언에 감동하여 정직한 도리를 숭상하게 된다는 설화이다.

모란은 1656년에 네덜란드의 동인도회사에 의해 최초로 유럽에 도입되었으며, 1785년에 영국 식물원에 심어졌다고 한다. 유럽에서는 19세기부터 모란의 원예종이 나오기 시작하여 지금까지 많은 개량종이 만들어지고 있다.

조경 Point

꽃이 크고 화려하기 때문에 '화중왕'이라 하며, 부귀를 상징한다. 꽃색은 자주색이 일반적인 것이지만 분홍, 노랑, 흰색, 보라색 등 여러 가지 종류가 있으며, 꽃 모양도 홑꽃과 겹꽃이 있어서 다양한 선택이 가능하다. 잎 또한 특이하여, 꽃이 없을 때에는 관상가치가 있다. 삼국시대에 전래되어 예로부터 전통 조경지나 주택정원에 많이 심는다. 주당 1.5m 정도 띄워서 무리로 심으면 화려하고 큰 꽃을 감상하기에 좋다. 큰 나무의 밑에 하목 또는 관목류의 배경식재로 심으면 꽃이 돋보인다.

재배 Point

내한성이 다소 강한 편이지만, 잎눈이나 꽃눈은 늦서리의 피해를 입기 쉽다. 비옥한 부식토가 깊고, 배수가 잘되는 곳에 재배한다. 차고 건조한 바람으로부터 보호해주며, 대륜종 원예품종은 지주를 세워준다. 식재는 땅이 얼기 전 6주쯤인 9~10월에 심고, 구덩이에 유기질 비료를 섞어 넣는다.

나무		새순		개화							꽃눈분화		
월	1	2	3	4	5	6	7	8	9	10	11	12
전정						꽃따기			전정			
비료		시비			꽃후					시비		

▶ **청자 상감모란문 항아리**
모란꽃은 부귀영화를 상징하는 꽃으로 부귀화라고도 불린다. 국보 제98호.

© 문화재청

구리풍뎅이, 배저녁나방(배칼무늬나방), 이세리아깍지벌레 등의 해충이 발생한다. 구리풍뎅이 성충은 잎을 식해하며, 애벌레는 땅속에서 각종 묘목의 뿌리를 잘라 먹거나 껍질을 갉아 먹어 큰 피해를 준다. 묘목을 파종하거나 옮겨심을 때, 이미다클로프리드(코니도) 입제 또는 카보퓨란(후라단) 입제를 10a당 60kg을 살포하여 애벌레를 방제한다.

잿빛곰팡이병은 도장지에서 자란 잎, 어린잎, 어린열매에 주로 발생한다. 잎에는 잎 끝에서부터 갈색 또는 적갈색의 원형의 반점이 생긴다. 개화한 꽃잎에는 갈색의 작은 반점이 생기고, 심할 경우에는 꽃과 꽃자루 전체가 고사한다. 병든 부위에는 잿빛의 곰팡이가 밀생한다. 병든 잎은 제거하고, 이프로디온(로브랄) 수화제 1,000배액을 발생초기에 살포하고, 개화 직전 또

는 낙화 직후에는 만코제브(다이센M-45) 수화제 500배액 살포한다. 그 외에 잎이나 줄기에 녹병, 보트리치스병, 탄저병, 갈반병 등이 발생할 수 있다.

▲ 이세리아깍지벌레 피해잎

가을에 잘 익은 종자를 채취하여 저온저장 또는 노천매장해두었다가, 3년째 봄에 파종한다. 다음해 봄에 파종하면 일부만 발아하기 때문에 묘목을 관리하기가 어렵다. 파종상은 짚이나 거적을 덮어서 건조하지 않도록 관리한다. 실생묘는 생장이 느려서 5~6년이 지나야 꽃을 볼 수 있다.

접목은 9월 상순~11월 상순에 하며, 모란 실생묘나 분주묘 혹은 모란이나 작약의 뿌리를 잘라서 대목으로 사용한다. 작약을 대목으로 사용하여 접을 붙이면 나무가 크게 자라지 않고 수명도 짧다. 접수는 눈이 1~2개 붙은 그해에 나온 충실한 가지를 5cm 길이로 잘라서 절접이나 할접으로 접을 붙인다.

모란은 뿌리가 옆으로 잘 번지므로, 크게 자란 포기를 캐서 몇 개의 줄기를 가진 포기로 나누어 다시 심는 분주법도 가능하다.

모란은 2년지의 끝눈에서 개화한다. 따라서 휴면 중에 전정을 하면 꽃눈을 없애 버리게 되므로, 꽃이 진 직후에 전정을 해야 한다. 모란의 꽃눈분화 시기는 8월 중순에서 하순이며, 꽃은 그 다음해 5월에 핀다.

A : 당분간 전정하지 않고 방임해둔다. 키가 커지면 지주대를 세워준다. 원하는 시기에 B와 같은 모양으로 잘라준다. 손이 많이 가지 않으며, 자연스런 수형을 만들 수 있다.

B : 개화기에는 키가 커서 넘어질 정도까지 방임해서 키우고, 꽃이 지고 나면 아랫부분을 자른다. 모란은 숨은눈이 잘 트는 경향이 있기 때문에 마디나 눈의 위치를 고려하지 않고 임의의 낮은 위치에서 잘라도 된다. 그다지 키도 크지 않고 꽃도 많이 볼 수 있어서, 일반 가정에서 많이 적용한다.

C : 10월경에 봄에 개화한 신초를 기부의 3~4마디만 남기고 자른다. 매년 키가 너무 커지지 않게 한다.

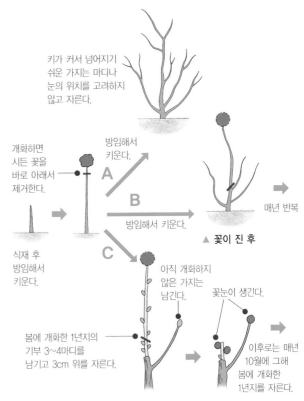

키가 커서 넘어지기 쉬운 가지는 마디나 눈의 위치를 고려하지 않고 자른다.

개화하면 시든 꽃을 바로 아래서 제거한다.

방임해서 키운다.

A

B

방임해서 키운다.

식재 후 방임해서 키운다.

C

매년 반복

▲ 꽃이 진 후

아직 개화하지 않은 가지는 남긴다.

꽃눈이 생긴다.

봄에 개화한 1년지의 기부 3~4마디를 남기고 3cm 위를 자른다.

이후로는 매년 10월에 그해 봄에 개화한 1년지를 자른다.

▲ 개화한 해의 10월

목련

- 목련과 목련속
- 낙엽활엽교목 • 수고 10m
- 일본; 제주도 숲속에 자생, 전국에 식재

 | **학명** *Magnolia kobus* 속명은 몽펠리에대학의 식물학교수 Pierre Magnol을 기념한 것이며, 종소명은 주먹이란 뜻의 일본이름 꼬부시(コブシ)를 라틴어
화시킨 것으로 꽃봉오리 모양에서 유래된 것이다. | **영명** Kobus magnolia | **일명** コブシ(辛夷) | **중명** 日本辛夷(일본신이)

| 잎

어긋나기.
넓은 거꿀달걀형이며,
가장자리는 밋밋하다.
잎끝이 급히 뾰족해진다.

30%

| 꽃

양성화. 잎이 나기 전에 가지 끝에 흰색
꽃이 피며, 꽃잎이 6~9개이다. 향기가
좋다.

| 열매

골돌과. 분홍에서 갈색으로 익는다. 종자
는 타원형이고 붉은색을 띤다.

| 겨울눈

꽃눈은
긴 털이 난 2개의
눈비늘조각에
싸여있다.

| 수피

지름 20cm

껍질눈이 있고
평활하다. 성장함에
따라 회백색이 되며,
노목에서는 세로로
얕게 갈라진다.

▲ **별목련**(*M. stellata*)
꽃잎이 12~18개로 목련이나 백목련
에 비해 많다.

목련과의 친구들을 영어권에서는 매그놀리아magnolia 라 부르는데, 이들은 1억 년 전부터 지구상에 존재해 온 귀중한 꽃나무이다. 목련류만큼 목련이라는 하나의 이름을 여러 곳에 적용시킨 예도 흔치 않다. 우리나라 제주도와 일본 등지에 분포하는 목련을 비롯하여 중국이 원산지인 백목련, 꽃잎의 안과 밖이 자주색인 자목련, 이에 비해 꽃잎의 바깥쪽만 자주색인 자주목련, 일본이 원산지인 잎이 큰 일본목련, 북미가 원산지인 상록교목의 태산목 등이 목련이란 이름으로 불린다. 또 잎이 핀 다음에 크고 우아한 꽃을 피우는 함박꽃나무도 산목련이라 부르는 지방이 많다.

목련의 종소명이 코부스kobus인 것은 일본에 널리 분포하며, 꽃봉오리가 어린아이의 주먹을 닮았다 하여, 한자 주먹 권拳의 일본 발음 코부시コブシ에서 유래된 것이다. 그런데 우리나라 묘목시장에서 목련이 고부시라는 일본 이름으로 통용되고 있어 안타깝다. 목련은 우리나라에서는 한라산에서만 볼 수 있는 제주도 특산나무이다. 꽃이 향기로워 향수의 원료로 쓰이지만, 근래에는 주로 백목련이나 태산목 같은 조경수를 접붙일 때 대목으로 많이

쓰이는 것 같아 이 또한 안타까운 일이다.

목련의 중국 이름은 '나무에 피는 난초'라는 뜻의 목란木蘭, 중국 발음으로 무란인데, 이것을 뮬란Mulan이라 읽는 것은 잘못된 발음이다. 미국 디즈니사의 애니메이션 영화 〈뮬란Mulan〉이 있다. 뮬란이라는 여주인공이 아버지를 대신해서 남장을 하고 전쟁에 나가 이기고 돌아온다는 내용을 담고 있다. 소위 말해서 중국판 잔 다르크인 셈이다. 이 영화에서 주인공 이름이 왜 하필 뮬란일까? 감독은 여주인공을 눈이 시리도록 하얀 목련꽃에 비유하고 싶었던 것일까, 아니면 추운 겨울을 이기고 피어나는 강인한 목련에 비유하고 싶었던 것일까.

목련은 추운 겨울동안에도 종족번식을 위한 꽃눈을 지키기 위해 멋진 전략을 펼친다. 즉 꽃의 생명을 담고 있는 꽃눈을 푹신한 털로 덮어 보호한다. 이처럼 모진 겨울을 이겨내고 순백의 꽃을 피우지만 잎을 만나지 못하고 너무나 일찍 꽃을 떨어뜨린다. 꽃과 잎이 서로 보지 못한다는 상사화相思花의 처지와 같다고 할까? 꽃과 잎이 서로 만나지 못하는 애틋함과 아쉬움 또한 목련의 아름다움일 것이다. 그래서 정호승 시인은 〈인생은 나에게 술 한잔 사주지 않았다〉라는 시에서 목련은 '가장 아름다운 것부터 보여주는 순수한 열정의 나무'라고 노래했다.

▲ 뮬란(Mulan)
1998년 디즈니사의 애니메이션

조경 Point

목련은 잎이 나오기 전에 흰색 꽃을 나무 가득히 피우는 봄의 전령사이다. 화려하지는 않지만 수수한 느낌의 꽃과 은은한 향기가 일품이며, 동서양을 막론하고 대표적인 정원수라 할 수 있다. 노목이 될수록 자연스러운 수형을 나타내므로 정원이나 공원의 첨경목으로 활용하면 좋다.

재배 Point

다습하지만 배수가 잘 되며, 부식질이 풍부한 산성~중성의 토양이 좋다. 내한성이 강하며, 햇빛이 잘 비치는 곳이나 반음지에 식재한다. 큰 나무를 이식할 경우에는, 뿌리돌림을 하여 발근을 시킨 뒤에 한다.

나무			개화	새순	꽃눈분화				열매	단풍	
월	1	2	3	4	5	6	7	8	9	10	11	12
전정	전정		전정								
비료	한비										한비

전정 Point

목련류는 특별히 전정이 필요하지 않으며, 방임해서 키우면 꽃의 수가 많아진다. 수고와 가지폭을 제한하거나 복잡한 부분의 가지를 제거하는 경우에는 가지솎기를 해준다. 도장지는 방임해도 되지만, 수형상 필요하다면 가볍게 잘라준다.

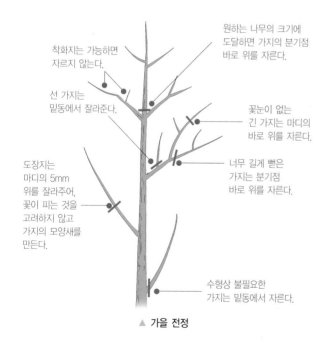

원하는 나무의 크기에 도달하면 가지의 분기점 바로 위를 자른다.

착화지는 가능하면 자르지 않는다.

선 가지는 밑동에서 잘라준다.

꽃눈이 없는 긴 가지는 마디의 바로 위를 자른다.

너무 길게 뻗은 가지는 분기점 바로 위를 자른다.

도장지는 마디의 5mm 위를 잘라주어, 꽃이 피는 것을 고려하지 않고 가지의 모양새를 만든다.

수형상 불필요한 가지는 밑동에서 자른다.

▲ 가을 전정

병충해 Point

목련과 별목련은 병충해의 발생이 비교적 적은 수종이다. 발생하는 해충으로는 초여름에 애벌레가 집단적으로 발생하여 잎을 식해하는 잎벌류와 가지나 잎을 흡즙하는 줄솜깍지벌레 등이 있다. 줄솜깍지벌레는 잎과 가지에 붙어서 영양분을 빨아먹는데, 피해가 커지면 가지가 말라죽는다. 또 형태가 특이해서 미관을 해치므로, 소량 발생한 경우에는 솔 같은 것으로 문질러 없애고 발병한 잎과 가지는 제거하여 불태우거나 땅에 묻는다. 5월 중순에 뷰프로페진.디노테퓨란(검객) 수화제 2,000배액을 10일 간격으로 2회 살포하여 방제한다.

반점병은 잎에 갈색의 둥근 반점이 생겨 점차 확대되며, 조기에 낙엽이 진다. 만코제브(다이센M-45) 수화제 500배액, 디페노코나졸(로티플) 액상수화제 2,000배액을 10일 간격으로 2~3회 살포한다.

번식 Point

10월 상순에 열매가 익으면 조금 갈라지는데, 이것을 따서 2~3일 그늘에 말리면 붉은 종자가 나온다. 가종피는 물로 씻어내고 바로 파종상에 뿌리거나, 습기가 있는 모래와 섞어 비닐봉지에 넣어 냉장고 등에 보관해두었다가, 다음해 봄에 파종한다. 그늘에 두고 건조하지 않도록 관리하며, 본엽이 4~5장이 나오면 이식한다. 이식할 때는 직근을 잘라주어 잔뿌리가 많이 나게 해준다. 이식 후 1~2년이 지나면 대목으로도 사용할 수 있다.

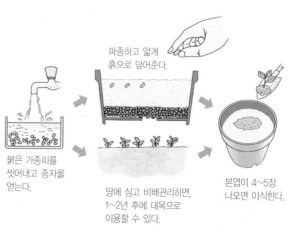

파종하고 얇게 흙으로 덮어준다.

붉은 가종피를 씻어내고 종자를 얻는다.

땅에 심고 비배관리하면, 1~2년 후에 대목으로 이용할 수 있다.

본엽이 4~5장 나오면 이식한다.

▲ 실생(대목용) 번식

박태기나무

- 콩과 박태기나무속
- 낙엽활엽관목 • 수고 3~5m
- 중국 중남부의 석회암 지대가 원산지; 한반도 전역에 식재

 학명 *Cercis chinensis* 속명은 그리스어 cercis(칼집)에서 온 것으로 꼬투리의 모양이 칼집과 비슷한 것에서 유래된 것이라는 견해와 그리스어 kerkis(베 짜는 직조기의 북)에서 온 라틴어라는 견해가 있다. 종소명은 '중국의'라는 뜻이다. **영명** Chinese redbud **일명** ハナズオウ(花蘇芳) **중명** 紫荊(자형)

잎

어긋나기.
전형적인 하트 모양이며,
톱니가 없다.
잎자루는 붉은 빛을 띠며,
양끝이 부풀어 있다.

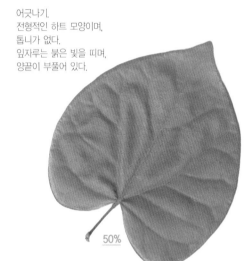

50%

꽃

양성화. 잎이 나기 전에 가지마다 10~20개의 홍자색 꽃이 무더기로 모여 핀다.

열매

협과. 콩꼬투리 모양의 열매가 갈색으로 익는다. 그 속에 5~8개의 종자가 들어 있다.

겨울눈

꽃눈은 타원형이며, 포도송이처럼 모여 붙는다. 잎눈은 편평한 달걀형이다.

수피

황갈색이고
작은 껍질눈이
있으며, 평활하다.
성장함에 따라
회갈색으로 변한다.

잎이 피기 전에 쌀알만 한 자주색 꽃봉오리가 가지 가득히 달리는데, 그 모양이 마치 튀긴 쌀 즉 튀밥이 붙어 있는 듯하여 박태기라는 이름이 붙었다. 영어 이름 차이니스 레드버드Chinese redbud는 중국이 원산이고, 꽃이 붉은 싹 모양인 것을 나타낸다. 북한에서는 구슬꽃나무라고 하는데, 박태기나무보다는 꽃 모양을 잘 표현한 이름인 것 같다.

중국 이름은 자주꽃나무라는 뜻의 자형목紫荊木이며, 그 꽃을 자형화라 한다. 자형화는 형제애를 비유하는 말로 쓰인다. 이와 관련하여, 중국 양나라의 오균이 지은《속제해기 續齊諧記》에 다음과 같은 일화가 전한다. 옛날 전진田眞이라는 사람이 두 명의 동생과 함께 살았는데, 부모가 돌아가시자 재산을 똑같이 나누고 분가하기로 했다. 그리고 마당에 있던 박태기나무 한 그루도 셋이서 똑같이 잘라서 분배하기로 하고 자르려는 순간 나무가 순식간에 나무가 말라 죽고 말았다. 이것을 보고 놀란 전진이 두 아우에게 말하기를 "이 나무가 원래 한 그루로 자란 것처럼 우리 형제도 원래는 하나인데 재산을 나누고 헤어지려 하였으니, 인간이 이 나무보다도 못하다."라고 하고 다시 모여서 같이 살기로 하였다. 그 후 세 형제는 힘을 합쳐 집안을 위해 열심히 일했으며, 전진은 높은 벼슬에 올랐다 한다.

▲ 서양박태기나무 우표
1981년 이스라엘 발행

예수의 12제자 중 한 명이었던 유다는 은화 서른 닢에 예수를 팔아넘긴 후, 예수가 십자가에 처형되는 것을 보고 몹시 후회하게 된다. 그래서 사례금으로 받은 돈을 수석사제들과 장로에게 돌려주려했다가 거절당하자, 그 은화를 성전 안에다 내던지고 물러가서 목을 매어 죽는다. 이때 유다가 목을 매달아 죽은 나무가 서양박태기나무C. siliquastrum이며, 일명 유다의 나무Judas tree라고도 불린다. 성서에는 이 나무가 서양박태기나무라는 내용은 나오지 않지만 정설처럼 되어 있다. 우리나라에서 보는 박태기나무는 중국 원산의 키가 3~4m쯤 되는 관목이지만, 서양박태기나무는 남부유럽 원산의 키가 10m 정도쯤 되는 소교목으로 유다가 목을 맬 정도의 크기는 된다.

조경 Point

이른 봄, 잎이 나오기 전에 피는 진보라 빛의 선명한 꽃과 하트 모양의 정형적인 잎이 특징이다. 서양식 정원, 공원 등에 심으면 잘 어울리며, 다른 나무와 섞어 심기보다는 잔디밭에 5~6그루 무리로 심거나 산책로 주위에 줄심기를 하면 훨씬 돋보인다. 또 산울타리용이나 경계용 식재로 활용하면 좋다. 누구나 손쉽게 재배할 수 있고, 한번 심어놓으면 관리할 필요가 거의 없기 때문에 많이 식재되는 추세이다.

재배 Point

수분이 많고 배수가 잘되는 양토에 심으면 잘 자란다. 어린 나무일 때는 추위에 약하지만 성목이 되면 잘 견딘다. 햇가지는 서리의 피해를 입기 쉽다. 이식은 그다지 좋지 않으므로 어릴 때 옮기며, 한번 뿌리가 붙으면 적응성이 강하다.

나무				개화	새순		꽃눈분화				
월	1	2	3	4	5	6	7	8	9	10	11	12
전정	전정				전정						전정
비료	시비			시비							

흰날개무늬병은 자낭균이 뿌리에 기생하는 병으로, 발생하면 나무가 급속하게 말라죽는다. 방제법으로는 배수가 잘 되도록 해주고, 발생초기에 감염된 뿌리를 파서 버리고 플루아지남(후론사이드) 수화제 1,200배액을 휴면기에 토양관주하고, 비료를 주어 수세를 회복시킨다.

끝검은말매미충(끝동말매미충)은 각종 수목 및 과수를 흡즙가해한다. 월동 전에 성충이 집단적으로 모여 흡즙하며, 배설물을 많이 분비한다. 벌레가 보이기 시작하면 티아클로프리드(칼립소) 액상수화제 2,000배액, 에토펜프록스(크로캅) 수화제 1,000배액을 10일 간격으로 2회 살포하여 방제한다. 미국흰불나방이 발생하기도 한다. 페스탈로치아병(갈문병)은 잎에 갈색의 반점이 생기는 병으로, 터부코나졸(호리쿠어) 유제 2,000배액을 2~3회 살포하여 방제한다.

▲ 미국흰불나방 피해잎

10월에 갈색으로 익은 열매를 채취하여 바로 뿌리거나 종이봉투에 넣어 냉장고에 보관하였다가, 다음해 3월 중하순에 파종한다. 파종하기 전에 종자를 끓는 물에 10초 정도 담갔다가 뿌리면 고르게 발아하며, 3~4년 만에 개화 · 결실한다. 분주는 3월 하순에 하며, 뿌리가 상하지 않도록 파서 줄기가 2~3개 나온 뿌리줄기를 골라 톱으로 잘라서 옮겨 심는다. 잔뿌리가 잘 발달하지 않으므로 뿌리가 끊어지지 않도록 주의한다. 이 묘목을 밭에 정식하면 단시간에 꽃이 피는 큰 묘목을 얻을 수 있다.

일반적으로 2종류의 수형으로 키울 수 있다. 단간수형(單幹樹形)은 아래쪽 줄기에서 나온 가지나 땅에서 움돋은 가지를 제거하여 하나의 중심줄기를 키우며, 수고가 원하는 높이에 도달하면 분기점 바로 위를 잘라주어 수고를 제한한다. 주립수형(株立樹形)은 식재한 후에 꽃이 필 때까지 방임해 두었다가 지면에서 나오는 줄기는 모두 살려서 수형을 만들며, 어느 정도 수형이 만들어지면 땅에서 나오는 약한 가지는 제거해준다. 햇가지의 아랫부분에서 꽃눈이 생기는 성질이 있으므로, 전정할 때 웃자란 가지만 잘라 준다. 가지의 아래쪽을 자르면 다음해에 꽃이 많이 피지 않는다.

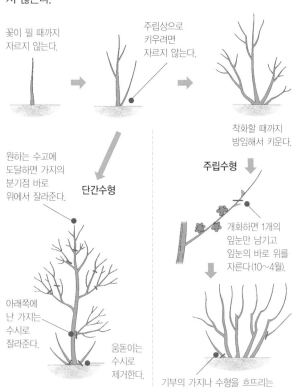

꽃이 필 때까지 자르지 않는다.

주립상으로 키우려면 자르지 않는다.

착화할 때까지 방임해서 키운다.

원하는 수고에 도달하면 가지의 분기점 바로 위에서 잘라준다.

단간수형

아래쪽에 난 가지는 수시로 잘라준다.

움돋이는 수시로 제거한다.

주립수형

개화하면 1개의 잎눈만 남기고 잎눈의 바로 위를 자른다(10~4월).

기부의 가지나 수형을 흐뜨리는 가지는 수시로 제거한다.

백목련

- 목련과 목련속
- 낙엽활엽교목 • 수고 15m
- 중국(중남부)이 원산지; 전국에 식재

학명 *Magnolia denudata* 속명은 몽펠리에대학의 식물학교수 Pierre Magnol을 기념한 것이며, 종소명은 '벌거벗은'이라는 뜻으로 잎이 피기 전에 꽃이 만개한 모습을 나타낸다. **영명** Yulan Magnolia **일명** ハクモクレン(白木蓮) **중명** 玉蘭(옥란)

| 잎

어긋나기.
거꿀달걀형이며,
가장자리는 밋밋하다.
잎끝이 급히 뾰족해진다.

30%

| 꽃

양성화. 잎이 나기 전에 흰색 꽃이 피며,
향기가 좋다.

| 열매

골돌과. 타원형이고 붉은색으로 익으며,
닭벼슬처럼 생겼다.

| 겨울눈

긴 털로 덮인 2장의
눈비늘조각에 싸여있다.

| 수피

회백색이고 껍질눈이
있으며, 평활하다.
노목에서는 세로로
불규칙하게 벗겨져서
지름 12cm 떨어진다.

▲ 자주목련 (*M. denudata var. purpurascens*)
백목련을 닮았으나 꽃잎 안쪽이 흰색이고, 바깥쪽은 홍자색이다.

▲ 자목련 (*M. liliflora*)
꽃잎 안쪽과 바깥쪽이 모두 자주색이다.

조경수 이야기

백목련의 속명 마그놀리아 *Magnolia*는 18세기 프랑스 몽펠리에 대학의 식물학 교수인 피에르 마그놀 Pierre Magnol을 기념하여 붙인 것이며, 종소명 데누다타 *denudata*는 '벌거벗다'는 뜻으로 잎이 나오기 전 꽃이 활짝 핀 모습을 보면 수긍이 간다. 목련 木蓮이란 이름은 '나무에서 연꽃 같은 꽃이 핀다'는 뜻이며, 중국 이름 목란 木蘭은 '난초처럼 아름다운 나무'라는 뜻이다. 목련은 꽃봉오리가 붓 모양이어서 목필 木筆이라도 부른다.

톰 크루즈가 나오는 영화 〈매그놀리아 magnolia〉가 있다. 현대의 무미건조한 미국 사회에서 상처입고 살아가는 여러 명의 인물을 동시에 등장시키고 서로 얽히게 하며 이야기를 전개한다. 그런데 왜 이 영화의 제목이 '목련'일까? 목련은 잎이 피기도 전에 화려한 꽃이 먼저 피는 아주 외로운 꽃이다. 피어 있을 때는 순백색 혹은 보라색으로 화려함을 마음껏 뽐내지만, 꽃이 질 때는 누렇게 탈색되어 추한 모습으로 무력하게 떨어진다. 감독은 영화 〈매그놀리아〉를 통해서 이와 같은 미국사회의 모습을 나타내려고 한 것이다.

◀ 매그놀리아 (magnolia)
1999년 미국 영화

우리 주위에서 가장 흔하게 볼 수 있는 흰색의 목련은 대부분 중국이 원산지인 백목련이다. 백목련은 꽃봉오리가 북쪽을 향해서 피어나기 때문에 북향화北向花, 혹은 임금님이 계신 북쪽을 바라보는 '충정의 꽃'이라고도 한다. 그 이유는 백목련의 겨울눈이 남쪽방향에 더 많은 생장호르몬이 분비되기 때문이라고 한다.

조경 Point

나무의 크기와 꽃이 목련에 비해 크기 때문에 독립수로 심어 웅장한 수형을 즐길 수 있다. 학교 교정이나 넓은 공원 등에 심어서 큰 수형으로 키우면, 잎이 나기 전에 온 나무를 뒤덮는 흰 꽃이 기억에 오래 남을 것이다. 가지를 균형 있게 정리하고, 뒷배경으로 상록활엽수를 심으면 멀리서도 화려한 흰 꽃이 눈에 잘 뜨인다.

재배 Point

다습하지만 배수가 잘 되며, 부식질이 풍부한 산성~중성 토양이 좋다. 내한성이 강하며, 햇빛이 잘 비치는 곳이나 반음지에 식재하며, 강풍으로부터 보호해준다. 이식은 큰 나무인 경우 어려우므로, 미리 뿌리돌림을 하여 잔뿌리가 많이 발생한 후에 한다.

나무			개화	새순	꽃눈분화			열매			
월	1	2	3	4	5	6	7	8	9	10	11	12
전정	전정			전정								
비료	한비											

병충해 Point

깍지벌레류가 발생하여 새가지에 모여 살면서 흡즙가해하므로 수세가 약화되며, 이차적으로 그을음병을 유발시킨다. 화학적 방제법으로 세대별 약충 발생초기에 뷰프로페진.디노테퓨란(검객) 수화제 2,000배액을 10일 간격으로 2회 살포한다. 물리적 방제법으로 가지나 줄기에 붙어 있는 알을 제거한다.

전정 Point

목련류는 특별히 전정이 필요하지 않으며, 방임해서 키우면 꽃의 수가 많아진다. 수고와 가지폭을 제한하거나 복잡한 가지를 제거할 경우에는 가지솎기를 해준다. 도장지는 방임해두어도 되지만 수형상 필요하다면 가볍게 잘라준다. 목련의 경우를 참고하여 전정한다.

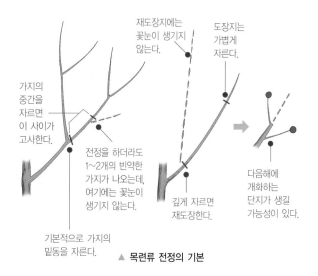

▲ 목련류 전정의 기본

번식 Point

목련 1~2년생 실생묘를 대목으로 사용해서 절접이나 눈접을 붙인다. 2~3월과 6~9월이 접목의 적기이다.

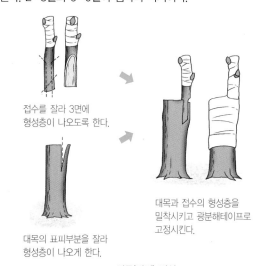

접수를 잘라 3면에 형성층이 나오도록 한다.

대목의 표피부분을 잘라 형성층이 나오게 한다.

대목과 접수의 형성층을 밀착시키고 광분해테이프로 고정시킨다.

▲ 접목(절접) 번식

불두화

- 인동과 가막살나무속
- 낙엽활엽관목 • 수고 2∼3m
- 중국, 일본, 러시아, 몽골; 전국적으로 식재

| 학명 *Viburnum opulus* f. *hydrangeoides* 속명은 가막살나무류(Wayfaring tree; *V. lantana*)의 라틴명이며, 종소명은 '백당나무 잎을 닮은'이란 뜻이다. 품종명은 '수국속(*Hydrangea*)과 비슷한'이라는 의미이다. | 영명 Snow ball tree | 일명 テマリカンボク(手毬肝木) | 중명 繡球莢蒾(수구협미)

| 잎

마주나기.
보통은 3갈래로
갈라지지만
갈라지지 않은 것 등
변화가 다양하다.

80%

| 꽃

무성화(장식화)만 핀다. 꽃색은 황록색이
돌다가 점차 흰색으로 변한다.

| 수피

짙은 갈색이고 사마귀 같은 껍질눈이 있다.
성장하면서 가늘게 갈라지고 코르크층이 발달한다.

| 겨울눈

긴 달걀형이며,
가지 끝에 2개의
가짜끝눈이 붙는다.

조경수 이야기

불두화는 백당나무에서 생식기능을 제거하고 육성한 원예종으로 일명 수국백당이라고도 부른다. 백당나무 꽃은 가운데에 작은 정상화유성화가 있고 그 주변에 큰 장식화무성화가 있는데 비해, 불두화는 모든 꽃이 지름이 15cm 정도의 공처럼 생긴 무성화로 이루어져 있다. 불두화는 수국과 함께 수구화繡毬花라는 이름으로도 불리는데, 그 뜻은 비단에 둥근 공과 같은 꽃을 수놓았다는 뜻이다. 영어 이름도 꽃 모양에서 유래한 스노 볼 트리Snow ball tree이다.

꽃이 무성화이기 때문에 꿀샘이 없고 향기도 없어서, 벌과 나비가 찾지 않는 슬픔을 간직한 꽃이다. 불두화佛頭花라는 이름은 꽃의 모양이 부처의 머리처럼 곱슬곱슬하기 때문에 붙여진 것이다. 뿐만 아니라, 부처가 태어난 4월 초파일쯤에 꽃이 피기 때문에 절에서 조경수로 많이 심는다. 이 꽃을 절에 많이 심는 또 다른 이유는 꽃에 향기가 없어서 수행하는 스님들을 자극하지 않기 때문이라고 한다. 자손의 번창을 중시하는 유교사회에서 불임은 금기사항이었기 때문에, 예전에는 이 나무를 집안에 심는 것을 꺼려했다고 한다.

북한에서는 백당나무를 접시꽃나무라고 하고 불두화를 큰접시꽃나무라고 부르는데, 어려운 한자 이름보다는 우리 정서에 잘 맞고 부르기도 좋은 이름인 것 같다.

조경 Point

백당나무의 개량종으로 모든 꽃이 무성화이다. 큼지막한 흰색 꽃이 부처님 머리처럼 곱슬곱슬하고, 4월 초파일 즈음에 피기 때문에 사찰에 많이 심어져 있다. 잔디가 있는 정원이나 물가, 축산한 곳에 심으면 잘 어울린다. 건조에 약하므로 공원이나 정원의 큰 나무 밑에 하목으로 심는 것도 좋다.

재배 Point

습기가 있고 배수가 잘 되며, 적당히 비옥한 토양이 좋다. 해가 잘 비치는 곳 또는 반음지에서 재배하면 잘 자란다. 건조함에는 비교적 약하다.

병충해 Point

진딧물이 발생하는 수가 있다. 발생 시에는 이미다클로프리드(코니도) 액상수화제 2,000배액을 살포하여 방제한다. 잠자리가시나방, 잎벌레 등에는 카탑하이드로클로라이드(파단) 수용제 1,000배액 또는 클로티아니딘(빅카드) 액상수화제 2,000배액 등을 살포한다.

전정 Point

불두화는 그해에 자란 가지에서 꽃을 피우는 습성이 있으므로, 꽃이 지고 난 후에 개화한 부분의 아랫쪽 분기점을 잘라준다. 가능하면 방임해서 키우고, 수고나 수관폭을 제한할 필요가 있을 때는 가지의 분기점 바로 위를 잘라준다.

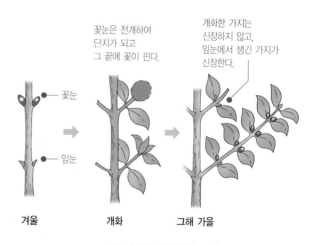

▲ 꽃눈과 잎눈이 전개하는 모양

개화한 가지의 분기점 바로 위를 잘라준다.

굵은 가지를 솎아준다.

▲ 가지의 끝 부분 전정　　▲ 수고와 가지의 폭을 제한하는 전정

번식 Point

삽목, 분주(포기나누기), 휘묻이 등의 방법으로 번식시킨다. 숙지삽은 3월 말경에 전년지를 15cm 길이로 잘라서 하루 정도 깨끗한 물에 담가두었다가 삽목상에 꽂으며, 녹지삽은 6월 말경 충실한 당년지를 10cm 길이로 잘라 물에 담가 두었다가 삽목상에 꽂는다. 분주는 뿌리가 생긴 가지를 식재시기에 떼어내어 옮겨심는 번식법이다.

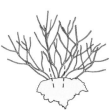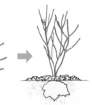

분주하기 1년 전에 뿌리 주위를 성토해둔다.

잔뿌리가 나오면 뿌리에 상처 나지 않도록 파서 1주가 3본이 되도록 분리한다.

이식 후에 뿌리 주위가 건조하지 않도록 부엽토나 짚을 덮어준다.

▲ 분주 번식

조경수 상식

■ 시도의 상징 나무와 꽃

시도	나무	꽃
서울특별시	은행나무	개나리
부산광역시	동백나무	동백꽃
대구광역시	전나무	목련
대전광역시	소나무	백목련
인천광역시	전나무	장미
울산광역시	대나무	장미
경기도	은행나무	개나리
충청북도	느티나무	백목련
충청남도	능수버들	국화
전라북도	은행나무	백일홍
전라남도	은행나무	동백
경상북도	느티나무	백일홍
제주특별자치도	녹나무	참꽃
세종특별자치시	소나무	복숭아꽃

산당화

- 장미과 모과나무속
- 낙엽활엽관목 • 수고 1~2m
- 중국 중남부, 미얀마; 경상도와 황해도 이남 지역

 학명 *Chaenomeles speciosa* 속명은 그리스어 chaino(갈라지는)와 melon(사과)의 합성어로 이런 관목에 의해 생산되는 열매가 5개 부분으로 갈라진다는 한 때의 잘못된 생각에 의해 붙여진 것이다. | 영명 Flowering quince | 일명 ボケ(木瓜) | 중명 貼梗海棠(첩경해당)

| 잎

어긋나기. 긴 타원형이며, 가장자리에 겹톱니가 있다.
1쌍의 커다란 턱잎이 잎자루를 감싼다.

25%

| 수피

암갈색이나 어두운
자주색을 띠며,
평활하다.
가시가 나있다.

| 꽃

양성화와 수꽃이 혼생한다. 짧은가지의
잎겨드랑이에서 주홍색 꽃이 3~5개씩
모여 핀다.

| 열매

이과. 구형이며, 황록색으로 익는다.
신맛이 강해서 먹기는 어렵다.

| 겨울눈

꽃눈은 둥근형이며, 세로덧눈
이 붙는다. 잎눈은 삼각꼴 달
걀형이다.

| 뿌리

심근형. 소·중경의 수하근과 수평근이 발달
한다.

명자나무는 크게 두 가지 품종이 있는데, 오래 전에 중국에서 들어 온 당명자나무와 일본에서 관상용으로 수입한 풀명자나무가 그것이다. 산당화는 당명자나무를 말하는데 명자나무 혹은 명자꽃나무라는 이름으로 더 많이 알려져 있다. 꽃이 핀 모양이 청초하고 우아하여 '아가씨꽃'이라고도 불리며, 영어로는 '꽃 중의 여왕Flowering quince'이라 한다. 산당화는 꽃의 아름다움으로 인해 기생꽃나무 · 처녀꽃 · 아가씨나무 등 아름다움을 나타내는 여러 가지 이름으로 불리었으며, 옛 어른들은 이 꽃을 보면 부녀자가 바람난다 하여 집안에는 심지 못하게 했다고 한다.

혼인한 두 집안의 부모들 사이를 이르는 말로 사돈查頓이라는 단어가 있는데, 그 유래와 관련된 재미있는 이야기가 있다. 고려 때의 명장 윤관은 문신 오연총과 어릴 적부터 한 동네 친구로서 개울을 사이에 두고 마주보고 살았는데, 자녀들도 부부의 인연을 맺어주었다. 어느 봄날 술이 마시고 싶어진 윤관은 하인에게 술동이를 지워, 사돈이자 오랜 친구인 오연총의 집으로 가려고 했으나 밤 사이에 내린 봄비 때문에 개울물이 불어서 건너지 못하고 있었다. 오연총 역시 술 생각이 나서 윤관을 찾아나선 참이어서 둘은 개울을 두고 서로 마주 앉게 되었다. 별 수 없이 두 사람은 개울물을 가운데 두고 명자나무 등걸에 주저앉아 한쪽이 "한 잔 드시오" 하면 다른 한쪽은 머리를 숙이며 술을 받아 마시고, 다시 상대에게 권하기를 반복했다고 한다. 사돈은 바로 이들이 앉았던 명자나무査와 '머리를 숙인다'는 뜻의 돈頓이 합쳐져 생긴 단어라 한다.

실제로 명자나무는 관목이어서 키가 2m 내외로 그 등걸에 기대앉기란 불가능하다. 그래서 이보다 큰 산사山査나무를 오역한 것이라고 주장하는 이도 있다.

조경 Point

품종에 따라 흰색, 분홍색, 붉은색 등 다양한 종류의 꽃이 이른 봄부터 피어 나무 전체를 뒤덮는다. 노란색으로 익는 열매는 달콤한 향기가 강하고 약용, 식용, 방향제로 이용되고 있으며, 관상가치도 있다. 장소를 그다지 많이 차지하지 않기 때문에 꽃을 감상하기 위해서는 현관 앞이나 통로, 잔디밭의 가장자리에 심으면 좋다. 산울타리를 만들 경우에는 꽃의 색을 하나로 통일하지 말고 여러 가지를 섞어 심는 것도 재미있다.

재배 Point

적당히 비옥하고 배수가 잘 되며, 햇빛이 잘 비치는 곳 또는 반음지에 식재한다. 해가 잘 비치는 곳에서 꽃이 많이 피고 열매가 많이 열린다. 석회질에 대한 내성은 있지만, 강알카리성 토양에서는 백화(白化)현상이 생긴다.

나무			개화		새순			꽃눈분화		열매	
월	1	2	3	4	5	6	7	8	9	10	11	12
전정					전정						전정	
비료	한비				꽃후							

병충해 Point

붉은별무늬병(적성병)은 6~7월에 산당화, 사과나무, 배나무, 모과나무, 산사나무, 꽃사과, 아그배나무 등의 장미과 식물에 흔하게 나타난다. 잎뒷면에 털 같은 것이 지저분하게 돋아나 조경수목의 미관을 해치며, 심하면 잎이 일찍 떨어진다. 잎에서 형성된 녹포자가 바람에 날려 중간기주인 향나무로 옮겨와 햇잎을 감염시키고, 다음해 2~3월에 침엽의 기부에 작은 돌기(겨울포자퇴)를 형성한다. 4월경 비가 올 때 겨울포자퇴는 한천 모양으로 부풀어 오르며, 그 속의 겨울포자는 발아해서 담자포자를 만든다. 이 담자포자가 빗물과 바람에 의해 산당화로 옮겨와서 붉은별무늬병을 일으킨다. 산당화 주변 2km 이내에는 향나무류를 심지 않지 않는 것이 중요하다. 방제법은 4~5월에 산당화 등의 장미과식물에, 4~7월에 향나무에 트리아디메폰(티디폰) 수화제 1,000배액, 디페노코나졸(로티플) 액상수화제 2,000배액을 7~10일 간격으로 3~4회 살포한다.

이외에 선녀벌레, 조팝나무진딧물 등이 발생할 수 있다.

▲ 선녀벌레 피해가지

▲ 조팝나무 진딧물

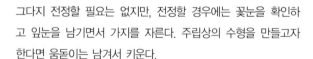
전정 Point

그다지 전정할 필요는 없지만, 전정할 경우에는 꽃눈을 확인하고 잎눈을 남기면서 가지를 자른다. 주립상의 수형을 만들고자 한다면 움돋이는 남겨서 키운다.

번식 Point

11월경에 노랗게 익은 열매를 따서 종자를 발라내고 바로 뿌리거나, 건조하지 않도록 비닐봉지에 넣어 냉장고에 보관하였다가 다음해 봄에 파종한다. 본엽이 4~5장 나오면 묽은 액비를 뿌려주고, 다음해 봄에 이식한다. 3월에 충실한 전년지를 사용하여 절접을 붙인다. 대목으로는 1~3년생 실생묘나 삽목묘를 이용한다.

2~3월 중순이 숙지삽, 6월 하순~9월이 녹지삽의 적기이다. 숙지삽은 전년지~3년지의 충실한 가지를, 녹지삽은 충실한 햇가지를 삽수로 사용한다. 봄에는 따뜻한 곳에, 여름에는 반그늘에 두고 건조하지 않도록 관리하여, 다음해 가을에 이식한다. 2~3년지를 삽수로 사용하면 1년 만에 대목으로 이용할 수 있다.

산당화는 주립성이므로 뿌리 주위를 성토해두면 잔뿌리가 나온다. 이것을 어미그루에서 떼어내어 따로 심는다.

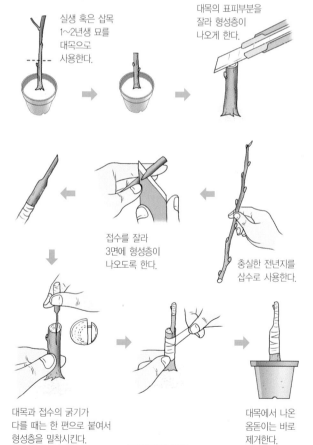

실생 혹은 삽목 1~2년생 묘를 대목으로 사용한다.

대목의 표피부분을 잘라 형성층이 나오게 한다.

충실한 전년지를 삽수로 사용한다.

접수를 잘라 3면에 형성층이 나오도록 한다.

대목과 접수의 굵기가 다를 때는 한 편으로 붙여서 형성층을 밀착시킨다.

대목에서 나온 움돋이는 바로 제거한다.

▲ 접목(절접) 번식

왕벚나무

- 장미과 벚나무속
- 낙엽활엽교목 • 수고 15m
- 한국이 원산지; 제주도 한라산과 전남 두륜산에 자생

 학명 *Prunus yedoensis* 속명은 라틴어 plum(자두, 복숭아 등의 열매)에서 유래되었으며, 종소명은 일본 도쿄의 옛 이름 에도(江戸)를 뜻한다.
영명 Yoshino cherry │ 일명 ソメイヨシノ(染井吉野) │ 중명 日本櫻花(일본앵화)

│ 잎

어긋나기.
달걀 모양의 타원형이며,
가장자리에 예리한
겹톱니가 있다.
잎몸 밑에 보통
0~4개의
꿀샘이 있다.

65%

│ 꽃

양성화. 잎이 나기 전에 연한 홍색 또는 흰색의 꽃이 3~6개씩 모여 핀다.

│ 열매

핵과. 구형이며, 흑자색으로 익는다. 아릿하면서 단맛이 난다.

│ 수피

가로로 긴 껍질눈이 발달하며, 성장함에 따라 줄기 자체가 융기한다.

│ 뿌리

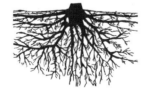

중근형. 중·대경의 수평근과 수직근이 발달한다.

│ 겨울눈

물방울형이며, 끝이 뾰족하다. 12~16개의 눈비늘조각에 싸여있다.

매년 4월이면 미국 워싱턴D.C.의 포토맥Potomac 강변에서는 칠십만 명의 관광객이 방문하는 벚꽃 축제가 화려하게 열린다. 이곳의 벚나무는 1912년 도쿄시장이 미·일 우호를 기념하여 워싱턴D.C.에 3,000여 그루의 벚나무를 기증하여 심은 것이다. 이 벚꽃 축제의 주류를 이루는 벚나무는 왕벚나무인데, 학명은 *Prunus yedoensis* Matsum, 일본 이름은 소메이요시노染井吉野, 영어 이름은 요시노 체리Yoshino cherry이며, 미국 현지에서도 '요시노 체리'라 부른다. 왕벚나무는 일본의 원예가들이 반복적인 품종 개량을 통해 만들었기 때문에 잡종을 뜻하는 학명 *Prunus × yedoensis*로도 알려져 있다. 우리나라에서는 제주 신례리제156호, 제주 봉개동 제159호, 해남 대둔산제173호 등 3곳이 왕벚나무의 자생지로 천연기념물로 지정되어 있다.

한일 학자들 사이에는 해마다 습관적으로 '왕벚나무 원산지' 논쟁이 벌어진다. 일본 학자들은 왕벚나무의 원산지설에 대해 일본에 자생하는 벚나무를 통한 인위잡종설과 자연잡종설을 주장하고 있다. 일본에서 왕벚나무의 자생지가 발견되지 않아서 왕벚나무의 일본 자연잡종설은 그 설득력이 약하다. 그러나 근래에 일본 학자들 사이에는 왕벚나무가 일본 이즈반도伊豆半島에 자생하는 오오시마벚나무와 올벚나무의 잡종이라는데 의견이 모아지고 있다. 한편 한국 학자들은 우리나라 제주도와 해남

▲ 워싱턴 벚꽃 축제
미국 워싱턴D.C. 포토맥 강변에서 개최되는 세계 최대의 벚꽃 축제.

두륜산에 야생 왕벚나무의 자생지가 존재하며, 이들 왕벚나무에서 보이는 형태와 유전자 변이 폭이 크다는 점을 이유로 들어 '한국 기원설'을 주장하고 있다. 한 연구에서는 국내 재배종 왕벚나무가 제주도의 야생 왕벚나무에서 나왔으며, 해남 대둔산의 야생 왕벚나무도 제주도 왕벚나무가 분산한 것이라고 주장하였다. 또 일본의 왕벚나무도 제주도 자생지에서 건너갔을 가능성이 높다고 보았다. 왕벚나무는 국적도 없고 나라를 가려 피는 것도 아니다. 다만 인간의 욕심이 서로 자기 것이라고 주장하는 것에 지나지 않는다.

조경 Point

벚나무 중에서 왕으로 불릴 만큼 화사한 빛깔의 꽃잎이 무리로 피어 장관을 이룬다. 개화에서 만개까지 약 5~6일, 만개 후 5일 정도 지나면 낙화하는데, 바람에 의해 눈 내리듯 흩뿌리며 떨어지는 꽃잎은 개화광경보다 더 화려하다. 왕벚나무는 벚나무 종류 중에서 가장 많이 심어진 종류로 공원, 유원지, 정원, 학교 등 어디에 심더라도 화려한 꽃의 진가를 발휘한다. 독립수, 가로수, 녹음수 등의 용도로 활용하면 좋다. 그러나 전정을 싫어하고, 대기오염에 약하며, 수명이 짧은 것이 단점이다.

재배 Point

내한성이 강하며, 해가 잘 비치는 곳에 심는다. 습기가 있고, 배수가 잘되는 적당히 비옥한 토양이라면 어디에서나 잘 자란다. 식재적기는 2~4월, 9~10월이다.

나무				개화				꽃눈 분화			
월	1	2	3	4	5	6	7	8	9	10	11	12
전정	전정										전정
비료	한비			시비							한비

왕벚나무는 병충해의 피해가 많은 나무다. 벚나무빗자루병은 공중습도가 높은 곳에서 발생하기 쉽다. 공원에는 군식된 것이 많기 때문에 피해가 확산되기 쉬우며, 발병하면 부분적으로 소지가 빽빽하게 총생하여 마치 새집처럼 보인다. 개화기에는 꽃이 피지 않고 작은 잎이 퍼진다(꽃이 피는 경우도 있다). 방제법은 겨울부터 이른 봄 사이에 병든 가지(아래쪽의 부풀은 부분을 포함하여)를 잘라내어 불태운다. 잘라낸 자리에는 테부코나졸(실바코) 도포제를 발라주어 유합을 촉진시키고 부후균의 침입을 막는다.

벚나무세균성천공병은 옥시테트라사이클린(성보싸이클린) 수화제 1,000배액, 벚나무균핵병과 벚나무갈색무늬구멍병은 터부코나졸(호리쿠어) 유제 2,000배액을 살포한다. 이외에 벚나무위조병, 벚나무줄기마름병(동고병) 등이 발생한다.

해충으로는 미국흰불나방의 피해가 특히 심한데, 애벌레 1마리가 평균 100~150㎠의 잎을 섭식한다. 산림 내에서 보다는 도시주변의 가로수, 조경수, 정원수에서 피해가 더 심하다. 페니트로티온(스미치온) 유제 1,000배액 인독사카브(스튜어드골드) 액상수화제 2,000배액 클로르플루아주론(아타브론) 유제 3,000배액 등을 살포하여 방제한다.

복숭아유리나방은 애벌레가 줄기나 가지의 수피 밑 형성층 부위를 식해하여, 외부로 배설물과 수지가 배출된다. 피해가 줄기 밑부분에 많고 쉽게 발견되므로, 벌레집을 제거하고 페니트로티온(스미치온) 유제 100배액을 주사기로 주입한다. 약제살포는 우화 최성기인 7월 하순~8월 상순에 티아메톡삼(플래그쉽) 입상수화제 3,000배액을 줄기와 가지에 10일 간격으로 2회 살포한다. 이외에도 배나무방패벌레, 벚나무깍지벌레 등의 해충이 발생한다.

▲ 벚나무깍지벌레

▲ 빗자루병 피해가지

▲ 복숭아유리나방 피해줄기

▲ 배나무방패벌레 성충

▲ 배나무방패벌레 피해잎

벚나무류의 전정 방법에 준한다.

6월경에 열매가 검은 색으로 익으면 채취한다. 흐르는 물에 과육을 씻어내고 바로 파종하거나 건조하지 않도록 습기가 많은 모래와 썩어서 비닐봉지에 넣어 냉장고에 보관해두었다가, 다음 해 2월에 파종한다. 파종 후에 그늘에 두고 건조하지 않도록 관리한다. 본엽이 4~5장 나오면 서서히 햇볕에 내어 단련시킨다. 봄에 싹이 트기 전에 꽃눈이 생기지 않은 전년지를 10~15cm 길이로 잘라 삽목상에 꽂는다. 장마철에 그해에 자란 햇가지를 아랫잎은 따내고 윗잎만 2~3장 남겨 삽목상에 꽂는다.

2~3월 또는 6~9월에 2~3년생 실생묘나 삽목묘를 대목으로 접목용 광분해테이프를 사용해서 절접 또는 눈접을 붙인다.

대목의 표피를 따라 깍아서 형성층이 나오게 한다.

접수는 기부의 3면에 형성층이 나오게 만든다.

대목과 접수의 형성층을 밀착시킨다.

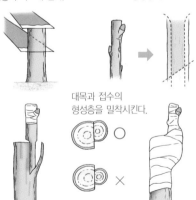
▲ 접목(절접) 번식

조팝나무

- 장미과 조팝나무속
- 낙엽활엽관목 • 수고 2~3m
- 중국 중남부; 제주도를 제외한 전국의 야산, 강가, 길가

학명 *Spiraea prunifolia* var. *simpliciflora* 속명은 그리스어 speira(나선상, 화환)에서 유래된 것으로 열매가 나선상인 종이 있고, 화환을 만드는 나무라는 뜻이 있다. 종소명은 '자두나무류(prunus) 같은 잎을 가진'이란 뜻이며, 변종명은 '간단한'과 '꽃에 관한 접미사'의 합성어로 꽃잎이 홑꽃인 것을 뜻한다.
영명 Bridal wreath │ 일명 シジミバナ(蜆花) │ 중명 繡線菊(수선국)

| 잎

어긋나기.
달걀형 또는
긴 타원형이며,
가장자리에
잔톱니가 있다.
잎의 질감이
얇고 부드럽다.

100%

| 꽃

양성화. 전년지에 흰색 꽃이 가득 모여 피며, 좋은 향기가 난다.

| 열매

골돌과. 달걀형이며, 4~5개씩 모여 달린다.

| 겨울눈

구형 또는
달걀형이며,
2~8장의
눈비늘조각에
싸여있다.

| 수피

유목은 갈색이고
얇게 벗겨진다.
자라면서
껍질눈이 생기며,
갈라지기도 한다.

지름 1cm

| 뿌리

천근형. 소·중경의
노끈 모양의 수평근이 발달한다.

▲ 일본조팝나무(S. japonica)　　▲ 당조팝나무(S. chinensis)　　▲ 꼬리조팝나무(S. salicifolia)

▲ 공조팝나무(S. cantoniensis)　　▲ 좀조팝나무(S. microgyna)　　▲ 참조팝나무(S. fritschiana)

조경수 이야기

예나 지금이나 먹고 사는 일이 무엇보다 중요한 일이었던 모양이다. 그래서 꽃이 쌀밥처럼 생겼다 하여 이밥나무에서 이팝나무가 된 것처럼, 꽃이 조밥처럼 생겼다 하여 조밥나무라 하다가 조팝나무라고 부르게 되었다.

속명 스피라에아*Spiraea*는 화환 또는 나선을 뜻하는 그리스어 스페이라*speira*에서 유래된 것으로 열매가 나선 모양이며, 이 나무의 꽃으로 화환을 만들었기 때문에 얻은 이름이다. 영어 이름 브라이들 리스Bridal wreath 또한 '신부의 화환'이라는 의미이며, 이 나무를 한 가지 꺾어서 둥글게 말면 아름다운 화환이 만들어진다.

조팝나무는 약용으로 쓰이는데, 진통제의 대명사로 불리는 아스피린Aspirin도 조팝나무 잎에서 나오는 아세틸살리실산acetylsalicylic acid의 'A'와 조팝나무의 속명 스파이리어*Spiraea*의 'Spir'를 합성하여 만든 이름이다. 아스피린이 만들어질 당시에는 버드나무 대신 조팝나무의 한 종류인 메도 스위트meadow sweet에서 살리신salicin을 추출했다고 한다.

조팝나무를 수선국繡線菊이라 부르기도 하는데, 여기에는 이런 전설이 전해진다. 중국 한나라 때 원기라는 사람이 제나라와의 전쟁에서 포로가 되었다. 이 소식을 들은 딸 수선은 제나라로 아버지를 찾아갔으나 아버지는 이미 세상을 떠난 후였다. 수선은 아버지의 무덤가에 자라는 작은 나무를 집에 가져와 뜰에 심었는데, 이듬해 여름에 새하얀 꽃이 피기 시작했다. 이것을 본 동네 사람들이 효성이 지극한 수선에게 하늘이 내린 꽃이라 하여, 그 딸의 이름을 따서 수선국이라 불렀다고 한다.

조경 Point

흰 꽃은 잎이 나오기 전에 줄기를 따라 피기 시작하여 나무 전체를 뒤덮는다. 무리로 심어 산울타리용이나 지피식재용으로 활용하면 좋다. 주택의 정원에 심을 때는 현관 앞이나 석축 사이에 심으면 잘 어울리며, 약 80cm 간격으로 심어서 꽃울타리를 만들어 보는 것도 재미있다. 무리 지어 피는 꽃은 달콤한 향기가 나기 때문에, 벌들이 좋아하는 밀원식물이기도 하다. 꽃이 핀 가지는 꽃꽂이의 소재로도 이용된다.

재배 Point

내한성이 강하다. 비옥하고, 습기가 있으나 배수가 잘되는 토양이 좋다. 양수로 햇빛이 잘 비치는 곳에서 재배하면 수형도 좋아지고 꽃도 많이 핀다. 이식은 3~4월에 한다.

나무		새순	개화						열매	꽃눈분화		
월	1	2	3	4	5	6	7	8	9	10	11	12
전정	전정		전정									
비료	한비		시비						시비			

병충해 Point

조팝나무진딧물, 뿔밀깍지벌레, 이세리아깍지벌레 등이 발생한다. 조팝나무진딧물은 새가지와 새잎에 모여 흡즙가해하므로, 나무의 생장이 저해되고 조기에 잎이 떨어진다.
발생초기에 이미다클로프리드(코니도) 액상수화제 2,000배액을 10일 간격으로 2회 살포하여 방제한다. 깍지벌레류는 나무의

가지나 잎에 기생하면서 흡즙한다. 2차적으로 그을음병을 유발시켜 광합성을 방해하므로, 수세가 약화되고 새가지의 생장이 저해된다. 약충 발생초기에 뷰프로페진.티아메톡삼(킬충) 액상수화제 1,000배액을 10일 간격으로 2~3회 살포하여 방제한다.

▲ 조팝나무 진딧물

▲ 뿔밀깍지벌레

▲ 이세리아깍지벌레

전정 Point

넓은 곳에 식재한 경우에는 전정할 필요가 없지만, 가지의 폭을 제한하고 싶을 때는 원하는 길이를 남기고 잘라준다. 어떤 가지를 어느 정도 남기고 자르느냐에 따라 수형이 달라진다.

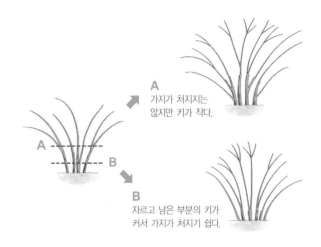

A
가지가 처지지는
않지만 키가 작다.

B
자르고 남은 부분의 키가
커서 가지가 처지기 쉽다.

번식 Point

숙지삽은 2월 하순~3월이, 녹지삽은 6월 하순~8월이 적기이다. 숙지삽은 충실한 전년지를, 녹지삽에는 충실한 햇가지를 삽수로 사용한다. 삽수는 30분~1시간 정도 물을 올린 후에 녹소토, 버미큐라이트, 피트모스 등을 혼합한 흙을 넣은 삽목상에 꽂는다. 삽목 후에는 반그늘에 두거나 차광하여 직사광선을 피할 수 있는 곳에 두고, 건조하지 않도록 관리한다. 발근하고 눈이 나오기 시작하면 서서히 햇볕이 비치는 곳에 두었다가, 다음 해 봄에 이식한다. 낙엽기인 12~3월에 분주법으로 번식시킨다. 상처가 나지 않도록 뿌리 주위를 파서 어느 정도 흙을 떼어내고 뿌리 부분을 확인한 후, 줄기가지 3개 정도가 1주가 되도록 분할하여 심고 충분히 물을 준다.

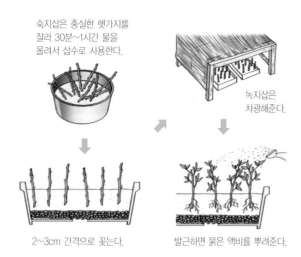

숙지삽은 충실한 햇가지를 잘라 30분~1시간 물을 올려서 삽수로 사용한다.

녹지삽은 차광해준다.

2~3cm 간격으로 꽂는다.

발근하면 묽은 액비를 뿌려준다.

▲ 삽목 번식

조경수 상식

■ 꽃차례(1) - 총수꽃차례

1. 총상꽃차례 : 길게 뻗은 꽃줄기에 여러 개의 꽃자루가 있는 꽃이 달리는 것.
2. 이삭꽃차례 : 꽃차례가 가늘고 거의 직립하는 것.
3. 꼬리모양꽃차례 : 긴 꽃줄기에 여러 개의 꽃을 아래로 늘어뜨린 꽃차례.
4. 육수꽃차례 : 꽃줄기가 다육화하여 표면에 꽃이 밀생한 것.
5. 편평꽃차례 : 꽃줄기에 붙은 꽃자루의 길이가 위로 갈수록 짧아져서 모든 꽃이 평면 또는 반구형을 이루는 것.
6. 우산모양꽃차례 : 편평꽃차례와 비슷하지만 마디 사이에 공간이 없고 여러 개의 꽃이 방사선으로 난 것.
7. 머리모양꽃차례 : 꽃줄기의 선단이 원반 모양이고, 그 위에 꽃자루가 없는 꽃이 모여 핀 것.

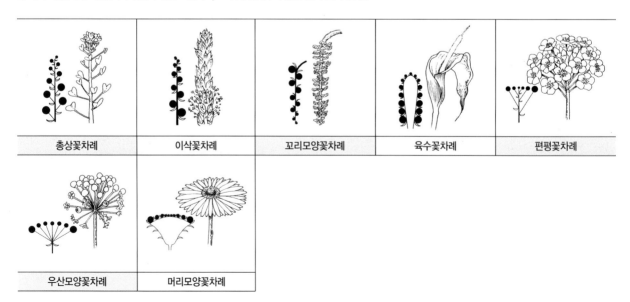

총상꽃차례	이삭꽃차례	꼬리모양꽃차례	육수꽃차례	편평꽃차례

우산모양꽃차례	머리모양꽃차례

1-11

철쭉

- 진달래과 진달래속
- 낙엽활엽관목   • 수고 2~5m
- 중국 요동 남부, 내몽고, 극동러시아; 전국의 산지에 분포

 학명 *Rhododendron schlippenbachii* 속명은 그리스어 rhodon(붉은 장미)과 dendron(나무)의 합성어로 '붉은 장미같은 아름다운 꽃이 피는'이라는 뜻이다. 종소명은 19세기 한국의 동해안에서 철쭉을 채집한 러시아의 해군장교 B. A. von Schlippenbach의 이름에서 딴 것이다.
영명 Royal azalea | **일명** クロフネツツジ(黒船躑躅) | **중명** 大字杜鵑(대자두견)

| 잎

어긋나기.
거꿀달걀형이며,
가장자리는 밋밋하다.
보통 가지 끝에
5장씩 모여 난다.

30%

| 꽃

양성화. 잎이 나면서, 새가지 끝에 연한
분홍색 꽃이 3~7개씩 핀다.

| 열매

삭과. 긴 달걀형이며, 익으면 위쪽이 5갈
래로 갈라진다.

| 수피

회갈색이고
평활하지만,
오래되면
작은 조각으로
갈라져서
떨어진다.

| 겨울눈

타원형이며, 끝이 뾰족하다.
눈비늘에 부드러운 털이 있다.

▲ 산철쭉(*R. yedoense* var. *poukhanense*)

근래에는 영산홍, 자산홍, 산철쭉, 겹철쭉 심지어 서양철쭉이라 불리는 아잘레아Azalea까지, 많은 종류의 꽃을 철쭉꽃이라 부르는 경우가 많다. 어떤 곳에서는 이러한 철쭉꽃을 통틀어서 철쭉류라 부르기도 한다. 철쭉과 진달래는 모두 연분홍색의 꽃을 피우는데, 구별이 쉽지 않다. 진달래는 잎보다 꽃이 먼저 피지만, 철쭉은 꽃과 잎이 비슷한 시기에 핀다. 또 진달래는 3월경에 꽃이 피고 4월경이면 모두 지는데 비해, 철쭉은 그때부터 꽃을 피우기 시작한다. 진달래는 먹을 수 있는 꽃이라 하여 참꽃이라 하고, 철쭉꽃은 먹을 수 없으므로 개꽃이라 한다.

철쭉이란 이름은 한자 척촉에서 유래된 것이라 한다. 양이 철쭉꽃을 먹으면 죽기 때문에 보기만 해도 겁을 내어

척촉 躑躅: 제자리 걸음한다 하여 양척촉이라 하던 것이 철쭉으로 변했다고 한다. 혹은 꽃이 하도 아름다워서 걸음을 머뭇거리게 한다는 뜻의 척촉 躑躅이 변해서 된 이름이라고도 한다.

《삼국유사》에 한 늙은이가 벼랑 위에 핀 철쭉꽃을 꺾어 수로부인에게 바친다는 이야기가 나온다. 신라 성덕왕 때 순정공이 강릉태수로 부임해 갈 때 바닷가 절벽 아래서 점심을 먹으며 쉬게 되었는데, 그 벼랑 위에 핀 철쭉꽃을 보고 수로 부인이 "누가 저 꽃을 꺾어다 주겠느냐"고 물었다. 주위의 모두가 그 절벽에 도저히 올라갈 수 없다고 할 때, 소를 몰고 그 옆을 지나가던 한 늙은이가 그 말을 듣고 그 꽃을 꺾어다 주고 노래를 지어 바쳤다. 그 노래가 바로 헌화가獻花歌이다.

　　붉은 바위 끝에/ 암소 잡은 손을 놓게 하시고/ 나를 부끄러워하시지 않으신다면/ 저 꽃을 꺾어 바치오리이다.

수로 부인의 미모가 노인으로 하여금 목숨을 내놓고 철

쭉꽃을 꺾어 오게 한 것이지만, 노인을 천길 벼랑 끝으로 내몬 수로부인의 주책없음을 탓하지 않을 수 없다.

조경 Point

우리나라 전역의 산지에서 자생하는 낙엽관목이다. 주택정원, 공원, 학교, 도심공원 등 어디에 심어 잘 어울리는 꽃나무이다. 정원수로 심을 때에는 무리심기를 하면 화려한 꽃의 특색을 잘 살릴 수 있다. 특히 암석원이나 바위틈에 심거나, 화분에 키워서 관상하기도 한다.

재배 Point

건조에는 약하지만, 추위에는 잘 견딘다. 습기가 있고 배수가 잘되며, 부엽토를 포함한 유기질이 풍부한 산성(pH4.5~5.5) 토양을 좋아한다. 반그늘에서 잘 자라지만, 양지에서도 잘 자란다. 이식은 3~4월, 9~11월에 하고, 얕게 심는다.

나무				개화			꽃눈 분화		열 매		
월	1	2	3	4	5	6	7	8	9	10	11	12
전정	전정					꽃후				전정		
비료		한비			시비							

병충해 Point

반점병, 갈색무늬병(갈반병), 엽반병, 떡병, 탄저병, 잎녹병, 민떡병 등의 병해가 발생한다. 떡병은 5월경부터 어린잎과 꽃눈이 기형적으로 자라서 마치 떡덩어리가 붙은 것처럼 보인다 하여 붙여진 이름이다. 발병하면 나무의 미관을 해치며, 매년 발생하면 꽃눈의 착상에 영향을 주어 개화가 잘되지 않는다. 진달래에 준해서 방제한다.

잎녹병에 걸린 잎은 대부분 일찍 떨어지므로 나무의 미관을 해치며, 트리아디메폰(티디폰) 수화제 1,000배액, 디페노코나졸(로

티플) 액상수화제 2,000배액을 살포하여 방제한다. 유럽에서는
잎녹병의 중간기주인 가문비나무류에서 피해가 큰 것으로 알려
져 있다.

진달래가루이, 이른봄밤나방, 진달래방패벌레 등의 해충이 발생
하기도 한다.

▲ 진달래가루이의 배설물에 의한　▲ 이른봄밤나방 애벌레
　 그을음병

▲ 진달래방패벌레

전정 **Point**

묘목을 심어서 원하는 수고와 가지폭까지 자라면, 이후로는 매
년 꽃이 진 후부터 5월 사이에 수관을 둥글게 다듬어준다.

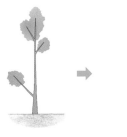

묘목 식재

원하는 수고와
가지폭까지
자라면 수관을
돌출한 부분을
잘라준다.

매년 같은 방법으로
꽃이 진 후부터
5월 사이에 수관을
둥글게 다듬어준다.

번식 **Point**

10월경에 잘 익은 갈색 열매를 따서 건조시키면 벌어져서 미세
한 종자가 나온다. 이것을 바로 뿌리거나 건조한 상태로 보관하
였다가, 다음해 2~3월에 파종한다.

3월 중순~4월이 숙지삽, 6~7월이 녹지삽의 적기이다. 숙지삽
은 충실한 전년지를, 녹지삽은 충실한 햇가지를 삽수로 사용한
다. 삽수는 8~10cm 정도의 길이로 자르고 잎은 1/3 정도 제거
한다. 1시간 정도 물에 담가서 물을 올린 후에 삽목상에 꽂는다.

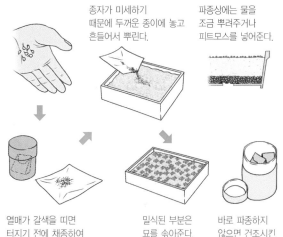

종자가 미세하기
때문에 두꺼운 종이에 놓고
흔들어서 뿌린다.

파종상에는 물을
조금 뿌려주거나
피트모스를 넣어준다.

열매가 갈색을 띠면
터지기 전에 채종하여
종자를 얻는다.

밀식된 부분은
묘를 솎아준다.

바로 파종하지
않으면 건조시킨
상태로 밀폐용기에
넣어 보관한다.

▲ 실생 번식

황매화

- 장미과 황매화속
- 낙엽활엽관목 • 수고 1~2m
- 일본, 중국의 남부와 중부; 강원도를 제외한 경기도 이남에 식재

학명 *Kerria japonica* 속명은 영국 큐가든의 원예가이자 동아시아 식물수집가인 William Kerr를 기념한 것이며, 종소명은 '일본의'를 뜻한다.
영명 Japanese kerria │ 일명 ヤマブキ(山吹) │ 중명 棣棠花(체당화)

│ 잎

어긋나기.
달걀꼴 피침형이며, 가장자리에 날카로운
겹톱니가 있다. 잎끝이 길게 뾰족하다.

60%

│ 꽃

황매화

죽단화

양성화. 가지 끝에 노란색 꽃이 1개씩 핀다. 겹꽃인 것은 죽단화라 한다.

│ 열매

수과. 넓은 타원형이며, 갈색으로
익는다.

│ 겨울눈

물방울형이며,
끝이 뾰족하다.
8~12장의
눈비늘조각에
싸여있다.

▲ 죽단화(*K. japonica* f. *pleniflora*)

꽃 모양이 매화꽃을 닮았으며 꽃색이 노란색이어서 노랑매화, 즉 황매화라는 이름으로 불린다. 황매화속에는 황매화 단 한 종밖에 없으며, 우리나라에는 꽤 오래 전에 들여온 귀화식물이다. 어릴 적 시골에서 자란 사람이라면 이름은 몰랐을지라도, 봄이면 담장 밑에 무리로 핀 이 꽃을 많이 보았을 것이다. 꽃잎이 겹꽃인 것을 죽도화 혹은 죽단화라고 하는데, 이는 대나무와 같은 푸른색 줄기를 가지고 있어서 붙여진 이름이다. 홑꽃과 겹꽃의 이름이 이처럼 판이하게 다른 경우는 흔치 않다. 겹황매화라고도 불리는 죽단화는 황매화의 변종이며, 열매를 맺지 않으므로 꺾꽂이나 포기나누기로 번식시킨다.

중국에서는 황매화를 체당화棣棠花 혹은 지당화地棠花라 한다. 또 출단화黜壇花라 불리기도 하는데, 이는 단壇에서 쫓겨난 꽃이라는 뜻이다. 반대로 단에서 쫓겨나지 않은 꽃은 어류화御留花라 하는데, 이는 황제의 명령에 의해 쫓겨나지 않고 살아남은 꽃이라는 뜻이다. 황제는 왜 어류화는 심게 하고, 출단화는 단에서 쫓아냈을까? 그 이유는 중국의 황제는 음양오행의 원리에 따라 물의 명, 즉 수명水命을 받았기에 토명土命을 받은 노란색을 꺼려했기 때문이다. 이규보의《동국이상국집》에 이런 내용이 나온다.

> 황제가 남겨둔 것은 어류화뿐이고
> 이 꽃은 내려치니 이름이 출단이라네.

황매화와 죽도화는 개화기간이 길어서 진한 노란색 꽃을 오랫동안 즐길 수 있다. 또 가을의 노란색 단풍과 잎이 진 겨울의 녹색 줄기도 관상가치가 있다. 사찰, 학교, 공장, 아파트단지 등의 각종 정원과 공원, 도로변, 철도변, 하천변 등에 지피식물이나 산울타리 용도로 활용할 수 있다. 넓은 공간에 무리심기를 하면 더 좋은 경관을 연출할 수 있다.

재배 Point

생장이 빠르며, 음지와 양지를 가리지 않고 잘 자란다. 추위와 공해에 강하며, 습기가 많고 비옥한 식양토 및 사양토가 적당하다. 이식은 휴면기가 좋으며, 추운 지역 말고는 9월까지 옮길 수 있다.

나무				개화				꽃눈분화	열매		
월	1	2	3	4	5	6	7	8	9	10	11	12
전정	전정				전정							
비료		한비										

병충해 Point

배나무방패벌레, 홍등줄박각시(복숭아박각시), 배붉은흰불나방, 선녀벌레 등이 발생한다. 배나무방패벌레는 잎에 기생하여 수액을 흡즙가해하며, 극심할 때는 잎이 완전히 하얗게 되어 떨어진다. 상습발생지에서는 밀도가 높지 않은 1세대 약충시기에 방제하는 것이 효과적이며, 5월 중순 2세대 발생초기에 에토펜프록스(세베로) 유제 1,000배액 또는 페니트로티온(스미치온) 유제 1,000배액을 10일 간격으로 2회 살포한다.

▲ 배붉은흰불나방 애벌레

낙엽기에 마른 가지는 제거하고 묵은 가지는 밑동에서 잘라준다. 오래 묵은 가지에서도 꽃이 피지만 3~4년에 한 번씩 잘라주어, 새가지를 나게 하면 수형이 유지된다. 전정을 하면 할수록 고사하는 가지가 많아지고 꽃의 수는 적어진다.

마른 가지는
줄기의 녹색부가
남아 있더라도,
신초의 분기점 바로 위를
잘라주거나 지면에서
잘라주어 새가지가
나오게 한다.

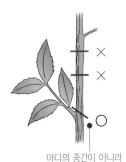

마디의 중간이 아니라
가지의 분기점 바로
위를 자른다.

황매화는 실생, 삽목, 분주 등으로 번식시킬 수 있지만, 죽도화는 열매를 맺지 않기 때문에 실생 번식은 불가능하다. 숙지삽은 2월 중순~3월, 녹지삽은 6~7월 중순이 적기이다. 숙지삽에는 충실한 전년지를, 녹지삽에는 충실한 햇가지를 삽수로 사용한다. 삽수 길이의 반 정도가 묻히게 안내봉으로 구멍을 뚫고 꽂는다. 바람이 불지 않는 반그늘에 두고 관리하고, 다음해 봄에 이식한다.

휘묻이(압조법)는 가지를 구부려 지면으로 유인하고 주위에 흙을 높게 쌓아두면 발근하는데, 이것을 떼어내어 옮겨 심는다.

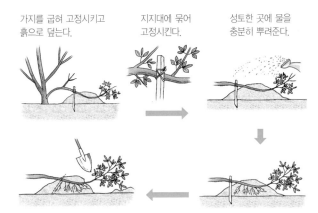

가지를 굽혀 고정시키고
흙으로 덮는다.

지지대에 묶어
고정시킨다.

성토한 곳에 물을
충분히 뿌려준다.

발근한 곳을 떼어내어 이식한다.

발근하면 새눈이 나온다.

▲ 취목(압조법) 번식

누리장나무

- 꿀풀과 누리장나무속
- 낙엽활엽관목 • 수고 2~4m
- 중국, 대만, 필리핀, 일본; 강원도 및 황해도 이남의 숲 가장자리

 학명 *Clerodendrum trichotomum* 속명은 그리스어 cleros(운명)와 dendron(나무)의 합성어로 이 속의 식물에 약용식물과 독성식물이 함께 있어서 '운명의 나무'라는 의미를 가진다. 종소명은 마편초과의 특징인 가지가 '세 갈래로 갈라지는'이라는 뜻이다.
영명 Harlequin glorybower | 일명 クサギ(臭木) | 중명 海州常山(해주상산)

| 잎

마주나기.
넓은 달걀형이며,
물결 모양의 톱니가 있다.
잎을 비비면 누릿한 냄새가 난다.

25%

| 꽃

양성화. 새가지 또는 잎겨드랑이에서 흰색 꽃이 모여 핀다. 특이한 향기가 난다.

| 열매

핵과. 구형 또는 달걀형이며, 광택이 나는 짙은 남색으로 익는다.

| 겨울눈

맨눈이며,
자갈색의 털이 많다.
끝눈은 물방울형이고
곁눈은 달걀형이다.

| 수피

지름 6cm

회갈색을 띠며,
성장함에 따라
세로줄 모양의
껍질눈이 생긴다.

누리장나무가 한창 자라는 봄부터 여름 사이에는 이 나무 근처에만 가도 누릿한 냄새가 난다 하여 붙여진 이름이며, 구린 냄새가 난다 하여 구릿대나무라고도 한다. 오동잎을 닮은 잎에서 고약한 냄새가 나기 때문에 취오동臭梧桐 혹은 취목臭木이라고도 하며, 일본 이름도 '냄새가 나는 나무'라는 뜻의 쿠사기臭木이다. 지방에 따라서는 개똥나무·개나무 등 냄새가 좋지 않다는 뜻의 이름으로 불리며, 북한 이름은 아예 누린내나무이다. 꽃에서 나는 향기는 그렇게 나쁘지는 않지만, 잎에서는 그야말로 고약한 냄새가 나므로 가급적 가까이 하지 않는 것이 좋다. 그러나 산에 오르다 산모기에 물려 부풀어 오르고 가려울 때, 생잎을 따서 찧어 바르면 금방 가라앉는다고 한다.

누리장나무는 고약한 냄새로 자신을 보호하며, 외부의 적이 숲에 침입하는 것을 방해하는 숲가장자리 구성식물 망토식물로서의 역할을 하고 있다. 그러나 항상 이런 좋지 않은 냄새만 풍긴다면 종족번식에 차질이 생기므로, 꽃이 피는 시기에는 개화 전과는 비교 할 수 없는 좋은 향기로 바뀐다.

처음 꽃이 필 때는 4개의 기다란 수술을 뻗어 꽃가루를 나비나 벌에 묻혀서 보내기 위해 노력하고, 며칠이 지난 후에는 아래로 처져 있던 암술을 앞으로 뻗어 꽃가루를 받아들이려는 노력을 한다. 이렇게 해서 수분이 되면 가운데 보석이 박힌 브로치 모양의 아름다운 열매가 열리는데, 이 또한 종족번식을 위한 아이디어의 산물이라 할 수 있다. 이처럼 아름답고 매력적인 열매를 새들이 그냥 두지 않을 것이기 때문이다.

조경 Point

나무 전체에서 풍기는 누릿한 냄새 때문에 조경수로서의 활용은 제한적인 편이다. 그러나 꽃이 귀한 8~9월에 무리로 피는 흰색 꽃과 브로치 같은 붉은 별 모양의 열매는 관상가치가 높다. 키가 그다지 크지 않기 때문에 정원, 공원, 녹지대 등에 단식을 해도 좋고, 공간이 넓으면 군식을 해도 좋다. 외국에서는 우리나라에서보다 더 많이 조경수로 활용되고 있다.

재배 Point

내한성은 강하며, 햇빛이 잘 들고 비옥한 부식질이 풍부한 곳이 좋다. 습도가 있지만 배수가 잘되는 토양에 식재한다. 토양산도는 약산성이지만 알카리성 토양에도 잘 견딘다.

병충해 Point

박쥐벌레, 목화진딧물, 선녀벌레, 큰쥐박각시 등의 해충이 발생한다. 박쥐나방의 애벌레는 나무줄기 속을 식해하며, 성장한 후에는 나무로 이동하여 줄기를 먹어 들어가면서 배설물을 밖으로 배출하여 마치 실을 토해 낸 것이 혹처럼 보인다. 이어 줄기의 중심부로 먹어 들어가 위아래로 갱도를 뚫으면서 식해하므로 피

▲ 박쥐나방 애벌레

▲ 박쥐나방의 배설물

해가 크다. 또 피해부위는 약해져서 바람에 부러지기 쉽다.

피해부위가 줄기의 밑 부분에 많고 쉽게 발견되므로, 벌레집을 제거하고 페니트로티온(스미치온) 유제 100배액을 주사기로 주입한다. 애벌레기에는 초본류를 가해하므로 나무 밑의 잡초를 제거하여 애벌레가 먹을 수 있는 풀을 없애면 발생을 억제할 수 있다.

▲ 박쥐나방의 피해가지

번식 Point

10월 하순에 열매를 채취하여 과육을 제거한 후, 종자량의 2배 정도 되는 젖은 모래와 혼합하여 노천매장을 해두었다가 다음 해 봄에 파종한다. 종자가 건조하면 2년 만에 발아하기도 한다. 4월 상순에 나무의 뿌리 부분에서 올라온 줄기를 뿌리와 같이 파서 나누어 옮겨 심는 분주(포기나누기)도 가능하지만 대량번식은 어렵다. 4월에 근삽, 7~8월에 녹지삽도 가능하다.

조경수

■ 시비 방법

• 천공 시비	• 윤상 시비	• 전면 시비	• 방사상 시비
수관선 아래에 홈을 파고 거름을 준다. 덧거름 등 빨리 흡수시키는 비료를 사용한다.	수관선 아래에 깊이 20~30cm 구덩이를 파고 비료를 준다. 봄시비 등 완효성 비료를 사용한다.	뿌리 주위에 전면적으로 뿌려준다. 주로 화학비료를 덧거름으로 줄 때 사용한다.	나무가 혼식되어 있을 때는 방사상으로 구덩이를 파고 거름을 준다. 완효성 비료를 사용한다.

능소화

- 능소화과 능소화속
- 낙엽활엽덩굴식물 · 길이 10m
- 중국 중부와 남부 원산; 중부 이남에서 식재

 학명 *Campsis grandiflora* 속명은 그리스어 kampe(곡선의)에서 온 것으로 수술이 활 모양으로 굽어 있는 것에서 유래하며, 종소명은 '큰 꽃의'라는 뜻이다. | 영명 Chinese trumpet creeper | 일명 ノウゼンカズラ(凌霄花) | 중명 凌霄(능소)

| 잎

마주나기.
3~5쌍의 작은잎을 가진
홀수깃꼴겹잎이다.
잎축이 세모로 모가 져있다.

20%

| 겨울눈

달걀형이고 작다.
관다발자국은
둥글게 배열되어 있다.

| 꽃

양성화. 새가지 끝에서 깔때기 모양의
황적색 꽃이 모여 핀다.

▲ 미국능소화(*C. radicans*)

| 열매

삭과. 국내에서는 열매를 잘 맺지 않는다.

| 수피

회갈색을 띠며,
성장함에 따라
표면이 얇은
리본 모양으로
벗겨진다.

조경수 이야기

업신여길 능凌, 하늘 소霄, 꽃 화花. '하늘을 업신여기고 계속 올라가는 꽃'이라는 뜻의 이름 역시 꽃 모양만큼 이나 멋지다는 느낌이 든다. 시중에는 중국원산의 능소 화와 미국능소화 2종류가 많이 보급되고 있다. 우리 주 위에서 흔하게 보는 중국원산의 능소화는 고대 중국에 서는 약용으로 재배하였으며, 우리나라에도 약용으로 재배하기 위해 들여왔다고 한다. 북미가 원산인 꽃이 가 늘고 긴 미국능소화도 간혹 볼 수 있다. 한때 능소화의 꽃가루 모양이 갈고리처럼 생겨서 눈에 들어가면 눈동 자에 상처를 낼 수도 있다고 알려졌으나, 사실이 아닌 것으로 판명되었다. 속명 캄프시스Campsis는 그리스어 로 '굽은'이란 뜻으로 수술의 휘어진 모습에서 유래한 것이다.

옛날에는 주로 양반집 마당에만 심을 수 있어서 양반꽃 이라고 불렀지만, 지금은 더위가 기승을 부리는 한여름 이면 일반 가정집에서도 흔하게 볼 수 있는 서민의 꽃이 다. 무리지어 피기 때문에 멀리서 바라보면 더 아름답게 보이는 꽃이다.

능소화는 담장에 올리면 잘 어울리는 꽃으로 구중궁궐 화九重宮闕花라 부르기도 한다. 옛날 중국에 소화라는 아 름다운 궁녀가 임금의 사랑을 받아 빈의 자리에까지 올 랐으나, 어쩐 일인지 그 후로는 임금이 단 한 번도 찾아 주지 않자 기다림에 지쳐 병이 들고 말았다. 마침내 그 녀는 '내가 죽으면 담 밑에 묻어 달라'는 유언을 남기고 죽었다. 그 후 소화가 묻힌 곳에서 능소화가 나와 담벼 락을 타고 오르더니, 생전에 임금을 기다리듯이 담장 안 을 응시하였다고 한다. 그래서 능소화의 꽃말이 '기다 림'인지도 모른다.

조경 Point

꽃이 적은 한여름에 피는 귀중한 꽃나무이다. 가지에 흡착근이 있어 벽에 타고 올라가기 때문에 담장, 아치, 기둥, 퍼걸러 등에 올리면 크고 아름다운 꽃을 오랫동안 감상할 수 있다. 처리하기 어려운 고사목에 올려도 좋은 경관을 연출할 수 있다. 하지만, 살아있는 나무에 올리면 나무가 죽을 수도 있으므로 주의해야 한다. 건물의 벽이나 담장에 담쟁이덩굴 대신에 꽃이 좋은 능소 화를 올린다면 한층 더 깊은 운치를 맛 볼 수 있다. 공해에도 강한 조경수로 도심 한가운데서도 흔하게 만날 수 있다.

재배 Point

적당히 비옥하고 배수가 잘되는 곳이면, 어떤 곳에서도 잘 자란 다. 서리가 내리는 곳이면, 해가 잘 비치고 따뜻한 벽 쪽에 올려 서 키우면 좋다. 공기뿌리[氣根]의 발생이 많지 않기 때문에 영 구적으로 지지할 수 있는 지주를 세워서 묶어주는 것이 좋다.

나무					새순		꽃눈분화	개화				
월	1	2	3	4	5	6	7	8	9	10	11	12
전정		전정								전정		
비료		한비						시비				한비

병충해 Point

박쥐나방이나 유리나방과 같은 심식충이 파먹고 들어간 자리를 찾아서, 1회용 주사기로 석회유황합제 원액을 주입하여 애벌레

▲ 큰쥐박각시

를 죽인다. 깍지벌레가 발생한 가지는 잘라서 소각하고, 석회 유황합제를 2~3회 뿌려준다. 흰가루병, 흰불나방, 큰쥐박각시 등이 발생하기도 한다.

전정은 겨울에 당년지를 잘라서 정리하는 것만으로 충분하다. 가리개용 또는 은폐용으로 식재한 경우에는 강하게 전정하고 가는 가지를 제거해주면, 꽃의 수가 많아진다. 방임해 두어도 되지만 그렇게 하면 해마다 꽃의 수가 적어진다.

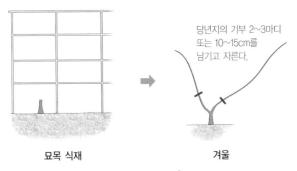

당년지의 기부 2~3마디 또는 10~15cm를 남기고 자른다.

묘목 식재   겨울

굵고 긴 덩굴을 2~3마디 남기고 위로 난 눈의 5mm 위를 자른다.

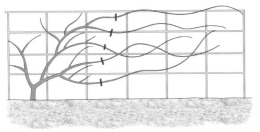

매년 반복

실생, 삽목, 접목, 취목 등의 방법으로 번식시킨다. 숙지삽은 봄에 가지에서 눈이 트기 전에 전년지를 10~15cm 길이로 잘라 꽂으며, 녹지삽은 6~7월에 당년지를 10~15cm 길이로 잘라 꽂는다. 휘묻이나 높이떼기로도 활착이 잘 되며, 발근하면 따로 떼어내어 옮겨 심는다.

모감주나무

- 무환자나무과 모감주나무속
- 낙엽활엽소교목 • 수고 8~10m
- 중국, 일본; 황해도 및 강원도 이남의 해안가 인근 산지

| 학명 *Koelreuteria paniculata* 속명은 독일의 식물학자 J. G. Koelreuter를 기념한 것이며, 종소명은 라틴어 원추꽃차례에서 유래한 것으로, 이 나무의 꽃차례를 나타낸다. | 영명 Goldenrain tree | 일명 モクゲンジ(木患子) | 중명 欒樹(난수)

| 잎

어긋나기. 3~9쌍의 작은잎을 가진 홀수깃꼴겹잎이다. 작은잎은 불규칙하게 갈라진다.

15%

| 꽃

양성화

수꽃

수꽃양성화한그루. 새가지 끝에 노란색 꽃이 원추꽃차례로 핀다.

| 겨울눈

원추형이며, 2장의 눈비늘조각에 싸여있다. 눈비늘조각 가장자리에 털이 있다.

| 수피

지름 20cm

회갈색이고 갈색의 껍질눈이 많이 산재한다. 성장함에 따라 세로로 갈라진다.

| 열매

삭과. 풍선 모양(꽈리열매 모양)이며, 갈색으로 익는다. 종자는 구형이고 검은색이며, 광택이 있다.

조경수 이야기

모감주나무는 초여름에 꽃이 피어 나무 전체를 노란 빛으로 물들인다. 노란 빛이라기보다는 오히려 황금빛에 더 가깝기 때문에 영어 이름은 골든 레인 트리Goldenrain tree이다. 노란 꽃이 만발하였을 때 모감주나무를 본다면, 왜 이런 이름이 붙여졌는지 금방 알 수 있다.

모감주나무의 열매는 10월에 익으며, 그 안에 구슬 모양의 단단한 씨앗이 들어있다. 이 열매로 염주를 만들었기 때문에 염주나무라고도 불리며, 사찰 주위에 많이 심었다. 이 나무의 이름이 닳아 없어진다는 뜻의 '모감耗減'에서 유래되었다는 것 또한 염주와 관련이 있다.

염주는 무환자나무나 염주나무의 열매로도 만들었는데, 그 중에서도 모감주나무 열매로 만든 염주는 고승들만 사용할 수 있을 정도로 귀하게 여겼다고 한다. 또 염주를 만드는 나무로 피나무가 있는데, 이 나무는 동화사·부석사·백양사·금산사 등 유명 사찰에서 볼 수 있다. 스님들은 피나무를 보리수나무라 부르기도 하는데, 부처님이 해탈한 보리수나무는 우리나라에서 살 수가 없으므로 피나무로 대체한 것으로 보인다.

모감주나무는 동백나무·광나무·해송 등과 더불어 바닷가에서 잘 자라는 나무로 알려져 있다. 천연기념물 제138호 태안 안면도 모감주나무군락, 제371호 포항시 발산리 모감주나무와 병아리꽃나무군락, 제428호 완도 대문리 모감주나무군락지가 천연기념물로 지정되었는데, 이들은 모두 바닷가에 있다. 특히 안면도의 모감주나무군락지는 원산지인 중국 산동지방에서 바닷물에 떠내려 온 종자가 자란 것으로 추정하고 있다.

▲ 모감주나무 열매로 만든 악세사리

조경 Point

안면도를 비롯한 서해안 바닷가 지역에서 자생하는 수종으로, 염분에 강하기 때문에 해안조경이나 바닷가의 방풍림으로 적합하다. 공해에도 강한 편이어서 도시의 가로수, 공원의 녹음수, 생태공원의 조경수로 심으면 좋다. 꽃이 흔하지 않은 여름철에 많은 꽃을 감상할 수 있으며, 꽃이 지고 난 후에 열리는 열매 또한 이색적인 느낌을 자아낸다. 무리심기를 하면 '황금 비'의 장관을 더욱 실감할 수 있다.

재배 Point

척박지에서도 잘 자라며, 추위나 건조함에도 강하다. 비옥하고 배수가 잘되며, 햇빛이 잘 비치는 곳이 식재한다. 특히 내염성이 강하다. 이식은 3~4월, 10~11월에 하며, 직근성이므로 주의한다.

병충해 Point

박쥐나방의 애벌레는 나무의 줄기 속을 식해하며, 성장한 후에는 나무로 이동하여 줄기를 먹어 들어가면서 똥을 밖으로 배출하고 실을 토해 내는데, 마치 혹처럼 보인다. 이어 줄기의 중심부로 먹어 들어가 위아래로 갱도를 뚫으면서 식해하므로 피해가 크다. 또 피해부위는 약해져서 바람에 부러지기 쉽다.

피해부위가 줄기 밑 부분에 많고 쉽게 발견되므로, 벌레집을 제거하고 페니트로티온(스미치온) 유제 100배액을 주사기로 주입한다. 애벌레기에는 초본류를 가해하므로 나무 밑의 잡초를 제거하여, 애벌레가 먹을 수 있는 풀을 없애면 발생을 억제할 수 있다.

번식 Point

10월경 열매가 익으면 채취하여 과육을 제거한 후, 종자를 정선하여 습기가 있는 모래와 섞어 저온저장 혹은 노천매장해두었다가, 다음해 봄에 파종한다. 파종상을 짚으로 덮어서 건조하지 않도록 관리한다. 근삽으로도 번식이 가능하다.

무궁화

· 아욱과 무궁화속
· 낙엽활엽관목 · 수고 3~4m
· 중국, 인도, 동아시아; 전국적으로 널리 식재

 | 학명 *Hibiscus syriacus* 속명은 이집트의 여신 Hibis(아름다움의 신)와 그리스어 isko(비슷하다)에서 비롯되었으며, 아욱(mallow)과와 닮은 식물의 고대 그리스 및 라틴 이름이다. 종소명은 명명 당시 원산지로 알려진 시리아를 가리킨다. | 영명 Rose of sharon | 일명 ムクゲ | 중명 木槿(목근)

| 잎

어긋나기. 마름모꼴이며,
보통 3갈래로 갈라진 갈래잎이다.

45%

| 꽃

적단심

백단심

양성화. 꽃은 새가지의 잎겨드랑이에 1개씩 피며, 색깔이 다양하다.

| 겨울눈

눈비늘이 없는
맨눈이며, 혹 모양으로
부풀어 있다.
별 모양의 털이 많다.

| 수피

회백색이고
껍질눈이 있으며,
평활하다.
성장함에 따라
세로로 얕은
줄이 생긴다.

지름 5cm

| 열매

삭과. 달걀형 또는 긴 타원형이며, 갈색
으로 익는다.

무궁화에 대한 가장 오래된 기록은 중국 하나라 때 쓰여진 《산해경山海經》에서 찾아 볼 수 있다. 이 책에 "서로 양보하기를 좋아하여 다툼이 없는 군자의 나라에 훈화초薰華草, 무궁화가 있는데, 아침에 피었다가 저녁에 진다."라는 기록이 있다. 《동국이상국집東國李相國集》에 의하면 고려 고종 때 이규보가 무궁화라는 이름을 처음 사용하고, 무궁화라 부르게 된 것에 대해 시짓기 내기를 한 일화를 소개하고 있다.

무궁화는 우리나라를 상징하는 국화國花요, 겨레의 얼이다. 그럼에도 불구하고 우리 국민이 좋아하는 꽃 순위에서는 장미 · 국화 · 백합에 이어 겨우 4위를 차지하고 있다. 어떤 이들은 극단적으로 국화를 다른 꽃으로 바꾸자고 주장하는 이도 있다. 그 이유로 무궁화의 원산지가 우리나라가 아니라 중국, 인도 혹은 시리아 등으로 알려져 있으며, 꽃이 질 때 벚꽃처럼 깨끗하지 않고 지저분하며, 무궁이라는 이름과 달리 하루살이 꽃이며, 진딧물이 많이 달라붙는다는 등의 단점을 들고 있다. 어떤 이는 이런 주장에 대해 자기 아내가 천성이 성실하지만 농촌 여자라 꾸밈이 없고 지분 냄새가 나지 않으므로, 화류계의 여자를 새로 아내로 맞아들여야 한다는 것과 같다고 반박하고 있다. 곰곰이 생각해 볼 문제이다.

무궁화는 같은 발음의 무궁화無宮花로도 불리는데, 여기에는 다음과 같은 일화가 전한다. 당현종이 양귀비의 환심을 사기 위해 궁 안에 전국의 아름다운 화초를 모두 심게 하였다. 봄이 되자 백화가 만발하였지만 유독 목근木槿, 무궁화만이 꽃을 피우지 않자, 현종이 노하여 꽃을 궁 밖으로 내어 쫓으라 명하였다. 그래서 궁 안에는 없는 꽃, 무궁화라는 이름을 얻게 되었다고 한다.

일본에서는 무궁화를 한자 표기 없이 음으로만 무쿠게ムクゲ로 부르는데, 이는 무궁화가 우리나라에서 일본으로 건너가면서 함께 전해진 이름인 것으로 여겨진다.

조경 Point

무궁화는 꽃의 관상적 가치도 높지만, 나라꽃이라는 상징적 의미도 강하다. 단아한 꽃 모양이 어떤 곳에 심더라도 조화를 잘 이룬다. 학교나 공원 또는 정원 등에 무리로 심거나 원로에 줄심기를 하면 꽃을 관상하는 것 이상의 의미가 있을 것이다. 공해에도 강하기 때문에 도심에서 산울타리로 심으면 꽃이 적은 여름동안에 오랫동안 꽃을 감상할 수 있다. 많은 품종이 육종되어 있어서 꽃색, 꽃모양, 꽃이 피는 시기를 식재장소에 맞게 골라 심을 수 있다.

재배 Point

토양은 가리지 않는 편이며, 건조함은 싫어한다. 부식질이 풍부하고 해가 잘 비치는 곳에 식재한다. 수분이 있고 배수가 잘되는 중성 또는 알카리성 토양을 좋아한다. 식재는 3~4월, 10~11월에 하고, 심을 때 부엽토를 섞어 준다.

나무		새순 →					개화		└ 꽃눈분화		
월	1	2	3	4	5	6	7	8	9	10	11	12
전정	전정			전정								전정
비료		한비			시비			시비				

◀ **대통령 휘장**
봉황과 무궁화 문양으로 구성되어 있다.

해충으로는 목화진딧물, 무궁화잎밤나방, 목화명나방, 아까시아
진딧물, 뿔밀깍지벌레 등이 있다.

목화진딧물은 무궁화에 많이 발생하며, 새가지의 잎뒷면에 모여
살면서 흡즙가해하여 잎과 꽃이 뒤틀리고 시드는 증상이 나타
난다. 대량으로 발생하면 나무의 성장이 저해되고 수세가 약화
된다. 약충이 발생하는 초기에 이미다클로프리드(코니도) 액상
수화제 2,000배액을 1~2회 살포한다. 봄철 방제가 무엇보다
중요하다. 일반적으로 식물이 건강하지 않을 때에는 진딧물의
발생밀도가 높다.

병해로는 무궁화검은무늬병(흑반병), 무궁화점무늬병(반점병),
무궁화푸사리움가지마름병 등이 있다. 푸사리움가지마름병은 잎
이 마르면서, 병든 가지에 다량의 분생자퇴(작은 흑점)가 만들어
진다. 6~7월에 터부코나졸(호리쿠어) 유제 2,000배액을 2~3
회 살포한다.

병충해가 발생한 나무를 방치하면 피해가 확대되므로 약제를
살포하고 전정을 실시하여, 튼튼한 나무로 키우는 것이 중요
하다.

▲ 목화진딧물 피해잎

전정을 하지 않아도 그다지 크게 자라지는 않지만, 보통 매년 같
은 위치에 전정을 한다. 산울타리로 심었을 경우에는 봄에 새순
이 나오기 전에 강하게 전정하여, 아랫부분에서 가지가 많이 나
오도록 해준다.

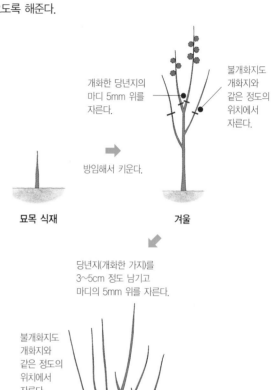

개화한 당년지의
마디 5mm 위를
자른다.

불개화지도
개화지와
같은 정도의
위치에서
자른다.

방임해서 키운다.

묘목 식재   겨울

당년지(개화한 가지)를
3~5cm 정도 남기고
마디의 5mm 위를 자른다.

불개화지도
개화지와
같은 정도의
위치에서
자른다.

불필요한 가지는
밑동에서 자른다.

가지로 키울
필요가 있는 것은
마디의 5mm
위를 자른다.

매년 반복한다.

겨울

10월경에 열매가 노란색으로 익으면 채취하여, 손으로 비벼서 종자를 골라낸다. 이것을 바로 파종하거나 건조하지 않도록 비닐봉지에 넣어 냉장고에 보관하였다가, 다음해 3월에 파종한다. 3월이 숙지삽, 6~8월이 녹지삽의 적기이다. 숙지삽은 충실한 전년지를, 녹지삽은 충실한 햇가지를 삽수로 사용한다. 녹지삽을 한 것은 반그늘에 두고 차광해준다. 새눈이 나오기 시작하면 서서히 외기에 익숙해지도록 하고, 다음해 봄에 이식한다.

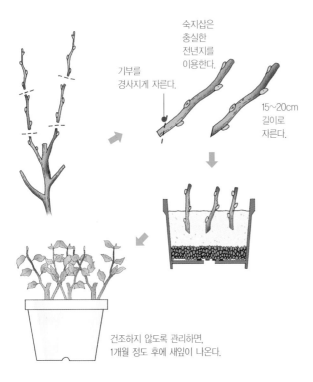

기부를 경사지게 자른다.

숙지삽은 충실한 전년지를 이용한다.

15~20cm 길이로 자른다.

건조하지 않도록 관리하면, 1개월 정도 후에 새잎이 나온다.

▲ 삽목 번식

수국

- 수국과 수국속
- 낙엽활엽관목 • 수고 1~2m
- 일본 원산, 중국 중부와 남부; 전국적에 식재

 | 학명 *Hydrangea macrophylla* 속명은 그리스어 hydro(물)와 angion(그릇)의 합성어로 이 속의 식물이 습기가 많은 곳에서 잘 자라기 때문에, 혹은 열매의 형태가 컵 모양인 것에서 유래한 것이다. 종소명은 '큰 잎의'라는 뜻이다. | 영명 Bigleaf hydrangea | 일명 アジサイ(紫陽花) | 중명 八仙花(팔선화)

| 잎

마주나기.
넓은 달걀형이며, 깻잎과 비슷하다.
종소명 마크로필라(*macrophylla*)는
'큰 잎의' 라는 의미이다.

30%

| 꽃

무성화. 산방꽃차례로 달리고, 꽃받침조각이 꽃잎처럼 생겼다.

| 겨울눈

끝눈은 2장의 눈껍질이
떨어져서 맨눈이 되며,
잎맥이 드러나 보인다.

| 열매

◀ **산수국의 열매와 마른 꽃**
산수국은 삭과를 맺지만, 수국은 암술이 퇴화되어
결실하지 못한다.

▲ 산수국(*H. serrata* f. *acuminata*)

조경수 이야기

수국은 우리나라를 비롯하여 중국·일본에 분포하던 산수국을 1789년 방크스Banks가 영국으로 가져가서 품종개량한 것으로, 근래에는 조경수로 널리 활용되고 있다. 산수국의 유성화가 장식화로 변한 것으로 교배가 용이하기 때문에 많은 원예품종이 개발되어 있다. 수국의 모종인 산수국은 가운데 있는 작은 꽃 주위에 피는 장식화가 액자처럼 보이기 때문에 일본에서는 액자수국額紫陽花, ガクアジサイ이라 부른다. 수국은 열매를 맺지 못하는 무성화로만 이루어져 있어서 꽃은 아름답지만 인공적인 느낌이 많이 든다. 수국이라는 이름은 비단에 둥근 공과 같은 꽃을 수 놓았다는 뜻의 수구화繡毬花가 변한 것이다. 중국에서는 자양화紫陽花라 부르는데, 이는 백낙천이 그의 시에서 처음 붙인 이름이다.

수국의 학명에 대해서는 다음과 같은 이야기가 전한다. 독일의 식물학자 주카리니Zuccarini는 젊은 나이에 식물조사를 위하여 일본에 왔다가 오타키라는 기생과 사랑에 빠진다. 그 후 오타키가 변심하여 다른 남자에게 가버리자, 가슴앓이를 하던 주카리니는 수국의 학명을 '*Hydrangea otaksa*'라 하였다. 변심한 애인의 이름 오타키에 존칭을 붙여 오타키상이라 한 것이 오타크사 *otaksa*가 되었다고 한다.

수국꽃은 무성화로, 처음에는 자주색에서 푸른색이 되었다가 다시 연분홍으로 변색하기 때문에 그녀의 변심에 대한 복수를 표현한 것이다. 그래서인지 수국의 꽃말 역시 '변하기 쉬운 마음' 이다. 이후 수국의 학명은 미국 하버드대학교 아놀드 수목원의 윌슨Wilson에 의해

'Hydrangea macrophylla'로 바뀌었다.

꽃색은 재래종은 청색이지만 빨강색 · 분홍색 · 흰색 · 하늘색 · 노란색 등의 많은 원예품종이 있다. 꽃의 색깔이 토양의 산도에 따라 변화하는 리트머스 꽃이기도 하다. 즉 토양이 산성일 때는 청색, 알칼리성일 때는 분홍색의 꽃을 피운다. 또 토양에 포함된 비료의 성분에 따라 꽃색이 차이가 나는데, 질소 함유량이 적으면 붉은색이 남색으로 바뀌고, 질소 성분이 많고 칼륨 성분이 적으면 청색으로 변한다.

▲ 수국 우표
유고슬라비아, 영국령 건지 섬, 일본, 룩셈부르크 발행

청색, 진홍색, 보라색, 분홍색, 흰색 등 꽃색이 풍부하며, 꽃모양도 다양하여 꽃이 적은 여름철 관상수로 각광을 받고 있다. 토양의 산도에 따라 꽃색이 변화하는 것을 이용하여, 청색과 적색 등의 꽃색으로 나누어 심어보는 것도 재미있다. 정원이나 공원의 연못가 혹은 큰 나무 밑에 무리심기를 하면 좋다. 건물의 북측에 줄심기를 하거나 무리심기를 하는 것도 좋다. 화분에 심어 관상하는 경우도 많다.

재배 Point

비료성분이 적고, 부식질이 풍부하며, 습한 토양에서 잘 자란다. 햇빛이 잘 비치는 곳 또는 반음지에도 재배가 가능하다. 차고 건조한 바람이 부는 곳은 피하는 것이 좋다.

나무				새순		개화					꽃눈분화	
월	1	2	3	4	5	6	7	8	9	10	11	12
전정	전정						전정			전정		
비료	시비					시비						

병충해 Point

병해로는 흰가루병, 모자이크병, 반점병, 탄저병이 있으며, 충해로는 박쥐나방, 선녀벌레, 차주머니나방, 깍지벌레, 조팝나무진딧물, 붉나무소리진딧물, 풍뎅이류 등이 발생한다.

통풍이 잘되지 않고 습도가 높으며 광량이 부족한 곳에서는, 잎에 밀가루를 뿌린 것 같은 흰가루병이 잘 발생한다. 이때는 질소질 비료의 과다사용을 줄이고, 전정을 해서 통풍이 잘되게 하면 예방이 가능하다.

선녀벌레의 성충과 약충은 가지나 잎의 수액을 흡즙하여, 나무의 생육에 지장을 준다. 또 흰 솜과 같은 물질을 분비하여, 기생부위가 희게 보여서 미관을 해친다. 정원수 등이 밀식된 곳이나 통풍이 나쁜 곳에서 자주 발생한다. 발생초기에 티아클로프리드(칼립소) 액상수화제 2,000배액을 1회 살포하여 방제한다.

▲ 선녀벌레

▲ 풍뎅이

여러 가지 방법으로 전정할 수 있으므로 상황에 맞는 방법을 선택한다.

전정 A : 방임해두거나 시든 꽃만 따주며, 아래로 처진 가지는 수시로 제거한다. 이 경우는 나무의 크기가 커지며 꽃이 많이 핀다.

전정 B : 꽃이 진 후에 개화한 가지만 제거한다. 키가 작지만 매년 꽃을 볼 수 있으며, 작은 공간에 적합하다.

전정 C : 꽃이 진 후에 일제히 수관을 깎아준다. 너무 깊게 깎으면 꽃눈이 생기는 가지를 없애게 되므로 강전정은 피하는 것이 좋다.

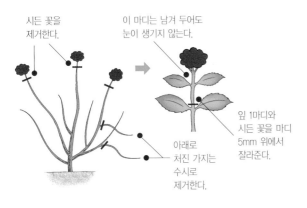

시든 꽃을 제거한다.

이 마디는 남겨 두어도 눈이 생기지 않는다.

잎 1마디와 시든 꽃을 마디 5mm 위에서 잘라준다.

아래로 처진 가지는 수시로 제거한다.

전정 A

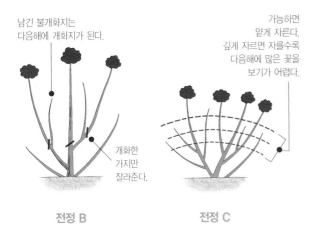

남긴 불개화지는 다음해에 개화지가 된다.

가능하면 얕게 자른다. 깊게 자르면 자를수록 다음해에 많은 꽃을 보기가 어렵다.

개화한 가지만 잘라준다.

전정 B   **전정 C**

숙지삽은 2월 하순~3월경, 녹지삽은 6~8월 상순이 적기이다. 숙지삽은 충실한 전년지를, 녹지삽은 충실한 햇가지를 2~3마디 정도 잘라서 삽수로 사용한다. 녹지삽은 윗잎 4~5장을 남기고 아랫잎은 제거하며 남긴 잎도 반 정도는 자르고, 1시간 정도 물을 올려서 삽목상에 꽂는다. 용토는 녹소토, 버미큐라이트, 피트모스 등의 혼합토를 사용한다. 삽목 후 반그늘에 두고 건조하지 않도록 물을 주며, 숙지삽은 서리를 맞지 않도록 주의한다. 새눈이 나오고 발근을 시작하면 액비를 주고, 다음해 봄에 옮겨 심는다.

2월 하순~3월이 분주번식의 적기이다. 작업하기 1년 전부터 뿌리 주위에 흙을 두툼하게 덮어서 잔뿌리가 많이 나오게 한다.

3개의 줄기가 1주가 되도록 나누어 잔뿌리가 상하지 않도록 파서 이식한다. 식재 후에는 부엽토같은 것을 덮어서 건조하지 않도록 관리한다.

충실한 가지를 2~3마디 정도 잘라서 잎을 4~5장 남기고 아래 잎은 제거한다.

남긴 잎은 반 정도 잘라낸다.

잎이 닿을 정도의 간격으로 꽂는다.

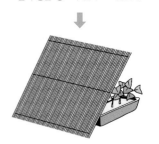

반그늘에 두고 건조하지 않도록 관리한다. 새 잎이 나오면 서서히 햇볕에 내어 놓는다.

▲ 삽목 번식

영산홍

- 진달래과 진달래속
- 상록활엽관목 · 수고 1m
- 일본; 전국적으로 가로수 및 공원수로 식재

 학명 *Rhododendron indicum* 속명은 그리스어 rhodon(붉은 장미)과 dendron(나무)의 합성어로 '붉은 장미같은 아름다운 꽃이 피는' 이라는 뜻이다. 종소명은 원산지가 인도인 것을 나타낸다. | 영명 Azalea | 일명 サツキ(皐月) | 중명 皐月杜鵑(고월두견)

| 잎

어긋나기.
긴 타원형이며, 가장자리는 밋밋하다.
잎은 가지 끝에 4~5개씩 모여 난다.

100%

| 뿌리

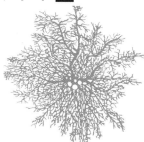

천근형. 소·중경의 사출근이 발달하며,
잔뿌리가 치밀하게 밀생한다.

| 꽃

가지 끝에 홍자색 등 여러 가지 색의 꽃이 1~3개씩 핀다.

| 열매

삭과. 달걀형이며, 표면에 거친 털이 있다.

▲ 기리시마철쭉 (*Rhododendron* × *obtusum*, キリシマツツジ)

▲ 사쯔기철쭉 (*Rhododendron indicum*, サツキツツジ)

조경수 **이야기**

영산홍은 일본에서 건너왔기 때문에 왜철쭉이라고도 한다. 일본에서는 철쭉의 한 종류인 기리시마철쭉, 구루메철쭉 등과 교배하여 육종한 것을 사쯔끼철쭉이라 하는데, 이것이 영산홍이다. 따라서 우리나라와 중국에서만 영산홍이라 하고, 일본에서는 음력 5월皐月, サツキ에 꽃이 피기 때문에 사쯔끼라고 한다.

강희안의 《양화소록》에 일본에서 철쭉 두 분盆을 조공으로 바쳤는데 임금이 그것을 상림원上林園에 심게 했다는, 영산홍에 대한 최초의 기록이 나온다. 상림원에서는 이 꽃을 번식시켜 고관대작들에게 나누어 주었다고 한다. 그래서 영산홍은 양반 집안에서만 볼 수 있는 귀한 꽃이었다. 지금도 전남 장성읍의 명문가 뜰에는 400년 된 영산홍이 보호수로 지정되어 애지중지 가꾸어지고 있다.

《국조보감國朝寶鑑》의 기록에는 장원서掌苑署에서 성종께 영산홍을 바쳤더니 왕은 "겨울에 꽃이 귀하기는 하지만, 짐은 꽃을 애완하기를 즐겨 않노라"라고 하며 물리쳤다고 한다. 오직 국사에만 전념하다는 성군의 덕을 예찬한 기록이라 할 수 있을 것이다. 진달래나 철쭉은 어디에서나 흔하게 피기 때문에 귀하게 여기지 않고, 외국에서 들어온 영산홍을 귀하게 여겼던 것 같다.

영산홍을 가장 좋아한 임금은 연산군이었다. "영산홍 1만 그루를 후원에 심으라", "영산홍은 그늘에서 잘 사니, 그것을 심을 때는 먼저 땅을 파고 움막을 지어 추위에도 말라 죽는 일이 없게 하라", "영산홍을 재배한 숫자를 해당 관리에게 시켜서 알리게 하라"는 등의 지시를 내렸다는 기록이 있다.

조경 Point

영산홍은 한 가지 종을 지칭하기보다 유사한 여러 종을 총칭하는 것으로 대부분 상록성의 일본종이다. 봄에 피는 꽃색이 매우 다양하며, 꽃이 없을 때는 상록의 잎을 관상할 수 있다. 무리로 심거나 줄로 심으며 공원, 도로변, 동양식 정원, 서양식 정원 어디에 심어도 잘 어울린다. 정원이나 공원의 큰 나무 밑에 하목으로 심거나 경계식재, 산울타리용 식재로 활용하면 좋다.

재배 Point

내한성이 강하며, 습기가 있고 배수가 잘 되는 곳이 좋다. 부엽토를 포함하는 유기질이 풍부한 산성(pH4.5~5.5) 토양에 재배한다. 음지에서는 개화율은 낮다. 이식은 꽃이 피기 전(3~4월) 또는 꽃이 진 후(9~10월)에 한다.

나무			새순		개화			꽃눈분화				
월	1	2	3	4	5	6	7	8	9	10	11	12
전정							꽃후 전정			전정		
비료	한비						꽃후			시비		

병충해 Point

병해로는 갈반병, 흑문병, 녹병, 빗자루병, 꽃썩음균핵병, 페스탈로치아병, 떡병 등이 있다. 꽃썩음균핵병은 꽃잎에 여러 개의 줄무늬가 생기고, 그 줄무늬가 확대되어 꽃잎 전체로 퍼져 갈색으로 변한 후에 떨어진다. 강우 시 특히 많이 발생하는 병이다. 나무가 쇠약해지지는 않지만, 미관을 해친다. 감염된 꽃과 감염되어 떨어진 꽃은 제거하여 감염의 확대를 방지한다. 빗자루병과 떡병은 단발적으로 발생한다.

해충으로는 극동등에잎벌, 철쭉방패벌레 등이 알려져 있다. 극동등에잎벌의 애벌레가 5~9월에 잎과 새순을 무차별적으로 먹어치우며, 대발생하면 피해가 극심하다. 피해가 심한 경우는 새가지의 부드러운 껍질도 먹어치운다. 5월 상순, 7월 중순, 9월 중순의 애벌레 발생초기에 페니트로티온(스미치온) 유제 1,000배액 등의 약제를 살포하여 방제한다.

▲ 빗자루병

 전정 Point

군식하거나 열식한 철쭉은 전정하는 시기에 따라 전정 후 나무의 모양이 달라진다. 꽃이 진 후에 바로 전정하면 꽃의 수는 적지만 수관면은 고르게 나오고, 늦게 전정하면 꽃은 많이 피지만 수관면은 고르지 않다.

꽃이 진 후부터 6월 상순까지 전정한다.

전정시기가 빠를수록 수관면은 고르지 않지만 가지와 꽃의 수가 많다.

전정시기가 늦어질수록 수관면은 고르게 나오지만 꽃의 수는 적다.

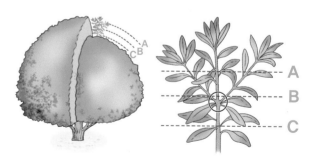
나무의 크기를 그대로 유지하려면 B, 크게 키우려면 A, 작게 만들려면 C의 위치에서 전정한다.

▲ 전정의 강도

3월 중순~4월이 숙지삽, 6~7월이 녹지삽의 적기이다. 숙지삽은 충실한 전년지를, 녹지삽은 충실한 햇가지를 삽수로 사용한다. 8~10cm 정도의 길이로 자르고 잎은 1/3 정도 제거한다. 1시간 물에 담가서 물올림을 한 후에 삽목상에 꽂는다. 비바람이 없는 반그늘에 두고 건조하지 않도록 관리한다. 10~40일 정도 지나면 발근하며, 9월에는 이식이 가능하다.

10월경에 열매가 익어 갈색을 띠면 채종하여 건조시키면, 벌어져서 종자가 나온다. 이것을 바로 뿌리거나 건조한 상태로 보관하였다가, 다음해 2~3월에 파종한다.

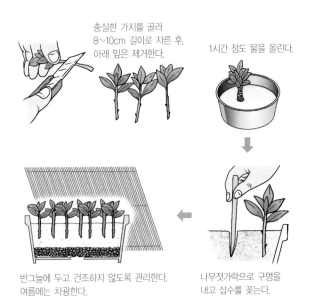

충실한 가지를 골라
8~10cm 길이로 자른 후,
아래 잎은 제거한다.

1시간 정도 물을 올린다.

반그늘에 두고 건조하지 않도록 관리한다.
여름에는 차광한다.

나무젓가락으로 구멍을
내고 삽수를 꽂는다.

▲ 삽목 번식

자귀나무

- 콩과 자귀나무속
- 낙엽활엽소교목 · 수고 5~8m
- 중국, 대만, 인도, 일본; 황해도~강원도 이남의 산지 및 하천변

학명 *Albizia julibrissin* 속명은 이탈리아의 자연과학자로 이 속의 식물을 유럽에 소개한 F. D. Albizi를 기념한 것이며, 종소명은 동인도의 지명이다.
영명 Silk tree **일명** ネムノキ **중명** 合歡花(합환화)

| 잎

어긋나기. 7~12쌍의 작은잎이 다시 깃꼴이 붙는
2회짝수깃꼴겹잎이다.
양쪽의 작은잎은 밤에 서로 합쳐진다.

20%

| 꽃

수꽃양성화한그루. 같은 꽃차례 안에 양
성화와 수꽃이 있다. 가지 끝에 분홍색
꽃이 10~20개씩 모여 핀다.

| 열매

협과. 납작한 긴 타원형이며, 갈색으로
익는다.

| 수피

지름 19cm

녹색을 띤 연한 회갈색이며, 평활하다.
점차 어두운 회갈색으로 변하며,
껍질눈이 많이 생긴다.

| 겨울눈

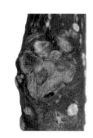

잎자국 속에 숨어 보이지 않는다(묻힌눈).
봄에 잎자국이 갈라지고
그 속에서 겨울눈이 나타난다.

자귀나무는 합환수·합혼수·야합수 등 다양한 이름으로 불리는데, 이는 모두 부부의 금슬이 좋음을 뜻하는 이름이다. 밤이 되거나 날이 어두워지면 새의 깃처럼 생긴 작은잎小葉들이 서로 맞접고 붙어서 아침까지 수면운동을 한다. 이것은 빛의 강약이나 자극 때문에 잎자루 아랫부분에 있는 엽침葉枕 속의 수분이 일시적으로 빠져나오기 때문에 잎이 닫히고 잎자루가 밑으로 처지는 현상이다.

일부에서는 자귀나무라는 이름이 '자는데 귀신'에서 유래한 것이라고도 하는데, 그렇다면 이 수면운동을 보고 붙인 이름일 것이다. 일본 이름 네무노키ネムノキ와 중국 이름 합환화合歡花 역시 잎이 수면운동에 의해 잠자는 모양을 표현한 것으로 부부의 애정을 상징하는 이름이다.

아까시나무의 잎은 홀수깃꼴겹잎이어서 가운데 겹잎자루를 중심으로 포개면 맨 끝의 잎 하나가 남지만, 자귀나무는 짝수깃꼴겹잎이기 때문에 양쪽이 완전히 겹쳐져서 외로운 홀아비가 생기지 않는다. 이 또한 부부 사이의 금슬이 좋음을 나타내는 것으로 해석한다. 옛 사람들은 이 나무를 애정목이라 하여 집마당에 심으면 부부 사이가 좋아지고, 가정이 화목해진다고 믿었다. 요즘같이 부부 간에 불화가 많고, 이혼이 흔한 시대에 이 나무의 의미를 다시 한번 음미해보는 것도 좋을 듯 싶다.

자귀나무는 한여름에 연분홍색 꽃을 피우는데, 얼핏 보면 나뭇가지 끝에서 불꽃놀이를 하는 것처럼 보인다. 한복치마에 수놓은 공작새 같은 단아한 느낌을 주는 우아한 동양의 꽃이라고도 한다. 꽃의 질감이 비단같이 부드럽기 때문에 영어 이름은 실크 트리Silk tree이다.

조경 Point

여름에 한복치마에 수놓은 공작새 같은 느낌의 단정하고 아름다운 꽃을 피운다. 또, 꽃이 지고 난 후에 열리는 콩깍지 모양의 열매가 겨우내 달려있어서 볼거리를 제공해준다. 공원녹지, 아파트단지, 자연공원, 주택정원 등에 첨경목, 녹음수 등으로 활용하기 좋은 나무이다. 잔디가 있는 넓은 전통정원이나 공원에 심어도 잘 어울린다. 나무의 별명인 합환수, 야합수, 애정목 등에 어울리게 주택에 한 그루 정도 심으면 부부애의 의미가 한층 더할 것이다.

재배 Point

따뜻하고 추운 기온이 반복되면 새순이 한해를 입기도 한다. 토양을 가리지 않으며, 척박한 땅에서도 잘 자란다. 해가 잘 비치는 곳에 식재한다. 이식은 봄과 가을에 하며, 가능하면 어릴 때 옮긴다. 직근이므로 분을 뜰 때 주의한다.

병충해 Point

왕공깍지벌레, 줄솜깍지벌레, 구리풍뎅이, 태극나방, 자귀나무이, 자귀나무허리노린재, 근주심재부후병 등이 발생한다. 근주심재부후병은 나무의 수간부 밑부분이나 뿌리에 침입하여 백색부후를 일으킨다. 주로 심재부를 부후시키며, 부후부는 담황색에서 백색으로 변하며, 아주 약해져서 부러지기 쉽다. 감염된 나무는 벌채한 후 병든 뿌리는 모아서 태우고, 다조멧(밧사미드)입제를 10a당 40kg을 토양혼화 후 훈증처리한다.

줄솜깍지벌레는 잎이나 가지에 붙어서 영양분을 빨아먹는다. 피해가 커지면 가지가 말라죽으며, 깍지벌레의 형태가 특이해서 나무의 미관을 해친다. 피해를 입은 잎, 가지, 줄기는 제거하여 소각하고, 소량이 발생한 경우에는 면장갑이나 헝겊으로 문질러 죽인다.

자귀나무이는 성충과 약충이 잎에 집단으로 기생하며 흡즙가해

▲ 자귀나무허리노린재

하여, 분비물로 인해 2차적으로 그을음병을 유발한다. 5월에 아세타미프리드(모스피란) 수화제 2,000배액 또는 디노테퓨란(펜텀) 입상수화제 2,000배액을 10일 간격으로 2~3회 살포하여 방제한다.

전정 Point

맹아력이 약하기 때문에 강전정은 하지 않는 것이 좋다. 위로 길게 자란 가지나 웃자란 가지를 쳐주는 정도로만 전정한다. 수관이 옆으로 퍼지기 때문에 아래쪽 가지를 잘라주어, 위쪽 가지가 옆으로 잘 퍼지게 해준다. 2~3월이 전정의 적기이다. 가지를 자를 때는 분기점 바로 위에서 잘라주며, 자른 자리가 큰 경우에는 유합제나 유성페인트를 발라준다.

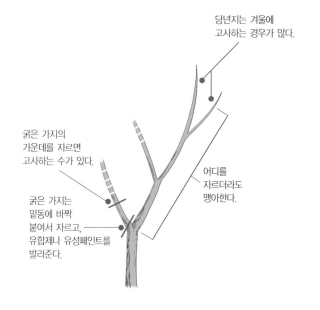

당년지는 겨울에 고사하는 경우가 많다.

굵은 가지의 가운데를 자르면 고사하는 수가 있다.

어디를 자르더라도 맹아한다.

굵은 가지는 밑동에 바짝 붙여서 자르고, 유합제나 유성페인트를 발라준다.

번식 Point

10월경에 열매껍질이 옅은 갈색을 띠면 채종하여, 2~3일간 말리면 꼬투리가 갈라지면서 종자가 드러난다. 종자를 바로 파종하거나 비닐봉지에 넣어 냉장고에 보관하였다가, 다음해 3월에 파종한다. 바로 밭에 파종하는 경우는 한해나 동해를 입지 않도록 따뜻한 곳에 파종한다. 밝은 음지에 두었다가 발아하면 서서히 해가 비치는 곳으로 옮겨 햇볕에 익숙해지도록 하고, 다음해 4월에 이식한다. 빠른 것은 6~7년 정도 지나면 개화·결실한다.

콩과 식물로 종자가 단단하므로 아까시나무의 종자와 같이 열탕처리를 하면 발아가 빨라지고 일시에 발아한다. 열탕처리는 70℃의 물에 종자를 3분 정도 담갔다 끄집어내어 냉수에 식히면 된다.

종자를 채취하여 2~3일 그늘에 말리면 꼬투리가 터지고 종자가 나온다.

바로 파종하지 않으면 비닐봉투에 넣어 냉장고에 보관한다.

점뿌림을 하고 흙으로 얇게 덮는다.

발아하면 서서히 햇볕에 내어서 관리한다.

다음해 4월에 이식한다.

빠른 것은 2~3년 내에 꽃이 핀다.

▲ 실생 번식

협죽도

- 협죽도과 협죽도속
- 상록활엽관목 • 수고 2~3m
- 인도 원산, 일본, 유럽(지중해); 제주도 및 남부 지역에 식재

 학명 *Nerium indicum* 속명은 그리스어 neros(습기)에서 온 것으로 이 속의 식물들이 습한 곳에서 잘 자라기 때문이며, 종소명은 Indicus의 복수로 원산지 인도(Indica)를 가리킨다. **영명** Common oleander **일명** キョウチクトウ(夾竹桃) **중명** 夾竹桃(협죽도)

| 잎

마주나기.
잎 모양은 대나무 잎처럼 길쭉하다.
하나의 마디에서 3개의 잎이
나온다(삼륜생).

▲ 삼륜생

30%

| 꽃

양성화. 가지 끝에 붉은색, 흰색 또는 연한 노랑색의 꽃이 핀다. 향기가 있다.

| 열매

골돌과. 선형이며,
적갈색으로 익는다.
국내에서는 열매를
보기가 어렵다.

| 겨울눈

타원형이며,
눈비늘조각에
싸여있다.

| 수피

지름 10cm

회색이며,
마름모꼴의
껍질눈이 있고
평활하다.
성장함에 따라
얕게 갈라진다.

| 뿌리

심근형.
소·중경의 수평근과 수하근이 발달한다.

협죽도夾竹桃는 잎이 대나무竹 잎처럼 길고 좁으며夾, 꽃은 복숭아桃 꽃같이 붉다 하여 붙여진 이름으로 한국·중국·일본에서 공통적으로 사용하고 있다. 우리나라에서는 비슷한 뜻으로 유도화柳桃花라는 이름으로 불리기도 한다. 그리스에서는 올리브나무 잎과 같다 하여 '꽃이 피는 올리브'라틴어로 Olea'라는 뜻의 올랜더 Oleander라는 이름을 붙였다.

아름답고 매력적인 협죽도에는 꽃·잎·줄기·뿌리에 치명적인 독을 지니고 있다. 유럽에서는 프랑스군이 스페인 마드리드에 진격했을 때, 군사들이 고기를 굽기 위해 그곳에 있던 협죽도 줄기를 꺾어서 고기를 꿰어 구워 먹었는데, 11명 중 7명이 사망하고 나머지는 중태에 빠진 예가 있다. 일본에서도 관군이 협죽도 줄기로 만든 젓가락으로 식사를 한 후에 중독된 큰 사고가 발생한 예가 있다고 한다. 우리나라에서도 제주도에 수학여행을 갔던 여학생이 나무젓가락이 없어 협죽도 가지로 김밥을 먹다가 의식을 잃고 사망하는 사고가 발생한 적이 있다. 남부 유럽에서는 가축이 협죽도를 먹으면 죽기 때문에 주의하라고 경고하고 있으며, 인도에서는 '말을 죽이는 나무'라고도 한다.

2002년에 개봉된 〈화이트 올랜더 White Oleander〉라는

◀ 화이트 올랜더(White Oleander)
2002년도 미국 영화

성장영화가 있다. 흰협죽도에서 추출한 독약으로 남자를 죽인 엄마가 감옥에 간 후, 딸이 양부모 집을 전전하며 분노와 용서, 사랑과 생존에 대해 배우고 마침내 자신의 과거로부터 자유로운 성인으로 성장한다는 내용이다.

'양날의 칼'이란 말이 있듯이, 협죽도의 치명적인 독은 암과 백혈병 치료제인 빈크리스틴 vincristine과 빈블라스틴 vinblastine이라는 신약을 만드는데 사용되어 불치병 환자들에게 희망을 주고 있다.

조경 Point

7~8월 한여름에 붉은색, 분홍색, 흰색의 탐스런 꽃을 피운다. 잔디가 있는 정원에 무리로 심거나 산울타리로 활용하면 이국적인 분위기를 연출할 수 있다. 조해와 해풍에도 강하여 해안지대에서도 잘 자라므로, 해수욕장 주변에 심으면 남국의 정취를 느낄 수 있다. 제주도를 비롯한 남부지방에서는 가로수로도 활용되고 있다. 하지만 잎과 줄기에 강한 독성물질을 품고 있어서 주의를 요한다.

재배 Point

내한성이 약하며, 0℃ 이하에서는 단기간 견딜 수 있다. 보수성이 있는 비옥한 점질양토가 좋지만, 사질양토에서도 잘 자란다. 이식은 3~4월(추운지역), 6~7월, 9월에 한다. 퇴비를 넣은 뒤 흙을 덮고 심는다.

나무			새순	꽃눈분화		개화		열매			
월	1	2	3	4	5	6	7	8	9	10	11	12
전정				전정								
비료	한비			시비			시비					

남방차주머니나방(주머니나방), 이세리아깍지벌레, 진딧물 등이 발생하지만, 생육을 저해할 정도의 중대한 피해는 발생하지 않는다.

협죽도황색무늬병(황반병)은 잎 전체가 황갈색으로 변하면서 조기에 낙엽이 지므로, 나무의 미관을 해칠뿐 아니라 생육을 저해한다. 방제법으로는 병든 낙엽은 모아서 태우며, 코퍼하이드록사이드(코사이드) 수화제 1,000배액, 이프로디온(로브랄) 수화제 1,000배액을 발병초기부터 10일 간격으로 3~4회 살포한다.

▲ 협죽도진딧물

수관면을 일제히 잘라주는 전정을 하며, 자르는 정도는 개인의 취향에 따라 정하면 된다. 시기는 온난한 곳에서는 초겨울부터 초봄 사이가 좋다. 잎과 가지 끝이 상할 정도로 추운 곳이라면 겨울철에 방치해두었다가, 봄이나 초겨울에 자르고 흙으로 두텁게 덮어준다. 산울타리로 심었을 경우에는 매년 1~2회, 봄과 여름에 수관다듬기를 반복한다. 이렇게 해주면 수관면은 고르지만 꽃은 적게 핀다.

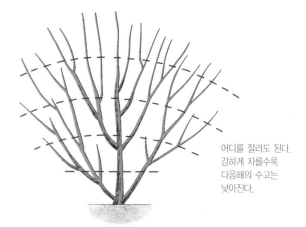

어디를 잘라도 된다.
강하게 자를수록
다음해의 수고는
낮아진다.

숙지삽은 3~4월, 녹지삽은 6~9월이 적기이다. 숙지삽은 충실한 전년지나 2년지를, 녹지삽과 가을삽목은 충실한 햇가지를 삽수로 이용한다. 5~7월에 물삽목(수삽)도 가능하다. 물컵에 물을 담아 삽수를 넣고 해가 잘 드는 실내에 놓아두었다가 뿌리가 20cm 정도 나오면 땅에 이식한다.

분주는 가지가 많이 뻗은 큰 나무의 뿌리 주위를 파서 뿌리의 흙을 떨어뜨리고 2~3주씩 나누어 따로 심는다. 휘묻이는 가지를 땅으로 유인해서 흙을 두툼하게 덮어주면 발근하는데, 이것을 떼어내어 옮겨 심는다. 실생 번식도 가능하지만, 이때는 꽃의 색과 모양을 예상할 수 없다는 단점이 있다.

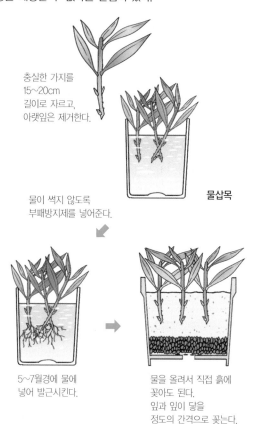

충실한 가지를
15~20cm
길이로 자르고,
아랫잎은 제거한다.

물이 썩지 않도록
부패방지제를 넣어준다.

물삽목

5~7월경에 물에
넣어 발근시킨다.

물을 올려서 직접 흙에
꽂아도 된다.
잎과 잎이 닿을
정도의 간격으로 꽂는다.

▲ 삽목 번식

구골나무

- 물푸레나무과 목서속
- 상록활엽관목 • 수고 3m
- 대만 원산, 일본(혼슈 이남); 남부 지역에 식재

 | 학명 *Osmanthus heterophyllus* 속명은 그리스어 osme(향기)와 anthos(꽃)의 합성어로 꽃이 향기가 강한 것을 나타내며, 종소명은 hetero(다르다)와 phylla(잎)의 합성어로 '다양한 잎을 가진'이라는 뜻이다. | **영명** Holly olive | **일명** ヒイラギ(柊) | **중명** 柊樹(종수)

| 잎

마주나기. 잎몸은 가죽질이고, 앞면에는 광택이 있다. 어린잎에는 3~5쌍의 가시가 있다.

120%   200%   200%

| 꽃

암꽃

수꽃

암수딴그루. 잎겨드랑이에 흰색 꽃이 모여 피는데, 향기가 매우 좋다.

| 겨울눈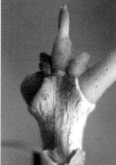

녹갈색이며, 달걀형이고 끝이 뾰족하다.

| 수피

회색 또는 연한 회갈색을 띠며, 둥근 껍질눈이 발달한다.

| 열매

핵과. 타원형이며, 다음해 5~6월에 익는데, 재배지에서는 좀처럼 보기 어렵다.

조경수 이야기

2004년 산림청 국립수목원은 늦가을부터 향기가 그윽한 흰색 꽃을 피우는 구골나무를 '12월의 나무'로 선정했다. 물푸레나무과의 구골나무는 11~12월에 꽃을 피워 그 향기가 천리만리 퍼져 나가 우리의 마음에 기쁨을 주고 있듯이, 우리 마음도 어렵고 힘든 이웃에게 온정을 베풀 수 있도록 마음의 여유를 갖고 살아가자는 뜻에서 12월의 나무로 선정했다고 이유를 설명했다.

구골狗骨나무를 우리말로 풀이하면 '개뼈다귀나무'라는 뜻인데, 나무껍질이 개뼈다귀를 닮아서 붙인 이름이다. 《본초강목》에도 '나무가 단단하고 나무껍질에 흰빛이 돌아 마치 개뼈처럼 생겼다'고 적혀 있다.

속명 오스만투스 Osmanthus는 라틴어로 향기 osme와 꽃anthos의 합성어로 '강한 꽃향기'라는 의미이다. 구골나무를 비롯하여 목서, 금목서, 구골목서 등 향기가 강한 꽃이 피는 나무가 모두 이 이름을 가지고 있으며, 늦가을부터 꽃이 피어 겨울 내내 향기가 진한 아름다운 꽃을 감상할 수 있다.

구골나무 Osmanthus heterophyllus와 구골목서 Osmanthus × fortunei를 헷갈려 하는 사람이 많다. 구골나무는 11월부터 꽃이 피고 다음해 6월경에 광나무 열매와 색과 크기가 비슷한 열매가 열리지만, 구골목서는 10월에 꽃이 피고 열매는 열리지 않는다. 그 이유는 구골목서는 구골나무와 목서의 종간교잡에 의한 잡종이기 때문이다. 또 구골나무의 잎가시 모양은 구골목서에 비해 결각이 크고 굴곡이 깊은 것이 특징이다.

조경 Point

가지가 짧고 가시가 있는 잎이 무성해서 산울타리로 활용하기에 적합하다. 상록활엽수로 일년 내내 광택이 나는 푸른 잎을 볼 수 있으며, 단식하여 크게 키우면 늦가을부터 향기가 진한 흰색 꽃을 감상할 수 있다. 병충해가 적고 어떤 환경에서도 잘 자라므로 관리가 용이하며 산울타리, 경계식재, 차폐식재 등의 용도로 많이 활용된다.

재배 Point

추위에 잘 견디며, 비옥하고 배수가 잘되는 토양에서 재배한다. 반음지 또는 햇빛이 잘 비치는 곳, 차고 건조한 바람으로부터 보호된 곳이 좋다. 토양산도는 pH 5.0~6.5이다.

나무			새순		열매						개화	
월	1	2	3	4	5	6	7	8	9	10	11	12
전정				전정			전정					
비료	한비											

병충해 Point

잎벌레, 수수꽃다리명나방, 깍지벌레 등의 해충이 있다. 성목은 해충의 영향이 적으나, 약목은 연속해서 피해를 받으면 수세가 매우 쇠약해진다. 무당잎벌레는 4월경부터 월동성충이 새잎을 갉아먹고 6월에는 애벌레가 어린잎을 식해하는데, 티아클로프리드(칼립소) 액상수화제 2,000배액을 10일 간격으로 2회 수관살포한다. 수수꽃다리명나방은 애벌레 발생시기에 페니트로티온(스미치온) 유제 1,000배액을 1~2회 뿌려준다.

녹병이 발생하면 피해잎을 따서 소각하고 트리아디메폰(티디폰) 수화제 1,000배액을 살포한다. 텐트나방, 잎벌레 등은 페니트로티온(스미치온) 유제 1,000배액을 살포하여 방제한다.

▲ 무당잎벌레 피해잎

전정 Point

자연수형으로 키우는 경우에는 새 가지가 1차 생장을 멈추는 6월 하순~7월 사이에 수관을 돌출한 긴 가지를 잘라준다. 이때는 수관선 안쪽에서 가지를 잘라야 하며, 수관선에 맞추어 자르면 다음에 나오는 가지가 길게 돌출하므로 주의해야 한다. 구골나무는 가지가 마주나므로 최소한 2개의 가지가 나와서 해마다 소지가 증가하여 아담한 수형을 이룬다.

6월 하순~7월 사이에 전정하면, 이후에 가지가 발생하여 소지가 증가한다.

도장지는 수관보다 깊게 자른다.
▲ 약목의 수형

소지가 증가하여 수관이 밀려진다.

여름과 가을, 2번에 걸쳐 수관을 깎아준다.
▲ 산옥형 수형

번식 Point

개화한 다음해 5~6월에 종자를 채취하여 과육을 제거하고 바로 파종한다. 발아 후 1년 동안은 생장이 느리지만, 2년째부터는 빨리 자란다. 드물게 파종해서 2~3년 동안 파종상에서 키우는 것이 관리하기에도 좋고 생육에도 도움이 된다. 숙지삽과 녹지삽이 가능하지만, 녹지삽이 발근율이 더 높다. 6월 하순에 당년지를 10~15cm 길이로 잘라서, 아랫잎은 따내고 윗잎은 2~3장만 남겨서 삽목상에 꽂는다. 삽목상을 마르지 않게 관리하는 것이 무엇보다 중요하다.

부용

- 아욱과 부용속
- 낙엽활엽관목 • 수고 1~3m
- 중국 원산; 제주도 서귀포에 자생

 학명 *Hibiscus mutabilis* 속명은 이집트의 여신 Hibis(아름다움의 신)와 그리스어 isko(비슷하다)에서 비롯되었으며, 아욱(mallow)과 닮은 식물의 고대 그리스 및 라틴 이름이다. 종소명은 *mutabilis*는 '변하기 쉬운'이라는 뜻이다. **영명** Cotton rose **일명** フヨウ(芙蓉) **중명** 木芙蓉(목부용)

| 잎

어긋나기.
오각형 또는 둥근 모양이며,
3~5갈래로 얕게 갈라지는
갈래잎이다.

30%

| 열매

삭과. 달걀형 또는 구형이며, 갈색으로 익는다.

| 꽃

양성화. 새가지의 잎겨드랑이에 연한 홍색의 꽃이 핀다.

| 뿌리

중근형. 소·중경의 수평근이 발달하며,
잔뿌리는 성기고 깊게 뻗는다.

▲ 미국부용(*H. oculiroseus*)

▲ 취부용(*H. mutabilis* f. *versicolor*)의 꽃색 변화

조경수 이야기

부용의 종소명 무타빌리스*mutabilis*는 '변하기 쉬운'이라는 뜻으로, 흰색이나 연분홍색의 꽃이 점점 붉게 변해가는 데서 유래된 것이다. 중국이 원산지이며, 꽃모양은 무궁화와 비슷하지만 이보다 더 크고 우아하다. 부용芙蓉이라 하면 대개 연꽃을 가리키는데, 이 나무의 꽃이 연꽃을 닮았기 때문이다. 그래서 이 둘을 구별하기 위해 연꽃을 수부용, 부용을 목부용이라 구분하기도 한다.

옛 중국에서는 미인을 부용꽃에 비유했다. 송나라 때 맹준왕은 부용꽃을 몹시 좋아해서, 성 주위 40여 리에 걸쳐 부용을 심어 자신의 영화를 과시했다고 한다. 바로

그 도시가 성도成都인데, 부용이 피는 시기가 되면 그 도시는 온통 부용꽃에 파묻힐 지경이었다. 그래서 성도의 별명이 '부용의 도시'였다고 한다.

〈국가표준식물목록〉에 부용은 높이가 1~3m 정도 자라는 낙엽관목, 즉 목본으로 분류하였으며, 미국부용은 여러해살이풀로 분류하였다. 따라서 우리가 흔히 길에서 보는 부용은 겨울에 지상부가 말라죽고 봄에 다시 새 가지가 나오는 미국부용이다.

8~10월에 지름 10cm 정도의 큰 꽃을 피우는데, 아침에 피었다가 저녁에 지지만 밑에서부터 계속 피기 때문에

여름 내내 꽃이 피는 것처럼 보인다. 겹꽃이며 흰색이었다가 연분홍색, 그리고 질 때에는 빨간색으로 변하는 모양이 마치 술이 취해가는 모습을 닮은 취부용^{醉芙蓉}을 관상용으로 많이 심는다. 흰색 꽃이 피는 백화부용, 북아메리카 원산의 미국부용, 미국 동남부 원산의 단풍잎부용 등의 종류가 있다.

조경 Point

부용은 8월부터 꽃을 피우기 시작하여 여름이 끝나고 가을이 시작될 때까지 오랫동안 꽃을 피운다. 같은 과의 무궁화와 비슷하지만 그보다 꽃이 크고, 가지가 초본성인 종류도 있다. 중국이 원산지이며, 예로부터 정원에 관상용으로 많이 심었다. 정원이나 공원에 군식하거나 산책로를 따라 열식하면 좋다.

재배 Point

내한성이 아주 약하며, 최저온도는 13℃이다. 부식질이 풍부하고 해가 잘 비치는 곳에 식재한다. 수분이 있고 배수가 잘 되는, 중성 또는 알카리성 토양에 재배한다. 겨울에 지상부를 모두 잘라주면 다음 해에 목질부가 재생된다.

병충해 Point

큰붉은잎밤나방, 목화명나방 등이 발생하는데, 이 두 종류의 해충은 무궁화에도 많은 피해를 입힌다. 목화명나방은 애벌레가 잎을 둥글게 말고 그 속에서 가해하며, 특히 8월 하순~9월 중순에 피해가 심하다.

월동애벌레가 가해하기 시작하는 시기와 애벌레 발생초기에 티아클로프리드(칼립소) 액상수화제 2,000배액 또는 에토펜프록스(세베로) 유제 1,000배액을 1~2회 살포한다.

▲ 목화명나방 피해잎

전정 Point

겨울에 고사한 가지를 제거해준다. 매년 가지치기를 반복해주면 가지의 수를 늘어나며, 작은 크기의 나무로 유지할 수 있다. 높게 자란 가지를 속아주면 수형이 더 좋아진다.

번식 Point

실생이 일반적인 번식방법이며, 파종 후 3년이 지나면 개화한다. 분주 번식은 3월 중순~4월 상순에 크게 번진 나무의 뿌리 정리를 겸해서 한다.

숙지삽은 4월에 전년지를 7~10cm 길이로 잘라 삽수로 사용하며, 녹지삽은 6~7월에 그해에 나온 당년지를 7~10cm 길이로 잘라서 아랫잎을 반 정도 따낸 것을 삽수로 사용한다. 활착율은 좋은 편이며, 3년째에는 정식할 수 있을 정도로 성장한다.

싸리

- 콩과 싸리속
- 낙엽활엽관목 • 수고 2~3m
- 중국, 극동러시아, 일본, 내몽고; 전국의 산야

학명 *Lespedeza bicolor* 속명은 미국 플로리다 주지사 세스페데스(Céspedes)에서 유래한 것이며, 인쇄할 때 실수로 Lespedez가 되었다. 종소명은 '2가지 색의'라는 뜻이다. | 영명 Shrub lespedeza | 일명 ヤマハギ(山萩) | 중명 胡枝子(호지자)

| 잎

어긋나기.
3장의 작은잎이 모여 달리는
세겹잎(삼출엽)이다.
가운데 작은잎의
잎자루가 가장 길다.

50%

| 꽃

양성화. 잎겨드랑이 또는 가지 끝에 홍자색 꽃이 모여 핀다.

| 열매

협과. 납작한 타원형 또는 거꿀달걀형이다. 열매 안에 1개의 종자가 들어있다.

| 뿌리

중근형. 끈 모양의 수평근이 발달하며, 근모가 많다.

| 겨울눈

달걀형 또는
타원형이며,
흔히 가로덧눈이
붙는다.

| 수피

회색 또는 적갈색이며,
껍질눈이 발달한다.

싸리는 장미목 콩과의 낙엽성 관목으로 뒷동산에 올라가면 흔하게 볼 수 있는 나무다. 《성경통지盛京通志》에 "싸리는 회초리 같으며 가지가 가늘고 부드러워서 바구니나 둥근 광주리를 만들 수 있다"고 기록하고 있다. 우리 조상들은 싸리로 이보다 훨씬 더 많은 생활용품을 만들었다. 가장 흔하게는 사립문싸리문에서부터 과일이나 곡식을 담는 소쿠리, 거름이나 곡식 등을 담아 나르는 삼태기, 마당을 쓰는 싸리비, 곡식을 까부는 키, 물고기를 잡는 발, 울타리, 윷짝 등 이루 다 헤아릴 수 없을 정도이다. 특히 아이들 종아리 때릴 때 쓰는 회초리로는, 다른 나무는 옹이가 있어서 상처가 나기 쉽지만 싸리는 옹이가 없고 굵기가 일정하며 탄력성이 있어서 아주 그만이었다고 한다.

정조 때 유득공이 쓴《경도잡지 京都雜志》에는 "붉은 싸리 두 토막을 반씩 쪼개어 네 쪽으로 만들어 윷이라 했으며, 길이는 3치에서부터 작은 것은 콩 반쪽만한 것도 있다"라고 적혀있다. 또 설날에는 윷으로 새해의 길흉이나 농사에 대해서 점을 쳤다는 내용도 나와 있다.

서울의 말죽거리와 사평나루 사이에 있는 고개는 조선시대에 수십 년 된 싸리나무가 숲을 이루고 있어 싸리고개라 불렀다. 이곳을 지나가던 사람들은 오래된 굵은 싸리나무에 돌을 던지거나 형형색색의 천을 묶으면 소원이 이루어진다고 믿고 그렇게 했다. 현재의 지명은 강남구 도곡 1동으로 그야말로 상전벽해라 할만하다.

조경 Point

번식력이 강해서 좁은 공간에 식재하면 금방 크게 번지므로, 식재공간을 고려해서 심어야 한다. 산울타리용, 지면피복용, 녹화용으로 활용하면 좋다.

재배 Point

내한성이 강하며, 척박한 땅에서도 생장이 양호할 정도로 토양을 가리지 않고 잘 자란다. 적당히 비옥하고 배수가 잘되는 토양, 햇빛이 잘 드는 곳이 좋다.

나무				새순		꽃눈분화		개화			
월	1	2	3	4	5	6	7	8	9	10	11	12
전정	전정											전정
비료		한비										

병충해 Point

점박이응애, 싸리볼록진딧물, 이세리아깍지벌레, 줄솜깍지벌레, 재주나방, 사과독나방 등의 해충이 발생한다. 싸리볼록진딧물은 봄부터 싸리나무류의 새가지에 기생하여 흡즙가해하며, 밀도가 높으면 새가지의 생장이 억제된다.

4월 중·하순에 메티다티온 유제 또는 이미다클로프리드(코니도) 액상수화제, 수화제 2,000배액을 10일 간격으로 2회 살포하여 방제한다.

▲ 싸리볼록 진딧물

◀ 싸리윷
ⓒ국립민속박물관

겨울에 지상부가 고사하고, 봄이 되면 밑동에서 신초가 나온다. 따라서 겨울전정은 지상부의 고사한 가지를 제거하는 것을 의미한다. 신초를 전정해서 재맹아시키면 가지가 짧아져서 개화한다. 언제 어디를 자르면 어느 정도 길이의 가지에서 개화할 것인가는 일정하지 않지만, 대개 6월말까지 자르면 꽃피기에는 영향을 주지 않는다.

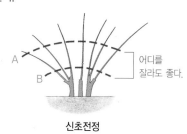

A
B
어디를
잘라도 좋다.

신초전정

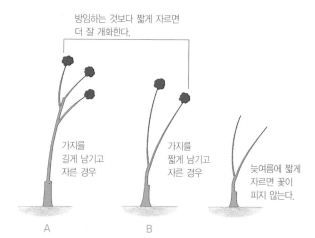

방임하는 것보다 짧게 자르면
더 잘 개화한다.

가지를
길게 남기고
자른 경우

가지를
짧게 남기고
자른 경우

늦여름에 짧게
자르면 꽃이
피지 않는다.

A

B

가을에 종자를 채취하여 이듬해 봄에 뿌리면 발아가 잘 된다. 숙지삽은 3월 중순에, 녹지삽은 6월 하순~7월 상순이 적기이다. 분주는 옆으로 크게 번진 포기를 2~3개의 줄기가 붙은 뿌리로 나누어 옮겨 심는 번식방법이다.

찔레꽃

- 장미과 장미속
- 낙엽활엽관목 • 수고 2~3m
- 중국, 일본, 대만; 함경북도를 제외한 전국의 산야

학명 *Rosa multiflora* 속명은 라틴어 옛이름 rhodon(장미)에서 유래된 것으로 '붉다'는 뜻이다. 종소명은 '많은 꽃의'라는 뜻이다.
영명 Multiflora rose　|　**일명** ノイバラ(野茨)　|　**중명** 野薔薇(야장미)

| 잎

어긋나기.
5~9장의 작은잎을 가진 홀수깃꼴겹잎이다.
작은잎은 타원형이며,
잎축에 가시가 있다.

80%

| 꽃

양성화. 가지 끝에 흰색 또는 연한 분홍색 꽃이 모여 피는데, 좋은 향기가 난다.

| 열매

장미과. 달걀 모양의 원형이며, 붉은색으로 익는다.

| 겨울눈

달걀형 또는
원뿔형이고
붉은색을 띤다.
4~6장의
눈비늘조각에
싸여있다.

조경수 이야기

찔레꽃 붉게 피는 남쪽나라 내 고향
언덕 위에 초가삼간 그립습니다……

〈찔레꽃〉은 일제 강점기 말기에 백난아가 부른 트로트 곡으로, 우리나라 야산 어디에서나 흔하게 볼 수 있는 찔레꽃을 소재로 고향을 그리워하는 마음을 표현하고 있다.

향수를 자극하는 가사가 광복과 한국전쟁 등을 거치면서 시대적 상황과 맞아떨어져 꾸준한 인기를 얻어 '국민가요'로까지 자리매김하게 되었다. 그런데 식물학자들은 '붉은색 찔레꽃'에 대해 문제를 제기하고 있다. 찔레꽃은 원래 흰색이며, 남쪽 지방보다는 중부 지방에서 흔하게 볼 수 있는 꽃이기 때문이다. 그래서 이 노래의 작사자가 남쪽 바닷가에 핀 붉은 해당화를 찔레로 잘못 본 것이 아닌가 하는 의문의 제기하기도 한다. 실제로 지방에 따라서는 해당화를 찔레라 부르기도 한다.

장미의 원종은 찔레다. 즉 찔레가 장미의 어머니인 셈이다. 하지만 식물분류학에서는 장미목 장미과 장미속 안에 찔레꽃이 들어있다. 자식이 어미보다 잘 된 케이스라 할까?

찔레라는 이름은 아마도 찔레에 가시가 많아 '가시가 찌른다'는 뜻에서 온 것으로 여겨진다.

아프다 아프다 하고
아무리 외쳐도
괜찮다 괜찮다 하며
마구 꺾으려는 손길 때문에
나의 상처는
가시가 되었습니다

이해인 수녀의 〈찔레꽃〉 중에서

조경 Point

5~6월에 피는 흰색 꽃은 아름다우며, 향기 또한 진하다. 9~10월에 익는 붉은 열매의 관상가치가 높으며, 약용으로 이용된다. 정원이나 공원의 경계식재, 차폐식재, 산울타리식재로 활용하면 좋다. 장미의 접목용 대목으로 많이 사용된다.

재배 Point

내한성이 강하다. 적당히 비옥하고 부식질이 풍부한 토양이 좋다. 습기가 있지만, 배수가 잘되는 토양에서 잘 자란다. 이식은 2~3월에 한다.

병충해 Point

녹병, 잎마름병, 점무늬병, 흰가루병 등의 병해가 발생한다.

◀ **찔레꽃 레코드**
1942년 태평레코드를 통해 발표된 백난아의 대표곡이다.

가을에 종자를 채취해서 바로 파종하거나 저온저장 또는 노천 매장해두었다가, 다음해 봄에 파종한다. 찔레꽃의 실생묘는 덩굴장미나 장미의 접목용 대목으로 사용되기도 한다.

그해에 새로 나온 당년지로 삽목하여 번식시킬 수도 있으며, 다소 척박한 땅에서도 잘 자란다. 분주법은 뿌리 주변에서 나오는 움돋이를 떼어내어 따로 심는 번식방법이다.

열매가 익으면 따서 과육을 물로 씻어낸다.

종자를 바로 뿌리거나 건조하지 않도록 보관한다.

포트에 파종하면 발아 후에 그대로 이식할 수 있다.

▲ 실생(대목용) 번식

조경수 상식

■ 과수의 수형

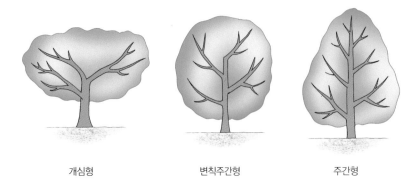

개심형   변칙주간형   주간형

차나무

- 차나무과 차나무속
- 상록활엽관목   • 수고 1~5m
- 중국(서남부) 원산; 경남, 전북 이남에서 재배

 학명 *Camellia sinensis* 속명은 체코의 선교사로 아시아를 여행하면서 식물채집을 한 G. J. Kamel를 기념한 것이며, 종소명은 '중국산의'라는 뜻이다.
영명 Tea camellia | 일명 チャノキ(茶の木) | 중명 茶樹(차수)

| 잎

어긋나기.
타원형이며, 가장자리에
물결 모양의
둔한 톱니가 있다.
잎끝이 조금 오목하게
들어간다.

50%

| 뿌리

심근형. 깊게 뻗는 대경의 주근과
지표면의 잔뿌리가 특징이다.

| 꽃

양성화. 가지 끝이나 잎겨드랑이에 1~3
개의 흰색 꽃이 아래를 향해 달린다.

| 열매

삭과. 납작한 구형이며, 익으면 3갈래로
갈라진다.

| 수피

어린 줄기는
갈색이고
털이 있다.
성장함에 따라
회백색으로
변하고
매끈해진다.

| 겨울눈

피침형이며,
눈비늘조각에
싸여있다.
은회색 솜털로
덮여있다.

차나무의 원산지는 중국에서부터 미얀마, 인도의 아셈 지방으로 이어지는 산악지대로 알려져 있다. 또 차茶의 기원은 한의학의 창시자로 불리는 신농씨神農氏가 제자들과 약초를 수집하려 나갔다가, 물을 끓이던 중에 차나무 잎이 끓는 물에 떨어져 향기가 피어나는데 너무 향기로워서 마셨더니, 마음이 편안해졌다는 고사에서 유래된 것이라 한다.

《삼국사기》에 흥덕왕 3년828년 중국 당나라에 사신으로 갔던 김대렴이 신라로 돌아오면서 가져온 차나무 종자를 왕명으로 지리산 줄기인 쌍계사 계곡에 처음 심었으며, 2년 뒤에 진감 선사가 차를 번식시켰다고 전한다. 현재 이곳은 경상남도 기념물 제61호로 '쌍계사 차나무 시배지'로 지정되어 있다. 《화엄사적기》에는 544년 연기 스님이 인도에서 돌아올 때, 차 씨앗을 가져와 지리산 화엄사 아래 장죽전長竹田에 심었는데, 이곳이 차 시배지라는 주장도 있다. 그래서 이곳은 전라남도 기념물 제138호 '구례 장죽전 녹차 시배지'로 지정되어 있다.

차를 마시면 정신이 각성되는 효과가 있다. 선종을 창시한 달마대사가 하남성 숭산 소림사에서 9년간 면벽의 용맹정진을 할 때, 피로가 쌓이고 자꾸 눈꺼풀이 감기자 눈꺼풀을 칼로 잘라서 마당에 내던졌다. 그러자 눈꺼풀

이 떨어진 자리에서 차나무가 자라나왔다. 그 후 달마대사는 찻잎을 따서 다려 마시고 졸음을 쫓아내며, 더욱 수련에 정진하였다고 한다.

대부분의 식물은 꽃이 지고 난 후에 열매가 열리기 때문에 꽃과 열매가 함께하는 시간이 없다. 그러나 차나무는 가을부터 겨울에 걸쳐 꽃이 피며, 이 꽃이 1년 후에 익어서 열매가 열린다. 이처럼 한 가지에 익은 열매가 1년 후에 피는 꽃을 맞이한다 하여 차나무를 실화상봉수實花相逢樹라 하며, 조상이 후손을 맞이한다는 상징성 때문에 '화목의 나무'라고도 부른다.

조경 Point

차나무는 원래 녹차와 홍차를 만드는 원료가 되는 잎을 채취하기 위해 재배하는 식물이다. 그러나 겨울에도 흰 꽃과 푸른 잎을 감상할 수 있어서, 조경수로도 활용되고 있다. 정원이나 공원의 경계식재, 차폐식재, 산울타리식재로 활용하면 좋다. 민가 주변이나 사찰 주위에 찻잎을 따기 위한 목적으로 많이 심는다.

재배 Point

수분을 보유하고 배수가 잘되며, 부식질이 풍부한 약산성 토양에서 재배한다. 반음지나 나뭇잎이 햇빛을 가리는 곳, 건조한 찬바람이 부는 곳, 이른 아침에 햇빛이 비치는 곳은 피한다. 이식은 5~6월에 하고, 따뜻한 곳일수록 봄에 심으며, 가을에 심는 경우 1~2년은 보호해 준다.

나무					새순			열매		개화		
월	1	2	3	4	5	6	7	8	9	10	11	12
전정			전정			전정			전정			
비료	한비											

▲ 쌍계사 차나무 시배지의 비석　　　ⓒ 문화재청

차독나방, 차주머니나방, 탱자소리진딧물, 차잎말이나방, 흑색무늬쐐기나방, 흰점쐐기나방 등의 해충이 발생한다. 차독나방은 애벌레 시기에는 잎살만을 식해하여 잎이 갈색으로 변하며, 애벌레가 어느 정도 크면 일렬로 모여 서식하면서 잎을 식해한다. 애벌레, 성충, 고치, 알덩어리에 독침이 있어 사람의 피부에 닿으면 통증과 염증을 일으키므로 주의를 요한다. 모여 있는 애벌레를 발견하면 즉시 채취하여 소각하거나 포살한다. 발생량이 많을 때에는 인독사카브(스튜어드골드) 액상수화제 2,000배액, 클로르플루아주론(아타브론) 유제 3,000배액을 수관 살포하여 방제한다.

차주머니나방은 정원수, 가로수, 과수재배지 등에 높은 밀도로 발생하여 잎을 식해하지만, 큰 피해를 주지는 않는다.

▲ 차독나방 애벌레

▲ 차잎말이나방 피해잎

▲ 탱자소리진딧물

일반적으로 수관을 다듬는 전정을 한다. 꽃이 진 후(기후가 온난한 지방)부터 눈이 틀 때(일반적으로)까지 기본적인 수관다듬기를 하고, 그 후로는 수시로 수관을 돌출한 가지를 잘라준다. 자주 깎을수록, 또 여름 이후 늦게 깎을수록 꽃의 수는 적어진다.

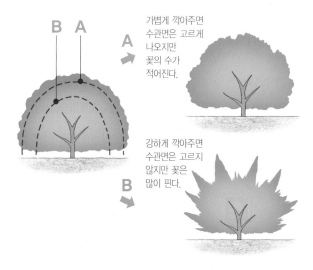

가볍게 깎아주면 수관면은 고르게 나오지만 꽃의 수가 적어진다.

A

강하게 깎아주면 수관면은 고르지 않지만 꽃은 많이 핀다.

B

10월 하순에 열매가 익어서 종자가 드러나기 시작하면 열매를 채취한다. 채취한 열매를 며칠 동안 말리면 종자가 노출되는데 이것을 젖은 모래에 저장해두었다가, 다음해 봄에 파종한다. 파종 후에는 건조하지 않도록 짚으로 덮어 관리한다.

6~7월이 삽목의 적기이다. 삽수 끝에 황토경단을 붙여서 삽목상에 꽂는다. 수분증발을 막고 발근을 촉진시키기 위해 차광망을 덮어준다. 차잎을 채취할 목적으로 재배할 때는 삽목으로 번식시킨다. 이외에 근삽, 분주 등의 방법이 가능하지만 그다지 이용하지 않는다.

4-1
겨울꽃

납매

- 납매과 납매속
- 낙엽활엽관목 • 수고 3m
- 중국 원산; 전국에 식재

학명 *Chimonanthus praecox* 속명은 그리스어로 cheimon(겨울)과 anthos(꽃)의 합성어로 '겨울의 꽃'을 뜻하며, 종소명 *praecox*는 '일찍 피는'이라는 의미이다. │ 영명 Winter sweet │ 일명 ロウバイ(臘梅) │ 중명 臘梅(납매)

| 잎

마주나기. 긴 달걀형이며,
가장자리는 밋밋하다.
손으로 잎면을 쓸면
까슬까슬한 감촉이 난다.

25%

| 꽃

양성화. 잎보다 먼저 노란색 꽃을 피운
다. 달콤한 향기가 난다.

| 열매

꽃이 진 후, 꽃받침이 발달하여 긴 달걀
모양의 헛열매[僞果]가 열린다.

| 수피

지름 6cm

성장함에 따라 연한 회갈색이 되며,
세로로 얕게 갈라진다.
껍질눈이 많다.

| 겨울눈

꽃눈은 구형이고 15~18장,
잎눈은 달걀형이고
6~10장의 눈비늘조각에
싸여있다.

| 뿌리

천근형. 노끈 모양의 수평근이 발달하며,
그다지 분지하지 않는다.

봄이 오기도 전에 꽃을 피우는 부지런한 친구, 4명이 있다. 이른바 설중사우雪中四友, 옥매玉梅·납매臘梅·다매茶梅·수선水仙이 바로 그들이다. 그 중에서도 납매는 가장 부지런한 봄의 전령사로 추운 겨울에도 아랑곳하지 않고 고고하게 꽃을 피운다. 속명 치모난투스 Chimonanthus는 그리스어로 겨울cheimon과 꽃authos의 합성어이며, 종소명 프라에콕스praecox는 '일찍 핀다'는 의미를 가지고 있어서, 납매가 봄이 오기도 전에 성급하게 꽃을 피운다는 것을 나타낸다. 납매는 나무에서 피는 꽃들 중에선 개화시기가 가장 빠른 편이다. 꽃은 비록 크지 않지만, 향기는 꽃의 크기가 믿기지 않을 정도로 짙고 그윽하다.

납매는 중국을 통해서 우리나라에 전래되어서 당매唐梅라고도 하며, 추운 겨울에 피어나는 꽃이라 하여 한객寒客이라 부르기도 한다. 이름은 음력 12월을 뜻하는 납월臘月, 즉 섣달에 피는 매화라는 뜻에서 온 것이다. 발음은 같지만 다른 한자인 납매蠟梅라고도 표현하는데, 이는 꽃이 밀랍으로 빚은 것처럼 미려하며, 매화를 닮았다는 뜻에서 유래된 것이다. 바깥쪽의 꽃잎은 노란색이고 중심부는 암자색으로 마치 밀랍세공을 한 것처럼 광택이 나는 특이한 꽃이다.

《본초강목》에서는 납매를 3가지 종류로 나누고 있다. 열매에서 종자가 나오고 접붙이지 않은 것은 향기가 짙지 않은데 구납매狗臘梅라 부르고, 열매와 종자가 접붙이기하여 꽃이 필 때에 먹을 수 있는 것은 경구매罄口梅라 부르며, 꽃이 촘촘하고 향기가 짙으며 색이 짙은 황색인 것을 단향매檀香梅라 부르며 최고품이라 하였다.

납매는 자애慈愛라는 꽃말처럼 차갑고 삭막한 겨울에 따뜻한 봄기운을 알리는 전령사로서 많은 사람들에게 사랑받는 조경수이다.

조경 Point

우리나라에서 가장 먼저 꽃이 피는 꽃나무 중 하나이다. 수세가 강하고 튼튼한 나무로 한번 심어 놓으면 특별히 관리할 필요가 없으며, 꽃이 없는 엄동설한부터 이른 봄까지 꽃과 향기를 즐길 수 있다. 주택이나 공원에서 해가 잘 드는 곳에 심으면 좋다. 꽃꽂이나 분재의 소재, 화차(花茶)의 재료로도 활용된다.

재배 Point

내한성이 강하지만, 미성숙 가지는 늦서리의 피해를 입는 경우도 있다. 꽃잎이 저온의 해를 입을 수 있으므로, 찬바람이 막히고 햇빛이 잘 드는 남서쪽에 심는다. 배수가 잘되는 비옥한 토양에 식재한다.

나무	개화		새순	꽃눈분화								
월	1	2	3	4	5	6	7	8	9	10	11	12
전정		전정										
비료	한비							추비				

병충해 Point

납매는 병충해에 강한 겨울 조경수이다. 그러나 깍지벌레나 진딧물 등의 흡즙성해충이 일찍 발생하는 수가 있으므로, 이른 봄에 석회유황합제, 기계유제, 티아클로프리드(칼립소) 액상수화제 2,000배액 등을 살포하면 예방에 효과적이다.

생장이 느리기 때문에 묘목일 때 방임해서 키워도 도장지가 거의 발생하지 않고 자연수형을 유지한다. 움돋이가 발생하면 즉시 제거하며, 이것을 그대로 두면 줄기의 세력이 약해진다. 줄기가 3개 정도인 주립상 수형이 가장 이상적인 수형이다. 꽃눈이 생기지 않는 도장지와 내부의 복잡한 가지는 잘라준다. 시기는 꽃눈의 존재를 확실하게 알 수 있는 10월 하순~11월 상순이 좋다.

실생, 삽목, 접목, 높이떼기 등의 방법으로 번식시킨다. 9월경에 긴 달걀 모양의 열매 속에 5~20개의 콩알만한 종자가 들어 있는데, 이것을 파종하면 가을에 발아한다. 서리와 찬바람을 피할 수 있는 장소에서 2년 정도 키우면 30~60cm까지 자란다.

높이떼기는 4월에 새끼손가락 굵기의 가지를 환상박피하여 물이끼를 감아두면 뿌리가 나오는데, 이것을 가을이나 다음해 봄에 떼어내어 따로 심어 번식시킨다.

생장이 느리기 때문에 10년 정도 방임해서 키우더라도 수형이 흐트러지지 않는다.

작은 정원이라면 줄기 3개, 수고 2m 정도의 크기가 적당하다.

아래로 난 가지는 자른다.

움돋이는 자른다.

조경수 상식

■ **농약의 종류**

종류	설 명
살균제	식물에 병을 일으키는 세균이나 곰팡이를 구제하기 위한 약제. 표시색 : 분홍색
살충제	식물에 해를 미치는 벌레를 구제하기 위한 약제. 표시색 : 녹색
살비제	곤충류에 대해서는 살충효력이 없고, 응애류에 대해서만 효력을 나타내는 약제
제초제	잡초를 방제하기 위한 약제로 비선택성제초제와 선택성제초제가 있다. 표시색 : 황색, 비선택성 제초제 표시색 : 적색
보조제	살균제, 살충제, 살비제, 제초제 등의 전착력을 좋게 하거나 농도를 낮추는 목적으로 쓰이는 약제
식물성장조절제	식물의 생장을 촉진 또는 억제하기 위해 사용되는 약제. 표시색 : 청색

비파나무

- 장미과 비파나무속
- 상록활엽소교목 · 수고 4~8m
- 중국 중부(허베이), 남부(충칭) 원산, 동남아시아; 제주도 및 남해안 지방에 식재

 | 학명 *Eriobotrya japonica* 속명은 그리스어 erion(양털)과 boytrys(포도 송이)의 합성어로 잎과 가지에 털이 많고 꽃차례가 총상인 것에서 유래한다. 종소명은 '일본의'를 뜻한다. | 영명 Loquat | 일명 ビワ(枇杷) | 중명 枇杷樹(비파수)

| 잎

15%

어긋나기.
타원상의 긴 달걀형이며,
현악기 비파와 비슷한 모양이다.
잎면은 딱딱하며, 요철이 많다.

| 꽃

양성화. 가지 끝에 연한 황백색 꽃이 모여 핀다. 꽃받침은 연한 갈색이다.

| 열매

이과. 구형 또는 거꿀달걀형이며, 등황색으로 익는다.

| 수피

암갈색 또는 회갈색이며,
껍질눈과 세로줄이 있다.
오래되면 가로로
주름선이 생긴다.

| 겨울눈

꽃눈은 가지 끝에 달리고,
갈색의 비단 털로 덮여있다.

가야금·거문고와 함께 신라의 3대 현악기였던 비파琵琶라는 악기가 있다. 5세기경 실크로드를 따라 신라에 들어와 많이 연주된 악기이지만, 근대에 와서는 거의 찾아 볼 수가 없다. '낮은 음이 나게 줄을 타다'는 뜻의 비琵자와 '높은 음이 나게 줄을 타다'라는 파琶자가 합쳐진 이름으로, 서역 계통의 유목민들이 즐겨 연주하던 악기이기도 했다. 고구려 장천 1호분 벽화에 5현 비파를 연주하는 모습이 그려진 것을 보면, 당시에는 비파 종류의 악기가 유행했음을 알 수 있다.

비파枇杷나무라는 이름은 이 악기의 이름에서 유래된 것이라고 한다. 한자 표기는 다르지만, 타원형의 긴 비파나무 잎이 현악기 비파를 닮았기에 비파라는 음만 빌려서 사용한 것으로 보인다. 중국 이름과 일본 이름도 비파이다. 중국에서는 예전에 노귤盧橘이라고도 불렀으며, 영어 이름 로우콰트loquat는 노귤의 광동어 발음에서 유래한 것이다.

겨울에 꽃을 피우는 생명력이 강한 비파는 예로부터 약효가 있는 나무로 알려져 있다. 그래서 '집 마당에 비파나무가 한 그루 있으면 집안에 의사가 두 명' 또는 '비파나무가 자라고 있는 고장이나 가정에서는 아픈 사람이 없다'는 등의 말이 전해진다. 드라마에서 허준의 스승이 암을 고치기 위해 비파 열매를 사용한 것으로도 널리 알려져 있다. 중국에서는 대약왕수大藥王樹라고 불릴 정도라 한다.

《삼국지》에서 조조는 비파를 좋아해서, 정원에 비파나무를 심어놓고 누가 따 먹을까봐 열매의 개수를 세었을 정도였다고 한다. 어느 날, 조조의 집에서 보초를 서던 병사가 정원의 비파나무에서 열매를 두 개 따먹었다. 조조는 그것을 알아차렸지만, 일부러 그 비파나무를 파서 없애라고 명령했다. 그러자 비파를 따먹은 병사가 "그렇게 맛있는 비파를 왜 없애라고 하십니까"하고 말했다. 조조는 그 병사를 당장 끌고 가서 처형하라고 명령했다.

조경 Point

일본이 원산지이며, 우리나라 남부지방 일부에서만 월동이 가능하다. 애기동백나무, 구골목서에 이어 겨울(12월경)에 흰색 꽃을 피운다. 타원형의 노란색 열매는 이듬해 6월에 열리며, 식용이 가능하고 관상가치도 있다.

재배 Point

내한성은 약하기 때문에 주로 남부지방에서 재배한다. 비옥한 토양에서 잘 자라며, 석회질 성분이 많은 곳에서는 생장이 불량하다.

나무	개화				새순	열매	꽃눈분화				개화
월	1	2	3	4	5	6	7	8	9	10	11	12
전정				전정				전정			
비료		시비			열매후						

비파(琵琶) ▶
비파(枇杷)나무 잎이 현악기 비파와
닮아서 비파라는 음을 빌려서 사용한 것이다.

풀색노린재, 끝검은말매미충, 목화진딧물, 거북밀깍지벌레, 뽕나무하늘소 등의 해충이 발생한다. 풀색노린재는 약충이 잎뒷면에서 수액을 흡즙하고, 성충은 주로 열매의 과즙을 흡즙한다. 가해 시기에 피해상황을 조사하여 클로티아니딘(빅카드) 액상수화제 2,000배액 등을 1∼2회 살포하여 방제한다.

▲ 목화진딧물

전정 **Point**

기본 전정은 꽃이 피어 있는 11월에서 다음해 2월에 실시한다. 비파나무는 여름에 그해에 신장한 가지 끝에 꽃눈이 생긴다. 차륜지의 중앙에 생긴 단지와 뻗는 방향이 좋은 단지 등 3개 정도의 가지만 남기고 나머지는 자른다.

식재 후, 3년째 가지를
좌우로 유인하여
수고를 낮춘다.

▲ 타원형 수형 만들기

번식 **Point**

5∼6월에 열매가 노랗게 익으면 따서 종자를 발라내어 바로 파종한다. 1∼2개월 후에 발아하고, 일부는 다음해 봄에 발아한다. 과수로 적합한 품종을 생산할 때는 접목으로 번식시킨다.

꽃이 피어 있는
11월에서 다음해 2월경에
가지 끝을 전정한다.

▲ 전정

애기동백나무

• 차나무과 차나무속
• 상록활엽소교목 • 수고 5~8m
• 일본 원산; 남해안 일대 및 제주도

 |학명 *Camellia sasanqua* 속명은 체코의 선교사로 아시아를 여행하면서 식물채집을 한 G. J. Kamel을 기념한 것이며, 종소명은 일본에서 부르는 Sazanka(サザンカ, 山茶花)라는 이름이 라틴어화한 것이다. |영명 Sasanqua |일명 サザンカ(山茶花) |중명 茶梅(다매)

| 잎

어긋나기.
타원형 또는
긴 타원형이며,
물결 모양의
잔톱니가 있다.

70%

| 꽃

양성화. 꽃색이 원종은 흰색이지만, 원예
품종은 붉은색, 분홍색 등 다양하다.

| 열매

삭과. 구형이고 붉은색으로 익으며, 3~4
갈래로 갈라진다.

| 수피

매우 평활하다.
성장하면서 회백색이나
회갈색에서 점차 연한
적갈색으로 변한다.

| 겨울눈

달걀형이며, 흰색 털이 있다.
5~7장의 눈비늘조각에 싸여있다.

▲ 애기동백나무 꽃

▲ 동백나무 꽃

애기동백나무의 수술은 서로 분리되어 있지만, 동백나무의 수술은 붙어있다.

애기동백나무라는 이름은 동백나무 종류이면서, 동백에 비해 수형과 꽃이 작은 데서 유래한 것이다. 동백나무 꽃과 비슷하지만 몇 가지 차이점이 있다. 애기동백은 햇가지와 씨방 등에 잔털이 있으며, 잎이 작고 꽃받침이 하나하나 떨어져 있다. 꽃이 질 때 꽃봉오리째 떨어지는 동백꽃과 달리 장미꽃처럼 꽃잎이 흩날리며 떨어지는 것도 동백꽃과의 차이점이다. 또 애기동백나무의 수술은 서로 분리되어 있지만, 동백나무의 수술은 붙어있다. 꽃이 피는 시기, 꽃의 색깔, 겹꽃과 홑꽃 등에 따라서 110여 종의 원예종이 있다.

동백과 애기동백의 이름이 한중일 모두 달라서 헷갈리는 경우가 많다. 먼저 동백冬柏은 한자어이지만, 우리나라에서만 사용되는 말이다. 중국에서는 산다화山茶花라는 쓰고 샨차후아shāncháhuā라 발음하며, 일본에서는 한자어 춘椿자를 쓰고 츠바끼ツバキ라 발음한다. 애기동백은 중국에서는 다매茶梅라 쓰고 차메이chámei라고 발음하며, 일본에서는 산다화山茶花라 쓰고 사잔카サザンカ라고 발음한다.

조선 후기에 유박이 지은 원예 전문서인《화암수록花庵隨錄》에도 "우리나라 사람들은 여러 품종의 꽃이름을 잘 알지 못하고서 동백을 산다화라 한다"라는 기록이 있는 것으로 보아 조선 시대 사람들도 동백과 애기동백을 헷갈려 했던 것 같다.

조경 Point

애기동백꽃은 동백꽃보다 약간 빨리 꽃을 피우며, 송이째 떨어지는 동백꽃과는 달리 꽃잎이 따로 떨어진다. 정원이나 공원에 심으면, 붉은 꽃과 하얀 눈과 좋은 대조를 이루어 아름다운 경관을 연출한다. 정형적인 수형으로 가꾸어 산울타리 또는 가로수로 활용해도 좋다. 원예품종이 다양하기 때문에 장소와 꽃이 피는 시기에 맞게 품종을 선택하여 심을 수 있다.

재배 Point

수분을 보유하고 배수가 잘되며, 부식질이 풍부한 산성(pH5.5~6.5) 토양에 재배한다. 건조한 찬바람과 이른 아침의 햇빛은 피할 수 있는 곳이 좋다. 꽃봉오리는 찬바람과 늦서리의 피해를 입을 수 있다.

나무	개화			새순			꽃눈분화	열매			개화	
월	1	2	3	4	5	6	7	8	9	10	11	12
전정	전정			전정			전정					
비료	한비						시비					

병충해 Point

애기동백나무의 가장 큰 적은 차독나방이다. 차독나방은 나뭇잎을 먹어 치울 뿐 아니라, 사람에게도 피부염을 유발하므로 애벌레 발생 시에는 주의해야 한다. 발생량이 많을 때에는 클로르플루아주론(아타브론) 유제 3,000배액, 인독사카브(스튜어드골드) 액상수화제 2,000배액을 수관살포한다.

떡병은 5~6월 햇가지의 신장기에 발생한다. 발생하면 감염된 부분은 잘라서 소각하고, 발병초기부터 터부코나졸(호리쿠어) 유제 2,000배액을 살포하여 방제한다.

▲ 차독나방

▲ 차독나방 피해잎

▲ 떡병 피해잎

정형목, 둥근 수형, 산울타리 등 여러 가지 수형으로 키울 수 있다. 이들 수형은 모두 수관면을 가볍게 깍아주는 전정을 해준다. 묘목을 식재해서 정형목의 수형으로 만들기까지는 오랜 시간이 소요되므로, 단순하게 둥근 수형으로 만들어서 키우는 것도 좋다.

▲ 정형목   ▲ 원주형 수형   ▲ 둥근 수형   ▲ 산울타리

꽃이 진 후에 수관면을 깍아준다.

10월부터 개화 전까지 수관을 가볍게 깍아주면 수관면이 고르다.

숙지삽은 3월 중순~4월 상순, 녹지삽은 6월 중순~8월 상순, 가을삽목은 9월이 적기이다. 숙지삽은 충실한 전년지를, 녹지삽과 가을삽목은 그해에 나온 충실한 햇가지를 삽수로 사용한다. 삽수는 10~15cm 정도의 길이로 자르고, 윗잎 2~3장만 남기고 아랫잎은 제거한다. 남은 잎도 크기가 크다면 1/3 정도 잘라준다. 2~3시간 물을 올린 후에 삽목상에 꽂고, 반그늘에 두고 건조하지 않도록 관리한다. 발근하면 서서히 햇볕에 익숙해지도록 해주고, 묽은 액비를 뿌려준다. 겨울에 동해를 입지 않도록 보호하여, 다음해 4월에 이식한다.

접목과 실생으로도 번식이 가능하며, 동백나무의 번식방법을 참조하면 된다.

기부를 비스듬하게 자른다.

2~3시간 물을 올린다.

잎과 잎이 닿을 정도의 간격으로 꽂는다.

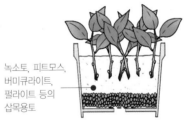
녹소토, 피트모스, 버미큐라이트, 펄라이트 등의 삽목용토

▲ 삽목 번식

4-4
겨울꽃

팔손이
- 두릅나무과 팔손이속
- 상록활엽관목 • 수고 2~5m
- 일본, 중국; 경남 비진도, 남해도, 거제도

학명 *Fatsia japonica* 속명은 8갈래로 갈라진 잎을 나타내는 일본 이름 야쯔데(ヤッデ, 八つ手)가 전음된 것이며, 종소명은 '일본의'라는 뜻이다.
영명 Glossy-leaf paper plant | **일명** ヤツデ(八つ手) | **중명** 八角金盤(팔각금반)

| 잎

어긋나기.
상록수에서는 보기 드문 잎몸이 7~9갈래로 갈라지는
갈래잎이다(이름의 유래).

20%

| 꽃

암꽃   수꽃

꽃은 암꽃, 수꽃이 따로 피는 것이 아니라, 먼저 위쪽 꽃차례에 수꽃이 피고(웅성기), 몇 일 후에 수꽃이 지고나면 암꽃이 핀다(자성기). 즉 하나의 꽃이 웅성기에서 자성기로 변화한다.

| 열매

장과. 구형이며, 검은색으로 익는다.

| 뿌리

중근형. 소·중경의 수하근과
사출근이 발달한다.

| 수피

지름 4cm

어린 줄기는 초록색이고 커가면서
잿빛을 띤 회색으로 변한다.
가지에 큰 잎자국이 남아있다.

| 겨울눈

▲ 전개 중인 잎눈(좌)과 꽃눈(우)
끝눈은 달걀형이고 끝이 뾰족하다. 꽃눈은 여름
에 생기고 초겨울에 개화한다.

조경수 **이야기**

팔손이는 손 모양의 잎이 8갈래로 갈라지기 때문에 얻은 이름이다. 그러나 칠엽수 잎이 항상 7갈래가 아닌 것처럼, 팔손이 잎도 꼭 8갈래가 아니라 7~9갈래로 갈라지는 것이 많다. 속명 파트시아 *Fatsia*는 일본어 팔八 혹은 팔수八手라는 발음에서 유래된 것이며, 일본 이름 역시 '8개의 손'이란 뜻의 야쯔데八手이다.

팔손이에는 이런 슬픈 전설이 전한다. 옛날 인도에 바스라라는 공주가 살고 있었다. 공주는 17살이 되는 생일날 어머니에게서 예쁜 쌍가락지를 선물로 받았다. 그런데 공주의 시녀가 공주의 방을 청소하다가 예쁜 반지가 탐이 나서 양손 엄지손가락에 각각 한 개씩 끼워 보았다.

그러나 한번 끼운 반지가 빠지지 않자 겁이 난 시녀는 그 반지 위에 더 큰 반지를 끼워 감추었다. 반지를 잃고 슬퍼하는 공주를 위해 왕이 궁궐의 모든 사람을 조사하자, 시녀는 왕 앞에서 두 엄지손가락을 안으로 감추고 여덟 개의 손가락만 내밀었다. 그때 하늘에서 천둥과 번개가 치고 벼락이 떨어지면서 그 시녀는 팔손이나무로 변했다고 전해진다. 사실 엄지손가락을 밑으로 숨기고 두 손을 붙이면 영락없이 팔손이 잎을 닮은 모양이 된다.

팔손이는 잎이 크고 싱그러워서 외국산 열대식물처럼 여겨지기도 하지만, 우리나라 남부지방의 섬이나 해안에서 자생하는 상록활엽관목이다. 팔손이는 공해에 강하고 그늘에서도 잘 생육하는 대표적인 음수로, 최근에는 중부 지방의 아파트 베란다에서도 흔하게 볼 수 있다. 또 음이온을 많이 방출하고 미세먼지를 흡수하며, 새집증후군의 원인인 포름알데히드를 제거하는 효과도 뛰어나다고 한다.

◀ 팔손이 잎 문양의 항아리

광택 나는 커다란 잎과 검은 열매가 남국의 분위기를 자아내는 조경수이다. 내음성이 강하기 때문에 큰 나무 밑에 하식하거나, 건물의 그늘진 곳에 심으면 관상을 겸한 바람막이로 활용할 수 있다. 염분과 조해에도 강해서 해변가에 경관수나 첨경수로 심어도 좋다. 추위에 약한 남부수종이므로 중부지방에서는 화분에 심어 실내에서 감상하기도 한다.

 Point

내한성은 약하나 공해에는 강하다. 수분이 충분하고 배수가 잘 되는 비옥한 사질양토가 좋다. 차고 건조한 바람은 막아준다. 반입종은 반음지에서 키우면 더 선명한 무늬를 즐길 수 있다. 이식은 4월, 6~7월에 하며, 큰 나무인 경우 잎따기를 한다.

나무					열매	새순		꽃눈 분화		개 화	
월	1	2	3	4	5	6	7	8	9	10	11	12
전정			전정			전정						
비료	한비				시비							

 Point

짚신깍지벌레, 루비깍지벌레, 거북밀깍지벌레, 탄저병 등이 발생한다. 수세가 약해지거나 고온다습한 환경에서는 탄저병이 발생하는 수가 있다. 발병하면 잎에 크고 작은 반점을 형성하며, 심하면 일찍 낙엽이 져서 미관을 해친다. 감염된 낙엽은 모아서 태우며, 만코제브(다이센M-45) 수화제 500배액, 이미녹타딘트리스알베실레이트(벨쿠트) 수화제 1,000배액을 발병초기부터 10일 간격으로 3~4회 살포한다.

 Point

11~12월에 오래된 잎을 잘라주고, 꼭대기 부분의 2~3장의 작은 잎만 남기는 정도로 전정해준다. 이렇게 하면 수형이 깔끔하게 정리되고, 다음에 나오는 잎의 수도 적어진다. 전체적으로 2~3개 정도의 줄기를 가진 주립상 수형으로 키우면 좋다.

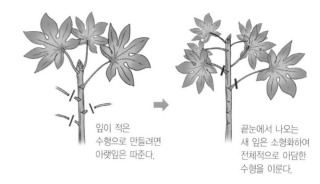

잎이 적은 수형으로 만들려면 아랫잎은 따준다.

끝눈에서 나오는 새 잎은 소형화하여 전체적으로 아담한 수형을 이룬다.

▲ 작은 수형 만들기

 Point

5월경에 열매가 검게 익으면 채종하여, 흐르는 물로 과육을 씻어 제거한 후에 파종상에 뿌린다. 건조하지 않도록 반그늘에 두고 관리한다. 생육이 느린 편이며, 잎이 서로 겹치면 솎아내기를 해준다. 겨울에 한해와 동해를 입지 않도록 보호해주고 2년째 되는 5월에 이식한다.

숙지삽은 3~4월 상순, 녹지삽은 7~8월이 적기이다. 숙지삽은 충실한 전년지, 녹지삽은 주간에서 나온 측지를 삽수로 사용하며, 가능하면 큰 잎은 잘라버린다. 적옥토나 녹소토 등 배수성과 보수성이 좋은 용토를 넣은 삽목상에 꽂는다. 반그늘에 두고 건조하지 않도록 관리하며, 세력이 좋은 것은 다음해 5월에 이식이 가능하다.

지면에서 줄기가 많이 나오기 때문에, 휘묻이(성토법)로도 번식이 가능하다. 뿌리 주위에 흙을 두툼하게 덮어두면 줄기에서 발근하는데, 이것을 식재시기인 5~6월에 떼어내어 옮겨 심는다.

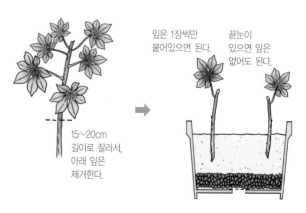

잎은 1장씩만 붙어있으면 된다.

끝눈이 있으면 잎은 없어도 된다.

15~20cm 길이로 잘라서, 아래 잎은 제거한다.

▲ 삽목 번식

4-5
겨울꽃

풍년화

- 조록나무과 풍년화속
- 낙엽활엽관목 • 수고 2~3m
- 일본 원산; 중부 이남에 식재

 | **학명** *Hamamelis japonica* 속명은 그리스어 hamos(비슷하다)와 melis(사과)의 합성어로 잎이 장미과의 어떤 종과 닮은 것을 나타내며, 종소명은 원산지를 가리킨다. | **영명** Japanese witch hazel | **일명** マンサク(満作) | **중명** 日本金縷梅(일본금루매)

| 잎

어긋나며, 약간 찌그러진 마름모꼴이다. 잎모양은 변화가 많으며, 좌우가 비대칭형이다.

25%

| 꽃

양성화. 잎보다 먼저, 잎겨드랑이에 1개 또는 여러 개의 노란색 꽃이 핀다.

| 열매

삭과. 달걀 모양의 구형이며, 갈색으로 익는다. 익으면 2갈래로 갈라져 2개의 종자가 나온다.

| 수피

지름 5cm

연한 갈색이며 타원상의 껍질눈이 있다. 성장함에 따라 회갈색으로 변한다.

| 겨울눈

꽃눈은 달걀형이며 눈자루가 있고, 2~4개가 무리로 달린다. 눈비늘이 있지만 일찍 떨어진다.

▲ 붉은풍년화(*Loropetalum chinense*)

조경수 이야기

풍년화의 원산지는 일본이다. 일본에서는 만사쿠滿作라는 이름으로 불리는데, 이는 풍작을 뜻한다. 1931년 우리나라에 처음 도입되면서 비슷한 뜻의 풍년화라는 이름으로 불리게 되었다. 농경시대의 사람들은 한해 농사가 풍년이 될 것인지가 가장 큰 관심사였던 것 같다. 그래서 봄에 그해의 농사가 풍년이 될지를 이팝나무나 회화나무의 꽃을 보고 점을 치기도 했다. 이처럼 그해 농사의 풍흉을 점치는 나무로 풍년화도 한몫을 한다. 이 나무가 꽃을 많이 피우면 그 해에는 풍년이 든다 하여 이름조차 풍년화라 붙여 주었다. 땅에 습기가 많을 때에 더 많은 꽃을 피우기 때문에 농사도 잘되는 것으로 추측해 볼 수 있다.

봄에 일찍 꽃을 피우는 나무로 산수유나 생강나무가 있다. 그러나 이들이 꽃망울을 터트릴 즈음에 풍년화는 이미 황금색 꽃이 만개해 있다. 풍년화는 7월경에 꽃눈이 만들어져서 그달 말이면 속이 꽉 차 있다가, 다음해 2월이면 꽃망울을 터트리기 시작한다. 가장 먼저 봄을 맞이한다 하여, 영춘화迎春化라는 별명으로도 불린다. 무엇보다 풍년화의 특징은 종이를 길게 오려서 붙인 것 같은 특이한 꽃이며, 꽃 속에는 4개의 수술이 2개의 암술을 감싸고 있다.

조경 Point

노란 색종이를 길게 오려 놓은 것 같은 꼬불꼬불한 꽃과 약간 비대칭의 일그러진 모양의 잎이 특이한 느낌이 준다. 이른 봄에 잎보다 먼저 노란 꽃이 피기 때문에 계절감을 줄 수 있는 꽃나무이다. 공원이나 정원에 악센트 식재로 활용하면 좋다. 큰 나무 아래 하식하거나, 상록수 앞에 심으면 꽃이 피었을 때 대비를 이루어 보기 좋다.

재배 Point

내한성이 강하다. 수분을 충분히 함유하고 배수가 잘 되며, 산성~중성의 적당히 비옥한 토양이 좋다. 양지바른 곳 또는 반음지, 비바람에 노출되지 않는 장소에서 잘 자란다.

나무		개화	새순	열매	꽃눈분화			단풍		
월	1	2	3	4	5	6	7	8	9	10	11	12
전정	전정						전정			
비료		퇴비	꽃후							

병충해 Point

녹병은 잎 표면에 갈색 또는 보라색 반점이 생기고 가운데 황갈색의 작은 돌기가 형성되며, 잎 안쪽에 회색의 포자낭이 만들어진다. 매년 발생하는 곳은 배수가 잘 되도록 관리하고 질소질 비료를 적게 사용하며, 발병 초기에 디페노코나졸(로티플) 액상수화제 2,000배액을 7~10일 간격으로 2~3회 정도 살포한다.

흰가루병은 우리나라에 300여 종의 기주식물에서 11속 80여종이 있는 것으로 알려져 있다. 어린 눈이나 새순이 침해를 받으면 위축되어 기형으로 변하고 나무의 생육이 떨어진다. 주로 늦가을에 심하게 감염되어, 조경수목의 미관적 가치를 크게 떨어뜨린다. 감염된 낙엽은 모두 모아서 불태움으로써 다음해의 전염원을 없애고, 이른 봄 가지치기를 할 때 병든 가지를 모두 제거한다. 봄에 새순이 나오기 전에는 석회유황합제를 1~2회 살포하며, 여름에는 페나리몰(훼나리) 수화제 3,000배액, 터부코나졸(호리쿠어) 유제 2,000배액 등을 2주 간격으로 살포한다. 충해로는 매미나방, 깍지벌레 등이 발생한다.

일반적으로 전정이 필요하지 않는 나무이다. 원하는 수고와 수관폭까지 자라면 이후로는 가지솎기만으로 충분하다. 지면 근처에서 나오는 도장지를 활용해서 주립상으로 키우면, 수형이 풍성해지고 많은 꽃도 감상할 수 있다.

수고와 가지폭을
제한하고 싶을 때는
가지의 분기점
바로 위를 자른다.

지면 가까이서
나오는 도장지를
제거해도 되지만,
몇 개는 남겨서
주립상으로
키우는 것도 좋다.

10월에 종자를 채취하여 직파하거나 저온저장 또는 노천매장해두었다가, 다음해 봄에 파종한다. 개화·결실까지는 5~6년 정도가 걸린다. 꽃이 아름다운 원예품종은 풍년화 실생묘를 대목으로 접목으로 번식시킨다.

옆으로 크게 번진 나무의 뿌리를 캐서 포기를 나누어 심는 분주 번식도 가능하다. 또 가지를 구부려 흙을 덮어두었다가 뿌리를 내리면 가을이나 이른 봄에 떼어내어 옮겨 심는 휘묻이로도 번식이 가능하다.

히어리

• 조록나무과 히어리속
• 낙엽활엽관목 • 수고 2~3m
• 우리나라 특산식물; 전라남도 지리산, 경기도 수원과 포천 백운산 지역

 학명 *Corylopsis gotoana* var. *coreana* 속명은 *Corylus*(개암나무속)와 posis(비슷하다)의 합성어이다. 종소명은 일본의 '오도열도(五島列島) 지역의'이라는 뜻을 가지고 있으며, 변종명은 한국특산 식물임을 나타낸다.
영명 Korean winter hazel ┃ 일명 コウヤミズキ(高野水木) ┃ 중명 松廣蠟瓣花(송광납판화)

| 잎

어긋나기.
달걀형이며, 잔물결 모양의
톱니가 있다.
질감이 부드럽고
잎맥이 가지런하다.

20%

| 꽃

양성화. 잎보다 먼저, 잎겨드랑
이에 5~12개의 노란색 꽃이 모
여 핀다.

| 열매

삭과. 구형 또는 거꿀달걀형이며, 갈색으로
익는다.

| 수피

지름 2cm

회갈색이며,
평활하다.
어린가지는
갈색이고
껍질눈이 있다.

| 겨울눈

꽃눈은 통통한 구형이며,
잎눈은 물방울형이다.
2장의 눈비늘조각에
싸여있다.

3월이면 잎이 나오기도 전에 노란 꽃을 피우는 봄의 전령사로 산수유·생강나무·개나리·히어리 등이 있다. 히어리는 얼핏 이름만 들으면 외국에서 들어온 원예종 같은 생각이 들지만 조록나무과 히어리속의 낙엽관목으로 코레아나 *coreana*라는 변종명을 가진 우리나라 특산종이다. 지리산 부근의 순천지방에서 시오리十五里마다 이 나무가 있다 하여, 시오리나무라 부르다가 시어리가 되고 히어리로 정착되었다고 한다. 이름의 유래를 알고 나면 예쁜 우리 이름에 더 정감이 간다.

히어리는 전라남도 송광사 근처에서 처음 발견되었기 때문에 송광납판화라는 이름으로도 불린다. 여기서 납판화蠟瓣花는 일본의 비슷한 나무인 도사물나무土佐水木, *Corylopsis spicata*의 한자 이름을 빌린 것으로 꽃잎이 두꺼워 마치 밀랍으로 만든 것 같다는 뜻이다. 영어 이름 코리안 윈터 하젤Korean winter hazel은 '한국의 겨울 개암나무'라는 뜻이다.

정향나무나 구상나무 같은 우리나라 특산식물이 대부분 외국으로 유출되어 일부는 외국에서 다시 개량 육종되어 국내로 역수입되고 있는 실정이다. 그러나 히어리는 아직 외국으로 유출되지 않았다고 하니, 우리가 먼저 새로운 품종을 개발하여 외국으로 수출하면 좋겠다는 생각을 해본다.

조경 Point

히어리는 개나리나 진달래보다 먼저 노란 꽃망울을 가지 가득히 터뜨리는 대표적인 이른 봄꽃이다. 가을에 진노랑색으로 물드는 단풍도 매혹적이다. 화려하고 특이한 원예수종만 추구하는 것보다, 우리나라 특산의 꽃나무를 심어보는 것도 바람직할 것이다. 하목, 경계식재, 산울타리식재 등으로 활용 가능하다.

재배 Point

내한성이 강하지만, 늦서리의 피해를 입는 경우가 있다. 비옥한 산성토양을 좋아하며, 수분이 충분하고 배수가 잘되는 반음지에 식재한다.

나무				개화		새순		꽃눈분화		열매	
월	1	2	3	4	5	6	7	8	9	10	11	12
전정	전정				전정							전정
비료	한비											한비

병충해 Point

특별히 알려진 병충해는 없다.

전정 Point

원하는 수고에 도달하거나, 가지가 너무 길게 뻗었다면 잘라준다. 지면 가까이에서 도장지나 움돋이가 발생하기 쉬우므로, 나오는 즉시 제거한다. 10월 이후에는 어느 때나 전정이 가능하지만, 잎눈과 꽃눈의 구별이 어려운 경우에는 꽃이 진 후에 하는 것이 좋다. 일반적으로 자연수형 혹은 둥근수형으로 키운다. 도장지나 복잡한 가지는 자르고, 전체적으로 둥글게 깎는 전정을 한다. 꽃눈은 7월에 분화하기 시작하므로, 5~6월에 전정을 한다. 그 이후에 하게 되면 다음해에는 꽃을 보지 못할 수도 있다.

복잡한 가지, 내부의 잔가지, 도장지 등을 자른다.

수관 전체를 둥글게 깎아준다.

▲ 자연수형   ▲ 둥근 수형

9~10월에 잘 익는 종자를 채취하여 젖은 모래와 섞어 노천매
장해두었다가, 다음해 3월 중순~4월 중순에 파종한다. 열매를
너무 늦게 채취하면 종자가 터져서 비산하므로, 터지기 전에 채
취한다. 숙지삽은 2월초에 전년지, 녹지삽은 1차 생장이 정지된
가지 삽수로 이용하며 길이는 15cm 정도가 적당하다. 휘묻이나
분주로도 번식이 가능하다.

조경수 상식

■ 꽃차례 (2) – 집산꽃차례

1. 홑꽃차례 : 하나의 꽃으로 이루어진 꽃차례.
2. 권산꽃차례 : 분지한 가지가 한 평면 내에서 소용돌이 모양을 이루는 꽃차례.
3. 달팽이모양꽃차례 : 같은 방향으로 직각되게 분지하여, 입체적인 소용돌이 모양의 꽃차례.
4. 부채모양꽃차례 : 한 평면 내에서 좌우교대로 분지하는 꽃차례.
5. 전갈모양꽃차례 : 좌우로 서로 직각되게 분지하여, 입체적인 모양의 꽃차례.
6. 이출집산꽃차례 : 한 마디에 곁가지가 2개 생기는 꽃차례.
7. 다출집산꽃차례 : 한 마디에 3개 이상의 곁가지가 생기며, 마디사이나 꽃자루가 명확한 것.
8. 단산꽃차례 : 마디사이나 꽃자루가 짧고 명확하지 않는 것.
9. 잔모양꽃차례 : 꽃줄기와 총포가 변형하여 잔 모양 또는 항아리 모양을 한 꽃차례.
10. 무화과꽃차례 : 꽃줄기가 다육화하고, 가운데가 움푹 들어간 항아리형으로 그 속에 여러 개의 꽃이 있다.

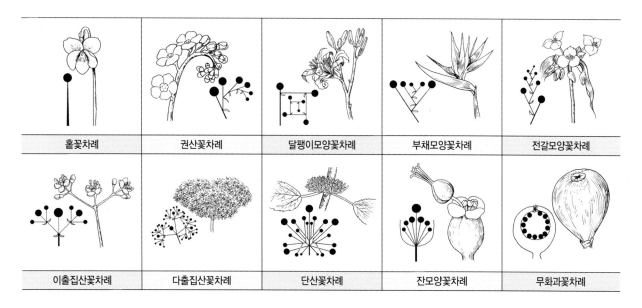

| 홑꽃차례 | 권산꽃차례 | 달팽이모양꽃차례 | 부채모양꽃차례 | 전갈모양꽃차례 |
| 이출집산꽃차례 | 다출집산꽃차례 | 단산꽃차례 | 잔모양꽃차례 | 무화과꽃차례 |

마취목

- 진달래과 피어리스속
- 상록활엽관목 • 수고 1~2m
- 일본 원산; 전국에 관상용으로 식재

학명 *Pieris japonica* 속명은 그리스신화에 나오는 시의 여신 Pieris에서 유래된 것이며, 종소명은 원산지를 나타낸다.
영명 Japanese andromeda | 일명 アセビ(馬醉木) | 중명 馬醉木(마취목)

| 잎

어긋나기.
타원형이며, 가장자리에
잔톱니가 있다.
상록성이지만
추운 겨울에는
붉은색 단풍이 든다.

30%

| 꽃

양성화. 가지 끝에 흰색 또는 연분홍색
꽃이 모여 핀다.

| 열매

삭과. 약간 납작한 구형이며, 위를 향해
곧추 서서 붙는다.

| 수피

지름 3cm

짙은 회갈색이고
리본 모양으로
길게 벗겨진다.

| 겨울눈

원추형이며, 갈색을 띤다.

▲ 새순

마취목은 진달래과 피어리스속의 상록관목으로 우리나라 자생종은 없고, 모두 외래종이다. 중국 이름과 일본 이름도 모두 마취목馬醉木인데, 이 나무의 잎과 줄기에 아세보톡신asebotoxin이라는 독성 물질이 있어서 말이 먹으면 신경이 마비되어 취한 상태가 되는 것에서 유래된 이름이다. 실제로 잎을 삶아서 가축의 구제제 혹은 농작물에 생기는 파리와 같은 해충을 없애는데 사용하기도 했다. 그러나 잎과 줄기를 직접 먹지 않고, 접촉만 해서는 무해하다고 한다. 속명 피에리스Pieris는 그리스 신화에 나오는 '시의 여신' 피에리스Pieris에서 유래된 것이며, 마취목을 피어리스라 부르기도 한다.

일본의 대표적인 시가집《만엽집 万葉集》에 마취목과 관련된 시가 10편이나 나올 정도로 일본에서는 오래 전부터 사랑 받고 있는 꽃나무 중 하나이다. 또, 매우 다양한 원예품종이 개발·보급되어 있지만, 우리나라에서는 아직은 생소한 나무다. 전 세계적으로 약 10종이 있으며, 그 중에 일본 원산의 오키나와 마취목P. japonica과 미국 원산의 미국 마취목P. floribunda이 널리 보급되어 있다. 우리나라에는 일본이 원산인 기본종과 원예종 등 모두 17품종이 들어와 등록되어 있다.

조경 Point

작은 나무일 경우에는 큰 나무 밑에 하목으로, 큰 나무일 때는 정원의 첨경수로 활용하면 좋다. 내한성이 약한 편이어서, 중부지방에서는 주로 화분에 심어서 키운다. 잎에 독성분이 있어 동물이 먹으면 마비되므로 정원이나 공원에 심었을 경우에는 주의를 요한다.

재배 Point

햇빛이 잘 비치는 곳 혹은 조금 차광된 곳이 좋다. 습기가 있으나 배수가 잘되며, 적당히 비옥한 부식질의 산성토양에서 잘 자란다. 서리가 내리는 지역에서는 차고 건조한 바람을 막아준다.

나무			개화	새순		꽃눈분화		열매				
월	1	2	3	4	5	6	7	8	9	10	11	12
전정					꽃후							
비료	한비											

병충해 Point

방패벌레는 몸길이가 3mm 정도 되는 방패 모양의 날개를 가진 벌레로, 무리로 모여 잎을 흡즙가해를 하므로 잎표면이 황백색으로 변한다. 피해로 인해 나무가 죽는 경우는 거의 없지만, 수세가 쇠약해지고 미관을 해친다.

특히 초봄에 건조할 때 발생하기 쉬우므로 주의해야 한다. 발생 초기에 에토펜프록스(크로캅) 수화제 1,000배액을 10일 간격으로 2회 살포하여 방제한다.

▲ 후박나무방패벌레 성충

마취목은 전정을 해주지 않아도 수형이 잘 만들어지는 나무이다. 나무의 크기를 어떻게 가져 갈 것인지에 따라 다음과 같은 2가지 전정방법이 있다.

실생 번식은 철쭉의 실생 번식과 같은 방법으로 한다. 삽목은 3월 하순경에 전년지를 10cm 길이로 잘라 충분히 물을 올려서 깨끗한 강모래, 펄라이트, 버미큘라이트 등의 용토를 넣은 삽목상에 꽂는다. 실생과 삽목 모두 생장속도가 느리다.

돌출지만
잘라준다.

매년 조금씩 수형을 키워 가고
싶을 때에는 수관에서 돌출한 가지만
잘라준다.

▲ 자연 수형

수관면을
고르게 깎아준다.

일정한 수고와 폭을
유지하고 싶을 때는 수관의
윗면만 얕게 깎아준다.

▲ 정형 수형

조경수 상식

■ **수목의 식재 방법**

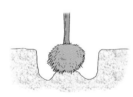

구덩이의 밑바닥을 약간 높게 만들어 그 위에 식재할 나무를 놓는다.

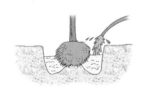

1/2~2/3 정도 흙을 묻고 충분히 물을 준다.

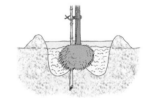

지주를 세우고 나무와 묶어준다. 구덩이 주위에 물집을 만든다.

미선나무

- 물푸레나무과 미선나무속
- 낙엽활엽관목 • 수고 1m
- 한국 특산식물; 전라북도(변산), 충청북도(괴산, 영동), 북한산의 숲가장자리

학명 *Abeliophyllum distichum* 속명은 *Abelia*(댕강나무속)와 그리스어 phyllon(잎)의 합성어로 이 나무의 잎이 댕강나무속의 잎과 닮았다는 것을 의미한다. 종소명은 '2줄로 나란한(二列生)'이라는 의미로 잎과 가지가 마주나는 것을 나타낸다.
영명 White forsythia │ 일명 ウチワノキ(團扇の木) │ 중명 朝鮮白連翹(조선백연교)

| 잎

60%

마주나기.
홑잎이지만,
잎이 두 줄로 나기 때문에
깃꼴겹잎처럼 보인다.
달걀형이며,
톱니는 없다.

| 꽃

| 열매

양성화. 잎이 나기 전에, 잎겨드랑이에 흰색 또는 연홍색 꽃이 모여 핀다.

시과. 납작하고 부채 모양이며, 황갈색으로 익는다. 가장자리에 넓은 날개가 있다.

| 겨울눈

적자색의 꽃눈이
포도송이처럼
뭉쳐서 붙는다.
잎눈은 달걀형이며,
끝이 뾰족하다.

미선나무는 우리나라가 원산지이며, 물푸레나무과 미선나무속에 속한다. 물푸레나무과에는 개나리속 · 쥐똥나무속 · 목서속 · 물푸레나무속 · 이팝나무속 · 미선나무속 등 세계적으로 27속에 600여 종의 식물이 알려져 있지만, 미선나무속에는 오직 미선나무 하나만 존재하는 1속 1종의 귀중한 우리나라 특산식물이다.

꽃은 이른 봄에 잎이 나기 전에 피는데, 흰색 꽃을 피우는 것이 기본종이다. 흰색 꽃은 마치 개나리꽃과 비슷하여, '흰 개나리White forsythia'라는 영어 이름을 가지고 있다. 또 상아색 꽃이 피는 것을 상아미선, 분홍색 꽃이 피는 것을 분홍미선이라 하며, 꽃받침이 연한 녹색인 푸른미선, 열매의 끝이 패이지 않는 둥근미선 등이 있다.

미선이라는 이름은 열매가 마치 동화 속에 나오는 선녀가 가지고 다니는 부채를 펴놓은 것처럼 아름다운 모양을 하고 있어서 붙여진 이름이다. 한자로는 '아름다운 부채' 미선美扇이 아니라 '꼬리 부채' 미선尾扇이다.

▲ 괴산 추점리 미선나무 자생지
천연기념물 제220호.
ⓒ 문화재청

1917년 정태현 박사가 충청북도 진천군 용정리 암석지대에서 처음으로 미선나무 군락지를 발견하였다. 이후 일본인 식물학자 나카이中井 박사가 새로운 종임을 확인하고, 이어 일본인 학자 이시토石戸가 아베리오필룸 디스티쿰Abeliophyllum distichum이라는 학명으로 학계에 보고하여 세계적으로 알려지게 되었다.

이후 용정리 미선나무는 천연기념물 제14호로 지정됐으며, 초등학교 자연 교과서에도 실렸다. 그러나 무분별한 채취로 인해 보존 가치를 잃어 1969년 천연기념물에서 해제되었다. 현재는 괴산 송덕리 제147호, 괴산 추점리 제220호, 괴산 율지리 제221호, 영동 매천리 제364호, 부안 제370호 등 미선나무 자생지가 모두 천연기념물로 지정되어 보호를 받고 있다.

조경 Point

세계적으로 1속 1종뿐인 우리나라 특산수종으로 연분홍색의 꽃과 부채 모양의 열매가 특징이다. 분홍색 계통의 꽃이 거의 없는 이른 봄에 꽃색깔에 변화를 주는 의미로 악센트식재를 해보는 것도 좋다. 공원에 줄심기 혹은 무리심기를 하여 지피식물로 이용하거나, 주택정원의 잔디밭을 장식하는 꽃나무로도 권장할 만한 수종이다. 추위에는 강하지만 내염성은 약하기 때문에 바닷가의 식재는 적합하지 않다.

재배 Point

내한성이 강하지만, 봄에 일찍 핀 꽃은 늦서리의 피해를 입을 수 있다. 토양환경은 크게 가리지 않으나 배수가 잘 되어야 하고, 토양산도는 산성 또는 알카리성이다.
이식은 3~4월, 10~11월에 하며, 뿌리가 길게 뻗는다.

특별한 병충해는 발생하지 않는 것으로 알려져 있다.

실생, 삽목, 분주, 휘묻이 등의 방법으로 번식시킬 수 있지만, 삽목이 가장 경제적이고 편리한 번식방법이다. 숙지삽은 3월경에 충실한 전년지를 10~15cm 길이로 잘라서 삽목상에 꽂는다. 녹지삽은 장마철에 그해에 나온 충실한 햇가지를 아랫잎을 따내고 윗잎만 2~3장 남겨서 삽목상에 꽂는다.

실생 번식은 가을에 잘 익은 종자를 채취하여 기건저장하였다가, 다음해 봄에 파종한다. 분주법은 그루가 커져서 옆으로 번진 뿌리를 캐서, 몇 개의 주로 분리하여 다시 심는 방법이다. 휘묻이는 길게 자란 가지를 구부려서 흙을 덮어 두었다가 뿌리가 내리면 잘라서 옮겨 심는 방법이다.

조경수 상식

■ **수목의 크기에 따른 분류**

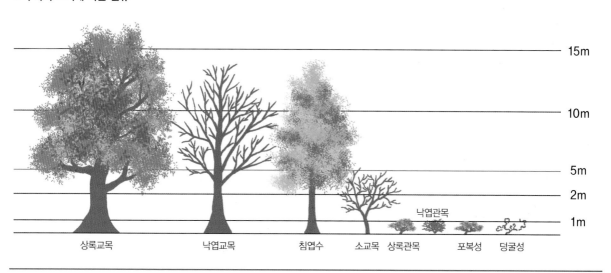

병아리꽃나무

- 장미과 병아리꽃나무속
- 낙엽활엽관목 • 수고 1~2m
- 중국, 일본; 중부 지역(경기도, 황해도, 경원도, 경북) 이남의 낮은 산지

학명 *Rhodotypos scandens* 속명은 그리스어 rhod(장미)와 typos(모양)의 합성어로 꽃이 찔레꽃과 비슷한 것에서 유래한 것이다. 종소명은 라틴어로 '기어올라가는'이라는 뜻이다. | **영명** Black jetbead | **일명** シロヤマブキ(白山吹) | **중명** 鷄麻(계마)

| 잎

마주나기.
달걀형이며, 가장자리에 날카로운 겹톱니가 있다.
잎맥이 패이고 깊은 주름이 있으며, 직선으로 나 있다.

30%

| 꽃

양성화. 새가지 끝에 흰색 꽃이 1개씩 핀다.

| 열매

견과. 타원형이고, 광택이 나는 4개의 검은색 열매가 모여 달린다.

| 겨울눈

달걀형이며, 6~12개의 눈비늘조각에 싸여있다. 곁눈에는 가로덧눈이 붙는다.

| 수피

유목은 연한 회색이고 갈색의 껍질눈이 산재한다. 성장함에 따라 진한 회갈색이 되고 껍질눈도 많아진다.

조경수 이야기

병아리꽃나무는 4월에 지름 3~4cm 정도의 흰 꽃을 피우는데, 이 순백의 하얀 꽃을 병아리에 비유하여 붙인 이름이다. 속명 로도티포스 *Rhodotypos* 는 장미를 의미하는 그리스어 로돈 *rhodon* 과 모양이란 의미의 티포스 *typos* 의 합성어로 병아리꽃이 찔레꽃을 닮았다는 의미를 담고 있다. 종소명 스칸덴스 *scandens* 는 라틴어로 '휘어잡고 기어올라가는'이라는 의미이다.

실제로 병아리꽃나무는 덩굴식물은 아니지만 덩굴처럼 가늘게 줄기가 뻗어나가는 특성을 가지고 있으며, 키가 작고 밑동에서 가지를 많이 치기 때문에 새나 곤충의 보금자리로는 안성맞춤이다. 또 대부분의 장미과 식물들은 꽃잎 또는 꽃받침이 5개 인데 비해 이 나무는 4개씩이다. 그래서 식물분류학적으로는 특별하게 병아리꽃나무속으로 분류하고 있으며, 병아리꽃나무속에는 병아리꽃나무 단 한 종만 있는, 일가친척이 없는 외로운 나무이다.

일본 이름 시로야마부키 シロヤマブキ, 白山吹는 황매화 ヤマブキ와 비슷하지만 꽃빛이 흰색인 것에서 유래된 것이다. 한자로는 백산취 白山吹 라 하는데, 이는 하얀 병아리 꽃이 피면 청산 靑山이 백산 白山이 되고, 백산에 불어대는 吹 향기가 온 산을 가득 메운다는 뜻을 가지고 있다. 잎은 마주나고 표면에 깊은 주름이 있으며, 짙은 녹색을 띠는 것이 특징이다. 9월에 익는 검은 진주 모양의 열매는 보통 4개가 모여 달린다. 이것이 한 가슴에 여러 자식을 품고 있는 모양을 하고 있어서인지, 꽃말은 의지 또는 왕성이다. 포항 발산리의 천연기념물 제371호 병아리꽃나무 군락지는 우리나라 유일의 병아리꽃나무 천연기념물이다.

조경 Point

봄에 피는 꽃나무는 노란색과 붉은색이 주류를 이루는데 비해, 병아리꽃나무는 흰색 꽃과 진녹색의 잎이 대비를 이루어 산뜻한 느낌을 주는 꽃나무이다. 9월경이면 윤기 나는 4알의 까만 종자가 열리는데, 이 종자가 마치 알을 품은 둥지의 달걀 같다 하여 병아리꽃나무란 이름이 붙여졌다는 설도 있다. 주로 군식하며, 경계식재나 지피식재로 활용해도 좋다. 공원, 정원, 아파트 화단에 첨경수로 심으면 주목을 받을 수 있다.

재배 Point

내한성이 강하며, 적당히 비옥하고 습기가 있으나 배수가 잘되는 토양이 좋다. 부분적으로 차광된 곳에서도 가능하지만, 양지바른 곳에서 키우는 것이 좋다. 이식은 2~4월, 10~11월에 하고 부엽토나 퇴비 등과 섞어 심으며, 서쪽 방향은 피한다.

나무				개화		꽃눈분화		열매			
월	1	2	3	4	5	6	7	8	9	10	11	12
전정	전정				전정							
비료	한비											

▲ 포항 발산리 모감주나무와 병아리꽃나무 군락
천연기념물 제371호.

ⓒ 문화재청

선녀벌레와 응애류가 생기는 수가 있으나, 전정을 해서 통풍과 채광을 좋게 해주면 발생량을 줄일 수 있다. 선녀벌레는 겨울철에 고사지를 없애거나 티아클로프리드(칼립소) 액상수화제 2,000배액을 살포하며, 응애류는 약충이 발견되는 즉시 아바멕틴.티아메톡삼(쏠비고) 액상수화제 4,000배액 등의 살비제를 살포하여 방제한다.

▲ 선녀벌레 약충

▲ 선녀벌레 성충

5~6월에 수관을 돌출한 가지가 있으면 몇 마디만 남기고 자른다. 겨울에는 돌출한 가지만 잘라주면 수관이 고르게 정리된다. 일반적으로 수관면을 둥글게 정리한 수형보다 자연스러운 수형이 더 보기 좋다.

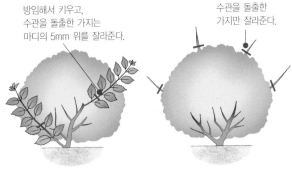

방임해서 키우고, 수관을 돌출한 가지는 마디의 5mm 위를 잘라준다.

수관을 돌출한 가지만 잘라준다.

▲ 5~6월 전정 　　　▲ 겨울 전정

가을에 잘 익은 열매를 채취하여 바로 파종상에 뿌리거나, 노천매장해두었다가 다음해 봄에 파종하고 건조하지 않도록 관리한다. 실생묘는 파종 후 2년 정도부터 꽃이 피기 시작한다. 삽목은 3월경의 숙지삽과 6월경의 녹지삽이 모두 가능하다. 휘묻이와 분주로도 번식이 가능하다.

산수유

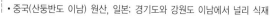

- 층층나무과 층층나무속
- 낙엽활엽소교목 • 수고 4~8m
- 중국(산둥반도 이남) 원산, 일본; 경기도와 강원도 이남에서 널리 식재

학명 *Cornus officinalis* 속명은 라틴어 corn(뿔)에서 온 말로 나무의 재질이 단단한 것에서 유래된 것이며, 종소명은 '약용의'라는 뜻이다.
영명 Japanese cornelian cherry | 일명 サンシュユ(山茱萸) | 중명 山茱萸(산수유)

| 잎

마주나기.
넓은 달걀형이며, 톱니가 없다.
뒷면 잎겨드랑이에
갈색 털이 뭉쳐난다.

40%

| 꽃

양성화. 짧은가지 끝에 노란색 꽃이
20~30개씩 모여 핀다.

| 열매

핵과. 타원형이며, 붉은색으로 익는다.
신맛과 떫은맛이 난다.

| 수피

갈색이며,
얇은 조각으로
벗겨진다.
오래되면
회갈색으로 변하며,
얼룩덜룩한 무늬가
생긴다.

| 겨울눈

◀ 잎눈   ◀ 꽃눈

잎눈은 긴 달걀형이고 끝이 뾰족하다.
꽃눈은 구형이고 끝부분이 약간 뾰족하다.

산수유라는 이름은 쉬나무에서 유래된 것으로 수茱는 열매가 빨갛게 익는다는 뜻이고, 유萸는 열매를 생으로 먹을 수 있다는 뜻이다. 따라서 수유茱萸라는 이름이 들어가는 나무는 대부분 열매가 약으로 사용되는 나무이며, 식수유쉬나무·오수유·산수유가 그러하다.

《동의보감》에 의하면 '산수유는 성질이 약간 따뜻하고 신맛은 간과 신장의 기능을 좋게 하고 몸을 단단하게 하며, 특히 신腎의 기능을 강화하여 정력증강에 좋다' 라고 하였다. 남자들에게 좋아하는 정력강장제인 셈이다. 몇 해 전에 "산수유, 남자한테 참 좋은데 남자한테 정말 좋은데, 어떻게 표현할 방법이 없네. 직접 말하기도 그렇고..."라는 산수유로 만든 건강보조식품 광고가 있었던 것이 기억난다.

산수유는 오래 먹어도 부작용이 없고 독특한 향기와 단맛을 지니고 있어서 차로 애용을 하며, 산수유를 비롯하여 숙지황, 구기자 등 여섯 가지 한약재를 넣어 달인 육미지황탕六味地黃湯은 보약으로 널리 애용된다. 종소명 오피키날리스officinalis도 '약으로 쓸 수 있는'이라는 의미를 내포하고 있다.

산수유를 차나 약재로 이용하려면 씨에 붙어 있는 과육을 발라내야 하는데, 지금은 기계로 작업을 하지만 예전에는 사람 입으로 발랐다고 한다. 처녀가 발라낸 것은 약효가 더 있어서 비싼 값에 팔렸다는 소문까지 있었다.

◀ 산수유 열매
씨를 발라내고 말려서 차나 한약재로 이용된다.

산수유 열매는 가을에 빨갛게 익기 때문에 '가을의 산호'라고도 부르며, 약용뿐 아니라 관상용으로도 가치가 높다.

산수유는 이른 봄, 잎이 나기 전에 그 어떤 나무보다 일찍 노란 꽃을 나무 가득히 피운다. 산수유 축제로 유명한 구례 산동 마을, 의성 사곡 마을, 이천 백사 마을 등에서는 이른 봄이면 노란 산수유꽃 물결이 천지를 덮는다. 김훈은 《자전거 여행》에서 무리지어 핀 산수유꽃을 이렇게 묘사하였다. "산수유는 꽃이 아니라 나무가 꾸는 꿈처럼 보인다."

조경 Point

이른 봄, 잎이 나기도 전에 앙상한 나뭇가지를 노랗게 장식하는 꽃이 아름다울 뿐 아니라 향기도 그윽하여 많은 사랑을 받는 조경수이다. 산수유나무의 진가는 가을이 되면 한 번 더 발휘된다. 가지마다 무수히 달린 산수유 열매는 빨갛게 익을수록 그 아름다움을 더하며, 잎 또한 단풍이 곱게 물들어 관상가치가 높다. 정원의 첨경수나 하목으로 식재하면 좋으며, 가로수로 식재되기도 한다. 넓은 정원에서는 매화나무 같은 조경수와 함께 심어도 좋은 조화를 이룬다.

재배 Point

추위에 강하며, 공해에는 약하다. 햇볕을 좋아하며, 배수가 잘되는 비옥한 사질양토에서 잘 자란다.

나무				개화	새순		꽃눈분화			열매	단풍
월	1	2	3	4	5	6	7	8	9	10	11	12
전정	전정											
비료	한비			꽃후			추비			한비		

점박이응애, 붉나무소리진딧물, 말채나무공깍지벌레, 산수유심식나방, 탄저병, 두창병, 점무늬병, 흰가루병 등의 병충해가 발생하는 수가 있다.

두창병은 봄에 난 새잎에 원형의 반점이 생기는 병으로 티오파네이트메틸(톱신엠) 수화제 1,000배액, 이미녹타딘트리스알베실레이트(벨쿠트) 수화제 1,000배액을 2주 간격으로 2~3회 살포하여 방제한다. 흰가루병은 자낭각의 형태로 나뭇가지나 낙엽에 부착되어 월동하며, 다음 해에 생장환경이 좋아지면 포자가 비산하여 1차전염원이 된다. 대체로 9월 이후에 발병이 심하다.

▲ 산수유두창병

▲ 산수유점무늬병

전정은 불필요한 가지를 제거하는 정도로 충분하다. 원하는 수고까지 자라면 필요한 가지만 남기고 잘라준다. 전정을 많이 하면 할수록 꽃의 수는 적어진다.

묘목을 식재한 후에
꽃이 필 때까지 방임해둔다.
꽃이 핀 해부터는,
꽃이 진 후에 복잡한 가지나
수형을 해치는 가지 정도만
잘라준다.

가을에 붉게 익은 열매를 따서 흐르는 물로 과육을 제거하고 노천매장해두었다가, 다음해 봄에 파종한다. 우량품종을 증식시키기 위해서는 증식시킬 나무의 가지를 잘라 절접 또는 할접으로 접을 붙인다.

휘묻이는 뿌리 주위에 난 작은 가지를 구부려서 흙을 묻어두었다가 발근하면 분리해서 옮겨 심는 번식방법이다.

5-5
이른 봄꽃

생강나무

- 녹나무과 생강나무속
- 낙엽활엽관목 • 수고 3m
- 일본, 중국, 네팔, 부탄, 인도; 전국의 산지

학명 *Lindera obtusiloba* 18세기 스웨덴의 식물학자 Johann Linder를 기념한 것이며, 종소명은 '잎끝이 뭉툭한'이라는 의미이다.
영명 Japannese spicebush | **일명** ダンコウバイ(檀香梅) | **중명** 黃梅木(황매목)

잎

어긋나기.
잎끝이 3갈래로
갈라진 갈래잎이다.
잎밑 부분에서
3개의 큰 잎맥이
뻗어 있다.

20%

꽃

암꽃

수꽃

암수딴그루. 잎이 나오기 전에 가지마다 노란색 꽃이 모여 핀다.

열매

장과. 구형이며, 적갈색에서 흑자
색으로 익는다.

수피

연한 갈색이고 평활하
며, 껍질눈이 있다.
성장함에 따라 가늘게
갈라지는 것도 있다.

겨울눈

잎눈은 물방울형이고
3~4장의 눈비늘조각에
싸여있다.
꽃눈은 구형이고
2~3장의 눈비늘조각에
싸여있다.

이른 봄, 추위가 가시기 전에 잎보다 먼저 노란 꽃망울을 터트리는 꽃이 생강나무와 산수유다. 생강나무나 산수유는 모양과 색 그리고 피는 시기가 비슷하기 때문에 구별이 어렵다. 가까이 가서 나뭇가지에 꽃이 달리는 모양을 보면 알 수 있는데, 생강나무꽃은 가지에 딱 붙어서 핀다. 더 확실한 구별법은 나뭇가지를 꺾어 냄새를 맡아서 생강냄새가 나면 생강나무이고, 아무 냄새가 없으면 산수유이다.

생강나무라는 이름도 여기에서 유래한 것이다. 생강生薑을 '생'이라 하는 지방에서는 이 나무도 '생나무'라 하고, '새양'이라 하는 지방에서는 '새양나무'라 한다. 황금색의 향기로운 꽃이 매화보다 일찍 핀다 하여, 중국 이름은 황매목黃梅木이다. 재목에서 향기가 나고 꽃은 매화처럼 일찍 핀다고 해서 일본 이름은 단코바이檀香梅이다. 우리나라에서 가장 널리 불리는 이름은 '개동백나무'인데, 동백나무처럼 열매에서 머릿기름을 얻은 것에서 비롯된 것으로 보인다. 진짜보다 질이 떨어지는 가짜를 뜻하는 '개'라는 접두어를 붙인 이유는 아마 질 좋은 동백기름은 사대부 집의 귀부인이나 고관대작의 상류층 여인들이 사용하고, 이 보다 질이 떨어지는 생강나무기름은 일반 여염집 여인들이 많이 사용했기 때문이 아닌가 한다.

생강나무 재목에서 향기가 나기 때문에 향으로 만들어 제사 때 사용했다고 하는데, 이는 추위 속에서 꽃을 피우는 강인함이 나쁜 기운을 쫓는다는 벽사의 의미도 포함하고 있다고 한다. 또 나무의 향이 좋아 이쑤시개를 만들어 사용하면 이가 튼튼해진다는 속설도 있다.

조경 Point

이른 봄, 우리나라 산야 도처에서 잎보다 먼저 노란색의 아름답고 향기가 좋은 꽃을 피운다. 또, 가을에 노란색 단풍이 아름답고, 흑자색 열매는 새들의 좋은 먹이가 된다. 꽃 모양과 개화시기가 산수유와 비슷하지만 산수유는 민가 주변에서 재배되는 중국산이고, 생강나무는 우리나라 산야에 자라는 자생종이다. 도심의 공원에 많이 식재되고 있는 산수유의 대체 조경수로도 좋을 듯하다. 수형이 그다지 커지지 않아서 큰 교목의 하목으로 활용해도 좋다.

재배 Point

내한성이 강하다. 비옥하고 습기가 있지만, 배수가 잘되는 산성 토양에서 잘 자란다. 큰 나무 아래와 같이 부분적으로 그늘진 장소에 식재한다.

나무			개화		새순			열매		단풍	
월	1	2	3	4	5	6	7	8	9	10	11	12
전정	전정											전정
비료	시비					시비						

병충해 Point

대벌레가 대발생하면 약충과 성충이 집단적으로 이동하면서 잎을 모조리 먹어치운다. 피해를 입은 나무는 치명적이지는 않지만, 미관상 보기가 좋지 않다. 약충기에 페니트로티온(스미치온)유제 1,000배액을 수관 살포하여 방제한다.

번식 Point

10월경에 익은 종자를 채취하여 노천매장해두었다가, 다음해 봄에 파종한다. 또 숙지삽과 녹지삽도 가능하며, 발근율이 높다.

영춘화

- 물푸레나무과 영춘화속
- 낙엽활엽관목 • 수고 1~2m
- 중국 원산; 남부 지방에 식재

학명 *Jasminum nudiflorum* 속명은 아랍어 식물명 jasmin에서 유래한 것이다. 종소명은 꽃받침과 꽃부리가 없는 나화(裸花)라는 의미이지만, 실제는 아주 작은 꽃받침이 있다. **영명** Winter jasmine **일명** オウバイ(黄梅) **중명** 迎春花(영춘화)

잎

마주나기.
3장의 작은잎이
모여 달리는 세겹잎이다.
세 잎 중에서
가운데 작은잎이
가장 크다.

100%

꽃

양성화. 전년지 가지의 잎겨드랑이에
노란색 꽃이 1개씩 핀다.

열매

장과. 국내에서는 열매를 잘 맺지 않는다.

겨울눈

달걀형이며, 자갈색의
눈비늘조각에 싸여있다.

영춘화는 이름 그대로 '봄春을 맞이하는迎 꽃花'이다. 같은 물푸레나무과에 속하는 개나리는 물론 매화, 산수유보다도 먼저 꽃을 피워 봄을 맞이하기 때문에 붙여진 이름이다. 중국 이름도 영춘화이다.

서양에서는 겨울에 피는 자스민이라 하여 윈터 자스민 Winter jasmine, 일본에서는 꽃색이 노랗고 매화를 닮았다고 하여 오우바이黃梅라 부른다. 모두 이른 봄에 꽃이 핀다는 의미를 담고 있다. 이른 봄에 잎보다 먼저 노랑 꽃잎 6개를 펼치며, 크기는 개나리꽃보다 크고 향기는 없다. 속명 자스미눔Jasminum은 아랍어 식물명 자스민 jasmin에서 온 것이고, 종소명 누디플로룸nudiflorum은 꽃받침과 꽃부리가 없는 나화裸花라는 뜻이지만, 실제는 아주 작은 꽃받침이 있다.

옛 사람들은 영춘화가 모든 꽃들이 피도록 이끈다는 의미를 담아 '영춘일화인래백화개迎春一花引來百花開'라고 일컬었다고 한다. 과거시험 급제자의 머리에 씌워주던 어사화로 영춘화가 쓰였다는 이야기도 전해지는 것으로 보아, 과거에는 영춘화의 위상이 꽤 높았던 것으로 짐작이 된다. 영춘화라는 이름에 걸맞게 꽃말은 '희망'이다.

조경 Point

중국이 원산지이며, 이른 봄에 잎보다 먼저 피는 노란색 꽃이 아름답다. 꽃의 모양과 색은 개나리와 비슷하며 개나리는 남성적인 이미지이고, 영춘화는 다소 여성스러운 모습이다.

철망으로 된 펜스에 올리거나 산책로 주변 또는 건물 주위에 경계식재로 활용하면 좋다. 암석원이나 경사지에 지면피복용으로 식재하는 것도 좋다.

재배 Point

내한성이 강하며, 비옥하고 배수가 잘되는 토양이 좋다. 햇빛이 잘 비치는 곳 또는 반음지에서 잘 자란다.

병충해 Point

특별히 알려진 병충해는 없다.

전정 Point

2가지 방법으로 전정할 수 있다. 하나는 전정을 하지 않고 방임해두었다가, 가을에 낙엽이 지고 나면 가지 끝만 정리해주는 방법이다.

이렇게 하면 매년 나무가 커진다. 다른 하나는 꽃이 진 후에 지면에서 15cm 정도만 남겨 두고 밑동을 모두 잘라주는 것이다. 이 방법은 항상 같은 수형을 유지할 수 있으며, 가지가 매년 같은 크기로 자라서 꽃을 피운다.

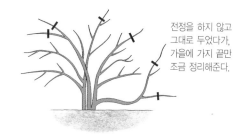

전정을 하지 않고 그대로 두었다가, 가을에 가지 끝만 조금 정리해준다.

▲ 가지 끝만 자르는 전정

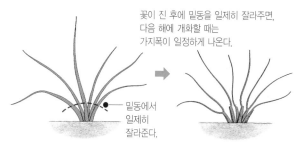

꽃이 진 후에 밑동을 일제히 잘라주면, 다음 해에 개화할 때는 가지폭이 일정하게 나온다.

밑동에서 일제히 잘라준다.

▲ 매년 주를 갱신하는 전정(꽃이 진 후의 전정)

번식 Point

삽목이나 분주로 쉽게 번식이 가능하다. 삽목은 햇가지보다는 2~3년 된 가지를 20cm 정도의 길이로 잘라 땅에 묻으며, 마디에서 뿌리가 나와 잘 자란다.

가지가 땅에 붙어서 뿌리 내린 것을 적당한 크기로 잘라서 이식하면 잘 살아난다(분주).

조경수 상식

■ 천연기념물 은행나무

1	제30호	양평 용문사 은행나무	13	제301호	청도 대전리 은행나무
2	제59호	서울 문묘 은행나무	14	제302호	의령 세간리 은행나무
3	제64호	울주 구량리 은행나무	15	제303호	화순 야사리 은행나무
4	제76호	영월 하송리 은행나무	16	제304호	강화 볼음도 은행나무
5	제84호	금산 요광리 은행나무	17	제320호	부여 주암리 은행나무
6	제165호	괴산 읍내리 은행나무	18	제365호	금산 보석사 은행나무
7	제166호	강릉 장덕리 은행나무	19	제385호	강진 성동리 은행나무
8	제167호	원주 반계리 은행나무	20	제402호	청도 적천사 은행나무
9	제175호	안동 용계리 은행나무	21	제406호	함양 운곡리 은행나무
10	제223호	영동 영국사 은행나무	22	제482호	담양 봉안리 은행나무
11	제225호	구미 농소리 은행나무	23	제551호	당진 면천 은행나무
12	제300호	금릉 조룡리 은행나무			

▲ 금산 보석사 은행나무
천연기념물 제365호.
ⓒ 문화재청

▲ 구미 농소리 은행나무
천연기념물 제225호.
ⓒ 문화재청

6-1 향기

금목서

- 물푸레나무과 목서속
- 상록활엽관목 • 수고 3~4m
- 중국 원산; 경남, 전남지역의 따뜻한 곳에 식재

 학명 *Osmanthus fragrans* var. *aurantiacus* 속명은 그리스어 osme(향기)와 anthos(꽃)의 합성어로 향기가 강한 것을 나타낸다. 종소명은 '향기가 있는'이라는 뜻이며, 변종명은 '등황색의'라는 뜻으로 꽃색을 나타낸다. | 영명 Osmanthus fragrans | 일명 キンモクセイ(金木犀) | 중명 丹桂(단계)

잎

마주나기.
가죽질이고 광택이 있으며,
가장자리에는 작고
예리한 톱니가 있다.
잎 전체가 구불구불하다.

30%

꽃

암꽃
수꽃

암수딴그루. 잎겨드랑이에 노란색 꽃이 모여 피며, 향기가 매우 강하다.

열매

핵과. 다음해 가을에 자흑색으로 익는다. 우리나라에서는 암그루를 보기가 어렵다.

수피

회백색이며, 성장함에 따라 마름모꼴이나 세로로 길게 갈라진다.

겨울눈

세모진
달걀형이며
눈비늘껍질에
싸여있다.

목서라는 이름은 나무껍질이 코뿔소犀의 무늬를 닮았기 때문에 붙여진 것이다. 중국이 원산지이며, 꽃향기가 맑고 진해서 가을을 대표하는 나무 중 하나로 꼽힌다. 이시진의 《본초강목》에서는 목서를 흰색 꽃이 피는 은계, 노란색 꽃이 피는 금계, 등황색 꽃이 피는 단계로 분류하고 있다. 은계는 지금의 은목서 즉 목서이고, 단계는 은목서의 변종인 금목서를 가리킨다.

목서류 중에서도 금목서는 가장 방향이 진하다. 서향·치자나무와 함께 3대 방향수芳香樹라 불릴 정도로 향기가 강한 나무이다. 학명도 온통 꽃향기에 대한 설명이다. 속명 오스만투스Osmanthus는 그리스어로 향기를 뜻하는 'osme'와 꽃을 뜻하는 'anthos'의 합성어로 '향기로운 꽃'이라는 뜻이며, 종소명 프라그란스 fragrans 역시 '향기가 있는'이라는 뜻이다. 유명한 향수 '샤넬 No.5'의 주원료로 들어가는 꽃으로 그 향기가 은은하다는 표현보다는 오히려 코를 진동한다는 표현일 더 적합한 것 같다.

금목서는 햇볕을 좋아하는 대표적인 정원수 중 하나로 햇볕이 잘 드는 곳에 심으면 꽃이 많이 핀다. 암수딴나무이며, 9월 하순부터 10월에 걸쳐 잎 밑동부분에서 등황색 꽃이 핀다. 내한성이 매우 약하기 때문에 어린 나무일 때는 겨울철 동해를 입지 않도록 주의해야 한다. 금목서는 따뜻한 곳이라면 어디서나 잘 자라는 나무이

▲ **금목서 향수**
금목서는 향기가 진해서 향수의 원료로 사용된다.

지만, 배기가스나 매연 등에는 대단히 약해서 꽃피기가 나빠지므로 대기오염의 지표목指標木으로도 이용된다.

조경 **Point**

주택의 창가 혹은 건물 가까이에 정원수로 심으면 금목서의 진한 향기를 맡을 수 있다. 또, 산울타리용으로 심거나 공원이나 녹지에 줄심기나 무리심기를 하면 노란색의 꽃과 함께 진한 향기를 감상할 수 있다. 서향볕이 강한 곳에는 식재하지 않는 것이 좋다. 뿌리가 너무 한 곳에 고착되어 버리면, 꽃이 잘 피지 않는 성질이 있기 때문에 다른 정원수와 혼식하지 않는 것이 좋다. 추위에 약한 것이 가장 큰 단점이지만, 최근 온난화와 함께 식재지역이 북상하고 있는 중이다.

재배 **Point**

내한성이 아주 약한 편이며, 생장속도가 느리다. 비옥하고 배수가 잘되는 토양에서 재배한다. 반음지 또는 햇빛이 잘 비치는 곳이 좋으며, 차고 건조한 바람으로부터 보호해준다.

나무					새순		꽃눈분화	개화			
월	1	2	3	4	5	6	7	8	9	10	11	12
전정			전정				전정				전정	
비료		한비					한비					

병충해 **Point**

병충해의 피해는 비교적 적은 나무이지만, 깍지벌레나 귤응애 등에 의해 잎색이 나빠지는 수가 있다. 쥐똥밀깍지벌레, 유리깍지벌레 등의 깍지벌레류와 잎을 식해하는 두점알벼룩잎벌레 등의 해충이 발생하면 뷰프로페진.디노테퓨란(검객) 수화제 2,000배액을 살포한다. 장마 이후에 가뭄이 계속되면 응애류가 발생

하기 쉬우며, 발생초기에 아세퀴노실(가네마이트) 액상수화제 1,000배액과 사이플루메토펜(파워샷) 액상수화제 2,000배액을 교대로 살포하여 교차저항성이 생기지 않도록 주의한다. 병해로

▲ 잎끝마름병

는 잎이 갈색으로 변색하는 갈색무늬병, 가지끝마름병, 탄저병 등이 있으며, 발생초기 만코제브(다이센M-45) 수화제 500배액을 1주 간격으로 1~2회 살포한다.

5월 중순~7월이 삽목의 적기이다. 충실한 햇가지를 15~20cm 정도의 길이로 잘라서, 윗잎을 3~5장 정도 남기고 아랫잎은 제거한다. 남긴 잎이 큰 경우는 반 정도 잘라준다.

강모래, 펄라이트, 버미큘라이트 등을 단독 혹은 섞은 것을 삽목상에 넣고 삽수를 꽂은 후에 밝은 그늘에 두고 건조하지 않도록 관리하였다가, 다음해 봄에 이식한다. 삽목상을 비닐봉투로 씌워 밀폐삽목을 하면 활착율이 더 높다.

4~8월에 높이떼기로도 번식시킨다.

 전정 **Point**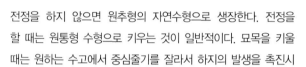

전정을 하지 않으면 원추형의 자연수형으로 생장한다. 전정을 할 때는 원통형 수형으로 키우는 것이 일반적이다. 묘목을 키울 때는 원하는 수고에서 중심줄기를 잘라서 하지의 발생을 촉진시키며, 어느 정도 크기까지 자라면 수관부를 강하게 전정한다.

그 후로는 매년 전년보다 바깥쪽을 깎아서 조금씩 크기를 키워 간다. 꽃눈은 자른 부분에서 발생한 새 가지에 생기므로, 새 가지를 모두 자르면 다음해에 꽃이 피지 않게 된다.

충실한 햇가지를 15~20cm 길이로 자르고, 아래 잎은 제거한다.

잎과 잎이 닿을 정도의 간격으로 꽂는다.

밀폐삽목
밀폐삽목을 하면 활착율이 높다.

▲ 삽목 번식

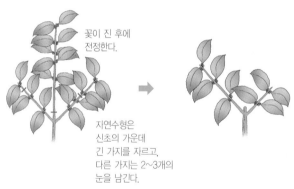
꽃이 진 후에 전정한다.

지연수형은 신초의 가운데 긴 가지를 자르고, 다른 가지는 2~3개의 눈을 남긴다.

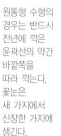

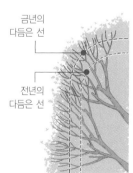

원통형 수형의 경우는 반드시 전년에 깎은 윤곽선의 약간 바깥쪽을 따라 깎는다. 꽃눈은 새 가지에서 신장한 가지에 생긴다.

금년의 다듬은 선

전년의 다듬은 선

라일락

- 물푸레나무과 수수꽃다리속
- 낙엽활엽관목 • 수고 2~3m
- 동유럽(불가리아, 헝가리)이 원산지; 전국의 공원 및 정원에 식재

학명 *Syriga vulgaris* 속은 그리스어 Syrinx(피리)가 어원이며, 이 나무의 가지로 피리를 만든 것에서 유래한 것이다. 종소명은 '보통의'라는 뜻이다.
영명 Common lilac | 일명 ムラサキハシドイ(紫丁香花) | 중명 紫丁香(자정향)

| 잎

마주나기.
삼각형 또는 하트 모양이고
가장자리는 밋밋하다.

40%

| 꽃

양성화. 전년지 끝 또는 바로 밑의 곁눈에서 연한 홍자색 또는 흰색의 꽃이 모여
핀다.

| 열매

삭과. 달걀형이고 끝이 뾰족하며, 갈색으로
익는다.

| 수피

회갈색이며,
성장함에 따라
가늘고 긴
리본 모양으로
벗겨진다.

| 겨울눈

달걀형이고 6~8장의
눈비늘조각에 싸여있다.
가지 끝에 곁눈보다
조금 큰 가짜끝눈이 2개 붙는다.

▲ 미스킴라일락(*Syringa patula* 'Miss Kim')

조경수 이야기

정향나무류*Syriga*에는 동양종과 유럽종이 있는데, 동양종은 우리나라를 비롯하여 중국 북부, 일본 북해도 등지에 분포하며, 유럽종은 일반적으로 라일락이라 부르며 헝가리나 발칸반도 등에 분포한다.

라일락Lilac은 영어 이름이며, 프랑스어로는 리라Lila, 페르시아어로는 리락Lilak, 아랍어로는 라이락Laylak, 스페인에 들어가 다시 프랑스어 리라Lilas가 되었다고 한다. 우리가 잘 알고 있는 라틴음악 〈베사메무초Besame mucho〉라는 노래에 나오는 리라꽃도 라일락꽃을 가리킨다.

유럽에서는 라일락이 피는 5월을 '라일락 타임'이라 하여, 큰 축제 분위기에 젖는다고 한다. 라일락꽃의 꽃잎은 보통 4갈래로 갈라지지만 간혹 5갈래로 갈라지는 것

도 있는데, 이것을 '럭키 라일락Lucky Lilac'이라 한다. 처녀들이 럭키 라일락을 따서 먹으면, 자기에 대한 사랑하는 사람의 사랑이 영원히 변치 않는다는 속설이 있다고 한다.

영국의 한 귀족이 시골 처녀에게 한눈에 반해 사랑하던 중에, 가엽게도 처녀가 세상을 떠나고 만다. 마을사람들은 교회 묘지에 장사를 지내고 무덤 주위에 보라색 라일락꽃을 가득 가져다 두었다. 다음날 아침에 가보니 하룻밤 사이에 라일락 가지가 뿌리를 내려 흰색 라일락꽃이 피어 있었다고 한다.

지금도 영국 와이Wye 강가의 작은 마을에는 그 처녀의 무덤이 보존되어 있다고 전해진다. 식물자원의 중요성을 이야기할 때, 항상 등장하는 '미스킴라일락Miss Kim

Lilac'이 있다. 한국의 군정기인 1947년 미군정청 소속의 식물채집가인 미더Meader가 북한산국립공원 백운대에서 얻은 수수꽃다리의 친척인 정향나무 종자를 미국으로 가져가 왜성품종으로 개량한 것이 미스킴라일락이다. 당시 식물자료 정리를 도와주던 한국인 타이피스트의 성을 따서 이름 붙였다고 한다. 이 미스킴라일락이 관상식물로 우리나라에 역수입되고 있다.

◀ **럭키 라일락**
꽃잎이 5장인 라일락꽃

 조경 Point

정원, 공원, 병원, 학교, 캠퍼스 등 어디에 심어도 진한 향기와 꽃을 함께 즐길 수 있는 조경수이다. 산책로 주변에 열식하거나 차폐식재, 경계식재, 산울타리식재로 활용할 수 있다.
단식보다 군식을 하면 한층 더 계절감을 잘 느낄 수 있는 꽃나무이다. 내한성, 내공해성, 내병충해성이 강하며, 토질도 가리지 않기 때문에 어디에 심어도 잘 생육한다.

재배 Point

내한성이 강하지만, 늦서리가 있는 곳에서는 새눈이 피해를 입기도 한다. 부식질이 풍부하고, 배수가 잘되는 중성~알카리성의 비옥한 토양이 좋다. 이식은 2~4월, 10~11월에 하며, 작은 나무는 맨뿌리로 옮겨 심을 수 있다.

나무		새순	개화			꽃눈분화						
월	1	2	3	4	5	6	7	8	9	10	11	12
전정					전정							
비료			시비		시비				시비			

 병충해 Point

쥐똥밀깍지벌레, 별박이자나방(별자나방), 큰쥐박각시 등의 해충이 발생한다. 쥐똥밀깍지벌레는 가지에 기생하면서 흡즙가해하므로 수세가 약해진다. 수컷은 나뭇가지에 모여 살며, 흰색의 밀랍을 분비하기 때문에 피해 부위를 발견하기 쉽다.
5월 하순에 티아클로프리드(칼립소) 액상수화제 2,000배 또는 뷰프로페진.디노테퓨란(검객) 수화제 2,000배액을 10일 간격으로 2회 살포하여 방제한다. 큰쥐박각시은 애벌레가 잎을 식해하며, 섭식량은 많으나 대발생하지는 않는다.
6월 애벌레의 발생초기에 페니트로티온(스미치온) 유제 1,000배액 또는 인독사카브(스튜어드골드) 액상수화제 2,000배액을 1~2회 살포하여 방제한다.

 전정 Point

전정을 하지 않고 방임해서 키우는 것이 가장 좋다. 옆으로 난 가늘고 짧은 가지는 수시로 제거해준다. 착화지는 방임해두지만, 키를 작게 유지할 경우에는 잘라주거나 솎아준다.
접목묘의 대목에서 나오는 가지는 발견하면 즉시 밑동에서 제거한다.

꽃이 진 후

자르거나 자르지 않거나 꽃피기와는 상관없다.

착화지의 기부의 눈 위를 자르면 맹아하여 가지가 되지만, 꽃눈이 생기지 않을 수도 있다.

비교적 굵은 가지라도 분기점 바로 위를 자른다.

▲ **가지치기**

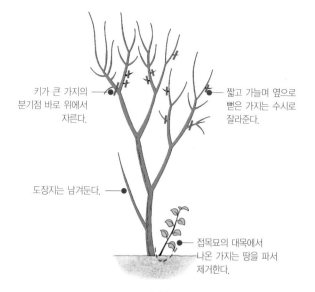

키가 큰 가지의 분기점 바로 위에서 자른다.

짧고 가늘며 옆으로 뻗은 가지는 수시로 잘라준다.

도장지는 남겨둔다.

접목묘의 대목에서 나온 가지는 땅을 파서 제거한다.

▲ 가지솎기

실생, 접목, 삽목, 분주 등의 방법으로 번식시킨다. 접목은 3월 상순에 전년지를 5~6cm 길이로 잘라서 접수로 사용하며, 대목으로는 쥐똥나무를 사용한다.

숙지삽은 3월 중하순에, 녹지삽은 6~7월 상순에 가능하지만 활착율이 그리 높지는 않다.

실생은 가을에 종자를 채취해서 기건저장하였다가 다음해 3월에 파종하며, 5년 정도 지나면 꽃이 핀다. 실생으로 키운 것은 근삽(뿌리꽂이)이 가능한데, 뿌리를 10cm 길이로 잘라서 꽂으면 발근이 잘 된다.

조경수 상식

■ **열매의 종류**

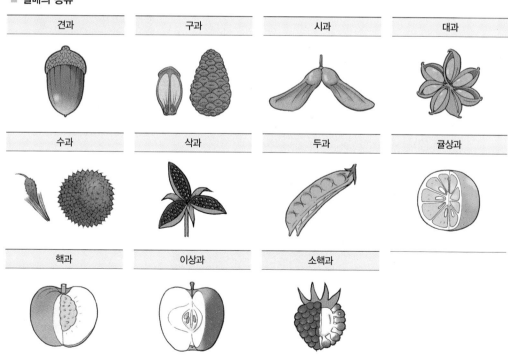

견과	구과	시과	대과
수과	삭과	두과	귤상과
핵과	이상과	소핵과	

매실나무

- 장미과 벚나무속
- 낙엽활엽소교목 • 수고 5~10m
- 중국(서남부)이 원산, 일본, 대만; 전국적으로 널리 재배

학명 *Prunus mume* 속명은 라틴어 plum(자두, 복숭아 등의 열매)에서 유래되었으며, 종소명은 일본 이름 우메(ウメ)를 라틴어화한 것이다.
영명 Japanese apricot | 일명 ウメ(梅) | 중명 梅花(매화)

| 잎

어긋나기.
타원형 또는 달걀형이며,
끝이 길게 뾰족하다.
잎자루에 꿀샘이 있다.

80%

| 꽃

양성화. 잎이 나기 전에 전년지 잎겨드랑이에서 2~3개의 흰색 꽃이 핀다. 향기가 매우 좋다.

| 수피

지름 20cm

짙은 회색이며, 성장함에 따라 불규칙하게 갈라져서 거칠어진다.

| 열매

핵과. 구형이며, 노란색으로 익는다. 신맛이 난다.

| 겨울눈

꽃눈은 달걀형이고,
잎눈은 원추형이다.
보통 1~3개의
겨울눈이 가로로
나란히 붙는다.

▲ 만첩홍매

▲ 수양매화

조경수 이야기

꽃에 중점을 두고 말하면 매화나무, 열매에 중점을 두고 말하면 매실나무이다. 매화로 술을 담그면 매화주, 매실로 술을 담그면 매실주이다. 〈국가표준식물목록〉에서는 매실나무를 추천명으로 권장하고 있다.

매실나무는 봄에 가장 먼저 꽃을 피운다는 뜻에서 화괴·백화괴·화형·백화형이라고도 불린다. 또 일찍 꽃이 핀다 하여 조매, 추운 겨울에 꽃이 핀다고 하여 동매 또는 한매, 눈 속에서 꽃이 핀다고 하여 설중매 또는 설중군자, 제일 먼저 봄을 알린다고 하여 제일춘 등 실로 다양한 이름으로 불린다.

매실나무의 열매인 매실은 《동의보감》에서 갈증을 해소하는데 탁월한 효능을 발휘한다고 적혀 있다. 우리나라 뿐 아니라 중국에서도 매실은 갈증을 해소하는 약재로 알려져 있다. 매실의 갈증해소와 관련하여, 《세설신어世說新語》에 조조의 매림지갈梅林止渴이라는 고사가 나온다.

삼국시대 위나라 조조가 대군을 거느리고 출병하였는데, 길을 잃어 군사들이 몹시 피로해 했다. 아무리 둘러봐도 물 한 방울 보이지 않고, 군사들은 모두 갈증을 못 이겨 더 행군할 수 없을 지경에 이르렀다. 이때 지략이 뛰어난 조조가 군졸들을 향해 "저 산을 넘으면 거기에는 큰 매화나무 숲이 있다. 어서 가서 매실을 실컷 따먹도록 하라"라고 외쳤다. 이 말을 들은 군졸들은 매실을 생각하니 금방 입에 군침이 가득 괴어 갈증을 견딜 수 있었다고 한다. 물론 산 너머에 매림梅林은 없었지만, 조조의 지략이 군졸의 사기를 돋우었다는 일화이다.

매실나무의 꽃인 매화는 인격이 고매한 사람 또는 선비의 대명사로 통한다. 청나라 때 장조는 "매화는 사람을 고상하게 한다梅令人高"고 하였다. 예로부터 사군자梅蘭菊竹와 세한삼우松竹梅에 매화를 넣어 덕과 학식을 갖춘 사람의 인품에 비유하였다. 매화나무는 '글을 좋아하는 나무' 라는 뜻의 호문목好文木으로도 불린다. 이는 진나라 무제가 글을 좋아하였는데, 그가 공부를 열심히 하면 매화가 아름답게 피고 공부를 게을리 하면 피지 않았다는 일화에서 유래된 것이다.

조선 성리학의 거두, 퇴계 이황은 유독 매화를 좋아하여 손수 쓴 매화에 관한 시를 엮어 《매화시첩》을 내기도 했다. 그는 운명하기 전에 "매화에게 물을 잘 주라"는 유언을 남길 정도로 매화를 사랑했다고 한다.

◀ 매창의 매화도
이매창은 신사임당의 자녀로, 어머니의 재능을 이어받아 예능에 뛰어난 솜씨를 지녔다. 강원도 유형문화재 제12호
ⓒ 문화재청

조경 Point

사군자 중 하나인 매화나무는 정원에 독립수로 심어, 이른 봄에 꽃과 향기를 즐기는 꽃나무이다. 수세가 강하고 수령도 길며, 오래된 나무의 수형은 굴곡이 많다. 이러한 노목의 수형이 동양적인 정취와 멋을 자아내기 때문에 동양식 정원에는 꼭 필요한 나무이다.

근래에는 화려한 조경수에 밀려 정원수로 많이 심지 않는 편이지만, 옛 조상들은 정원에 꼭 한 그루씩은 심어서 매화를 감상하며 많은 시와 그림을 남겼다.

남부 지방에서는 양지바른 곳에 심으며, 중부 지방에서도 북서풍이 불지 않는 곳에 심으면 잘 자란다.

재배 Point

햇빛을 고르게 받을 수 있는 곳에 심으며, 서향볕이 비치는 곳은 피한다. 습기가 있으나 배수가 잘되는 적당히 비옥한 토양이라면 어떤 곳에 심더라도 잘 자란다. 이식은 9~10월에 한다.

나무	개화			새순			열매	꽃눈분화			
월	1	2	3	4	5	6	7	8	9	10	11	12
전정	전정						전정				전정
비료	한비		꽃후								

병충해 Point

매실나무는 벚나무에 비해 병해충이 많은 편이며 주로 진딧물류, 깍지벌레류, 차독나방, 잎오갈병 등이 자주 발생한다.

공깍지벌레는 잎뒷면에 기생하지만 월동 전에 줄기나 가지로 이동하여 흡즙가해한다. 특히 벚나무나 매실나무에 피해가 심하며, 대발생한 경우에는 가지와 줄기에 눈에 확연히 띌 정도의 많은 개체가 붙어 있는 것을 볼 수 있다. 약충 발생기인 5월 하순에 뷰프로페진.디노테퓨란(검객) 수화제 2,000배액을 살포하여 방제한다.

차독나방은 애벌레기에는 잎살만 식해하여 잎이 갈색으로 변하고, 애벌레가 잎 위에서 일렬로 나란히 모여 살면서 잎을 식해한다. 이 해충은 성충, 애벌레, 고치, 알덩어리에 독침이 있어 피부에 닿으면 통증과 염증을 일으키므로 주의해야 한다. 발생량이 많을 때에는 티아클로프리드(칼립소) 액상수화제 2,000배액,인독사카브(스튜어드골드) 액상수화제 2,000배액을 수관에 살포하여 방제한다. 이 외에도 매실애기잎말이, 분홍등줄박각시, 사과저녁나방, 수검은줄점불나방, 오얏나무밤나방, 차독나방, 복숭아순나방 등의 해충의 피해가 발생할 수 있다.

▲ 공깍지벌레

▲ 벚나무깍지벌레

◀ 복숭아순나방 애벌레에 의한 신초피해

가장 단순한 전정법은 꽃이 필 때까지 방임해두었다가, 불필요한 가지만 제거해주는 것이다. 일반적으로는 꽃의 수는 당분간 고려하지 않고 가지치기 전정을 반복해가면서 수형을 만들어간다. 꽃이 피더라도 일제히 피는 것이 아니므로, 개화지는 개화지대로 불개화지는 불개화지대로 취급해서 전정을 해가면 꽃이 피는 가지의 수가 매년 늘어난다.

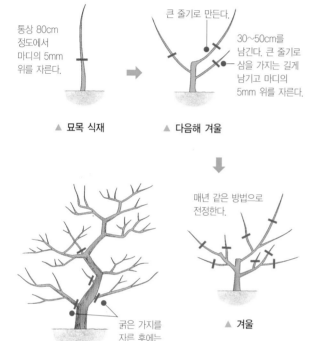

통상 80cm 정도에서 마디의 5mm 위를 자른다.

▲ 묘목 식재

큰 줄기로 만든다.

30~50cm를 남긴다. 큰 줄기로 삼을 가지는 길게 남기고 마디의 5mm 위를 자른다.

▲ 다음해 겨울

매년 같은 방법으로 전정한다.

굵은 가지를 자른 후에는 잘린 부위에 유합제나 페인트를 칠한다.

 ▲ 겨울

1~3월이 휴면지접목의 적기이다. 품종의 특징이 잘 나타나는 전년지를 골라 선단과 기부를 제거하고, 충실한 중간 부분을 접수로 사용한다. 대목은 1~2년생 실생묘나 삽목묘를 이용한다. 활착해서 눈이 나오기 시작하면, 대목에서도 눈이 나오는 것도 있는데 이것은 빨리 제거해준다. 햇가지접목은 6~9월이 적기이다. 그해에 나온 충실한 햇가지를 접수로 사용한다. 눈접도 가능하다.

실생으로 대목용 묘목을 만든다. 6월에 완숙한 열매를 채취해서

흐르는 물에 열매껍질을 씻어서 제거한다. 이것을 바로 파종하거나 건조하지 않도록 흙속에 보관해두었다가, 11~12월에 파종한다. 본엽이 5~6장 나오면 이식하고, 묽은 액비를 뿌려준다. 연필 정도의 굵기가 되면 접목의 대목으로 이용할 수 있다.

삽목으로 대목용 묘목을 만든다. 3월 하순~4월 상순이 삽목의 적기이다. 전년지의 선단과 기부를 제거하고, 충실한 중간 부분을 삽수로 이용한다. 15~20cm 길이로 잘라서 1~2시간 물을 올린 후 삽목상에 꽂는다. 반그늘에 두고 건조하지 않도록 관리하여 1년 정도 키우면 대목으로 이용할 수 있다.

충실한 전년지의 중간부분을 접수로 사용한다.

표피부분을 잘라 형성층이 나오게 한다.

형성층끼리 접합시킨다.

대목에서 나온 움돋이는 제거한다.

접수와 대목의 형성층을 밀착시키고 광분해테이프를 감아준다.

▲ 접목(절접) 번식

충실한 전년지를 골라 선단부와 기부를 잘라낸다.

한나절 물속에 넣어 충분히 물을 올린다.

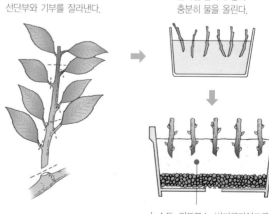

녹소토, 피트모스, 버미큐라이트를 같은 양으로 혼합한 용토

▲ 삽목(대목용) 번식

멀구슬나무

- 멀구슬나무과 멀구슬나무속
- 낙엽활엽교목   • 수고 15~20m
- 중국, 대만, 인도, 일본, 말레이시아~호주 북부; 전남, 경남 및 제주도

 학명 *Melia azedarach* 속명은 그리스어로 물푸레나무를 뜻으로 이 나무의 잎이 물푸레나무의 잎과 비슷하기 때문에 붙여진 이름이다. 종소명은 아랍의 지명에서 유래된 것이다. | 영명 Chinaberry | 일명 センダン(栴檀) | 중명 苦棟樹(고련수)

| 잎

잎대는 어긋나며,
작은잎은 마주난다.
홀수 2~3회 깃꼴겹잎.

25%

| 꽃

양성화. 새가지 끝에 연한 자주색 꽃이
모여 피는데, 은은한 향기가 난다.

| 열매

핵과. 타원형이며, 황갈색으로 익는다.
익으면 단맛이 난다.

| 수피

매끈하고
껍질눈이 발달한다.
오래되면 짙은
회갈색이 되고,
세로로 불규칙하게
갈라진다.

지름 28cm

| 겨울눈

조금 일그러진
반구형이며,
별모양의 털이
빽빽하다.

조경수 이야기

멀구슬나무는 구슬같이 동글동글한 열매가 열리는 나무라는 뜻이다. 이 나무에 대한 다른 나라의 이름 역시 구슬 또는 염주알에서 비롯한 것이 대부분이다. 영어 이름 비드 트리Bead tree는 구슬 모양의 종자로 염주알을 만들기 때문에 붙여진 이름이며, 중국 이름 금영金鈴 역시 노란색 구슬 모양의 열매에서 온 것이다.

인도에서는 흔히 사원에 이 나무를 심는다고 하는데, 그 목적은 염주를 만들기 위한 것이다. 기독교에서 크리스마스 장식에 사용되는 호랑가시나무를 성수聖樹, 즉 홀리 트리Holly tree라 하듯이, 불교에서도 염주를 만드는 멀구슬나무를 홀리 트리라 한다.

멀구슬나무의 일본 이름은 센단栴檀인데, 이 역시 염주를 만드는 열매가 많이 열리므로 '천 개의 구슬千珠'이 변한 것이다. 열매로 염주를 만들기 때문에 다분히 불교적인 의미가 함축된 것이라 할 수 있다.

최근 농업기술원에서 멀구슬나무의 살충효과를 규명한 연구 결과가 발표되었다. 이 연구에 의하면 대표적인 살충물질인 아자디락틴azadirachtin 성분은 7월에서 9월에 채취한 멀구슬나무 열매에 가장 많이 들어있으며, 이

▲ 고창 교촌리 멀구슬나무
천연기념물 제503호.
© 문화재청

성분을 이용하여 농민이 직접 친환경 살충제를 만드는 것이 가능하다고 한다.

이 나무에서 나오는 수지에서는 곤충이 싫어하는 130여 종의 냄새를 풍기는데, 미국에서는 이것을 방충제로 개발하여 친환경 농약으로 사용하고 있다고 한다. 우리나라에서도 오래 전부터 약제 또는 해충을 죽이는 살충제로 사용되어왔다. 구충제가 없던 시절에는 회충·십이지장충·촌충 등 인체의 기생충을 없애는데 큰 효과가 있어서 가정의 상비약용 나무로 널리 심었다고 한다. 벼룩이나 이를 없애는 천연 살충제로도 사용되었으며, 잎은 화장실에 넣어 냄새를 없애고 구더기가 생기는 것을 막는데 사용했다. 열매는 손이 튼 데 바르는 귀중한 피부약이었으며, 귀가 아프거나 부었을 때도 바르면 효과가 있다고 한다. 인도에서는 멀구슬나무의 작은 가지를 칫솔로 사용하는데, 치석 제거 효과가 있다고 한다.

조경 Point

꽃, 열매, 단풍 모두 관상가치가 높은 나무이며, 노란 열매는 겨울에도 나뭇가지에 달려있어서 겨울의 정취를 더한다. 생장속도가 빠르며, 공원의 녹음수나 가로수로 활용하면 좋다.
외국에서는 가로수로 활용한 예를 흔하게 볼 수 있다. 수형을 작게 키우거나 키가 작은 품종을 선택하면 정원수나 화분에 키우는 조경수로도 활용이 가능하다. 추위에 약한 편이어서 아직은 남부 지방에서만 재배가 가능하다.

재배 Point

내한성이 약하며, 최저온도는 7℃이다. 적당히 비옥하고 배수가 잘되는 토양이 좋다. 해가 잘 비치는 곳, 건조한 바람을 막아주는 곳에 식재한다. 토양산도는 pH 4.0~8.0이다.

나무의 생육을 저해할 정도로 중대한 병충해는 발생하지 않는다. 병해로는 혹병, 갈반병, 재질부후병, 녹병 등이 있으며, 해충으로는 식나무깍지벌레, 알락하늘소, 말매미 등이 있다.

말매미는 암컷 성충이 2년생 가지에 상처를 내고 알을 낳아서 가지를 말라 죽게 한다. 성충이 수액을 흡즙한 상처부위에서 수액이 흘러나와, 그을음병이나 부란병을 일으켜서 피해가 가중되기도 한다. 피해를 입은 가지는 잘라서 불태우고, 줄기에 기어오르는 약충을 잡아 죽이는 방법이 효과적이다.

기생성 천적인 좀벌류, 맵시벌류, 기생파리류 등을 이용한 생물학적 방법도 좋은 방제법이다.

가을에 잘 익은 종자를 채취하여 바로 파종하거나 냉장고에 보관하였다가, 다음해 봄에 파종한다. 보관할 때에 종자가 마르지 않도록 주의해야 한다.

생장이 빨라서 발아 후 1년 만에 1m 정도까지 자라기 때문에, 처음부터 드물게 파종하여 묘목을 키우는 것이 좋다. 파종하고 나서 꽃이 피기까지는 보통 5~6년 정도 걸린다.

조경수 상식

■ 꽃의 구조

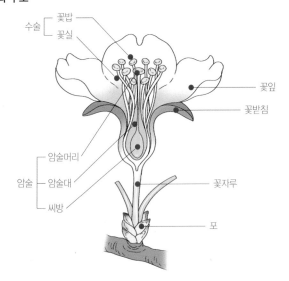

목서

- 물푸레나무과 목서속
- 상록활엽관목 • 수고 3m
- 중국 원산, 타이완, 일본: 경남, 전남 지역에 식재

 학명 *Osmanthus fragrans* 속명은 그리스어 osme(향기)와 anthos(꽃)의 합성어로 향기가 강한 것을 나타내며, 종소명은 라틴어로 '향기가 있는' 이라는 뜻이다. 영명 Fragrant olive 일명 ギンモクセイ(銀木犀) 중명 桂花(계화)

잎

마주나기.
긴 타원형이며,
가장자리에
예리한 가시가 있다.
재질은
두꺼운 가죽질이다.

40%

꽃

수꽃

암수딴그루. 잎겨드랑이에 흰색 꽃이 모여 핀다. 향기가 매우 좋다.

열매

핵과. 타원형이며, 다음해 6~7월에 자흑색으로 익는다.

수피

연한
회백색이며,
껍질눈이 있다.
성장함에 따라
마름모꼴로
갈라진다.

겨울눈

세모진
달걀형이며,
눈비늘껍질에
싸여있다.

목서는 중국이 원산지이며, 꽃향기가 맑고 진한 가을을 대표하는 나무 중 하나로 꼽힌다. 목서라는 이름은 나무 껍질이 코뿔소犀 뿔의 무늬를 닮았기 때문에 붙여진 이름, 혹은 나뭇결이 코뿔소의 외관과 비슷한 무늬여서 얻은 이름이라고 한다.

중국의 전설에 의하면 목서가 처음 하늘에서 지상으로 내려와서 가을이 되어 그 향기를 멀리까지 퍼뜨렸는데, 사람들은 이것이 무슨 꽃인지 몰라 궁금해 했다. 그때 천인이 '천상의 계화桂花'라 하면서 이슬이 땅에 떨어져 씨가 되어 돋아난 것이라 했다. 이 목서가 3세기경부터 계 또는 월계·계화라고 하여 시문에 표현되기 시작하였다. 이시진의《본초강목》에는 목서를 흰색 꽃이 피는 은계銀桂, 노란색 꽃이 피는 금계金桂, 등황색 꽃이 피는 단계丹桂 등으로 구분하고 있다. 은계는 지금의 은목서 즉 목서이고, 단계는 은목서의 변종인 향기가 강한 금목서를 가리킨다.

우리나라 사람들이 많이 가는 중국의 유명한 관광지 계림桂林이 있다. 계림은 계수나무가 숲을 이룬다는 뜻인데, 여기의 계수나무는 일제강점기 때 우리나라에 도입된 가쯔라桂나 달나라의 옥토끼 옆에 있는 계수나무가 아니라, 바로 이 목서를 가리킨다. 목서가 우리나라에서는 상록관목이지만 중국에서는 상록교목이다. 실제로 중국 남부지방을 여행하다 보면 가로수나 공원수로 식재된 교목 목서를 흔하게 볼 수 있다.

학명 오스만투스Osmanthus는 그리스어로 osme향기와 anthos꽃의 합성어로 '향기로운 꽃'이라는 뜻이다. 종소명 프라그란스fragrans 역시 '향기 나는'이라는 뜻이다. 학명에서 알 수 있듯이, 이 나무의 특징은 무엇보다

도 진한 꽃향기에 있다. 봄에 향기를 대표하는 꽃이 서향이라면, 가을에 향기를 대표하는 꽃은 단연 목서라 할 수 있다.

조경 Point

가지가 짧고, 가시가 있는 잎이 무성해서 산울타리로 활용하면 좋다. 상록활엽수로 일년 내내 광택이 나는 푸른 잎을 볼 수 있으며, 단식하여 크게 키우면 늦가을부터 진한 향기와 흰색 꽃을 감상할 수 있다. 병충해가 적고 어떤 환경에서도 잘 자라므로 관리하기가 용이하며 산울타리식재, 경계식재, 차폐식재 등의 용도로 많이 활용된다.

재배 Point

반음지 또는 양지에 식재하며, 차고 건조한 바람으로부터 보호해준다. 내한성은 약한 편이며, 비옥하고 배수가 잘되는 토양이 좋다. 이식은 5월말~6월 중에 하며, 너무 깊게 심지 않는 것이 중요하다.

병충해 Point

쥐똥밀깍지벌레, 뽕나무깍지벌레, 두점알벼룩잎벌레(쌍엇줄잎벌레), 차주머니나방, 남방차주머니나방(주머니나방), 왕물결나방(쥐똥나방), 큰쥐박각시 등의 해충이 발생할 수 있다.

쥐똥밀깍지벌레의 수컷은 나뭇가지에 모여 살며 흰색의 밀랍을 분비하기 때문에, 피해부위를 발견하기가 쉽다. 줄기에 붙어 있는 알은 제거하며, 5월 하순에 뷰프로페진.디노테퓨란(검객) 수화제 2,000배액을 10일 간격으로 2회 살포하여 방제한다.

차주머니나방은 산지에서는 발생밀도가 낮으나 정원수, 가로수, 과수재배지 등에서는 발생밀도가 높은 경우가 많다. 발생하면 나뭇잎을 식해하지만, 심각한 피해를 주지는 않는다. 7월 하순~

8월 중순에 인독사카브(스튜어드골드) 액상수화제 2,000배액 페니트로티온(스미치온) 유제 1,000배액을 수관에 살포하여 방제한다.

▲ 차주머니나방 피해잎

전정을 하지 않더라도 자연스러운 둥근 수형으로 자라지만, 수관면을 단정하게 다듬고 크기를 제한하기 위해 전정을 한다. 꽃의 수에 중점을 둔다면 꽃이 진 후부터 맹아할 때까지 전정하고, 수형에 중점을 둔다면 수시로 전정한다. 꽃의 수와 수형을 모두 어느 정도 만족시키려면, 개화 전에 한번 그리고 겨울에서 봄 사이에 한 번 더 전정을 한다.

개화할 때까지 방임해서 키운다.

개화하면 전정을 시작한다.

묘목 식재

온난지에서는 꽃이 진 후부터 눈이 틀 때까지 전정을 끝낸다. 한냉지에서는 눈이 틀 때까지 전정을 마친다.

가을에 수관을 다듬는 전정은 가능하면 얕게 한다.

5월 중순~7월이 삽목의 적기이다. 충실한 햇가지를 15~20cm 정도의 길이로 잘라, 윗잎을 3~5장 정도 남기고 아랫잎은 제거한다. 남긴 잎이 크면 반 정도 잘라준다. 강모래, 펄라이트, 버미큘라이트 등을 단독으로 사용하거나 섞은 것을 삽목상에 넣고 삽수를 꽂은 후에 밝은 그늘에 두고 건조하지 않도록 관리한다. 삽목상을 비닐봉투로 씌워 밀폐삽목을 하면 활착이 더 잘된다.

생육기인 4~8월에 높이떼기로 번식시킨다. 뿌리를 발생시킬 부분을 환상박피하고 습한 물이끼로 감고 비닐로 감싸준다. 물이끼 바깥쪽까지 뿌리가 나오면 떼어내어 옮겨 심는다.

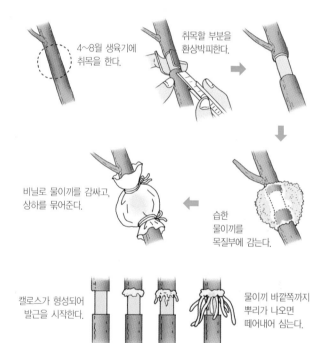

4~8월 생육기에 취목을 한다.

취목할 부분을 환상박피한다.

비닐로 물이끼를 감싸고, 상하를 묶어준다.

습한 물이끼를 목질부에 감는다.

캘로스가 형성되어 발근을 시작한다.

물이끼 바깥쪽까지 뿌리가 나오면 떼어내어 심는다.

▲ 취목(높이떼기) 번식

분꽃나무

- 인동과 가막살나무속
- 낙엽활엽관목　• 수고 2~3m
- 일본 대마도, 중국 중부, 일본; 전국의 낮은 산지

 학명 *Viburnum carlesii* 속명은 가막살나무류(Wayfaring tree; *V. lantana*)의 라틴명이며, 종소명은 인천에서 식물을 채집한 W. R. Carles을 기념한 것이다. │ 영명 Koreanspice viburnum │ 일명 オオチョウジガマズミ(大丁子莢蒾) │ 중명 紅蕾莢蒾(홍뢰협미)

잎

마주나기.
넓은 달걀형이며,
가장자리에 치아 모양의
톱니가 성기게 나 있다.

80%

꽃

양성화. 가지 끝에 흰색 또는 연한 홍색
꽃이 모여 피며, 향기가 강하다.

열매

핵과. 타원형이며, 붉은색에서 검은색으로 익는다.

겨울눈

맨눈. 꽃눈은 여러 개가
모여 구형을 이루며,
잎눈은 긴 타원형이다.

수피

회갈색이며, 얇은
조각으로 갈라진다.
둥근 껍질눈이
산재해 있다.

작은 꽃송이 하나하나가 마당 화단에 핀 분꽃*Mirabilis jalapa*을 닮았다고 하여 붙여진 이름으로, 분화목粉花木이라고도 한다. 꽃이 핀 분꽃나무 앞을 지나면 성숙한 여인에게서 느낄 수 있는 분냄새 같은 향기가 난다. 꽃은 4월부터 피기 시작하여 5월까지 볼 수 있으며, 지름 1cm 정도의 작은 꽃들이 공처럼 둥글게 모여 달린다.

9월에 익는 팥알 크기의 까만 열매는 새들이 무척 좋아하여, 새를 유인하는데도 도움이 된다. 열매는 달고 쓴 맛이며 삼충, 즉 요충·적충·장충을 제거한다고 알려져 있다. 기생충이 많던 예전에는 구충제로 요긴하게 쓰였을 것으로 추측된다.

분꽃나무에 비해 잎이 좁고 꽃이 작으며 바닷가에서 많이 볼 수 있는 섬분꽃나무, 화관이 가늘고 길며 붉은 빛이 도는 산분꽃나무 등의 유사종이 있다. 분꽃나무와 섬분꽃나무에 대해서는 학자들 간에 논쟁이 있지만, 〈국가표준식물목록〉에 섬분꽃나무는 분꽃나무와 통합되어 분꽃나무가 추천명으로 나와 있다.

원예 선진국에서는 분꽃나무를 기본종으로 하여 '아우로라Aurora', '챠리스Charis' 등의 다양한 원예품종을

개발하여 보급하고 있으나, 우리는 아직 분꽃나무 기본종의 묘목조차도 보급하지 못하고 있는 실정이다.

조경 Point

우리나라 산지나 바닷가 산기슭에 자생하는, 수형이 단정하고 연분홍색 꽃이 아름다운 조경수이다. 가을에 붉은색에서 까만색으로 여무는 열매 또한 관상가치가 높다.

정원에 심으면 가을에 새들이 좋아하는 열매를 맺기 때문에 새소리가 가득한 정원을 만들 수 있다. 내한성과 내염성이 강하며, 도시나 해안가에서도 잘 자란다. 아직은 주위에서 흔하게 볼 수 있는 나무는 아니지만, 앞으로 조경수로 활용이 기대되는 수종이다.

재배 Point

습기가 있고 배수가 잘 되며, 적당히 비옥한 토양이 좋다. 내한성이 강하며, 해가 잘 비치는 곳이나 반음지에서도 잘 자란다. 이식은 2월 말~3월 초, 11~12월에 하며, 흙과 같은 양의 부엽토와 섞어 심는다.

나무				새순		개화		꽃눈분화		열매		
월	1	2	3	4	5	6	7	8	9	10	11	12
전정	전정				전정							전정
비료	시비											시비

병충해 Point

조팝나무진딧물이 새가지와 새잎에 모여 흡즙가해한다. 피해를 입은 새가지는 선단부가 위축되어 생장이 저해되며, 피해를 입은 잎은 뒤쪽으로 말리면서 일찍 낙엽이 진다.

4월에 벌레가 조금 보이기 시작하면, 이미다클로프리드(코니도) 액상수화제 2,000배액을 살포하여 방제한다.

▲ 분꽃(*Mirabilis jalapa*)
남아메리카 원산의 원예식물로 꽃색과 무늬가 매우 다양하다.

전정 Point

전정을 하지 않고 방임해두었다가 원하는 크기까지 자라면 전정을 시작한다. 꽃이 진 후에 전정을 하면, 여름 이후의 수관면은 고르지 않지만 꽃의 수는 많아진다.

그러나 겨울에 전정을 하면, 겨울부터 봄까지의 수관면은 고르지만 꽃의 수가 적다.

번식 Point

가을에 잘 익은 종자를 채취하여 2년간 노천매장해두었다가, 3년째 되는 봄에 파종한다. 파종한 후에는 파종상이 건조하지 않도록 관리한다.

숙지삽은 3월 중순~4월 중순, 녹지삽은 6월 중순~7월 중순에 실시하며, 삽목상은 해가림을 해주어 건조하지 않도록 관리한다. 길게 뻗은 가지를 구부려 흙을 덮어두었다가 발근하면 떼어내어 옮겨 심는다(휘묻이).

뿌리 부근에서 나온 움돋이를 뿌리에서 파내어 옮겨 심는다(분주).

조경수 상식

■ **수목의 규격**

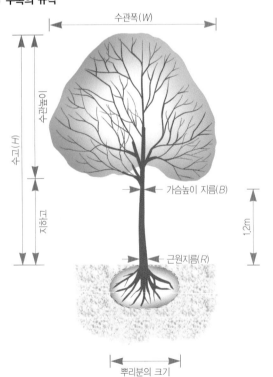

삼지닥나무

- 팥꽃나무과 삼지닥나무속
- 낙엽활엽관목 • 수고 1~2m
- 중국 원산, 일본; 전남, 경남 및 제주도에 식재

 학명 *Edgeworthia chrysantha* 속명은 영국의 식물학자 M. P. Edgeworth의 이름에서 유래한 것이며, 종소명은 그리스어로 '종이'라는 뜻으로 이 나무가 종이의 원료로 사용되었음을 나타낸다. 영명 Paper bush 일명 ミツマタ(三椏) 중명 結香(결향)

잎

어긋나기.
늘씬한 피침형이며,
가장자리는 밋밋하다.

70%

꽃

양성화. 잎이 나오기 전에, 가지 끝에 30~50개의 노란색 꽃이 모여 핀다.

열매

수과. 타원형이며, 녹갈색으로 익는다. 표면에 잔털이 있다.

황갈색 또는
적갈색이고
평활하다.
가지가 대개
3갈래로 갈라진다
(이름의 유래).

| 겨울눈 ◐

맨눈이며, 은백색의 비단털로
덮여있다. 꽃눈은 여러 개가
모여서 벌집 모양을 이룬다.

조경수 이야기

삼지닥나무라는 이름은 나뭇가지가 정확하게 3개씩 갈라지는 닥나무라는 데서 유래한 것이며, 삼지나무 또는 삼아 三椏나무 등의 이름으로도 불린다. 처음 1줄기에서 거의 같은 각도로 3가지가 갈라져 나오고, 이 3가지에서 다시 3가지가 나와서 9가지가 되는 식이다. 일본 이름 미쯔마타 三叉 역시 가지가 3갈래로 분기하기 때문에 붙여진 이름이다. 노란 꽃이 서향처럼 향기가 좋다 하여 황서향이라고도 한다.

자생지는 중국이지만, 일본을 통해서 우리나라에 들어왔을 것으로 짐작된다. 우리나라에는 아직 이 나무에 대한 기록이 보이지 않지만, 일본에서는 이 나무를 지폐나 지도 등을 만들 때 쓰는 고급 종이의 재료로 사용되었다고 한다.

지금도 일본 국립인쇄국에서는 1만 엔짜리 지폐의 원료로 삼지닥나무를 사용하고 있으며, 1년간 인쇄되는 1만 엔짜리 지폐는 10억 장이 넘어 해마다 100톤이 넘는 삼지닥나무를 구입하고 있다고 한다. 한때는 농가와 계약재배를 통해 수요를 충당했지만, 지금은 농가의 고령화 등으로 일본국내 생산이 갈수록 줄어서 90%를 중국과 네팔에서 수입해서 쓰고 있다고 한다.

종소명 크리산타 chrysantha는 그리스어로 종이라는 뜻으로 이 나무가 종이의 원료로 사용되었음을 나타내며, 영어 이름도 페이퍼 부쉬 paper bush이다. 한방에서는 꽃봉오리를 몽화 夢花라 하여 눈병의 치료에 쓰며, 뿌리는 몽화근이라 하여 조루 등의 치료약제로 쓰고 있다.

◀ 삼지닥나무 수피
지폐 또는 고급 종이의 원료로 사용된다.

조경 Point

이른 봄, 잎보다 먼저 피는 노란색 꽃은 아름답고 향기도 좋다. 가지가 3갈래로 갈라지기 때문에 붙여진 이름이며, 고급 종이의 원료로 사용된다.

추위에 약해서 남부지방에서만 월동이 가능하며, 조경수로 활용된 예는 많지 않다. 정원, 공원, 아파트단지 등에 심으면, 이색적인 꽃으로 사람들의 관심을 불러일으킬만한 꽃나무이다.

재배 Point

내한성이 약한 편이며, 늦서리는 꽃에 피해를 준다. 습기가 있고 배수가 잘되며, 부식질이 풍부한 토양이 좋다. 양지바른 곳 또는 간접 햇빛이 비치는 곳에서 재배한다.

나무				개화	새순			꽃눈분화	열매			
월	1	2	3	4	5	6	7	8	9	10	11	12
전정				전정								
비료	한비											

병충해 Point

하늘소의 애벌레가 발생하여 나무의 줄기 속을 파먹는 수가 있다. 성충이 우화한 후식기에 20일 간격으로 티아메톡삼(플래그쉽) 입상수화제 3,000배액을 살포하면 방제효과가 있다.
애벌레기에는 페니트로티온(스미치온) 유제를 고농도로 살포하고, 침입한 구멍을 발견하면 철사를 찔러 넣어 포살한다.

전정 Point

기본적으로 전정을 하지 않는 나무다. 수고가 너무 커진 경우에는 긴 가지를 솎아주는 정도로 충분하다.

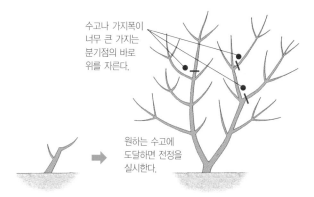

수고나 가지폭이 너무 큰 가지는 분기점의 바로 위를 자른다.

원하는 수고에 도달하면 전정을 실시한다.

묘목을 심은 후에 방임해서 키운다.

번식 Point

삽목은 눈이 트기 전에 전년지로 하는 숙지삽과 여름 장마철에 당년지로 하는 녹지삽이 가능하며, 어느 경우이건 발근이 잘 된다. 포기가 커져서 옆으로 번진 뿌리를 캐서, 몇 개의 주로 분리하여 다시 심는 분주 번식도 가능하다.
길게 자란 가지를 구부려서 흙을 덮어 두었다가 뿌리가 내리면 잘라서 옮겨 심는 휘묻이 번식도 가능하다. 실생 번식도 가능하지만 그다지 이용하지 않는다.

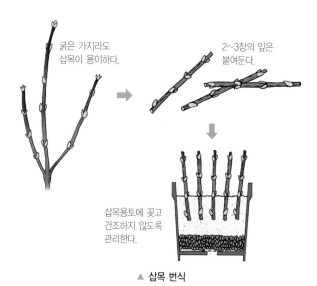

굵은 가지라도 삽목이 용이하다.

2~3장의 잎은 붙여둔다.

삽목용토에 꽂고 건조하지 않도록 관리한다.

▲ 삽목 번식

서향

- 팥꽃나무과 서향속
- 상록활엽관목 • 수고 0.5~1m
- 중국 중부, 일본; 제주도 및 남부지방에 식재

학명 *Daphne odora* 속명은 그리스의 여신명에서 월계수의 이름으로 전용한 것으로 잎 모양이 월계수 잎과 비슷한 것에서 유래한다. 종소명은 '방향이 있는'이라는 뜻이다. 영명 Winter daphne 일명 ジンチョウゲ(沈丁花) 중명 瑞香(서향)

잎

어긋나기.
긴 타원형이며,
잎자루는 거의 없다.
잎몸이 두껍고
주맥이 뚜렷하며,
광택이 있다.

50%

꽃

형태적으로 양성화이지만, 결실하는 주와 결실하지 않는 주가 있다. 가지 끝에 연한 홍자색의 꽃이 모여 피며, 좋은 향기가 난다.

열매

핵과. 넓은 타원형이며, 붉은색으로 익는다. 우리나라에는 대부분 수나무여서 열매를 보기 어렵다.

수피

어릴 때는 녹색이지만,
자라면서 적갈색을 띤다.
매끄럽고 광택이 있으며
평활하다.

뿌리

천근형. 소·중경의 수평근이 발달한다.

▲ 백서향(*D. kiusiana*)

옛날 한 스님이 대청마루에서 단잠에 빠져 장자의 '나비의 꿈'을 꾸며 나비가 되어 신비로운 향기에 취해 즐거운 시간을 보내고 있었다. 얼마가 지났을까? 스님이 깨어 꿈결에 맡은 기분 좋은 향기를 따라 가니 아름다운 꽃을 발견하고, 처음에는 꿈속의 향기로운 꽃이란 뜻으로 수향睡香이라 불렀다. 그 후 부처님이 내린 상서로운 향기를 가진 꽃이라 하여, 서향瑞香으로 바꿔 불렀다고 한다. 그 향기가 멀리까지 퍼진다 하여 칠리향 또는 천리향이라는 별명도 가지고 있다.

중국 송나라 때는 꽃의 품격과 운치를 논하고 별칭을 붙이는 것이 유행했다고 한다. 증단백은 명화 10개를 골라 십우十友라 칭하고 그 중에 서향을 올려 수우殊友라 하고, 장민숙도 명화십이객에서 서향을 가객佳客이라 하였다. 조선시대 때 강희안은 서향의 향기가 너무 강해서, 주위 다른 꽃의 향기를 모두 흡수한다 하여 서향을 화적花賊이라 했다. 《양화소록養花小錄》에서는 "한 송이가 겨우 피어 뜰에 가득하더니 꽃이 만발하여 그 향기가 수십 리에 미친다"라고 극찬하였다.

1771년 중국에서 영국으로 건너가서, 지금은 유럽 각지에서 널리 사랑받고 있는 꽃나무이다. '겨울에 향기로운 꽃을 피운다' 하여 영어로는 윈터 오도라Winter odora라 부른다. 일본에서는 그 향기가 침향과 정향을 합친 것과 같다 하여, 진초오게沈丁花라 부른다.

서향은 악편 바깥쪽이 자홍색이고 안쪽은 흰색이지만, 중국이 고향인 백서향D. kiusiana은 안팎이 모두 흰색이다. 제주도를 비롯하여 거제도와 흑산도에 자생하는 제주백서향D. jejudoensis도 꽃색이 흰빛이며, 맑은 향기를 내뿜는다.

조경 Point

봄의 방문을 알려주는 진한 향기가 특징이며, 향기가 천리를 간다고 하여 천리향이라고도 부른다. 정원의 통로 혹은 잔디밭 등에 무리로 심거나 줄로 심으면 좋다.

또, 산울타리나 교목의 하목으로 활용해도 좋다. 내한성이 약하기 때문에 중부지방에서는 화분에 심어 테라스나 아파트베란다 등에 놓아두고 꽃과 향기를 감상한다.

재배 Point

적당히 비옥하고 부식질이 풍부한 곳, 건조하지 않고 배수가 잘되는 곳에 식재한다. 약알카리성~약산성의 양지바른 곳 또는 반음지에서 잘 자란다.

이식은 4월, 6~7월에 하며, 장마 때가 활착율이 높다.

나무				개화		새순	꽃눈분화				
월	1	2	3	4	5	6	7	8	9	10	11	12
전정				전정								
비료				시비					시비			

병충해 Point

드물게 발생하는 병해로는 잎에 갈색 반점이 생기는 탄저병, 새잎에 암갈색의 작은 반점이 생기는 흑점병, 뿌리에 침입하는 흰날개무늬병 등이 있다.

뿌리에 실과 같은 균사덩어리가 생기는 날개무늬병은 색에 따라 흰날개무늬병과 자주날개무늬병 2종류가 있다. 피해가 경미한 경우는 발병한 나무만 제거한 후, 플루아지남(후론사이드) 수화제 1,200배액을 휴면기에 토양관주처리한다.

피해가 확산되면 모든 나무는 뽑아서 태워버리고, 다조멧(밧사미드) 입제를 10a당 40kg 토양혼화한 후 훈증처리한다.

수관면을 튀어나온 가지만 잘라준다. 개화 시에 단정한 수형을 원한다면 가을부터 개화 전에 전정하고, 더 많은 꽃을 보고 싶다면 꽃이 진 후에 전정한다. 전정작업은 간단하며, 꽃피기에도 거의 영향을 미치지 않는다.

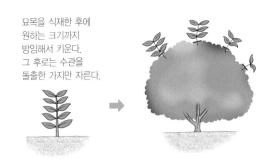

묘목을 식재한 후에
원하는 크기까지
방임해서 키운다.
그 후로는 수관을
돌출한 가지만 자른다.

▲ 돌출지만 정리한다

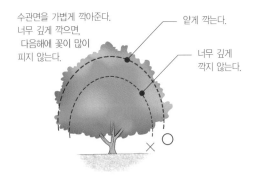

수관면을 가볍게 깎아준다.
너무 깊게 깎으면,
다음해에 꽃이 많이
피지 않는다.

얕게 깎는다.

너무 깊게
깎지 않는다.

▲ 수관면을 얕게 깎는다

숙지삽은 3~4월 상순, 녹지삽은 6월 중순~9월이 적기이다. 숙지삽은 꽃이 진 직후에 꽃을 따내고, 그 가지를 삽수로 이용한다. 녹지삽과 가을삽목은 그해에 자란 충실한 햇가지를 삽수로 이용한다. 가지의 끝부분이나 중간부분, 어느 쪽을 이용해도 삽목이 잘된다.

삽수는 10~15cm 정도의 길이로 자르고, 윗잎을 2~5장 정도 남기고 아랫잎은 제거한다. 1~2시간 물을 올린 후 삽목상에 꽂고, 반그늘에 두어 건조하지 않도록 관리한다.

새눈이 나오기 시작하면 서서히 햇볕에 익숙해지도록 해주고, 소량의 액비를 뿌려준다. 겨울에 찬바람이 불지 않는 따뜻한 곳에 두어 관리하며, 다음해 4월에 이식한다.

충실한 가지를
15~20cm 길이로
잘라 삽수로 이용한다.

나무젓가락
등으로 미리
구멍을 뚫고
삽수를 꽂는다.

1시간 정도 물을 올린다.

▲ 삽목 번식

6-9 향기

장미

- 장미과 장미속
- 낙엽활엽관목   • 수고 2~3m
- 세계적으로 널리 분포; 전국 각지에 식재

학명 *Rosa* spp. 속명은 라틴어 옛 이름 rhodon(장미)에서 유래된 것으로 '붉다'는 뜻이다.

영명 Rose | 일명 バラ(薔薇) | 중명 薔薇(장미)

| 잎

어긋나기.
2~3쌍의 작은잎으로
이루어진 홀수깃꼴겹잎이다.
가장자리에 날카로운
톱니가 있고,
잎축에 가시가 있다.

20%

| 수피

주로 초록색을 띠며,
성장함에 따라
세로로 갈라진다.

| 열매

장미과. 다육질의 항아리 모양이
며, 붉은색으로 익는다.

| 꽃

양성화. 국내에서는 일반적으로 5월 중순경부터 9월경까지 꽃을 볼 수 있으며 흰
색, 붉은색, 노란색, 분홍색 등 꽃색이 다양하다.

| 겨울눈

어긋나며, 5~7장의
눈비늘조각에 싸여있다.

이 세상에는 수많은 꽃이 있지만 장미만큼 시대와 지역을 초월하여 전 세계인의 사랑을 받는 꽃도 흔치 않을 것이다. 장미는 고대 그리스·페르시아·로마를 비롯하여 중세·현대에 이르기까지 사랑·아름다움·환희·정열 등의 상징으로 알려져 있다.

장미는 화려함과 다양함 때문에 근래에 개량된 원예식물로 인식되는 경향이 많지만, 장미의 원종인 들장미는 이미 중생대의 마지막 시기인 백악기 후기 7,000만 년 전에 태어난 것으로 여겨지고 있다. 미국 오리건 주나 콜로라도 주의 화석에서 발견되었는데, 신생대 3기인 점신세 2,500~4,000만 년 전의 것으로 추정되고 있다.

이렇게 보면, 장미는 인류가 출현한 50만 년 전보다 훨씬 전에 생겨서 빙하기를 견딘 들장미가 살아남아 빙하가 녹은 뒤에 번식된 것으로 보인다.

장미의 아름다움에 관한 신화나 전설 또한 많다. 그리스 신화에는 잠자는 아름다운 요정에게 아폴로가 키스하자 잠에서 깨어나 장미꽃으로 변했다고 한다.

또 꽃의 여신이 숲에서 아름다운 요정의 시신을 보고 소생시키려 여러 신들의 도움을 얻었는데 태양의 신 아폴로에게는 생명을, 미의 여신 아프로디테에게서 아름다움을, 술의 신 디오니소스에게서 꿀과 향기를 얻어서 소생시킨 것이 장미꽃이라고 한다. 로마 신화에는 비너스가 흘린 눈물에서 생겨난 것이 장미라고도 하고, 비너스가 바다의 거품에서 태어날 때 여신들이 축하하여 선물로 준 꽃이 바로 장미였다고도 한다.

장미와 더불어 또 다른 아름다움의 대명사인 클레오파트라는 애인 안토니우스를 유혹하기 위해 실내를 전부 장미꽃으로 장식하고, 마룻바닥에는 45인치 두께로 장미꽃을 깔았다고 한다. 또 그녀는 죽는 순간에도 안토니우스가 그녀만을 생각하도록 자신의 무덤을 장미꽃으로 덮어달라고 할 만큼 장미꽃을 사랑했다고 한다.

장미꽃을 사랑한 또 다른 여인이 있다. 나폴레옹의 황후이자 그가 사랑했던 유일한 여인 조제핀은 절세의 미인이기도 하지만, 장미수집광으로도 유명하다. 그녀는 이집트 정벌에 나섰던 나폴레옹과 함께 살게 될 말메종 궁전에 전 세계에서 수집한 250여 종의 3만 주에 달하는 장미꽃으로 장미원Rose garden을 조성했다.

아름다운 그녀에게도 약점이 있었는데, 그것은 덧니가 많아서 입맵시는 형편없었다는 것이다. 그래서 덧니를 감추기 위해 항상 입 가까이에 장미꽃을 들고 있었다는 에피소드가 전한다.

"아름다워라 가시 없는 장미여"

영국의 시인 밀턴의 《실낙원失樂園》에 나오는 시구이다. 하지만, 장미에게 가시가 있기 때문에 더 아름다운 것이 아닐까? '장미는 그것을 따려는 자에게만 가시가 있다'는 격언처럼 가시도 아름다운 장미의 일부분일 뿐이다. 장미를 아름다운 여성에 비유한다면 '가시 없는 장미' 그것은 참으로 '의미 없는 장미'에 불과하다 할 것이다.

▲ **푸른 장미**
푸른 장미는 전통적으로 신비로움이나 불가능한 일을 이루는 것을 의미한다.

장미 전용화단인 장미원을 만들어 다양한 품종의 장미를 감상하기도 한다. 화려한 꽃이 눈에 잘 띄기 때문에 강조하고 싶은 장소에 첨경수로 심으면 좋다.

꽃이 적은 가을에는 빨간 열매를 감상하는 것도 하나의 즐거움이다. 정원, 공원, 학교, 병원 등 어디에서도 다른 조경수와 좋은 조화를 잘 이룬다. 줄기에 가시가 있으므로 취급에 주의를 요한다.

재배 Point

장미는 다양한 환경조건에 잘 견딘다. 기후환경은 하루에 6시간 이상의 햇빛이 요구되며, 생육온도는 18~20℃이다.

적당히 비옥하고 부식질이 풍부하며, 습기가 있지만 배수가 잘 되는 토양에서 잘 자란다.

나무				새순	개화		꽃눈분화				사계화	
월	1	2	3	4	5	6	7	8	9	10	11	12
전정	전정					전정		전정				전정
비료	한비						꽃후					한비

병충해 Point

장미 재배는 병충해 방제에서부터 시작한다는 말이 있을 정도로 많은 병해충이 발생한다. 깍지벌레류, 진딧물류, 응애류, 나방류, 풍뎅이류, 흰가루병, 붉은별무늬병 등의 병해충이 있다. 겨울휴면기인 12~2월 중순에 석회유황합제 10~15배액을 2~3회 살포하면 깍지벌레, 진딧물, 응애, 흰가루병 등에 예방 효과가 크다.

흰가루병은 심할 경우에 나무 전체가 흰 밀가루를 뿌려 놓은 것처럼 보이며, 나무의 생육을 저해할 뿐 아니라 조경수목의 미관적 가치를 크게 떨어뜨린다. 흰가루병에 감염된 잎은 모두 모아 불태워서, 다음해의 전염원을 없앤다.

봄에 새순이 나오기 전에는 석회유황합제를 1~2회 살포하여 예방하며, 발생초기에 디페노코나졸(로티플) 액상수화제 2,000

배액과 페나리몰(훼나리) 수화제 3,000배액을 7~10일 간격으로 2~3회 살포하여 방제한다.

장미검은무늬병은 잎과 줄기에 발병하여 처음에는 아랫잎부터 발생하여 윗잎으로 전염된다. 감염된 잎에는 경계가 뚜렷한 흑갈색의 원형 반점이 나타난다.

클로로탈로닐(다코닐) 수화제 600배액, 헥사코나졸 액상수화제 2,000배액, 만코제브(다이센M-45) 수화제 500배액을 2~3회 살포한다.

▲ 흰가루병

▲ 장미검은무늬병

▲ 알락하늘소

▲ 알락하늘소 피해나무

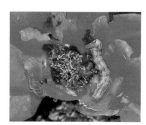
▲ 왕담배나방 애벌레

▲ 점박이응애 피해꽃

전정 Point

강전정을 하면 꽃의 수는 줄어들지만 꽃의 크기는 커진다. 정원의 화단에 식재한 경우라면 약전정을 해서 꽃의 수를 많게 하여 감상하는 편이 좋다.

가지가 옆으로 넓게 뻗을 수 있도록 전정을 해주면, 수관부 전체가 햇볕을 많이 받아서 꽃이 많이 피고 병충해에도 강해진다.

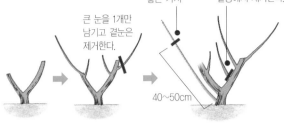

큰 눈을 1개만
남기고 곁눈은
제거한다.

지면 가까이에서
나온 세력이
좋은 가지

내부의 잔가지
또는 복잡한 가지는
밑동에서 제거한다.

40~50cm

묘목   눈이 나올 때   수시로

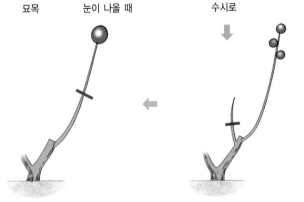

꽃이 진 후   5월 개화 전

잎이 3~4매인 것

5매 잎의 바로
위를 자른다.

꽃봉오리가 나오지 않고
신장을 멈춘 가지는
1~2마디만 남기고 자른다.

번식 Point

숙지삽은 2~3월, 녹지삽은 6~7월, 가을삽목은 9~10월이 적기이다. 숙지삽은 충실한 전년지, 녹지삽과 가을삽목은 충실한 햇가지를 삽수로 사용한다.

삽수는 10~15cm 길이로 잘라서 작은잎을 2개만 남기고 아랫잎은 모두 제거한다. 밑부분을 경사지게 잘라서 삽목상에 꽂고 숙지삽과 가을삽목은 따뜻한 곳에, 녹지삽은 밝은 음지에 두고 건조하지 않도록 관리한다.

접목은 2~3월에 충실한 전년지를 잘라서 절접을 붙인다. 또, 6~9월에 햇가지를 접수로 사용하여 절접을 붙이거나 눈접을 붙인다. 대목은 찔레꽃의 실생묘나 장미의 1~2년생 삽목묘를 사용한다.

찔레꽃 실생묘를 장미의 접목 대목으로 사용한다. 가을에 열매가 붉게 익으면 새들의 먹이가 되기 전에 채취한다. 과육을 흐르는 물로 씻어내고 바로 파종하거나 비닐봉지에 넣어 냉장고에 보관하였다가, 다음해 2월 하순에 파종한다. 본엽이 4~5장 나오면 이식한다. 빠르면 가을에 대목으로 이용할 수 있다.

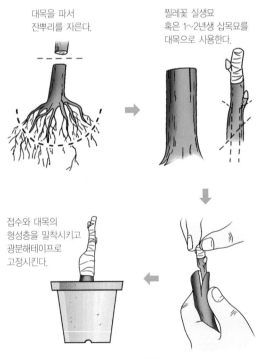

대목을 파서
잔뿌리를 자른다.

찔레꽃 실생묘
혹은 1~2년생 삽목묘를
대목으로 사용한다.

접수와 대목의
형성층을 밀착시키고
광분해테이프로
고정시킨다.

▲ 접목(절접) 번식

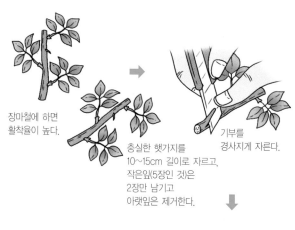

장마철에 하면
활착율이 높다.

충실한 햇가지를
10~15cm 길이로 자르고,
작은잎(5장인 것)은
2장만 남기고
아랫잎은 제거한다.

기부를
경사지게 자른다.

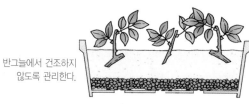

반그늘에서 건조하지
않도록 관리한다.

▲ 삽목 번식

조경수 상식

■ 노천매장

종자를 젖은 모래와 혼합하여 배수가 잘되는 노지에 묻어두는 종자의 저장
과 발아촉진을 위한 습윤저장법.

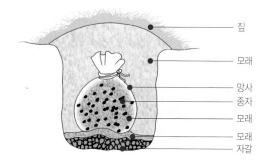

짚

모래

망사

종자

모래

모래

자갈

치자나무

- 꼭두서니과 치자나무속
- 상록활엽관목 • 수고 2~3m
- 중국, 일본, 대만; 남부지역, 제주도에서 재배

 학명 *Gardenia jasminoides* 속명은 스코틀랜드에서 태어난 미국의 의사이자 박물학자였던 Alexander Garden을 기념한 것이며, 종소명은 '재스민을 닮은'이라는 뜻이다. | 영명 Cape jasmine | 일명 クチナシ(梔子) | 중명 梔子(치자)

| 잎

마주나거나,
3개씩 돌려난다.
잎모양은
긴 타원형이며,
가운데 잎은 턱잎이
가지를 감싼다.

30%

| 꽃

양성화. 가지 끝에 흰색 꽃이 1개씩 피며, 향기가
좋다.

| 열매

장과. 긴 타원형이고 황적색으로 익으며,
6~7개의 돌출된 능선이 있다. 익어도
갈라지지 않는다.

| 수피

회색 또는 회갈색이며, 껍질눈이 있다.
어린 가지에는 털이 밀생한다.

| 겨울눈

피침형이며,
녹색을 띤다.
겨울눈은 통상의 4장의
턱잎에 싸여있다.

▲ 꽃치자(*G. asminoides* var. *radicans*)

치자나무의 치梔 자는 열매 모양이 중국에서 술을 담는 치卮라는 그릇과 흡사하여 '치가 나무에 달렸다'고 목木 자를 붙여 만든 글자이며, 여기에 열매를 뜻하는 자子가 더해져서 만들어진 이름이다. 일본에서는 열매가 익어도 입이 벌어지지 않는다고 해서 '입이 없다'는 뜻의 구찌나시クチナシ, 口無라는 이름으로 부른다.

강희안은 《양화소록》에서 치자나무의 특징을 4가지로 정리하였다. 꽃빛이 흰 것이 첫째요, 꽃향기가 맑은 것이 둘째요, 겨울에도 낙엽이 지지 않는 잎의 싱싱함이 셋째요, 열매는 노란 물감으로 쓰이는 것을 넷째라 하여 치자를 꽃 중에서 가장 귀한 것이라고 극찬하고 있다.

유박이 지은 원예 전문서 《화암수록花庵隨錄》에는 치자를 운치 있는 꽃으로 분류하고 3등품에 올려놓았다. 세종의 셋째 아들인 안평대군은 치자를 가리켜 청초한 꽃이라 하였으며, 증단백이 선정한 화십우花十友에는 치자를 선우禪友라고 하여 명화로 꼽았다.

치자나무의 주황색 열매는 염매제 없이 염색할 수 있는 천연염료로, 붉은 기운이 도는 황금색을 만들어 낸다. 옷감을 염색하거나 음식 재료에 색을 낼 때 널리 사용되고 있다. 인도에서는 흰개미white ant가 가옥의 목재를 갉아먹어 큰 피해를 주었는데, 치자 열매의 노란 물감을 칠해서 흰개미의 피해를 막을 수 있었다고 한다.

◀ **치(卮)**
고대 중국의 술잔 혹은 그릇

치자나무에는 열매가 달리는 열매치자와 겹꽃이 아름다우나 열매를 맺지 않는 꽃치자가 있는데, 유럽에서는 남성이 좋아하는 여성에게 꽃치자를 선사하는 관습이 있다고 한다.

조경 Point

초여름에 꽃을 피우는데 향기가 좋으며 정원, 공원, 병원, 공장 등 어디에 심어도 잘 어울린다. 산울타리식재, 차폐식재, 경계식재 등에 활용하면 좋다. 정원에 심는 것 못지않게 화분에 심어 실내에서 꽃과 잎을 감상하는 비중도 점점 커지고 있다.

특히 우리나라 전통정원에 잘 어울리는 꽃나무이다. 예부터 우리 조상들은 나무를 심을 때 풍수지리에 고려하여 심었는데 서쪽에 치자나무와 느릅나무를 심었다고 한다.

재배 Point

내한성이 약하며, 최저기온은 10℃이다. 토심이 깊고 부식질이 풍부한 사질양토에서 잘 자란다. 충분한 햇볕을 받는 곳이라면 개화와 결실이 잘 된다.

나무				새순	개화				열매			
월	1	2	3	4	5	6	7	8	9	10	11	12
전정			전정			전정			전정			
비료		한비										

병충해 Point

목화진딧물, 선녀벌레, 깍지벌레류, 차주머니나방, 줄녹색박각시, 치자나무점무늬병(반점병) 등이 발생한다.

치자나무점무늬병(반점병)의 피해를 심하게 입은 나무는 대부분의 잎이 갈변하면서 조기에 낙엽이 지므로 수관이 매우 엉성해지고 생육이 나빠진다.

감염된 낙엽은 모아서 태우며, 병의 발생초기부터 이미녹타딘트리스알베실레이트(벨쿠트) 수화제 1,000배액, 이프로디온(로브랄) 수화제 1,000배액을 10일 간격으로 3~4회 살포한다.

▲ 거북밀깍지벌레 애벌레

▲ 줄녹색박각시

전정 Point

가지의 밀도가 성기기 때문에 세밀한 전정은 필요하지 않으며, 길게 뻗은 가지가 보이면 잘라주는 정도로 충분하다. 시기는 7월 하순에서 8월 상순이며, 꽃이 진 후에 가능하면 빨리 하는 것이 좋다.

치자나무는 꽃이 지고 나면, 밑부분에서 2~3개의 새 가지가 나오고 선단의 꽃눈이 분화하여 여름에 작은 꽃봉오리가 생긴다. 따라서 이것을 자르면 다음해에 피는 꽃의 수는 적어진다.

수관을 돌출한 가지는
꽃이 진 후에 수관보다
깊은 곳에서 분기점의
위를 자른다.

번식 Point

꽃치자는 열매를 맺지 못하므로 삽목으로 번식시킨다. 6~8월이 삽목의 적기이다. 충실한 햇가지를 골라 15~20cm 정도의 길이로 자르고, 윗잎을 3~5장 남기고 아랫잎은 제거한다. 남은 잎도 크기가 크면 반 정도 잘라준다.

삽수는 2~3시간 물에 담가 물올림을 한 후에 삽목상에 꽂는다. 밝은 그늘에 두고 건조하지 않도록 관리하며, 다음해 5월에 이식한다.

분주는 뿌리 주위에 많이 나온 줄기를 파서 2~3개의 줄기로 나누어 따로 심는 번식법이다.

휘묻이는 5~6월과 8월 중순~9월에 뿌리 주위에 나온 가지를 굽혀서 지면에 고정시키고 흙으로 덮어주고, 1개월 정도 지나서 발근하면 떼어내어 옮겨 심는 번식법이다.

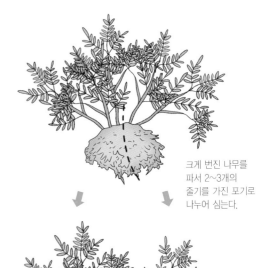

크게 번진 나무를
파서 2~3개의
줄기를 가진 포기로
나누어 심는다.

▲ 분주 번식

태산목

- 목련과 목련속
- 상록활엽교목 • 수고 20~30m
- 북아메리카 동남부가 원산지; 남부지방과 제주도에 식재

 학명 *Magnolia grandiflora* 속명은 프랑스 남부에 위치한 몽펠리에 대학의 식물학교수 Pierre Magnol을 기념한 것이며, 종소명은 '큰 꽃의'라는 의미이다. 영명 Southern magnolia 일명 タイサンボク(泰山木) 중명 荷花玉蘭(하화옥란)

| 잎

어긋나기.
긴 타원형이며,
가장자리는 밋밋하다.
재질은 가죽질이며
매우 단단하고,
앞면은 광택이 난다.

20%

| 수피

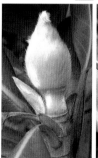

지름 30cm

연한 갈색 또는
회색이고 껍질눈이 있다.
노목이 되면 얇은 조각으로 떨어진다.

| 겨울눈

| 꽃

양성화. 가지 끝에 흰색 꽃이 피며, 강한
향기가 난다.

| 열매

골돌과. 달걀형 또는 타원형이며, 표면에
갈색 털이 밀생한다.

▲ 꽃눈　　　▲ 잎눈

꽃눈은 방추형이고 담갈색 털로 덮여있다.
잎눈은 길고 가늘며, 털이 없다.

우리나라에 있는 목련과 소속의 나무가 대부분 낙엽수인데 비해 태산목은 상록수이다. 양옥란洋玉蘭이라고도 하는데 북미 남부가 원산지이며, 미국 루이지아나 주와 미시시피 주의 주화州花이기도 하다. 일반적으로 '매그놀리아 주'라고 하면 미시시피 주를 의미하지만, 실제로 주 전체에 자생하는 것은 루이지아나 주 밖에 없다. 크다는 뜻의 태산太山이란 이름은 목련과의 다른 목련에 비해 꽃이 크기 때문에 붙여진 이름이며, 종소명 그란디플로라grandiflora 역시 '큰 꽃'이라는 의미다.

태산목은 꽃뿐 아니라 잎도 크다. 긴 타원형의 잎 앞면은 두껍고 반질거리며, 뒷면에는 다갈색 털이 가득하다. 푸른 잎을 배경으로 가지 끝에 커다란 흰 꽃이 피어있는 모습도 아름답지만, 광택이 나는 두터운 잎이 사계절 내내 매달려 있는 것 또한 보기가 좋다.

그러나 내한성이 약해서 우리나라에서는 기후가 따뜻한 남부 해안에서만 심을 수 있는 나무이다. 원산지에서는 20~30m 정도 되는 거목도 있지만, 우리나라에서는 10m 정도 자란다. 곧게 자라며, 가지가 많고 잎이 빽빽하여 안정된 피라밋 모양의 수형을 이루어 웅장한 느낌을 준다. 잎이 크고 겨울에도 푸르기 때문에 미국에서는 크리스마스 장식용으로 사용하기도 한다.

▲ 태산목 우표

조경 Point

우리나라에서 자라는 유일한 상록성 목련으로, 큰 꽃이 아름답고 향기도 좋다. 웅장한 나무의 특성을 살려서 공원이나 서양식 정원에 첨경목으로 심으면 웅대한 분위기를 연출할 수 있다. 독립수, 기념수, 경관수, 가로수로 활용하면 좋다. 염분과 공해에 강하기 때문에 해변가 유원지나 관광지, 공장지대에 심어도 좋다. 난대지역의 도시 가로수로도 추천할만하다.

재배 Point

내한성이 약하며, 공해에 강하다. 다습하고 배수가 잘 되며, 부식질이 풍부한 산성~중성의 토양을 좋아한다. 햇빛이 잘 비치는 곳이나 반음지에 심으며, 강풍으로부터 보호해준다. 이식은 어려우며, 6~7월이 적기이다.

나무					새순	개화					열매	
월	1	2	3	4	5	6	7	8	9	10	11	12
전정			전정				전정					
비료	한비					시비						

병충해 Point

병충해가 거의 발생하지 않는 편이지만, 고온건조한 시기에는 응애류가 발생하는 수가 있다. 응애류는 일반 살충제가 아닌 응애 전용의 살비제를 살포하여 방제한다. 깍지벌레류가 발생하면, 2차적으로 그을음병을 유발하기도 한다.

피해를 입은 나무의 잎, 가지, 줄기는 제거하여 소각한다. 깍지벌레의 발생밀도가 낮거나 발생량이 적을 때는 면장갑이나 헝겊으로 문질러 죽인다.

또 포식성 천적인 무당벌레류, 풀잠자리류, 거미류 등을 보호하는 것도 좋은 방제법이다. 발생초기 뷰프로페진.티아메톡심(킬충) 액상수화제 1,000배액을 1주일 간격으로 2~3회 살포한다.

원칙적으로 전정하지 않고 키우는 것이 좋으며, 전정을 하더라도 약하게 한다.

이식한 나무는 처음 몇 년간은 수형을 정리하기 위해 불필요한 가지만 잘라주고, 이후에는 자연수형으로 키운다. 작은 수형으로 키우고 싶을 때는 4~5월에 중심줄기를 강하게 잘라주어, 아랫부분에서 가지가 많이 나오도록 해준다.

높이 자란 가지나 옆으로 길게 뻗는 가지는 분기점의 바로 위를 자른다.

선 가지는 밑동에서 잘라준다.

지면 가까이에서 나온 도장지는 밑동을 자른다.

전정을 하지 않아도 좋은 수형을 유지한다.

가을에 채취한 열매를 과육을 제거하고 바로 뿌리거나, 다음해 봄에 파종한다. 발아율이 높고 생장도 빠르지만, 개화할 때까지는 12~13년이 걸린다.

접목은 목련이나 일본목련을 대목으로 사용하며, 전년지를 7~8cm 길이로 잘라 잎을 모두 제거한 것을 접수로 사용한다. 접목한 것은 3~4년 만에 개화한다.

함박꽃나무

- 목련과 목련속
- 낙엽활엽소교목 • 수고 3~7m
- 동아시아 남부, 중국, 일본; 한반도 전역

학명 *Magnolia sieboldii* 속명은 몽펠리에 대학의 식물학교수 Pierre Magnol을 기념한 것이며, 종소명은 독일의 의사이자 식물학자인 Siebold를 기념한 것이다. 영명 Oyama magnolia 일명 オオヤマレンゲ(大山蓮華) 중명 天女花(천녀화)

| 잎

어긋나기.
넓은 거꿀달걀형이며, 톱니가 없다.
잎밑 부분의 가지에 턱잎자국이
가지를 한 바퀴 돈다.

30%

| 꽃

양성화. 잎이 난 후에 가지 끝에 흰색
꽃이 옆이나 아래를 향해 달린다. 좋은
향기가 난다.

| 열매

골돌과.
긴 타원형이며, 붉은
색으로 익는다.

| 수피

회백색이며, 평활하다.
성장함에 따라 사마귀같은
껍질눈이 발달하고 세로줄이 생긴다.

| 겨울눈

끝눈은
길쭉하고
끝이 뾰족하며,
가죽질의
눈비늘조각에
싸여있다.

함박꽃나무는 꽃이 크고 화사하여 함박웃음 또는 함지박 같다고 하여 붙여진 이름이다. 일반적으로 그냥 함박꽃이라 하면 작약꽃을 가리킨다. 산에 자라는 목련이라 하여 산목련, 목련과 비슷하지만 조금 못하다 하여 개목련이라 부르기도 한다. 중국 이름 천녀화天女花는 함박꽃을 천상의 여인에 비유한 것이다. 일본 이름 오오야마렌게大山蓮花는 나라현에 있는 대봉산大峰山이 함박꽃나무의 자생지이기 때문에 붙여진 것이다. 북한에서는 '나무에 피는 난초'라는 뜻으로 목란木蘭이라 부른다. 김일성이 항일 투쟁하던 당시에 발견하여 직접 목란이라 이름을 붙였다고 한다. 또 김일성 주석이 "목란꽃은 아름다울 뿐 아니라 향기롭고, 생활력이 강하기 때문에 꽃 가운데 왕"이라 하여, 1991년에는 북한의 나라꽃으로 지정하였다.

초여름에 새로 나온 가지 끝에서 커다란 꽃을 한 송이만 피운다. 요란스럽지 않고 다소곳하게 아래를 보고 피는 꽃의 모습은 마치 소복을 입은 정숙한 한국의 여인을 보는듯한 느낌이 든다. 꽃봉오리 역시 단순하고 깔끔한 이미지를 풍긴다. 목련과의 나무이지만, 다른 목련꽃과는 달리 땅을 향해 꽃을 피운다. 백목련과 비슷하나 백목련이 잎이 나기 전에 꽃이 피는데 반해, 함박꽃나무는 잎이 나온 후에 무궁화꽃처럼 매일 몇 송이씩 꽃을 피운다.

조경 Point

우리나라 각처의 깊은 산에 자생하는 낙엽소교목으로, 향기와 기품이 넘치는 나무이다. 짙은 녹음을 배경으로 하얀 꽃이 듬성듬성 고개 숙여 피어 있는 모양은 무척 단아하다. 넓은 공원에서 키 큰 나무 사이사이에 하층목으로 심으면, 조화로운 경관을 이룬다. 다소 낮은 곳에 식재하면 바람에 실려 오는 진한 향기를 마음껏 즐길 수 있다.

재배 Point

내한성이 강하다. 다습하고 배수가 잘 되며, 부식질이 풍부한 산성~중성의 토양이 좋지만, 다습한 알카리성 토양에도 잘 자란다. 햇빛이 잘 비치는 곳이나 반음지에 심으며, 강풍으로부터 보호해준다.

병충해 Point

흰가루병이 발생하는 수가 있다. 감염된 잎은 모두 모아서 불태움으로써 이듬해의 전염원을 없앤다. 조경수목에서는 이른 봄에 가지치기를 할 때 병든 가지를 모두 제거한다. 봄에 새순이 나오기 전에는 석회유황합제를 1~2회 살포하며, 여름에는 페나리몰(훼나리) 수화제 3,000배액, 터부코나졸(호리쿠어) 유제 2,000배액 등을 2주 간격으로 살포한다.

전정 Point

전정을 하지 않고 자연수형으로 키우거나 목련류에 준하여 전정을 한다. 전정을 할 경우에는 약하게 수형을 정리하는 정도로 한다.

번식 Point

가을에 열매가 익어서 터지면 빨간 종자가 드러나는데 이것을 채취하여 바로 파종하거나 노천매장을 해두었다가, 다음해 봄에 파종한다. 종자를 말리면 잘 발아하지 않으므로 주의한다. 실생묘는 일러도 4~5년, 늦으면 6~7년이 지나야 개화·결실한다. 접목은 목련이나 일본목련 실생묘를 대목으로 사용하여, 4월경에 절접을 붙인다. 휘묻이는 나뭇가지를 휘어서 땅에 묻어두고 1년쯤 지나면 뿌리가 내리는데, 이것을 떼어내어 옮겨 심는 번식법이다.

녹나무

- 녹나무과 녹나무속
- 상록활엽교목 · 수고 15~20m
- 중국, 베트남, 대만, 일본; 제주도의 계곡에서 자생

학명 *Cinnamomum camphora* 속명은 Cinnamon(계피)의 옛 그리스 이름으로 아랍어 kinamom(장뇌)에서 유래된 것이며, 종소명은 장뇌의 옛 그리스 이름이다. | 영명 Camphor tree | 일명 クスノキ(楠) | 중명 番樟(번장)

| 잎

어긋나며, 잎 모양은 달걀형이다. 잎을 찢으면 특유의 장뇌향이 난다.

30%

| 꽃

양성화. 새가지의 잎겨드랑이에 황백색 꽃이 모여 핀다.

| 열매

장과. 구형이고 흑자색으로 익는다. 종자는 구형이고 암갈색이다.

| 뿌리

중근형. 중·대경의 수평근이 발달한다.

| 수피

지름 40cm

진한 갈색을 띠며, 성장하면서 코르크층이 발달하고 작은 조각으로 갈라진다.

| 겨울눈

달걀형이며, 끝이 뾰족하다. 10개 이상의 붉은색 눈비늘조각에 싸여있다.

▲ 새순

나무껍질이 녹색을 띠므로 녹나무라는 이름을 얻었으며, 우리나라에서는 제주도에만 자생하는 나무이다. 남제주군 대정읍 신도리에 녹남봉이라는 봉우리가 있다. 이 산은 녹나무가 많아서 '녹나무 봉우리'라는 뜻의 녹남봉이라는 이름이 붙여졌다고 전해지나, 지금은 드물게만 볼 수 있다. 제주도 도순리 녹나무 자생지는 천연기념물 제162호로 지정되어 있으며, 삼성혈三姓穴 경내에도 몇 그루의 노거수를 볼 수 있다.

녹나무는 잎·열매·가지·나무뿌리까지 식물 전체에서 향기가 나며, 이를 증류하여 장뇌樟腦라는 과립상의 매우 귀한 천연향료를 얻는다. 장뇌는 방부제·방충제·흥분제 등의 약제로 쓰이며, 일본의 장뇌는 우리나라의 인삼처럼 전매품에 속한다. 20년대에 중국에서 개발되어 우리에게도 친숙한 〈호랑이 연고〉에 들어가는 성분 중의 하나가 독특한 향이 나는 장뇌라고 한다.

녹나무 특유의 향내 때문에 제주도에서는 집 주위에는 심지 않는다고 한다. 녹나무의 향내가 귀신을 내쫓는 신통력을 지녔다고 생각하기 때문에, 이 나무를 집안이나 집 주위에 심으면 제삿날 조상의 혼백마저도 내쫓아 제사를 받들지 못한다고 여기기 때문이다.

이는 마치 복숭아나무가 귀신을 쫓는다고 믿어 집안에는 복숭아나무를 심지 않고, 제상에도 복숭아를 올리지 않는 것과 같은 이유라고 할 수 있다. 또 해녀들이 자신이 사용하는 낫이나 칼과 같은 연장의 자루를 녹나무로 만들면 잡귀가 범접하지 못한다거나, 녹나무로 목침을 만들어 베고 자면 잡귀가 얼씬할 수 없어 편하게 잘 수 있다고 믿는 것도 이러한 생각에서 비롯된 것이다.

중국에서도 '커서 신이 되는 나무'라는 신앙에서 녹나무를 함부로 베지 않았으며, 궁궐이나 사찰과 같은 신성한 건물을 짓는 목재로 이용되었다고 한다.

조경 Point

상록의 잎이 아름답고 수형이 좋아 공원수나 가로수로 심으면 좋다. 남부수종으로 서남부 해안이나 도서지방에서만 식재되고 있지만, 지구온난화로 인해 부산에서도 가로수로 식재된 것을 볼 수 있다.

재배 Point

최저온도 0℃이며, 그 이하에서는 일시적으로 견딜 정도로 추위에 약하다. 비옥하고 습도가 있지만, 배수가 잘되는 양지 또는 반음지에 식재한다. 이식은 3~4월에 한다.

병충해 Point

병충해가 비교적 적은 나무이다. 병해로는 잎에 회색 반점이 생겨 조기에 낙엽이 지는 둥근무늬낙엽병, 잎과 녹지에 차갈색 병반이 생겨 가지 끝이 마르는 탄저병 등이 있다.

둥근무늬낙엽병은 병든 잎을 모아 소각하고, 6월 상순부터 이프로디온(로브랄) 수화제 1,000배액을 10일 간격으로 3회 이상 살포한다. 해충으로는 청띠제비나비, 가중나무고치나방, 뽕나무하늘소, 오리나무좀 등이 있다. 줄기와 뿌리 주위에 잔나비걸상버섯에 의한 부후병이 발생하기도 한다.

◀ **정제한 장뇌**
흥분제·강심제·훈향제·향장품·의류의 방충제 등으로 사용된다.

▲ 청띠제비나비 애벌레

▲ 청띠제비나비 성충

번식 **Point**

11월에 잘 익은 종자를 채취하여 2년간 노천매장해두었다가, 이듬해 3월 하순~4월 초순에 파종한다. 파종하고 난 후에는 차광해서 직사광선을 막아준다.

실생묘는 파종 5~6년 후부터 개화·결실하기 시작한다. 삽목으로 번식시킬 때는 발근촉진제를 발라서 꽂으면 발근율을 높일 수 있다.

조경수 상식

■ 천연기념물 곰솔·백송·반송

1	제160호	제주 산천단 곰솔 군	8	제106호	예산 용궁리 백송
2	제270호	부산 좌수영성지 곰솔	9	제253호	이천 신대리 백송
3	제355호	전주 삼천동 곰솔	10	제291호	무주 삼공리 반송
4	제441호	제주 수산리 곰솔	11	제292호	문경 화산리 반송
5	제8호	서울 재동 백송	12	제293호	상주 상헌리 반송
6	제9호	서울 조계사 백송	13	제293호	예천 천향리 석송령
7	제60호	고양 송포 백송	14	제357호	구미 독동리 반송

▲ 무주 삼공리 반송 ⓒ 문화재청
천연기념물 제291호.

▲ 서울 재동 백송 ⓒ 문화재청
천연기념물 제8호.

산벚나무

• 장미과 벛나무속
• 낙엽활엽교목 • 수고 20m
• 러시아, 일본; 전북(덕유산), 전남(지리산) 이북 등의 백두대간에 주로 분포

 학명 *Prunus sargentii* 속명은 라틴어 plum(자두, 복숭아 등의 열매)에서 유래되었으며, 종소명은 미국 아놀드 수목원의 초대 원장인 C. S. Sargent를 기념한 것이다. | 영명 Sargent cherry | 일명 オオヤマザクラ(大山櫻) | 중명 大山櫻(대산앵)

| 잎

어긋나기.
타원형이며, 날카로운
겹톱니가 있다.
잎자루 윗부분에 1쌍의 붉은색
꿀샘이 있다.

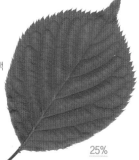

25%

| 꽃

양성화. 잎과 함께 연한 홍색 또는 흰색 꽃이 2~3개씩 모여 핀다. 꽃자루와 암술대에 털이 없다.

| 열매

핵과. 구형이며, 흑자색으로 익는다. 아릿하면서 단맛이 난다.

| 수피

지름 13cm

짙은 자갈색이고 가로로 긴 껍질눈이 있다.
오래되면 불규칙하게 갈라지고 줄기가 융기한다.

| 겨울눈

긴 달걀형이며,
끝이 뾰족하다.
8~10장의 눈비늘조각에
싸여있다.

▲ 겹벛나무 (*P. donarium*)

조경수 이야기

〈국가표준식물목록〉에는 장미과 벚나무속에 섬개벚나무·털개벚나무·잔털벚나무·가는잎벚나무·털벚나무·분홍벚나무·꽃벚나무·올벚나무·산벚나무·섬벚나무·개벚나무·처진개벚나무·왕벚나무·제주벚나무·북개벚지나무·양벚나무·신양벚나무 등 많은 종류의 벚나무가 나와있다.

그러나 어린 시절, 내가 살던 마을의 봄날을 장식하던 꽃은 복숭아꽃·살구꽃·아기진달래였으며, 벚꽃은 우선순위에서 뒤로 밀린다. 옛 문헌에도 매화를 노래한 시문은 많지만 벚꽃을 노래한 것은 별로 찾아볼 수 없다.

우리나라에서는 벚나무가 관상용으로 활용되기보다는 다른 용도로 유용하게 사용되었다. 왕자 때 병자호란을 겪고 중국에 볼모로 잡혀갔다가 돌아와 왕위에 오른 효종은 그때의 치욕을 갚기 위해 북벌을 계획한다. 국력이 미약했음을 절실하게 느끼고, 서울 우이동 계곡에 수양벚나무_{처진개벚나무}를 대대적으로 심었다.

이 나무의 재목으로 활을 만들고, 껍질을 활에 감아 손을 아프지 않게 하려 한 것이다. 그러나 애석하게도 큰 뜻을 펴지 못하고 일찍 세상을 뜨자, 지리산 화엄사의 벽암 스님이 그 뜻을 이어 경내에 많은 벚나무를 심었다. 그 중에 살아남은 것이 수령 300여년 된 천연기념물 제38호 올벚나무이다.

산벚나무는 재질이 치밀하고 단단하며 탄력이 있어서, 경판목으로 많이 사용되었다. 합천 해인사에 보관되어 있는 경판은 대부분 산벚나무와 돌배나무로 만든 것이라 한다.

벚나무류 중에는 왕벚나무와 산벚나무를 조경수로 많이 심는다. 왕벚나무는 꽃이 피었을 때 경관이 화려하기 때문에, 주로 도심의 공원수나 가로수로 많이 심는다. 산벚나무의 꽃은 왕벚나무의 꽃에 비해 조금 옅은 연홍색을 띠며, 좀 더 늦게 꽃이 핀다. 왕벚나무는 대부분 산벚나무를 대목으로 접붙이기를 하여 번식시킨 것으로 수명이 짧은 것이 단점이다.

▲ 합천 해인사 팔만대장경
경판은 대부분 산벚나무와 돌배나무로 만든 것이다. 국보 제32호.

© 문화재청

조경 Point

왕벚나무와 달리 빗자루병과 같은 병해가 적고, 수명이 긴 것이 장점이다. 잎과 같이 피는 담홍색 꽃과 가을에 붉게 물드는 단풍이 매우 아름답다.

화려하지 않으면서 담백한 분위기를 연출하므로 자연공원이나 유원지, 사찰, 유적지 등에 적합한 조경수이다. 5~6월에 익는 열매는 사람이 먹을 수도 있으며, 새들의 좋은 먹잇감이다. 독립수, 녹음수, 가로수로 활용하면 좋다.

재배 Point

내한성이 강하며, 해가 잘 비치는 곳에 심는다. 습기가 있고 배수가 잘되는 적당히 비옥한 토양이라면 어떤 곳에도 식재할 수 있다.

다른 벚나무류에는 흔한 빗자루병은 잘 발생하지 않는다. 방패벌레, 미국흰불나방, 세균성구멍병, 붉은별무늬병 등에 주의한다.

▲ 벚나무갈색무늬구멍병

▲ 벚나무세균성구멍병

전정 Point

가지가 굵을수록 가지의 중간을 자르면 남은 부분이 고사하기 쉽다. 가능하면 전정을 하지 않는 것이 좋으며, 꼭 해야 할 경우에는 어린 가지를 자른다. 굵은 가지를 자른 후에는 잘린 부위에 방균 및 방수 목적으로 도포제(유성페인트 등)를 발라준다. 전정법은 왕벚나무를 참고한다.

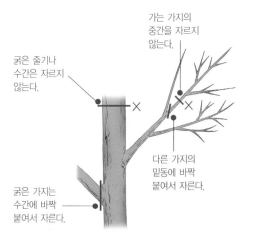

가는 가지의 중간을 자르지 않는다.

굵은 줄기나 수간은 자르지 않는다.

다른 가지의 밑동에 바짝 붙여서 자른다.

굵은 가지는 수간에 바짝 붙여서 자른다.

▲ 벚나무류의 가지 자르는 방법

번식 Point

6월경에 열매가 검게 익으면 채취한다. 흐르는 물로 과육을 씻어내고 바로 파종하거나, 건조하지 않도록 습기가 많은 모래와 섞어서 비닐봉지에 넣어 냉장고에 보관하였다가, 다음해 2월에 파종한다.

파종 후에 그늘에 두고 건조하지 않도록 관리한다. 본엽이 4~5장 나오면 서서히 햇볕에 내어 단련시킨다.

2월 하순~3월에 전년지로 숙지삽을 하고, 6~8월 상순에 그해에 자란 햇가지로 녹지삽을 한다. 삽목묘는 나무의 수명이 짧고 뿌리를 얕게 내리는 성질이 있어, 바람에 쉽게 쓰러지는 것이 단점이다. 산벚나무 실생묘는 왕벚나무나 올벚나무의 접목용 대목으로 사용된다.

삽수에 물을 올린다.

기부를 예리한 칼로 경사지게 자른다.

꽂을 곳에 미리 나무젓가락 등으로 구멍을 낸다.

삽수를 꽂은 후에 주위를 손가락으로 눌러준다.

▲ 삽목 번식

석류나무

- 석류나무과 석류나무속
- 낙엽활엽소교목 • 수고 4~8m
- 이란, 파키스탄, 아프가니스탄, 인도 지중해 연안; 중부 이남에 식재

학명 *Punica granatum* 속명은 이 식물의 라틴어 옛 이름 malum punicum(카르타고의 사과)에서 유래한 것으로 석류가 잘 자라는 것을 알려진 북아프리카 북부의 고대도시 카르타고(Carthage) 원산이라고 생각한 데 따른 것이다. 종소명은 '많은 씨'를 뜻한다.

영명 Pomegranate | 일명 ザクロ(石榴) | 중명 石榴(석류)

잎

마주나며,
잎 모양은
긴 타원형이다.
앞면은
광택이 있으며,
두께가 얇다.

50%

꽃

양성화. 가지 끝에 적자색의 꽃이 1~5
개씩 모여 핀다.

열매

석류과. 꽃받침이 왕관 모양으로 남아 있으며, 종
자는 붉은 가종피로 싸여 있다.

수피

회갈색이며,
성장함에 따라
불규칙하게
벗겨지고,
나선상으로
뒤틀리며
요철이 나타난다.

겨울눈

달걀형이며, 끝이 뾰족하다.
4~6개의 눈비늘조각에 싸여있다.

조경수 이야기

석류나무의 속명은 푸니카Punica이다. 원산지인 페르시아에서 유럽으로 전해질 때, 지금의 튀니지에 해당하는 카르타고 라틴어로 Punica에서 스페인 남부의 그라나다 Granada 왕국에 전해졌기 때문에 유래된 이름이다. 석류의 영어 이름 포메그란테pomegrante는 사과를 뜻하는 pome와 전파지역을 뜻하는 granata의 합성어이다. 옛날에는 석류를 애플 오브 그라나타apple of granata, 그라나다의 사과 혹은 말룸 푸니쿰malum punicum, 카르타고의 사과이라 했다.

중국 한나라 무제 때 장건이 서역에 사신으로 갔다 돌아오는 길에 안식국安息國에 들러 석류를 비롯하여 많은 진기한 식물을 가져왔다. 석류를 처음 본 사람들이 그 울퉁불퉁한 모양이 마치 혹 같다고 유瘤라고 했고, 안석국에서 왔다고 하여 안석류라고 부르다가 후에 석류가 되었다. 안석安石은 안식安息, 즉 아르삭Arshak으로 지금의 이란인 페르시아를 뜻한다.

석류는 열매 속에 씨를 많이 품고 있어서, 중국이나 터키나 그리스 등지에서는 자손번영과 다산의 과일로 여겨져 결혼식 때 상에 차려지거나 신혼의 축하선물로 전하는 풍습이 있다. 터키에서는 신부가 잘 익은 석류를 땅에 던져 쏟아지는 씨의 수로 장차 낳을 자식의 수를 알아보는 풍습이 있다고 한다. 우리나라에서도 예로부터 아녀자들의 비녀머리에 석류 모양을 새긴 석류잠石榴簪이 유행했

◀ 석류문양 문갑

는데, 이 역시 다산의 의미로 해석할 수 있다.

한 음료 회사에서 '미녀는 석류를 좋아해'라는 이름의 음료수를 출시하였다. 실제로 석류에는 천연 식물성 에스트로겐estrogen이 들어 있어서 여성에게 좋은 과일로 알려져 있다. 그래서 동서양을 막론하고 미녀들의 사랑을 받고 있는 것 같다. 중국의 절세미인 양귀비는 석류를 무척 좋아해서 당 현종은 양귀비를 위해 궁에 석류나무를 심었다고 하며, 서양을 대표하는 미녀로 알려진 클레오파트라도 석류를 즐겨 먹었다고 한다.

조경 Point

초여름에 피는 진한 주홍색 꽃과 가을에 익어서 벌어지는 붉은색 열매가 아름다운 조경수이다. 고목이 되면, 줄기가 굵고 비틀어지며 곳곳에 혹이 생겨 고취 있는 나무로 변하기 때문에 나무 자체를 감상하는 것도 하나의 즐거움이다. 그다지 넓은 공간을 차지하지 않기 때문에 예로부터 마당이나 뜰에 가정용 과수로 많이 심었다. 공원이나 정원에 첨경수 또는 경관수로 활용하면 좋다.

재배 Point

내한성이 중간 정도이며, 건조에는 약하다. 햇빛이 잘 비치며, 배수가 잘되는 비옥한 토양을 좋아한다. 좋은 열매를 맺기 위해서는 무더운 여름 날씨가 필요하다. 이식은 3~4월, 10월~11월에 구덩이를 크게 파고 재 또는 과린산석회를 조금 넣고 심는다.

나무				개화	새순	꽃눈 분화						
월	1	2	3	4	5	6	7	8	9	10	11	12
전정				전정								
비료					시비				시비			

목화진딧물, 복숭아명나방, 선녀벌레, 주머니깍지벌레 등의 해충이 발생한다. 주머니깍지벌레는 가지나 줄기에 모여 살면서 흡즙가해하며, 발생개체수가 많을 때는 잎에도 기생한다. 이차적으로 그을음병을 유발시켜, 기생하는 가지의 생장이 저해되고 수세도 현저하게 쇠약해진다.

피해를 입은 가지를 제거하여 소각하고, 뷰프로페진.티아메톡삼(킬충) 액상수화제 1,000배액을 살포하여 방제한다.

▲ 주머니깍지벌레와 그을음병 피해잎

거의 전정이 필요하지 않는 나무이며, 꼭 해야 할 경우라면 불필요한 가지만 제거해준다. 전정을 하면 할수록 꽃의 수가 적어진다.

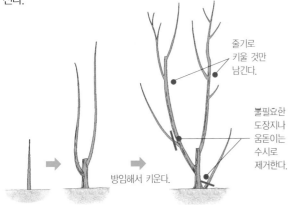

줄기로 키울 것만 남긴다.

불필요한 도장지나 움돋이는 수시로 제거한다.

방임해서 키운다.

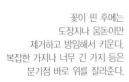

묘목 식재

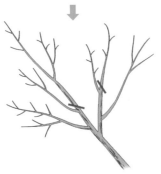

꽃이 핀 후에는 도장지나 움돋이만 제거하고 방임해서 키운다. 복잡한 가지나 너무 긴 가지 등은 분기점 바로 위를 잘라준다.

숙지삽은 3월 상순~4월 중순, 녹지삽은 6~7월이 적기이다. 숙지삽은 충실한 전년지를, 녹지삽은 충실한 햇가지를 삽수로 사용한다. 삽수를 삽목상에 꽂은 후, 숙지삽은 따뜻한 햇볕이 비치는 곳에, 녹지삽은 반그늘에 두고 건조하지 않도록 관리한다. 새눈이 나오기 시작하면 서서히 햇볕에 익숙해지도록 적응시키고, 묽은 액비를 뿌려준다. 겨울에는 한해와 동해를 입지 않도록 보호해주고, 다음해 봄에 이식한다. 5~7월에 환상박피를 하여 높이떼기로도 번식이 가능하다.

지면에서 움돋이가 많이 발생하는데 불필요한 것은 빨리 제거해준다. 그러나 이것을 새로운 나무로 번식시키고자 할 때는 뿌리 부분을 환상박피하고 흙으로 성토해두었다가 발근하면 떼어내어 이식한다(휘묻이).

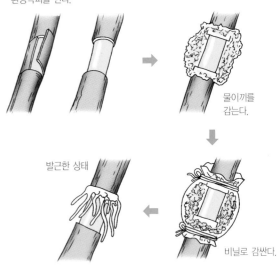

5~7월 생육기에 환상박피를 한다.

물이끼를 감는다.

발근한 상태

비닐로 감싼다.

▲ 높이떼기 번식

예덕나무

- 대극과 예덕나무속
- 낙엽활엽소교목 • 수고 8~10m
- 중국, 일본, 대만; 경남, 전남, 충남 등 서남해안 및 제주도의 산지

 학명 *Mallotus japonicus* 속명은 그리스어 Mallotos(길고 부드러운 털이 있는)에서 유래한 것이며, 종소명은 '일본의'라는 뜻이다.
영명 Japanese mallotus | 일명 アカメガシワ(赤芽槲) | 중명 野桐(야동)

| 잎

어긋나기.
어린 나무의 잎은 3갈래로 얇게 갈라진다.
잎몸 밑부분에
2개의 꿀샘이 있다.

30%

| 꽃

암꽃

수꽃

암수딴그루. 새가지 끝에 연한 노란색 꽃이 모여 핀다. 암꽃과 수꽃의 피는 시기가 다르다.

▲ 새잎

| 겨울눈

눈비늘이 없는 맨눈이며,
별모양의 털이 많다.
잎맥의 주름이 보인다.

| 열매

삭과. 세모꼴의 둥근형이며 갈색으로 익는다.

| 수피

지름 12cm

회갈색이며,
성장함에 따라
세로로 길고 가는
그물망 모양이 된다.

조경수 **이야기**

예덕나무는 봄에 나오는 붉은 새잎이 예쁘고 잎 모양은 떡갈나무 잎을 닮았다 하여, 일본사람들은 아카메가시와赤芽槲라고 부른다. 또 잎이 크고 넓어서 밥이나 떡을 싸기에 좋다고 하여 채성엽採盛葉이라고도 부르며, 일본에서는 이 나무의 잎으로 밥이나 떡을 싸는 풍습이 있다고 한다. 뜨거운 밥을 잎에 싸서 먹으면, 나뭇잎 향기가 밥에 배어서 매우 아취가 있다고 한다.

중국에서는 잎 모양이 오동나무와 닮았다 하여, 야동野桐 또는 야오동野梧桐이라 부른다. 야동의 중국 발음 에통yětóng은 우리나라의 나무 이름 '예덕'과 관련이 있는 듯하다.

예덕나무는 절개지나 붕괴지 등 여러 가지 원인으로 환경교란이 일어난 곳에서 가장 먼저 나오는 전형적인 양수陽樹이다. 번식력이 매우 강하여, 새가 운반한 씨가 돌담의 틈사이 같이 생각지도 않은 곳에서 싹 틔우는 것을 흔히 볼 수 있다. 종자의 수명이 100년 이상인 것도 있어서, 삼림을 벌채하면 오랫동안 흙속에 묻혀 있던 종자가 싹을 틔우기도 한다. 식물의 천이 초기에 가장 먼저 침입하여 정착하는 선구식물pioneer plant 중 하나이다.

예덕나무 껍질에 들어 있는 탄닌tannin과 베르게닌bergenin 성분은 위를 튼튼하게 하고 소화를 잘 되게 하며, 위염과 위궤양에 효과가 좋은 것으로 알려져 있다. 일본에서는 이미 50년 전부터 예덕나무를 '천연 위장약'이라 부르며 널리 사용하고 있다고 한다. 또 잎과 수피는 염색의 재료로 사용되었다.

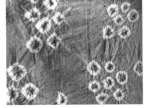
▲ 예덕나무 잎 염색

조경 Point

주로 남부지방의 산지나 바닷가에서 자란다. 나무 모양이 오동나무를 닮아서 야동(野桐)이라고도 부른다. 새로 나온 잎은 계절에 관계없이 붉은색을 띠며 잎자루가 붉고 긴 것이 이채롭다.

재배 Point

내한성이 약하여, 북부지방에서는 야외 월동이 불가능하다. 건조함에 잘 견디며, 척박한 토양에서도 잘 자란다. 식재적기는 2~4월, 9~10월이다.

병충해 Point

뽕나무깍지벌레, 루비깍지벌레, 주머니깍지벌레, 가문비왕나무좀 등이 발생한다.
루비깍지벌레는 새가지에 기생하여 흡즙가해하므로, 수세가 약해지고 2차적으로 그을음병을 유발시킨다. 약충발생기인 7월에 뷰프로페진.티아메톡삼(킬충) 액상수화제 1,000배액을 살포하여 방제한다.

번식 Point

10월에 잘 익은 열매를 채취하여 젖은 모래와 섞어 노천매장해 두었다가, 다음해 봄에 파종한다. 파종상은 건조하지 않도록 관리한다.

홍가시나무

- 장미과 윤노리나무속
- 상록활엽소교목 • 수고 3~10m
- 일본, 중국 남부; 남부지방에 식재

학명 *Photinia glabra* 속명은 그리스어 photeinos(빛나다)에서 유래된 것으로 반짝거리는 잎을 표현한 것이며, 종소명은 '털이 없는'이라는 뜻이다.
영명 Japanese photinia ┃ 일명 カナメモチ(要黐) ┃ 중명 光葉石楠(광엽석남)

잎

어긋나기.
긴 타원형이며,
작고 예리한 톱니가 있다.
봄에 나오는 새잎은
붉은색을 띤다
(이름의 유래).

40%

▲ 새잎

70%

수피

회갈색이며, 껍질눈이 있다.
성장함에 따라 현저하게 갈라지고, 작은 조각으로 떨어진다.

꽃

양성화. 새가지 끝에 자잘한 흰색 꽃이
모여 핀다.

열매

이과. 난상 구형이며, 붉은색으로 익는다.

겨울눈

적갈색이며,
눈비늘껍질에 싸여 있다.

홍가시나무는 희고 작은 꽃이 피는 장미과 홍가시나무속에 속하는 나무이다. 봄에 새잎이 나올 때, 단풍처럼 고운 붉은 빛을 띠므로 나무 이름에 '홍'자가 들어간다.

붉은순나무라는 이름으로도 불린다. 속명 포티니아 *Photinia*는 그리스어로 '빛나다'는 뜻의 포테이노스 photeinos에서 온 말로, 새로 나온 잎이 빨간색이며 광택이 있기 때문에 붙여진 이름이다. 참나무과의 상록 가시나무와는 전혀 다른 나무이지만 가시나무라는 이름이 붙은 것은 잎이 가시나무와 같이 가죽질인 것에서 유래하는 것으로 보인다. 일본 이름 카나메모치要黐는 이 나무를 부챗살要를 만드는데 이용했기 때문에 붙여진 것이다.

일본, 중국이 원산지이며, 남부지방에서 조경수로 많이 심었지만 내한성이 비교적 강해서 근래에는 중부지방에서도 식재되고 있다. 잎은 자라면서 녹색으로 변하는데, 가지치기를 해주면 항상 붉은 새순을 즐길 수 있다. 홍가시나무는 목재가 단단하기 때문에 수레바퀴나 낫과 같은 농기구의 자루를 만드는 재료로 사용되기도 했다.

조경 Point

상록소교목으로 내한성이 약하기 때문에 남부지방에 주로 식재되고 있다. 새로 나올 때의 잎이 붉고 아름다우며, 산울타리의 용도나 가로변의 하목으로 많이 활용되고 있다. 정원이나 공원에 단식해서 첨경수나 독립수로 활용해도 좋다. 도시공해에 강하기 때문에 앞으로 도시환경녹화에서도 큰 역할을 할 것으로 기대된다.

재배 Point

추위와 건조에 약하다. 해가 잘 비치는 곳 또는 반음지가 좋으며, 습하지만 배수가 잘되는 비옥한 토양에서 재배한다. 토양산도 pH 4.5~6.50이다.

나무	새순	개화							열매		
월	1	2	3	4	5	6	7	8	9	10	11	12
전정						전정			전정			
비료		한비			추비							

병충해 Point

특히 점무늬병에 주의한다. 4월 하순경부터 잎의 앞뒷면에 갈색 또는 흑갈색의 병반이 생기고, 시간이 지나면서 병반이 말라서 갈색으로 변한다.

감염된 잎은 조기에 낙엽이 지고 두 번째, 세 번째 나오는 잎도 감염되어 일찍 떨어진다. 발생초기에 터부코나졸(호리쿠어) 유제 2,000배액을 1주 간격으로 2~3회 살포한다. 이외에 잎에 큰 갈색 반점이 생기는 갈색무늬병, 점무늬병과 비슷한 세균성 점무늬병이 발생하는데, 스트렙토마이신(부라마이신) 수화제 1,000배액을 1주일 간격으로 2~3회 살포하여 방제한다.

탱자소리진딧물, 조팝나무진딧물, 남방차주머니나방(주머니나방), 선녀벌레, 깍지벌레류 등의 해충이 발생하기도 한다.

▲ 선녀벌레 애벌레의 피해 가지

▲ 조팝나무진딧물

▲ 탱자소리진딧물

번식 Point

숙지삽은 3월, 녹지삽은 6~9월이 적기이다. 숙지삽은 충실한 전년지를, 녹지삽은 충실한 햇가지를 삽수로 사용한다. 삽수는 15~20cm 길이로 잘라서 윗잎을 3~4장 남기고 아랫잎은 제거한다. 3시간 정도 물에 담가 물올림을 한 후에 삽목상에 꽂는다. 반그늘에 두고 건조하지 않도록 관리하면, 다음 해 4월에 이식할 수 있다.

종자로 번식시키면 여러 가지 잎색이 나오므로, 산울타리 식재에서 잎색의 변화를 주고자 할 때에 활용하면 좋다.

전정 Point

산울타리로 활용되는 경우가 많으며, 식재할 때 깍기전정을 하지 않으면 산울타리의 위쪽이 두터워진다. 묘목일 때는 마디 사이가 길게 자란다. 식재 후에 바로 전정을 하여 분지를 촉진시키면 마디 사이에서 새가지가 많이 나온다. 여름에는 신초가 빠르게 자라므로 한 번 더 전정을 한다. 이렇게 분지를 반복하게 하면 지엽이 빽빽해진다.

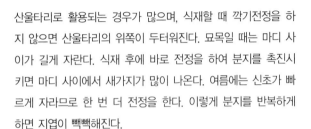

식재 시에
깍기전정을
하는 선

1년 후의 수형

삽수의 잎은
반 정도 잘라낸다.

기부는
경사지게 자른다.

3시간 정도
물을 올린다.

새눈이 나오면 서서히
햇볕에 내어 놓고,
묽은 액비를 뿌려준다.

1~2주 지나면
캘로스가 생성되고
여기에서 발근한다.

반그늘에 두고
건조하지
않도록
관리한다.

▲ 삽목 번식

후피향나무

• 차나무과 후피향나무속
• 상록활엽소교목   • 수고 7~10m
• 중국, 일본, 인도, 부탄, 베트남; 전라남도와 경상남도의 해안가, 제주도의 산지

학명 *Ternstroemia gymnanthera* 속명은 18세기 스웨덴의 식물학자로 중국을 여행한 Christopher Tenstroem을 기념한 것이며, 종소명은 '수술의'라는 뜻이다.   영명 Naked-anther ternstroemia   일명 モッコク(木斛)   중명 厚皮香(후피향)

| 잎

어긋나기.
거꿀달걀형이며,
가장자리는
밋밋하다.
잎자루는
붉은 빛을 띤다.

50%

| 꽃

양성화

수꽃

수꽃양성화딴그루. 잎겨드랑이에 황백색 꽃이 아래를 향해 핀다.

| 열매

삭과. 구형이며, 자주빛 빨강색으로 익는다.

| 수피

지름 9cm

회갈색이고 평활하며, 껍질눈이 많다. 성장함에 따른 큰 변화는 나타나지 않는다.

| 겨울눈

붉은빛의 반구형이며,
7~9개의 눈비늘조각에
싸여있다.

후피향厚皮香이라는 다소 이색적인 이름은 중국 이름을 그대로 가져온 것으로, 수피가 두껍고 한약재로 쓰이는 '후박피 향기가 나는 나무'란 뜻으로 후박피향이라 부르다 후피향나무가 되었다. 또 두터운 수피에서 향이 나기 때문에 후피향이란 이름이 붙여졌다고 주장하는 이도 있다. 일본 이름 목코쿠木斛는 꽃이 난초과의 석곡石斛처럼 향기로운 나무라는 뜻에서 붙여진 것이다.

후피향나무는 제주도에 자생하는 난대수종으로 남부지방에서 정원수로 많이 심는다. 붉은 잎자루와 붉은 열매가 특이하며, 전정을 하지 않아도 자연적으로 단정한 수형을 만들어 가는 기품이 느껴지는 조경수이다. 일본에서는 감탕나무, 목서와 더불어 3대 정원수 중 하나로 꼽히며, '정원수의 왕'라는 별명도 가지고 있다.

한여름에 잎겨드랑이 사이에서 아래로 드리워 피는 꽃은, 처음에는 흰빛이다가 차츰 연한 노란색으로 변해가면서 진다. 아주 크고 풍성하진 않지만, 같은 차나무과에 속하는 차나무 꽃이나 동백나무 꽃을 닮은 예쁜 꽃을 피운다. 붉은 색을 띠는 새잎도 꽃을 피우는 듯한 착각을 일으킬 정도로 아름답다.

후피향나무는 조경수로서의 쓰임새 외에 수피는 그윽한 다갈색을 만들어내는 염료로 쓰였다. 또 비중이 0.8로, 매우 단단한 목재여서 가구재나 건축재로 많이 사용되었다고 한다.

조경 **Point**

광택이 나는 잎, 붉은색 잎자루, 타원형의 열매가 관상가치가 있다. 내한성이 약하기 때문에 남부지방의 공원이나 정원에 주목으로 식재되는 수종이다. 가능하면 전정을 하지 않고 자연수형으로 키우는 것이 좋다. 상록침엽수종인 주목, 소나무, 향나무 등이 정원의 주목(主木)으로 많이 식재되고 있는데, 후피향나무를 잘 활용한다면 상록조경수의 다양화를 기할 수 있을 것으로 본다.

재배 **Point**

추위에 약한 편이며, 10~25℃에서 자라고 5℃ 이상에서 월동한다. 토심이 깊고 습기가 있는 비옥한 사질양토에서 잘 자란다. 공중습도는 약간 다습한 것이 좋다. 이식은 4월 중순~7월에 한다.

나무								개화			열매	
월	1	2	3	4	5	6	7	8	9	10	11	12
전정			전정			전정			전정			
비료				시비					시비			

병충해 **Point**

거북밀깍지벌레, 루비깍지벌레, 이세리아깍지벌레 등의 깍지벌레에 의한 흡즙피해가 많이 발생한다. 이들 깍지벌레류는 애벌레 시기에 줄기와 지엽으로 이동하여 적절한 장소에 머물면서 주둥이를 찔러 수액을 흡즙하고, 성충이 되면 다리가 퇴화하여 고착한다.

뷰프로페진.티아메톡삼(킬충) 액상수화제 1,000배액을 1주일 간격으로 3~4회 살포한다. 또 깍지벌레류의 배설물 영양분에 의해 자라는 병균에 의한 그을음병이 발생하는 경우가 많다. 잎뒷면에 그을음 같은 것이 붙고, 잎이 물결 모양으로 변형되면 응애에 의한 흡즙피해의 가능성이 높으며, 새잎이 나오는 5월경에 주로 발생한다. 깍지벌레류를 구제하지 않는 한 그을음병은 없어지지 않는다.

응애는 고온건조한 날씨를 좋아하기 때문에 주로 비가 닿기 어려운 곳에 많이 발생한다. 따뜻한 곳에서는 성충월동을 하는 것도 있지만, 보통은 알로 월동한다. 따라서 발생이 예측되면, 겨울에 기계유유제를 살포해서 월동알을 구제한다. 성충 발생시에는 아세퀴노실(가네마이트) 액상수화제 1,000배액, 사이플루메토펜(파워샷) 액상수화제 2,000배액을 내성충 출현을 방지하기 위해 교대로 2~3회 살포한다.

잎말이나방은 애벌레가 잎을 2~3장씩 말아서 그 속에서 잎살을 식해한다. 피해가 심하지 않으면 극단적인 수세약화로 연결되지 않지만, 피해잎이 오래 남아 있기 때문에 나무의 미관을 해친다. 애벌레가 서식하는 잎을 제거하거나 티아클로프리드(칼립소) 액상수화제 2,000배액을 사용하여 방제한다.

▲ 탱자소리 진딧물

전정 Point

해가 잘 비치는 곳일수록 지엽이 무성해지므로, 수관 속까지 충분히 햇빛이 들도록 잎과 가지를 솎아준다.

5월경에 새순이 나오면 6~7월에 가지치기와 가지솎기를 하여 정리해준다. 특히 위로 길게 자란 가지나 복잡한 가지는 제거하여 가지가 옆으로 뻗을 수 있게 해준다.

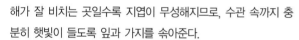

수고가 2m에 달하면 가지를 정리해준다.

매년 1회, 가지 끝을 정리해서 수형을 만든다.

지엽을 솎아내는 정도로 전정하여 수형을 유지한다.

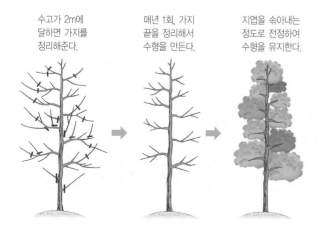

번식 Point

10~11월경에 열매가 붉게 익으면 따서, 그늘에 2~3일간 말리면 벌어져서 종자가 나온다. 바로 파종하거나 건조하지 않도록 습한 모래와 썩어서 비닐봉지에 넣어 저장해두었다가, 다음해 3월에 파종한다. 5~6월에 발아하며, 다음해 봄에 이식한다.

3월 중순~4월 상순에 숙지삽, 6~7월 중순에 녹지삽을 하는데, 녹지삽이 활착율이 더 높다.

녹지삽은 충실한 햇가지를 10~15cm 길이로 잘라서, 윗잎은 4~5장 남기고 아랫잎은 제거한다. 1~2시간 물을 올려 삽목상에 꽂고, 반그늘에 두어 건조하지 않도록 관리한다.

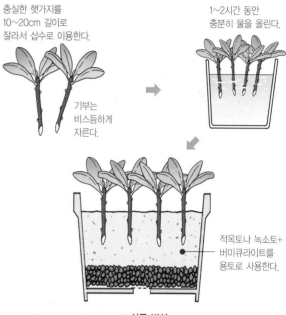

충실한 햇가지를 10~20cm 길이로 잘라서 삽수로 이용한다.

기부는 비스듬하게 자른다.

1~2시간 동안 충분히 물을 올린다.

적옥토나 녹소토+ 버미큐라이트를 용토로 사용한다.

▲ 삽목 번식

8-1
단풍

검양옻나무

- 옻나무과 옻나무속
- 낙엽활엽교목 • 수고 10~13m
- 중국, 일본, 대만, 라오스, 베트남; 전남(홍도, 흑산도), 제주도의 낮은 산지

 학명 *Rhus succedanea* 속명은 그리스어 rhous(sumac, 옻나무류)가 라틴어화한 것이며, 종소명은 '대용물의(substitute)'라는 뜻으로 옻나무를 대용할 수 있는 나무라는 뜻에서 붙여진 이름이다. **영명** Wax tree **일명** ハゼノキ(黄櫨の木) **중명** 野漆(야칠)

| 잎

30%

어긋나기.
3~7쌍의 작은 잎으로 이루어진 홀수깃꼴겹잎.
가을철 붉은 단풍이 매우 아름답다.

| 꽃

암꽃차례

수꽃차례

암수딴그루. 지난해 가지 끝 잎겨드랑이에 녹백색의 꽃이 모여 달린다.

| 수피

회갈색을 띠며
평활하다.
오래되면 세로로
얕은 골이 지면서
갈라진다.

| 겨울눈

끝눈은 물방울형이고,
곁눈은 구형이다.
3~5장의 눈비늘조각에
싸여 있다.

| 열매

핵과. 편구형이며, 9~10월에 연한 갈색
으로 익는다.

옻나무는 베트남 북부, 중국 남부 지역이 원산지로 알려져 있으며, 옻칠을 목적으로 우리나라에 건너와 일본으로 전파된 것으로 추정된다. 우리나라 전국에 야생으로 분포하지만 주로 남부 지방에 넓게 분포한다. 옻나무의 수액을 옻이라 한다. 옻은 칠漆이라고도 하며, 칠은 바로 옻칠을 뜻하는 외에 도료로 쓰는 물질을 일컫는 말이기도 하다. 옻칠은 방충·방부성·내습성·내열성이 강해 인류가 사용하는 대표적인 도료 중 하나이다. 특히 780여년이 지난 고려 팔만대장경이 잘 보존될 수 있었던 데는 옻칠의 역할이 컸다고 한다. 이처럼 옻칠이 인류에게 공헌한 면도 있지만, 때로는 피부염이나 옻독으로 인해 두려움의 존재가 되기도 했다.

옻나무의 종류에는 중국이 원산인 옻나무와 일본이 원산인 덩굴옻나무, 그리고 우리나라 자생종인 붉나무·개옻나무·검양옻나무·산검양옻나무 등 6종류가 있다. 검양옻나무는 우리나라에서 주로 제주도나 완도 등의 난대림에서 자라는 옻나무과의 낙엽활엽교목이다. 옻나무 종류 중에서 옻이 안 오르는 나무 중 하나이며, 가을에 붉게 물드는 단풍이 단풍나무류나 화살나무와 같이 화려한 단풍을 보여 주므로 '단풍검양'이라는 이름도 가지고 있다. 이전에는 납작한 공 모양의 열매에서 초를 만드는 재료인 밀초를 채취했다고 하나, 지금은 주로 조경수나 분재 등의 용도로 많이 식재되고 있다.

조경 Point

옻나무과에 속하며, 옻나무보다 진이 덜해서 누구나 만져도 옻이 오르지 않는다. 검양옻나무의 다른 이름은 일본옻나무이며, 가을에 물드는 붉은색 계통의 단풍은 어떤 단풍나무보다 더 곱다.

정원이나 공원의 첨경수로 활용하면 좋다. 분재의 소재로도 이용된다.

재배 Point

내한성은 약한 편이다. 습기가 있고 배수가 잘 되며, 적당히 비옥한 땅에 식재한다. 가을에 아름다운 단풍을 보기 위해서는 충분한 햇빛이 비치는 곳에 식재하는 것이 좋다.

병충해 Point

녹병은 발생 초기에 트리아디메폰(티디폰) 수화제 1,000배액을, 흰가루병은 발생초기에 페나리몰(훼나리) 수화제 3,000배액을 1주 간격으로 2~3회 살포한다.

전정 Point

약목일 때는 수간의 굵기에 비해 수관이 넓게 퍼지고, 생육이 빠르기 때문에 바람의 피해를 입기 쉽다. 따라서 강전정을 해서 수형을 정리해줄 필요가 있다. 봄에 늦게 순이 나오므로 3월 중순 정도에 전정하는 것이 좋다. 맹아력이 강하기 때문에 가지치기와 함께, 2~3년에 한 번씩 강전정을 하여 수형을 정리한다.

번식 Point

10월에 잘 익은 열매를 채취하여 직파하거나 습기 있는 모래와 섞어 저온저장하였다가, 다음해 봄에 파종한다. 3월에 뿌리꽂이도 가능하다.

계수나무

- 계수나무과 계수나무속
- 낙엽활엽교목 • 수고 20~30m
- 일본 원산, 중국; 전국적으로 조경수로 식재

학명 *Cercidiphyllum japonicum* 속명은 *Cercis*(박태기나무속)와 phyllon(잎)의 합성어로 잎이 박태기나무의 잎을 닮은 데서 유래하며, 종소명은 '일본의'라는 뜻이다. | 영명 Katsura tree | 일명 カツラ(桂) | 중명 連香樹(연향수)

| 잎

40%

마주나기.
하트 모양이며, 잔물결 같은
둥근 톱니가 있다.
가을철에 노란
단풍이 아름답다.

| 꽃

암꽃

수꽃

암수딴그루. 잎이 나기 전에 꽃을 피운다. 암꽃 수꽃 모두 꽃잎과 꽃받침이 없다.

| 수피

지름 13cm

흑회색을 띠며,
성장함에 따라
세로로 거칠게
갈라진다.

| 열매

골돌과. 한쪽으로 굽은 원기둥형
이며, 종자는 납작한 사다리 모양
이다.

| 뿌리

심근형. 몇 개의 수하근이 발달한다.

| 겨울눈

원추형이고
붉은색을 띠며,
2장의 눈비늘조각에
싸여 있다.
가지 끝에 2개의
가짜끝눈이 달린다.

우리가 흔히 계수桂樹나무라고 부르는 나무에는 여러 종류가 있다. 껍질을 수정과 만들 때 사용하는 계피桂皮나무가 있고, 한약재로 주로 이용되며 약간 단맛과 향기가 있는 육계肉桂나무도 있다. 어린 시절 즐겨 부르던 동요에 나오는 '푸른 하늘 은하수 하얀 쪽배' 속에도 계수나무가 있다. 또 그리스 신화에서 다프네Daphne가 아폴로Apollo에게 쫓기다 변해버린 월계수도 있다. 일반적으로 이들은 모두 계수나무로 통용되지만, 〈국가표준식물목록〉에서 나오는 계수나무는 일본이 원산지이며, 우리나라에서 조경수로 널리 이용되는 계수나무를 가리킨다.

계수나무를 뜻하는 한자 계桂 자는 중국에서는 목서木犀와 같이 향기가 나는 나무를 가리키는 말이다. 중국의 유명한 관광지 계림桂林에 많은 나무 역시 목서이다. 계수나무의 중국 이름은 연향수連香樹이고, 영어 이름은 가쓰라 트리Katsura tree이다.

일본에서는 이 나무를 계桂라 쓰고 '가쓰라'라고 읽는다. 일제강점기 때 우리나라에서 이 나무를 수입하면서 '계' 자만 보고 계수나무라고 이름 붙인 것이 지금까지 굳어진 것으로 보인다.

어차피 우리나라에는 자생하지 않는 수입나무라면 계수

◀ 계피
계피나무 껍질로 만든 약재 또는 향신료

桂樹라는 엉뚱한 이름을 붙이기보다, 영명을 따라 일본 이름 '가쓰라桂'라고 하는 편이 옳을 듯하다.

이 계수나무는 큰 것은 높이가 30m, 흉고 지름이 2m 정도까지 자라는 수형이 단정한 조경수로 지금은 우리나라에서도 여기저기에서 볼 수 있다. 또 봄에 나오는 빨간 새순과 가을의 노란 단풍 역시 아름다운 나무다. 예전에는 목련과에 포함시켰지만 지금은 독립된 계수나무과에 속한다. 계수나무과 안에는 계수나무속 하나만 있어서 일가친척이 없는 외로운 나무이기도 하다.

속명 세르시디필룸Cercidiphyllum은 Cercis박태기나무속와 phyllon잎의 합성어인데, 잎 모양이 하트형인 박태기나무의 잎과 닮은 것에서 유래한 이름이다. 또 잎을 손으로 문지르면 향긋하고 달콤한 향기가 묻어난다. 원산지인 일본에서는 '가쓰라桂'라는 이름이 가쓰香出에서 비롯된 것으로, 나뭇잎에 향기가 있어서 향香을 만드는 원료로 쓰였기 때문에 얻게 된 이름이라 한다.

8월초에 7~8자 길이의 가지를 2~3개씩 잘라 잎을 따서, 멍석에 1~2일 정도 바싹 말려서 가루를 내어 향을 만든다고 한다.

그러나 계수나무가 가장 향기로운 때는 가을에 노랗게 물든 단풍잎이 떨어질 무렵이다. 그 냄새가 간장 냄새 같다고 하여 '간장나무'라는 향명으로 불리기도 한다. 그러나 꼬릿한 간장냄새라기 보다는 달콤한 솜사탕 향기이다. 이것은 계수나무가 낙엽이 질 때 잎자루 부분에 떨켜離層라는 특수한 조직이 생겨서 잎이 떨어지는데, 이 때 잎 속에 들어 있는 엿당의 함량이 높아지면서 이것이 기공을 통해 방출되기 때문이다.

조경 Point

잎은 박태기나무와 비슷한 전형적인 하트형이며, 2갈래로 갈라지며 뻗는 가지 모양도 특이하다. 5월에 잎보다 먼저 피는 꽃은 향기가 좋으며, 특히 가을에 물드는 노란색 단풍 또한 아름답다.

낙엽이 질 때 떨켜에서 달콤한 향기를 풍긴다. 수형이 매우 정연하며, 공원수나 정원수, 가로수로 활용 가능하다.

재배 Point

새잎은 늦서리의 피해를 입기 쉽다. 깊게 경작한 비옥한 부식토, 습기가 있고 배수가 잘되는 토양에 식재한다.
중성~산성의 토양을 좋아한다. 햇빛이 잘 들거나 나뭇잎 사이로 햇빛이 비치는 곳이 좋다.

나무			개화				열매		단풍	
월	1	2	3	4	5	6	7	8	9	10	11	12
전정	전정				전정						전정
비료		시비			시비						

병충해 Point

페스탈로치아잎마름병은 잎가장자리가 갈색으로 변하고 넓게 확대되면서 잎끝이 안쪽으로 말린다. 만코제브(다이센M-45) 수화제 500배액 또는 터부코나졸(호리쿠어) 유제 2,000배액을 2~3회 살포한다.

그 외에 흰가루병은 페나리몰(훼나리) 수화제 3,000배액을 살포하며, 잎에 회색의 원형 반점이 생기는 환문잎마름병은 이미녹타딘트리스알베실레이트(벨쿠트) 수화제 1,000배액을 살포한다. 0.5~3mm 정도의 흑색~흑갈색의 다각형 반점이 생기는 반점세균병은 스트렙토마이신(부라마이신) 수화제 1,000배액을 살포하여 방제한다.

변재를 부후시켜 고사에 이르게 하는 뽕나무버섯이 발생하면 병환부를 도려내고 테부코나졸(실바코) 도포제를 도포한다.

잎말이나방은 애벌레가 몇 개의 잎을 거미줄로 말아 원통 모양의 벌레집을 만들어 그 속에 머물면서 잎을 식해하는데 페니트로티온(스미치온) 유제 1,000배액을 살포하여 방제한다. 줄기나 가지에 기생하는 말채나무공깍지벌레에는 뷰프로페진.디노테퓨란(검객) 수화제 2,000배액을 살포한다. 알락하늘소는 월동기에 아세타미프리드(모스피란) 입제를 근원경 cm당 20g을 토양혼화처리한다.

전정 Point

줄기 아래쪽에서 나오는 굵고 강한 가지는 줄기의 생장에 방해가 되므로 낙엽기에 잘라낸다. 생장이 빠르기 때문에 약목일 때, 이러한 가지를 처리하지 않으면 수형이 나빠진다. 가지가 잘 분지하므로 한 곳에서 몇 개의 가지가 모여 난 것은 하나만 남기고 잘라준다.

번식 Point

9~10월에 열매를 채취하여 기건저장하였다가, 다음해 3월 중순에 파종한다. 생장이 빠르기 때문에 발아할 때까지 마르지 않도록 잘 관리해주면, 가을에는 50~60cm 정도까지 자란다. 삽목의 발근율이 그다지 높은 편은 아니다.

단풍나무

- 단풍나무과 단풍나무속
- 낙엽활엽교목 • 수고 10~15m
- 일본(혼슈 이남), 중국; 중남부 및 제주도의 산지

학명 *Acer palmatum* 속명은 라틴어 acer(갈라지다)에서 유래된 것으로 잎이 손바닥 모양으로 갈려져 있는 것을 의미하거나, 로마 병정들이 사용했던 단풍나무 목재의 단단함에 관련된 것이라고도 한다. 종소명은 '손바닥 모양의'이라는 뜻으로 잎의 모양을 나타낸다.
영명 Palmate maple | 일명 イロハモミジ(イロハ紅葉) | 중명 鷄爪槭(계조척)

잎

60%

마주나기. 갈래잎이며,
5~7갈래로 갈라진다.
이름처럼 가을 단풍이 아름답다.
당단풍나무는
잎이 9~11갈래로 갈라진다.

50%

40%

50%

▲ 당단풍나무(*A. pseudosieboldianum*)

꽃

양성화

수꽃

양성화와 수꽃이 함께 핀 모습

수꽃양성화한그루. 잎과 함께, 새가지 끝에 연한 노랑색의 꽃이 모여 핀다.

열매

긴 타원형의 2개의 시과로 이루어지며,
거의 수평으로 벌어진다.

| 수피

회갈색을 띠며, 매끄러운 편이다. 성장함에 따라 세로로 얕은 줄이 생긴다.

지름 12cm

| 겨울눈

물방울형 또는 삼각형이며, 끝이 뾰족하다. 겨울눈 밑에 가는 털이 있다.

▲ 세열단풍나무 (*A. palmatum* var. *dissectum*)

단풍을 국어 사전에서는 "기후 변화로 식물의 잎이 붉은빛이나 누런빛으로 변하는 현상. 또는 그렇게 변한 잎"이라고 정의하고 있다. 기온이 떨어지면 나뭇잎 속의 끈적끈적한 당糖 용액의 색소가 뿌리까지 내려가지 못하고 잎에 남는데, 이 색소가 안토시안anthocyan이면 붉은색, 카로틴carotene이나 크산토필xanthophyll이면 노란색 단풍으로 물든다.

기상청에서는 매년 전국의 단풍이 아름다운 명산의 단풍을 예보한다. 보통 설악산 대청봉은 9월 말쯤 시작되어, 하루 평균 20~25km의 속도로 남하해서 10월 말쯤에는 해남 두륜산의 주산인 가련봉을 물들인다. 여기서 단풍의 시작시기는 산정상에서 20% 정도까지 단풍이 내려왔을 때를 말하며, 단풍절정기란 산 전체의 80% 이상이 단풍 들었을 때를 말한다.

아름다운 단풍을 보기 위한 기상조건으로는 맑은 날씨가 많아 광합성작용을 많이 할 수 있어야 하고, 밤낮의 기온차가 커야 하며, 적절하게 비가 오는 것 등을 들고 있다.

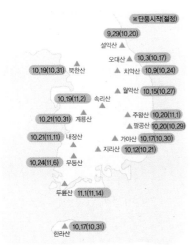

◀ 단풍시기 지도

단풍나무의 종류는 세계적으로 2백여 종이 넘으며, 주로 북반구의 온대지방에 분포한다. 우리나라에서 흔히 단풍나무라 하면 단풍나무나 당단풍나무를 일컫는데, 이 두 종류는 비슷하지만 잎이 5~7갈래로 갈라지면 단풍나무, 9~11갈래로 갈라지면 당단풍나무이다.

이 외에 내장단풍·섬단풍나무·산단풍나무 등의 특산종이 있으며, 단풍이라는 이름은 달지 않았지만 단풍나무속에 속하는 고로쇠나무·신나무·복자기·청시닥나무·복장나무 등도 가을이면 아름다운 단풍을 자랑한다.

단풍나무의 속명 아체르Acer는 라틴어로 '갈라지다'라는 뜻이며, 종소명 팔마툼palmatum은 '손바닥 모양'이라는 뜻으로 모두 잎의 갈라진 모양을 표현한 것이다. 한자 이름 단풍丹楓은 붉을 단丹과 단풍나무 풍楓으로 이루어져 있어, 단풍잎이 물드는 특징을 묘사하고 있다. 단풍을 일본에서는 카에데ヵェデ, 楓라 하는데, 이는 단풍잎의 모양이 '개구리 손蛙ノ手'을 닮아서 붙여진 이름이며, 중국에서는 단풍나무를 단풍丹楓이라 쓰지 않고 단풍나무 척槭 자를 써서 척수槭樹라고 한다.

조경 Point

단풍나무는 공원, 정원, 아파트단지, 가로 등 어디에 심어도 잘 어울리는 약방의 감초와 같은 동양풍의 조경수이다. 항상 붉은색을 띠는 홍단풍은 푸른색 수목이나 잔디밭을 배경으로 심으면 잘 어울린다.

봄에 새싹을 즐길 수 있는 품종, 사계절 같은 색의 단풍을 즐길 수 있는 품종, 가지가 늘어지는 품종 등 다양한 종류가 있으므로 식재 장소에 어울리는 것을 골라 심으면 좋다.

원예종으로 개발된 것 중에는 진홍, 노랑, 주황 등 여러 가지 색의 품종이 있으며, 이들을 혼식하여 색채의 변화와 대비를 즐길 수 있게 심는 것도 좋은 배식법이다.

재배 Point

내한성은 강한 편이며, 생장속도는 느리다. 비옥하고 수분이 유지되며, 배수가 잘되는 곳에 식재한다. 해가 잘 드는 곳 또는 반음지를 선호한다. 토양산도는 약산성이 좋다.

나무			새순	—개화					열매		단풍
월	1	2	3	4	5	6	7	8	9	10	11	12
전정				전정						전정	
비료					추비						한비

병충해 Point

알락하늘소의 애벌레가 나무줄기 밑부분을 뚫고 침입하여 목질부를 파먹어 심하면 나무가 고사에 이르는 경우도 있다. 심은 지 5~6년 되는 나무에 특히 많이 발생한다.

어린 애벌레는 발견하는 대로 철사나 송곳으로 찔러 죽이고, 페니트로티온(스미치온) 원액이나 30~40배액을 구멍에 주입한다. 월동기인 3~4월에 아세타미프리드(모스피란) 입제를 근원경 cm 당 20g 토양혼화처리하면 효과적으로 방제할 수 있다.

봄에 진사진딧물 등 진딧물류가 많이 발생한다. 이들은 단풍나무류의 새잎이나 새가지에 기생하여 잎을 오그라들고 변색시키며, 가을에는 잎뒷면이나 열매에 기생한다. 미국흰불나방, 박쥐나방, 왕뿔무늬저녁나방, 꼬마쐐기나방, 남방차주머니나방, 선녀벌레, 깍지벌레류 등의 해충이 발생한다. 병해로는 잎에 발생하는 흰가루병나 검은무늬병, 가지와 줄기에 발생하는 조피병이나 줄기마름병 등이 있다.

▲ 남방차주머니나방

▲ 진사진딧물

전정 Point

원칙적으로 전정을 하지 않고 자연수형으로 키우는 것이 좋다. 단풍나무는 봄에 새순이 나올 때부터 10월 중순까지 물올림이 왕성하므로, 이 기간에 전정을 하면 잘린 부위로 양분을 포함한 수액이 흘러 나가서 나무가 건조해지고 쇠약해진다.

또 흘러내린 수액에 해충이 붙어 수간 내부로 침입하여 피해를 입히기도 한다. 만약 전정을 해야 한다면 반드시 낙엽이 진 후인 10월 중순~11월 중순에 하며, 가능하면 큰 가지는 자르지 않도록 한다.

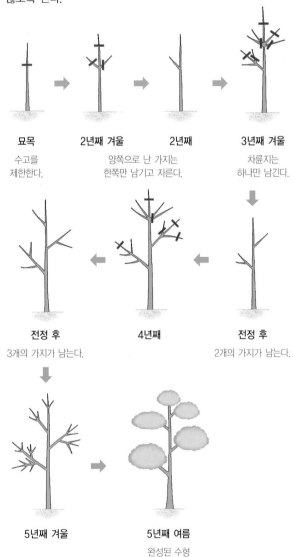

묘목
수고를 제한한다.

2년째 겨울
양쪽으로 난 가지는 한쪽만 남기고 자른다.

2년째

3년째 겨울
차륜지는 하나만 남긴다.

전정 후
3개의 가지가 남는다.

4년째

전정 후
2개의 가지가 남는다.

5년째 겨울

5년째 여름
완성된 수형

▲ 수형 만들기

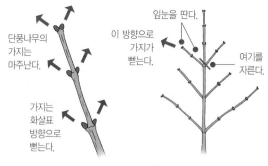

단풍나무의
가지는
마주난다.

잎눈을 딴다.

이 방향으로
가지가
뻗는다.

여기를
자른다.

가지는
화살표
방향으로
뻗는다.

▲ 잎눈과 가지가 뻗는 방향

실생 번식은 대량으로 번식시키기에 가장 적합한 번식방법이다. 10월경에 열매가 떨어지기 전에 채종하여, 4~5일 그늘에 말리고 손으로 비벼서 날개를 제거한다. 바로 파종하거나 건조하지 않도록 냉장고에 보관해두었다가, 다음해 3월에 파종한다. 서리를 맞지 않도록 주의하고 건조하지 않게 관리하면, 4월에 발아한다. 본엽이 나오기 시작하면 액비를 뿌려준다.

세열단풍나무나 원예품종 등은 접목으로 번식시킨다. 1~3월과 6~9월이 접목의 적기이며, 대목으로는 단풍나무 혹은 당단풍나무 2~3년생 실생묘를 사용하여 절접을 붙인다.

2~3월에 숙지삽, 5월 하순~6월에 녹지삽을 한다. 숙지삽은 충실한 전년지를, 녹지삽은 충실한 햇가지를 삽수로 사용한다. 삽목상의 용토로는 강모래, 펄라이트, 버미큘라이트 등을 단독으로 사용하거나 섞어서 사용한다. 삽목 후에 반그늘에 두고 건조하지 않도록 관리하고, 다음해 봄에 이식한다.

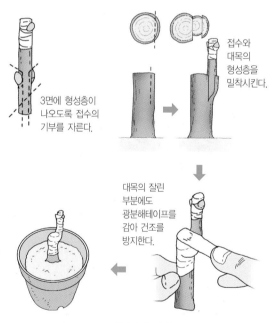

3면에 형성층이
나오도록 접수의
기부를 자른다.

접수와
대목의
형성층을
밀착시킨다.

대목의 잘린
부분에도
광분해테이프를
감아 건조를
방지한다.

▲ 접목(절접) 번식

담쟁이덩굴

- 포도과 담쟁이덩굴속
- 낙엽덩굴식물 • 길이 10m 이상
- 중국, 일본, 러시아; 전국의 산지

 학명 *Parthenocissus tricuspidata* 속명은 그리스어 parthenos(처녀)와 kissos(담쟁이덩굴)의 합성어이며, 처녀 담쟁이덩굴(virgin ivy)을 뜻한다. 종소명은 tri(3)와 cuspidatus(끝이 뾰족한)의 합성어로 잎의 모양을 표현한 것이다. **영명** Japanese ivy **일명** ツタ(蔦) **중명** 地錦(지금)

| 잎

어긋나기. 갈래잎이며, 잎몸의 윗부분이 보통 3갈래로 갈라진다. 가을의 붉은색 단풍이 아름답다.

25%

| 꽃

양성화. 짧은가지 끝이나 잎겨드랑이에 연한 녹색 꽃이 모여 핀다.

| 열매

장과. 구형이며, 흑자색으로 익는다. 표면에 흰색 분이 생긴다.

| 수피

지름 2cm

회갈색을 띠며, 세로로 갈라진다. 다른 물체와 닿는 부위에서 공기뿌리[氣根]가 발달한다.

| 겨울눈

겨울눈은 아래가 넓고 위가 뭉툭한 원뿔 모양이다. 눈비늘조각은 3~5장이다.

조경수 이야기

담쟁이덩굴이라는 이름은 담장과 물건을 차곡차곡 쌓아올리다는 뜻의 '쟁이다'를 합친 말이다. 줄기가 담장을 올라가면서 잎이 아래에서 위로 차곡차곡 쟁이듯이 올라가는 모습을 나타낸 이름이다. 담쟁이덩굴은 덩굴 끝에 난 흡착근吸着根이 담이나 바위를 타고 올라가기 좋은 구조로 되어 있어서 건물의 벽면이나 담장, 옹벽 등의 인공구조물에 올려 심는 경우가 많다. 구조물에 담쟁이를 올리면 도시경관을 좋게 할뿐 아니라, 복사열을 줄여 에너지 절약에도 도움이 된다.

서양에서 담쟁이덩굴은 오랜 전통을 의미한다. 아이비리그Ivy League는 미국 북동부에 있는 8개 명문 사립대학으로 1954년에 이들 대학교들이 함께 스포츠 리그를 결성한데서 리그League라는 별칭이 붙었으며, NCAA 미국대학체육협회에 컨퍼런스 이름으로 등록하면서 시작되었다. 아이비Ivy는 이들 대학에 담쟁이덩굴로 덮인 교사가 많은 데서 생긴 이름으로 코넬대를 제외하고 모두 영국 식민지시대에 세워진 유서 깊은 대학들이며, 아이비스Ivies라 불리기도 한다.

담쟁이는 가을 단풍이 아름다운 것으로도 이름 나있는데, '땅을 덮는 비단'이란 뜻의 중국 이름 지금地錦도 이런 연유에서 붙여진 것이다.

절망이라는 벽에 부딪혔을 때, 한 번쯤 읽어보는 시다.

◀ 아이비리그의 8개 대학
담쟁이덩굴로 덮인 교사가 많다.

저것은 벽/ 어쩔 수 없는 벽이라고 우리가 느낄 때
그 때/ 담쟁이는 말없이 그 벽을 오른다
물 한 방울 없고 씨앗 한 톨 살아 남을 수 없는
저것은 절망의 벽이라 말할 때
담쟁이는 서두르지 않고 앞으로 나아간다
한 뼘이라도 꼭 여럿이 함께 손을 잡고 올라간다
푸르게 절망을 다 덮을 때까지
바로 그 절망을 잡고 놓지 않는다
저것은 넘을 수 없는 벽이라고 고개를 떨구고 있을 때
담쟁이 잎 하나는 담쟁이 잎 수천 개를 이끌고
결국 그 벽을 넘는다   도종환의 〈담쟁이〉

조경 Point

광택이 있는 잎과 붉은색 단풍, 까만 열매가 아름다운 덩굴나무이다. 호흡뿌리와 흡판이 잘 발달되어 있어서 공공녹지의 사면, 건물의 벽, 베란다, 돌담 등의 피복에 활용하면 좋다.

음지나 양지를 가리지 않고 잘 자라며, 공해에도 잘 견디며, 맹아력이 강하고 생장이 빨라서 도심의 회색빛 콘크리트 담장을 가리거나 건물의 외벽을 녹색으로 치장하기 위한 곳에 식재하면 안성맞춤이다.

재배 Point

내한성이 강하며, 공해에도 강하다. 반음지 또는 양지의 비옥하고 배수가 잘되는 토양에서 잘 자란다. 토양환경은 습기가 있으나 물빠짐이 좋고 거름진 곳이며, 토양산도 pH는 5~60이다.

나무					새순		개화		열매			
월	1	2	3	4	5	6	7	8	9	10	11	12
전정			전정			전정						
비료		추비						추비				

줄솜깍지벌레, 뒷노랑얼룩나방, 우단박각시 등의 해충이 발생한다. 뒷노랑얼룩나방은 머루, 포도 또는 정원의 담쟁이덩굴에 크게 발생하여 애벌레가 잎을 가해한다. 애벌레의 발생초기인 6월에 티아클로프리드(칼립소) 액상수화제 2,000배액, 뷰프로페진. 디노테퓨란(검객) 수화제 2,000배액을 살포하여 방제한다. 또, 애벌레는 눈에 잘 띄므로 보이는 대로 잡아 죽인다.

갈색둥근무늬병은 5월 중순에 갈색의 반점이 생기는 병으로, 베노밀 수화제 1,500배액을 2주 간격으로 2~3회 살포하여 방제한다.

▲ 우단박각시 성충

옮겨 심고 나서 몇 년이 지난 후에 덩굴이 엉키게 되면, 얽힌 줄기를 솎아주는 전정을 한다.

또 다른 식물을 감고 올라가서 생육에 지장을 주지 않도록 줄기를 정리해준다. 오래되고 굵은 줄기는 싹의 윗부분을 잘라서 새 가지가 나오도록 한다.

잎에 반점이 있는 원예품종은 삽목으로 번식시킨다. 3월 상중순에 연필 굵기만한 덩굴을 10cm 길이로 잘라 물에 담가 물올림을 한 후 삽목상에 꽂는다. 물삽목도 가능하다. 가을에 종자를 채취하여 노천매장을 해두었다가, 다음해 3월 중하순에 파종하면 발아가 잘 된다.

휘묻이로도 쉽게 번식시킬 수 있다. 길게 뻗은 덩굴을 철사로 지면에 고정시키고 흙을 덮어준다. 발근하기 시작해서 새눈이 순조롭게 나오면, 어미 주에서 분리하여 옮겨 심는다.

10cm 정도의 길이로 자른다.

충분히 물을 올린다. 이대로 물삽목을 해도 발근한다. 이 경우는 깊은 용기를 이용하며, 부패방지제를 넣어준다.

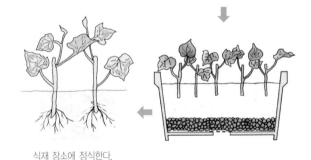

식재 장소에 정식한다.

▲ 삽목 번식

무환자나무

• 무환자나무과 무환자나무속
• 낙엽활엽교목 • 수고 15~20m
• 중국, 대만, 인도네시아, 일본; 중부 이남의 산지 및 사찰, 제주도

학명 *Sapindus mukorossi* 속명은 라틴어 sapo(비누)와 indicus(인도의)의 합성어로 인도에서 열매 껍질을 비누로 사용한 것에서 유래한다. 종소명은 이 나무의 일본 이름 무꾸로지(ムクロジ)에서 유래된 것이다. **영명** Soapberry **일명** ムクロジ(無患子) **중명** 無患子(무환자)

| 잎

10%

어긋나기. 4~6쌍의 작은잎으로
이루어진 짝수깃꼴겹잎이다.
작은잎의 긴 타원형이며, 마주난다.

| 꽃

▲ 암꽃(좌, 우), 수꽃(가운데)
암수한그루. 새가지 끝에 황백색 꽃이
모여 핀다.

| 열매

핵과. 구형이며, 황갈색으로 익는다.
종자는 둥근형이며, 검고 단단하다.

| 겨울눈

반구형이며, 4장의
눈비늘자국에 싸여 있다.
잎자국은 원숭이
얼굴 모양이다.

| 수피

회갈색이고 매끈하며,
세로줄이 있다.
성장하면서 세로로
갈려져 얕게 벗겨진다.

우스갯소리로 의사가 가장 싫어하는 나무가 무환자나무라고 한다. 이름만으로도 귀신이 무서워하는 나무라서 뜰에 한 그루 심으면 집안 또는 자식에게 화가 미치지 않는다고 믿었다. 이러한 믿음을 갖게 된 것은 나무의 이름뿐 아니라, 다음과 같은 내력 때문일 것이다. 옛날 중국에 요모 瑤眊라는 귀신같이 용한 무당이 있었다.

우리나라에서도 정신이상자는 귀신에 씌었다고 하는 것처럼, 중국에서도 이런 사람에게는 귀신이 붙었다고 한다. 이 무당은 무환자나무로 만든 몽둥이로 이런 사람들에게 붙은 귀신을 때려서 쫓았는데, 신기하게도 환자에게 붙은 귀신이 쫓겨가버려서 제정신이 돌아왔다고 한다. 그 후부터 사람들은 무환자나무의 신통력을 믿게 되었으며, 무환자나무를 집주위에 심거나 가구를 만들어 사용하여 귀신이 접근하지 못하게 하였다고 한다.

무환자나무의 열매는 새까맣고 아주 단단하다. 얼마나 까만지 '3년을 갈아도 무환자는 검고, 10년을 삶아도 돌은 굳다'라는 속담이 있을 정도이다. 불교 신자들은 이 무환자나무의 신령한 힘을 믿고 씨로 염주를 만들었다고 한다. 불교 경전에는 이 나무의 열매 108개를 꿰어서 지극한 마음으로 하나씩 헤아려 나가면, 마음속의 번뇌와 고통이 없어진다 하였다.

▲ 무환자나무 열매로 만든 염주

조경 Point

5월에 피는 적갈색 꽃은 작지만 무리로 피기 때문에 관상가치가 있으며, 나뭇잎은 깃모양겹잎으로 가을에 노랗게 물들면 아름답다. 이 나무를 심으면 '자식에게 걱정이 없어진다' 또는 '집안에 우환이 없어진다'는 전설이 있어 전라도 및 경상도의 마을이나 사찰 주변에 식재된 것을 종종 볼 수 있다. 종자로 염주를 만들었으며, 열매껍질은 끓여서 비누 대용으로 사용했다고 한다.

재배 Point

내한성이 약해서 남부지방에서 재배가 가능하다. 배수가 잘되는 비옥한 토양을 좋아하며, 음지에서는 생장이 좋지 않다. 겨울의 찬바람은 막아준다.

병충해 Point

등얼룩풍뎅이는 성충이 주로 활엽수의 잎을, 애벌레가 땅속에서 뿌리를 갉아먹는 해충이다.

▲ 등얼룩풍뎅이

번식 Point

가을에 잘 익은 종자를 채취해서 바로 파종하거나 노천매장해 두었다가, 다음해 봄에 파종한다. 파종상이 건조하지 않도록 관리하며, 발아한 후에는 서서히 햇볕에 노출시켜준다.

복자기

- 단풍나무과 단풍나무속
- 낙엽활엽교목 • 수고 10~15m
- 중국(동북부), 만주; 전국 각지에 분포하며 주로 중부 이북에 자생

학명 *Acer triflorum* 속명은 라틴어 acer(갈라지다)에서 유래된 것으로 잎이 손바닥 모양으로 갈려져 있는 것을 의미하거나, 로마 병정들이 사용했던 단풍나무 목재의 단단함에 관련된 것이라고도 한다. 종소명은 tri(3)와 florum(꽃의)의 합성어이다.

영명 Three-flowered maple | **일명** オニメグスリ(鬼目薬) | **중명** 三花槭(삼화척)

| 잎

40%

마주나기.
단풍나무속 소속이지만
특이하게 하나의 잎자루에
3개의 잎이
붙은 세겹잎이다.
가을에 물드는
붉은 단풍이 아름답다.

50%

| 꽃

암꽃

수꽃

암수딴그루. 새가지 끝에 황록색 꽃이 암꽃은 1~3개, 수꽃은 3~5개씩 모여 핀다.

| 겨울눈

가늘고 긴 물방울형이고,
8~15장의 눈비늘조각에
싸여있다. 끝눈 양옆에
나란히 곁눈이 달린다.

| 열매

2개의 시과로 이루어져 있다.
시과는 대개 예각을 이룬다.

수피

지름 14cm

연한 회색이고 평활하다.
성장함에 따라 세로로 갈라지면서 벗겨진다.

조경수 이야기

복자기는 단풍이라는 말은 붙어있지 않지만 '단풍의 여왕'이라고 해도 손색이 없을 정도로 단풍이 아름다운 단풍나무과 소속의 나무다. 일반적으로 단풍나무는 하나의 잎자루에 잎이 하나 붙어 있지만, 복자기는 특이하게 하나의 잎자루 3개의 잎이 붙은 것이 특징이다. 러시아의 식물학자 코마로프Komarov가 붙인 종소명 트리프로룸 *triflorum*은 3을 뜻하는 트리 *tri*와 꽃을 뜻하는 프로룸 *florum*의 합성어이며, 중국 이름 삼화척三花槭은 '3개의 꽃이 달리는 단풍나무'라는 뜻이다.

일본 이름 오니메구스리鬼目薬는 '단풍이 너무 아름다워서 귀신의 눈병까지 낳게 해준다'는 의미를 담고 있다. 또 메구스리노키目薬木라고도 하는데, 이는 이 나무 껍질을 삶은 물로 눈병을 치료했다는 전설에서 유래된 것이다. 조선시대 의학자들의 전기를 엮은 《의림촬요醫林撮要》에도 복자기와 같은 단풍나무속 소속의 신나무 가지 달인 물을 따뜻하게 덥혀서 눈병을 치료하는 처방을 소개하고 있다.

단풍나무속의 속명 아체르Acer는 라틴어로 '단단하다'는 뜻도 있으며, 이는 단풍나무류의 재질이 단단한 것에서 유래한 것이다. 옛날에는 단풍나무속 나무로 수레바퀴를 만들었다고 한다. 이처럼 수레바퀴를 만드는 나무로는 박달나무를 최고로 쳤으며, 다음으로는 시무나무, 복자기 순으로 알아주었다고 한다. 복자기는 생장속도가 매우 느리기 때문에 재질이 세밀하고 단단하여 나도박달나무 혹은 개박달나무라고도 부르며, 떡메나 써레 등 생활용구나 농기구를 만드는데도 많이 사용되었다.

조경 Point

단풍나무과 소속으로 가을에 불타는 듯한 아름다운 단풍이 가장 큰 특징이다. 단풍나무 중에는 드물게 꽃이 아름다운 수종으로 이른 봄에 피는 노란 꽃 또한 관상가치가 있다. 푸른 잔디밭을 배경으로 단식하거나 넓은 장소에서 군식하면, 단풍의 붉은 색을 더 강조해서 나타낼 수 있다. 아직은 많이 보급되지 않았지만 전망 있는 조경수 중 하나이다.

재배 Point

수분이 유지되는 비옥한 사질양토, 배수가 잘되는 곳에 식재하면 잘 자란다. 내한성은 강하며, 햇빛이 잘 드는 곳 또는 반음지를 선호한다.

병충해 Point

비로드병에 감염되면 처음에는 잎표면에 흰색 광택이 나고, 차츰 비로드 모양의 물체가 형성되면서 나중에는 자색~자갈색으로 변한다. 감염된 잎은 일찍 떨어지므로 나무의 미관이 매우 나빠진다. 병든 낙엽은 모아서 태우고, 겨울철에 석회유황합제 50배액을 1~2회 살포한다.

이외에 깍지벌레류, 미국흰불나방, 흰가루병 등이 발생하는 수가 있다.

번식 Point

10월경에 열매가 떨어지기 전에 채종해서, 4~5일 그늘에 말리고 손으로 비벼서 열매의 날개를 제거한다. 이것을 바로 파종하거나 건조하지 않도록 냉장고에 보관해두었다가, 다음해 3월에 파종한다. 서리를 맞지 않도록 주의하고 건조하지 않게 관리하면, 4월경에 발아한다.

2~3월에 숙지삽, 5월 하순~6월에 녹지삽을 한다. 숙지삽은 충실한 전년지를, 녹지삽에는 충실한 햇가지를 삽수로 사용한다. 삽목상의 용토로는 강모래, 펄라이트, 버미큘라이트 등을 단독으로 사용하거나 섞어서 사용한다. 삽목 후 반그늘에 두고 건조하지 않도록 관리하고 다음해 봄에 이식한다.

손으로 비벼서 날개를 제거한다.

바로 파종하거나 보존했다가 다음해 3월에 파종한다.

본엽이 나오면 묽은 액비를 뿌려준다.

▲ 실생 번식

신나무

- 단풍나무과 단풍나무속
- 낙엽활엽소교목 · 5~8m
- 일본, 중국, 러시아, 몽골; 전국의 낮은 지대 습한 곳

 학명 *Acer tataricum* subsp. *ginnala* 속명은 라틴어 acer(갈라지다)에서 유래된 것으로 잎이 손바닥 모양으로 갈라져 있는 것을 의미하거나, 로마 병정들이 사용했던 단풍나무 목재의 단단함에 관련된 것이라고도 한다. 종소명은 '러시아 타타르(Tatar) 산맥의'라는 뜻이며, 아종명은 시베리아의 지명이다.

영명 Amur maple ｜ 일명 カラコギカエデ(鹿子木楓) ｜ 중명 茶条槭(다조축)

| 잎

마주나기.
잎몸이 3갈래로 갈라진 갈래잎이다.
가을의 붉은색 단풍이 매우 아름답다.

30%

| 꽃

▲ 수꽃과 양성화
수꽃양성화한그루. 새가지 끝에 황록색 꽃이 모여 핀다.

| 열매

2개의 시과로 이루어져 있으며, 시과는 대개 예각을 이룬다.

| 수피

회갈색이며 껍질눈이 뚜렷하고 평활하다. 오래되면 세로로 갈라진다.

| 겨울눈

원뿔형이며, 6~8장의 눈비늘조각에 싸여 있다. 가지 끝에 흔히 2개의 가짜끝눈이 붙는다.

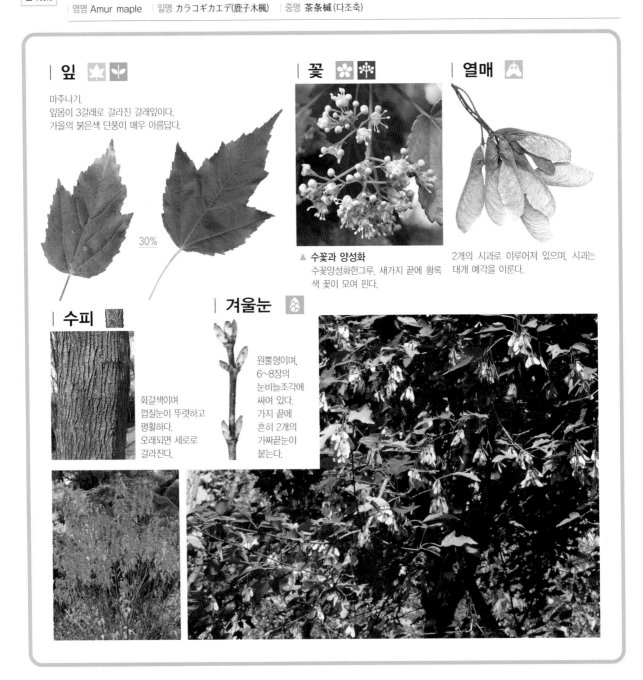

신나무는 복자기와 마찬가지로 단풍이라는 이름은 달고 있지 않지만, 단풍나무과 단풍나무속 소속으로 가을이면 어떤 단풍나무보다 더 화려한 단풍을 뽐낸다. 잎 모양은 중국단풍과 비슷한데, 잎끝이 3갈래로 갈라져서 가운데 것이 가장 긴 것이 마치 어린아이가 혀를 내밀어 '메롱' 하는 모양을 하고 있다.

신나무라는 이름은 이 나무의 옛 한글 발음 '신나모'에서 온 것으로, '신'은 단풍 풍楓을 의미하는 순우리말이다. 그래서 신나무를 풍수楓樹라고도 한다. 옛날 사람들은 신나무를 '때깔 나는 나무'라는 뜻의 색목色木이라 불렀는데, 여기에는 2가지 해석이 있다. 하나는 단풍나무속에 속하는 이 나무가 가을이면 아름다운 색깔의 단풍잎을 달기 때문이라는 해석과, 다른 하나는 이 나무의 잎을 삶은 물로 회흑색을 내는 염색을 했기 때문이라는 해석이 있다.

천연염색에서는 검은색을 내기가 무척 어려운데, 신나무로 여러 번 염색을 하면 회보라 빛을 띤 검은색을 얻을 수 있다. 옛날 우리 할머니들이 흰 저고리에 검은 무명치마로 입던 검정색도 신나무로 물을 들였으며, 스님이 입는 장삼을 비롯하여 법복에 색을 내는 데는 신나무 염색이 최고였다.

신나무는 눈병을 치료하는 안약으로도 한몫을 했다. 조선시대 의학자들의 전기를 엮은 《의림촬요醫林撮要》라는 책에 단풍나무의 일종인 신나무 가지를 달인 물을 따뜻하게 덥혀서 눈병을 치료하는 처방을 소개하고 있다.

신나무의 중국 이름은 다조척茶条槭은 신나무 뿌리가 차나무 뿌리와 비슷하게 생긴 것에서 유래한 것이며, 일본 이름 카라고기카에데鹿子木楓은 나무껍질이 '사슴의 얼룩과 같은 단풍나무'라는 뜻이다.

조경 Point

우리나라에 자생하는 단풍나무류 중에서 가장 키가 작은 종류로, 마을 근처의 계곡이나 계류 가장자리에서 발견할 수 있다. 도시공원의 푸른 잔디밭을 배경으로 단식하거나 넓은 장소에서 군식하면 단풍의 붉은 색을 더 강조해서 나타낼 수 있다. 아직은 많이 보급되지 않았지만 전망 있는 조경수 중 하나이다.

재배 Point

내한성이 강하며, 건조함을 싫어한다. 비옥하고 수분이 유지되며, 배수가 잘되는 곳에 식재한다. 해가 잘 드는 곳 또는 반음지를 선호한다. 이식은 3~4월, 10~11월에 한다.

병충해 Point

점박이응애는 잎뒷면에 기생하면서 흡즙가해하므로, 가해 잎의 표면이 퇴색되거나 황색을 띤다. 농약을 지속적으로 사용한 나무에 대발생하는 경우가 많다. 발생초기에 아세퀴노실(가네마이트) 액상수화제 1,000배액과 사이플루메토펜(파워샷) 액상수화제 2,000배액을 내성충의 출현을 방지하기 위해 교대로 1~2회 살포한다.

번식 Point

주로 종자로 번식시키는데, 종자를 채취한 후에 직파하거나 노천매장하였다가 파종한다. 반숙지삽의 경우는 발근촉진제를 처리하면 발근율을 훨씬 더 높일 수 있다.

은행나무

- 은행나무과 은행나무속
- 낙엽침엽교목
- 수고 60m
- 중국(저장성 서남부) 원산; 전국적으로 가로수, 공원수로 식재

학명 *Ginkgo biloba* 속명은 17세기 일본에서 사용되었던 은행나무의 일본 이름 gin(銀) kyo(杏)에서 유래한 것으로, 철자기재 잘못으로 y 대신 g가 들어가게 되었지만 확정된 학명은 그대로 쓸 수 밖에 없다. 종소명은 bi(2)와 loba(갈라지다)의 합성어로 잎의 모양을 묘사한 것이다.

영명 Maidenhair tree | 일명 イチョウ(銀杏) | 중명 銀杏(은행)

| 잎

긴가지에는 어긋나며,
짧은가지에는
3~5개씩 돌려난다.
잎 모양이 오리발을
닮아서 압각수라고도
한다.

40%

| 꽃

암그루 생식기

수그루 생식기

암수딴그루. 암수그루의 생식기는 잎이 전개하면서 동시에 성숙한다. 꽃가루는 꼬리가 달려 있고, 이동할 수 있어서 정충이라고 한다.

| 종자

달걀형이고
노란색으로
익으며,
계란 썩는
악취를 풍긴다.

| 뿌리

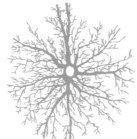

심근형. 수직근이 발달하고, 잔뿌리가
밀생한다.

| 겨울눈

원뿔형이며,
잎자국에 2개의
관다발자국을
가진 것이 특징이다.

수피

회갈색이고 세로로 긴 그물 모양이다.
성장함에 따라 세로로 갈라지고,
코르크층이 두껍게 발달한다.

지름 10cm

▲ 은행나무 산울타리

조경수 이야기

우리나라의 가로수 중에는 왕벚나무를 비롯한 벚나무류가 22%로 가장 많고, 은행나무가 18%로 그 다음을 차지하고 있다. 은행나무는 초기 생장은 느리지만, 도시의 공해에 잘 견디고 이식력도 강하며, 가을의 단풍과 나무의 수형이 아름답기 때문에 가로수로 많이 심는다. 식재 후 관리비가 적게 드는 것 또한 가로수로서의 큰 장점이다.

은행나무는 암수딴그루雌雄異株로 암나무와 수나무가 서로 곁에 있어야 열매가 열린다. 이는 동물의 정충精蟲처럼 생긴 꽃가루가 스스로 움직여서 난자를 찾아가 수정되어야만 비로소 열매를 맺기 때문이다. 은행나무가 단풍들 때 쯤이면, 암나무의 열매가 떨어져 나무 밑이 지저분하고 악취가 진동을 한다. 그래서 일부 지자체에서는 은행나무 암나무를 수나무로 교체하고, 여기서 뽑아낸 암나무는 가로가 아닌 녹지나 공한지에 심어 경관수 또는 유실수로 활용할 계획을 세우고 있다. 또 은행나무는 수명이 길고 수형이 아름다워서 독립수로도 많

이 활용되고 있다. 그래서 교목校木이나 시도목市道木으로 가장 많이 지정된, 우리와 아주 친숙한 나무이기도 하다.

은행나무는 생명력이 강하고, 오래 사는 장수목으로도 유명하다. 약 2억 5천만 년 전부터 지구상에 살아온 이 나무는 그동안 여러 번의 혹독한 빙하기를 견뎌내고 지금까지 살아온 1목·1과·1속·1종의 화석식물이다.

2차 세계대전 당시 일본 히로시마에 원자폭탄이 떨어진 후, 이듬해 가장 먼저 푸른 새싹을 틔울 정도로 강인한 생명력을 가진 나무이기도 하다.

중국에서는 은행나무 잎이 오리발을 닮아서 압각수鴨脚樹라 부르기도 하고, 20년 이상 자라야 열매를 맺기 때문에 할아버지가 심은 은행나무를 손자 대에서나 열매를 따먹을 수 있다는 뜻에서 공손수公孫樹라 부르기도 한다.

신라의 마지막 임금 경순왕이 고려 왕건에게 항복하기로 마음을 굳히자, 마의태자는 아버지의 뜻을 바꾸기 위

해 갖은 노력을 다한다. 그러나 부왕의 마음이 이미 결정된 것이라는 것을 안 태자는 월악산, 치악산을 넘어 용문산 용문사에 도착하여, 부처님 전에 삼배의 예를 올리고 항전의 의지를 다지며, 지니고 다니던 지팡이를 용문사 앞마당에 꽂고 금강산으로 들어간다.

이때 꽂은 지팡이가 우리나라에서 가장 오래된 은행나무로 알려진 천연기념물 제30호 양평 용문사 은행나무이다. 수령 1,100살, 높이 42m, 가슴높이 둘레 14m의 동양에서 가장 큰 은행나무이다.

◀ 양평 용문사 은행나무
천연기념물 제30호.
© 문화재청

조경 Point

공해와 병충해에 강하고, 관리가 거의 필요하지 않는 나무로 전국에 가로수로 많이 심겨진 수종이다. 초기생장은 느리지만, 정식 후 관리비 적게 드는 것 또한 가로수로 많이 선정되는 이유이다. 암나무는 열매가 떨어져 길이 지저분해지는 수가 있으므로, 접목으로 생산한 수나무를 식재하는 것이 좋다. 수명이 길고, 수형이 아름다워서 독립수로도 많이 이용되고 있다.

재배 Point

내한성이 강하며, 공해와 건조함에도 잘 견딘다. 햇빛이 잘 비치고, 배수가 잘되는 비옥한 토양에서 잘 자란다. 이식은 3~4월, 11~12월 초에 하고, 봄보다는 늦가을에 옮기는 것이 활착율이 높다.

나무	새순 개화							열매			단풍
월	1	2	3	4	5	6	7	8	9	10	11	12
전정	전정					전정						전정
비료	한비											한비

병충해 Point

은행나무는 지구상에 현존하는 가장 오래된 목본식물 중 하나이다. 이처럼 오랫동안 존속할 수 있는 이유는 이 나무에 특별히 심각한 병충해가 발생하지 않는다는 것이다. 그러나 근년에 식재환경의 악화와 지구온난화의 영향으로 열대성 악성병이 종종 발생한다.

은행나무의 해충으로는 거북밀깍지벌레, 박쥐나방, 어스렝이나방, 차주머니나방 등을 들 수 있다. 어스렝이나방은 애벌레의 섭식량이 많아서, 나무 1그루의 잎을 모두 먹어 치우는 경우도 있다. 애벌레 시기에 페니트로티온(스미치온) 유제 1,000배액 클로르플루아주론(아타브론) 유제 3,000배액을 수관에 살포하여 방제한다.

페스탈로치아잎마름병은 여름철 고온건조한 날씨가 계속되거나 태풍이 불고 난 후에 잘 발생하며, 큰 나무보다는 묘목에 피해가 심하다. 감염된 잎은 모아서 태우며, 강풍이나 태풍이 지난 후에는 클로로탈로닐(다코닐) 수화제 600배액 베노밀 수화제 1,500배액을 살포하고, 수세회복을 위하여 비관관리에 중점을 둔다.

또 나무를 튼튼하게 길러서 풍해, 한해, 일소현상 등에 대한 저항력을 갖게 하는 것이 중요하다. 이외에 그을음잎마름병, 줄기마름병(동고병) 등이 발생한다.

전정 Point

정원에 심었을 때는 원하는 수고까지 자랐다면 중심줄기를 잘라주어 옆 가지가 넓게 퍼지도록 유인한다. 매년 초여름에 자른 곳 근처에서 나온 새 가지 중에서 생육이 가장 좋은 가지만 남기고 다른 것은 잘라준다. 남긴 가지도 낙엽기에 잘라주면 봄에 갱신하여 일정한 크기를 유지한다.

면적이 넓은 곳에서는 자연수형으로 키우는 것이 좋다. 정형목은 자연수형으로 자란 가지를 50~60cm 정도의 간격으로 배치하고 나머지는 자른다. 남은 가지에 생긴 눈과 이 외의 곳에서 나온 부정아는 매년 겨울에 제거한다.

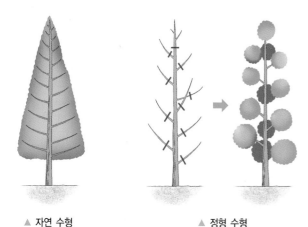

▲ 자연 수형　　　　▲ 정형 수형

10월경에 떨어진 은행종자를 주워 흐르는 물로 씻어서 과육을 제거한다. 이것을 바로 뿌리거나 흙과 반반 섞어서 망자루에 넣어 흙속에 묻고 보관한다. 다음해 봄에 입자가 작은 적옥토를 넣은 파종상에 뿌리고, 종자가 보이지 않을 정도로 흙을 덮어준다. 해가 잘 드는 곳에서 건조하지 않도록 관리하였다가, 다음해 3월에 이식한다.

숙지삽은 3~4월, 녹지삽은 6~7월, 가을삽목은 9~10월이 적기이다. 종자가 많이 열리는 품종의 암나무나 잎이 아름다운 반입종의 가지를 삽수로 선택한다. 녹소토, 버미큐라이트, 피트모스 등을 혼합한 흙을 넣은 삽목상에 꽂는다. 삽목 후에 반그늘에 두고 건조하지 않도록 관리하면, 반년 정도 지나서 발근한다. 새눈이 나오기 시작하면 서서히 햇볕이 비치는 곳에서 옮겨서 키우고, 2년 정도 그대로 관리한 후에 이식한다.

접목도 삽목과 마찬가지로 종자가 많이 열리는 품종이나 잎이 아름다운 반입종을 접수로 선택한다. 접목은 눈이 생기는 4~5월을 제외하면 연중 어느 때나 가능하다. 1~2년생 실생묘를 대목으로 사용하여 절접을 붙인다. 가로수로 심을 수나무를 생산하는데도 접목이 이용된다. 성장기인 6~8월에 가지를 환상박피하여 높이떼기로도 번식이 가능하다.

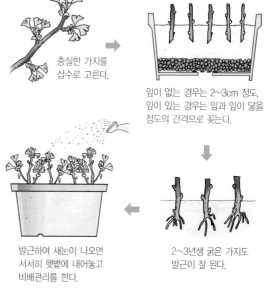

충실한 가지를
삽수로 고른다.

잎이 없는 경우는 2~3cm 정도,
잎이 있는 경우는 잎과 잎이 닿을
정도의 간격으로 꽂는다.

2~3년생 굵은 가지도
발근이 잘 된다.

발근하여 새눈이 나오면
서서히 햇볕에 내어놓고
비배관리를 한다.

▲ 삽목 번식

조구나무

- 대극과 조구나무속
- 낙엽활엽교목 ·수고 15m
- 중국 중남부, 대만, 베트남; 전라남도, 제주도에 식재

 학명 *Sapium sebiferum* 속명은 '수지를 함유한 소나무'의 라틴어 옛 이름 즉, 비누와 같은 즙액의 거품이란 뜻에서 비롯되었으며, 실제 조구나무류가 물에 녹으면 거품이 생긴다. 종소명은 '지방이 있는'이라는 뜻이다. ┃영명 Chinese tallow tree ┃일명 ナンキンハゼ(南京櫨) ┃중명 烏桕(조구)

| 잎

어긋나기.
마름모꼴이며,
잎끝이 새부리[鳥口]처럼
뾰족하다(이름의 유래).

30%

| 꽃

암꽃차례

수꽃차례

암수한그루. 윗부분에 10~15개의 수꽃이 달리고, 밑부분에는 2~3개의 암꽃이 달린다.

| 수피

회갈색이며,
잔가지는
껍질눈이 많다.
성장함에 따라
세로로 갈라지고,
작은 조각으로
벗겨진다.

| 겨울눈

둥근꼴 삼각형이며,
2~4개의
눈비늘조각에
싸여 있다.

| 열매

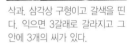

삭과. 삼각상 구형이고 갈색을 띤다. 익으면 3갈래로 갈라지고 그 안에 3개의 씨가 있다.

조경수 이야기

오구나무와 조구나무는 같은 나무다. 끝이 뾰족한 잎이 새부리 같다 하여 조구鳥口나무라 하며, 어떤 사람은 까마귀부리 같다 하여 오구烏口나무라고 부르기도 한다. 또 이 나무의 열매를 새가 좋아하기 때문에 새 먹이통이란 뜻으로 조구鳥桕나무, 혹은 까마귀 먹이통이란 뜻으로 오구烏桕나무라 부르기도 한다. 여러 가지 이름을 한글 또는 한자로 풀이한 어휘사전 《물명고》에는 오구목烏臼木으로 소개하고 있다. 〈국가표준식물목록〉에는 조구나무가 정명, 오구나무는 비추천명으로 올라와 있다. 조구나무는 중국 남부가 고향이며, 일본 이름 난킨하제南京櫨는 '중국 남경산 검양옻나무'라는 뜻이다.

늦가을에 열매가 익어 터지면서 씨를 둘러싼 하얀색 과육이 드러난다. 이것은 밀랍과 성질이 비슷한 일종의 식물성 왁스로, 불을 밝히는 초나 비누를 만드는데 사용되었다. 종소명 세비페룸sebiferum은 '지방脂肪이 있는'이라는 뜻이며, 영어 이름 차이니즈 탤로우 트리Chinese tallow tree 역시 '지방이 많은 나무'라는 의미이다. 중국의 산업기술 서적 《천공개물天工開物》에 의하면 "등불을 켜는 데는 오구나무 씨기름이 가장 좋으며, 초를 만드는 데도 오구나무 씨껍질이 최고급품이다"라고 쓰여 있다. 난대지방에서부터 열대지방에 걸쳐 기름을 얻기 위한 자원식물로 널리 재배되고 있으며, 우리나라에 처음 도입될 때는 목랍木蠟을 얻기 위한 목적이었다.

◀ 개똥지바퀴와 조구나무 열매

조경 Point

잎은 네모꼴의 달걀 모양이며, 가을이면 붉게 드는 단풍이 환상적으로 아름답다. 열매가 벌어지면 그 속에서 밀랍에 둘러싸인 하얀 종자 3개가 드러나는데, 이것이 마치 팝콘 같다 하여 '팝콘나무'라고도 부른다. 종자는 새들의 좋은 먹잇감이며, 새의 배설물에 의해 먼 곳까지 이동되어 자손을 퍼트린다. 공원 등 넓은 장소에 독립수나 녹음수로 심으면 환상적인 단풍과 새들의 지저귐 소리를 즐길 수 있다.

재배 Point

양수이고, 내한성과 내건성이 약하다. 생육환경은 햇빛이 많이 드는 곳과 습윤하고 거름진 토양이 좋다. 도심의 공해에 잘 견디며, 바닷가에서도 잘 자란다.

병충해 Point

모무늬병이나 뿌리혹선충병 등의 병해와 노랑쐐기나방 등의 충해가 발생하는 수가 있다. 비교적 병충해의 발생이 적은 편이다.

번식 Point

종자로 번식시킨다. 가을에 종자를 채취하여 노천매장해두었다가, 이듬해 봄에 파종한다.

화살나무

- 노박덩굴과 화살나무속
- 낙엽활엽관목 • 수고 2~3m
- 일본, 중국, 러시아 동부; 전국의 산지

학명 *Euonymus alatus* 속명은 그리스어 eu(좋은)와 onoma(명성)의 합성어로 '좋은 평판'이란 뜻이지만, 가축에 독이 될 수 있다는 나쁜 이름을 반대로 나타낸 것이라고 하며, 그리스 신화 중의 신의 이름이기도 하다. 종소명은 '날개가 있는'이라는 의미로 가지의 날개를 나타낸다.

영명 Winged spindle tree | 일명 ニシキギ(錦木) | 중명 衛矛(위모)

| 잎

50%

마주나기.
긴 타원형이며,
날카로운 잔톱니가 있다.
가을의 붉은 단풍이 아름답다.

| 꽃

양성화. 전년지의 잎겨드랑이에 황록색
꽃이 모여 핀다.

| 열매

삭과. 타원형이며, 붉은색으로 익는다.
종자는 주황색의 가종피에 싸여 있다.

| 겨울눈

◀ 회잎나무

물방울형이며,
가장자리에
테두리가 있다.
6~10장의
눈비늘조각에
싸여 있다.

| 수피

짙은 회갈색이며,
코르크질의 날개가 있다.

화살나무라는 이름은 줄기에 난 날개가 화살의 깃을 닮아서 붙여진 것이다. 중국 이름 귀전우鬼箭羽는 '귀신이 쏘는 화살'이라는 뜻이고, 또 다른 중국 이름 위모衛矛는 '창을 막는다'는 뜻이다. 종소명 알라투스alatus 역시 '날개가 있다'는 뜻이다. 모두 가지에 붙은 코르크질 날개와 관련이 있는 이름으로, 가지에 난 날개가 이 나무의 중요한 특징임을 말해주고 있다.

가지의 날개가 서로 마주보고 난 모습이 참빗을 연상시키므로 경남지방에서는 참빗살나무라고도 한다. 또 예로부터 민간에서는 화살나무의 날개를 태워서 그 재를 가시가 박힌 곳에 바르면 신기하게도 가시가 잘 빠져나와 가시나무라고도 불렸다.

일본 이름은 니시키기錦木인데, 이는 붉은 단풍이 비단같이 아름답다 하여 붙여진 이름이다. 우리나라 산야에서 흔하게 볼 수 있는 나무로, 가을에 붉게 물드는 단풍이 그 어떤 단풍나무보다 아름답다.

근래에는 단풍이 더욱 화려한 미국화살나무·산동화살나무·코카서스화살나무와 같은 외국의 원예품종이 많이 들어와 식재되고 있다.

화살나무에는 왜 날개가 붙어 있는 걸까? 나뭇가지에 너비 5mm 정도의 날개가 2~4줄씩 붙어 있으면 같은 굵기의 날개가 없는 회잎나무 E. alatus f. ciliatodentatus에 비해 3~4배는 굵게 보인다. 이른 봄에 초식동물이 순하고 맛있는 화살나무 새순을 먹기 위해 접근했을 때, 나뭇가지의 굵기로 질리게 만들어 자신을 보호하기 위한 것이라고 한다. 또 날개의 코르크질은 수베린suberin이라 하는 물질인데, 초식동물이 좋아하는 당분이 전혀 포함되어 있지 않아서 화살나무 가지와 새싹을 구태여 먹으려 하지 않는다는 것이다. 이러한 생존전략은 수많은 진화의 과정을 거치면서 만들어진 것이다.

화살나무나 회잎나무의 새순을 홑잎나물이라 하는데, "봄에 홑잎나물 세 번 무쳐먹으면, 부지런한 며느리로 칭찬을 받았다"는 속담이 있다. 그만큼 부지런해야 먹을 수 있고, 먹기도 힘들다는 뜻이다. 또 맛이 있어서 사람조차도 즐겨먹었으니, 초식동물들이야 더 말할 나위도 없었을 것이다.

조경 Point

우리나라 전국 산야에 자생하는 수종이다. 무엇보다 가지에 2~4열로 발달한 코르크 날개가 큰 특징이며, 화려한 단풍과 붉은 열매 또한 매혹적이다.

공원이나 주택정원에 무리로 심어 교목 밑의 하목, 차폐식재, 경계식재 등으로 활용하면 좋다. 특이한 모양의 가지의 날개는 겨울 꽃꽂이의 소재로도 사용된다.

▲ 매의 깃털로 만든 화살깃

ⓒ 霧木諒二

재배 Point

내한성이 강한 편이며, 배수가 잘되는 토양이라면 어디에서나 잘 자란다. 햇빛이 잘 비치는 곳이나 조금 그늘진 곳이 좋다.

해가 잘 비치는 곳에서 재배할 경우에는 습기가 충분히 있는 토양이 필요하다.

나무			새순		개화				단풍		열매	
월	1	2	3	4	5	6	7	8	9	10	11	12
전정	전정											전정
비료		한비										

병충해 Point

▲ 뿔밀깍지벌레

노랑배허리노린재, 노랑털알락나방, 분홍
등줄박각시(복숭아박각시), 사철나무혹파
리, 선녀벌레, 깍지벌레류 등이 발생한다.
노랑배허리노린재는 약충과 성충이 특히
열매에 많이 모여 흡즙가해한다.
벌레가 1~2마리 보이기 시작하면 페니트
로티온 유제, 1,000배액 또는 티아메톡삼
입상수화제를 2,000배액을 1~2회 살포
하여 방제한다.

전정 Point

자연수형으로 키워도 좋지만, 맹아력이 강하기 때문에 깎기전정
으로 수형을 정리하여 작은 키로 키우는 것도 좋다. 너무 강하
게 전정하면 도장지가 많이 발생하므로 수형이 나빠진다.
3~5년에 한 번 정도, 겨울에 도장지를 자르고 가지솎기를 하는
정도로 전정한다. 가지에 날개가 없는 회잎나무는 자연수형으로
키우는 것이 좋다.

번식 Point

10월경에 열매껍질이 조금 벌어지기 시작하면 채종한다. 흐르는
물로 과육을 씻어 내고 바로 파종하거나, 건조하지 않도록 비닐
봉지에 넣어 냉장고에 저장하였다가, 다음해 3월에 파종한다.
숙지삽은 2월 하순~3월, 녹지삽은 6~9월이 적기이다. 숙지삽
은 충실한 전년지를 삽수로 사용하고, 녹지삽은 충실한 햇가지
를 삽수로 이용한다. 숙지삽을 한 후에 따뜻한 곳에 두고 서리
를 맞지 않도록 주의한다. 녹지삽은 반그늘에 두고 건조하지 않
도록 관리한다. 1개월 정도 지나서 발근하며, 다음해 3월 상순
에 이식한다. 눈이 나오기 시작하기 전인 3월에 환상박피를 하
여 높이떼기로 번식시킬 수도 있다.

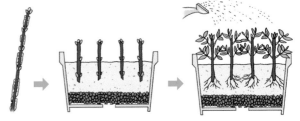

충실한 가지를
삽수로 이용한다.
날개가 붙은 가지를
사용해도 된다.

새눈이 나오면
서서히 햇볕에 내어
놓고 묽은 액비를
뿌려준다.

▲ 삽목 번식

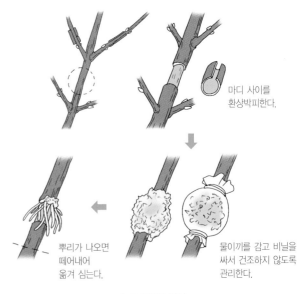

마디 사이를
환상박피한다.

뿌리가 나오면
떼어내어
옮겨 심는다.

물이끼를 감고 비닐을
싸서 건조하지 않도록
관리한다.

▲ 높이떼기 번식

괴불나무

- 인동과 인동속
- 낙엽활엽관목 • 수고 3~5m
- 중국, 일본; 평안도, 함경도, 황해도, 강원도, 경상북도, 충청북도 등 백두대간

 | **학명** *Lonicera maackii* 속명은 16세기 독일의 의사이자 식물학자인 Adam Lonitzer을 기념한 것이며, 종소명은 19세기 러시아의 식물분류학자 Richard Maack에서 유래한 것이다. | **영명** Amur honeysuckle | **일명** ハナヒョウタンボク(花瓢箪木) | **중명** 金銀忍冬(금은인동)

| 잎

마주나기.
달걀꼴 타원형이며,
가장자리는 밋밋하다.

50%

| 꽃

양성화. 잎겨드랑이에 흰색 꽃이 쌍으로 피었다가 노란색으로 변한다. 좋은 향기가 난다.

| 열매

장과. 구형이며, 9~10월에 붉은색으로 익는다. 맛이 무척 쓰다.

| 수피

회갈색이며,
오래되면
세로로 얇게
갈라져서
벗겨진다.

| 겨울눈

끝이 둔한 달걀형이며,
7~8쌍의 눈비늘조각에
싸여 있다.

괴불나무는 인동과 인동속의 덩굴 형태가 아닌 굵은 줄기를 가지고 3m 이상 크는 낙엽관목이며, 금은인동·마씨인동·금은목 등의 이름으로도 불린다. 그런데 관목성의 괴불나무가 덩굴성의 인동덩굴과는 어떤 연관이 있기에 '인동'이라는 이름이 들어가는 것일까? 꽃을 보면 이 두 나무가 한 집안 식구라는 것을 금방 알 수 있다. 괴불나무 꽃은 인동덩굴 꽃과 같이 흰색으로 무리지어 피고 향기가 있으며, 처음에는 흰색이다가 차츰 노란색으로 변한다. 그래서 중국 이름도 금은인동金銀忍冬이다.

가을에 빨간색으로 익는 괴불나무 열매는 대체로 쌍쌍이 마주보고 달린다. 옛 사람들은 이것을 보고 개불알을 떠올린 것 같다. 그래서 '개불알나무'라 부르다가 점차 괴불나무로 변한 것으로 보인다. 제주도에서는 이보다 더 직설적으로 '개불낭'이라고 부른다.

◀ 괴불나무 열매와 표주박

어떤 이는 툭 튀어나와 벌어진 꽃잎 조각이 마치 예전에 어린이들이 주머니끈 끝에 차던 노리개, '괴불'을 닮았다 하여 붙여진 이름이라 주장하기도 한다. 일본 이름은 하나효단보쿠花瓢簞木인데, 2개씩 붙어서 열리는 열매가 마치 표주박瓢簞을 닮았다 하여 붙여진 이름이다.

작고 빨간 구슬 같은 열매는 수분이 많아서 산새들에게는 좋은 먹이가 되지만, 약하나마 독성이 있으므로 사람이 먹을 수는 없다.

조경 Point

흰색 꽃은 관상가치가 높을 뿐 아니라, 벌과 나비의 좋은 밀원식물이기도 하다. 가을에 붉게 익는 작은 열매 역시 아름다우며, 야생조류의 좋은 먹이가 된다.

내한성과 내공해성이 강하며 맹아력도 좋아서, 작은 덤불이 필요한 도심공간에 심으면 꽃과 열매를 감상할 수 있다.

재배 Point

내한성은 강한 편이며, 배수가 잘되고 햇빛이 잘 비치는 곳 또는 반음지에서 잘 자란다. 토양산도는 pH 5.5~8.0 이고, 생장율은 중간 정도이다.

병충해 Point

녹병에는 디페노코나졸(로티플) 액상수화제 2,000배액, 들명나방에는 페니트로티온(스미치온) 유제 1,000배액, 흰불나방에는 페니트로티온(스미치온) 유제 1,000배액을 살포하여 방제한다.

꽃도 열매도 빈약하게 보이므로, 가능하면 가지 수를 많아지도록 전정한다.

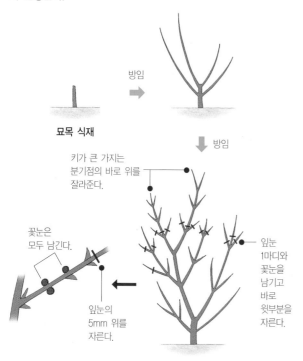

방임

묘목 식재

방임

키가 큰 가지는
분기점의 바로 위를
잘라준다.

꽃눈은
모두 남긴다.

잎눈의
5mm 위를
자른다.

잎눈
1마디와
꽃눈을
남기고
바로
윗부분을
자른다.

원하는 수고가 된 겨울

가을에 열매를 채취하면 과육을 제거하고 젖은 모래와 섞어서 저온저장해두었다가, 다음해 봄에 파종한다. 종자가 작기 때문에 파종 후에 복토를 깊게 하지 않으며, 발아할 때까지는 2~3년 정도 걸린다.

숙지삽과 녹지삽이 가능하다. 발근촉진제 처리를 하고, 미스트 장치가 있는 곳에서 꺾꽂이하면 발근율을 높일 수 있다.

꽃사과

- 장미과 사과나무속
- 낙엽활엽소교목 • 수고 5~8m
- 유럽 및 아시아가 원산지; 전국에 식재

 학명 *Malus prunifolia* 속명은 그리스어 mala(빵, 턱)에서 비롯되었으며, apple(사과)의 라틴명이다. 종소명은 '플럼(plum)과 같은 색깔의 잎을 가진'이라는 뜻이다. |영명 Crab apple |일명 ヒメリンゴ(姫林檎) |중명 海棠果(해당과)

| 잎

어긋나기.
타원형 또는
달걀형이며,
가장자리에
톱니가
위쪽으로
향해 나있다.

30%

| 꽃

양성화. 짧은가지 끝에 5~7개의 흰색 또는 연분홍색 꽃이 잎겨드랑이를 따라 달린다.

| 겨울눈

달걀형이며, 털이 있다가
점차 없어진다.
3~4장의 눈비늘조각에
싸여 있다.

| 열매

이과. 구형이며 붉은색으로 익는
다. 신맛이나 떫은 맛이 난다.

| 수피

지름 15cm

암회색 또는 흑갈색이
며, 오래되면 거칠게
갈라진다.

조경수 이야기

우리나라에는 장미과 장미속 소속의 해당화라는 나무가 따로 있지만, 중국에서는 장미과 사과나무속의 나무를 해당화라 부르며, 서부해당·수사해당·운난해당·호북해당 등 10여 가지 종류의 해당화가 있다. 이들은 서로 비슷하지만 약간씩 다른데, 우리나라에서는 이들을 대부분 꽃사과라고 부르는 경우가 많다. 꽃사과는 모양이 매우 다양하여, 학자들 사이에서 그 분류학적 위치를 두고 의견이 분분한 것도 바로 이 때문이다.

꽃사과는 봄이면 나무 전체를 뒤덮을 정도로 많은 꽃을 피운다. 꽃빛깔은 진분홍색이 대부분이지만 흰색·연분홍색·붉은색 등이 있고, 겹꽃이 많지만 그렇지 않은 것도 있다. 가을이면 새알 굵기 정도의 빨간 열매가 조롱조롱 달리는데, 보통은 지름 1~2cm 정도의 작은 사과 모양이지만 이보다 훨씬 굵은 것도 있다.

꽃사과와 비슷한 종류로 수사해당화와 서부해당화가 있다. 수사해당화는 2~5cm 정도의 실처럼 긴 꽃자루 끝에 은은한 연분홍색 꽃을 드리운다 하여 수사垂絲라는 이름이 붙여졌다. 서부해당화는 꽃봉오리는 붉은빛이지만 꽃이 완전히 피면 연분홍빛을 띠며, 열매는 꽃사과보다 작다.

당나라 현종이 봄 정취를 즐기기 위해 양귀비를 불렀을 때, 양귀비가 술에 취한 얼굴로 나왔다. 현종이 아직 술에 취해 있느냐고 묻자 양귀비가 대답하기를 "해당미수각海棠未睡覺", 즉 '잠이 덜 깬 해당화'라고 대답했다. 여기서 해당화란 장미과 장미속의 우리나라 해당화를 가리키는 것이 아니고, 중국에서 말하는 장미과 사과나무속의 해당화를 의미한다.

조경 Point

공원이나 아파트 등에 널리 심어져서 흔하게 볼 수 있는 조경수이며, 만개하면 꽃이 온 나무를 뒤덮어 장관을 이룬다. 아파트에서는 비슷한 종류의 산사나무, 산딸나무 등과 함께 심어도 잘 어울린다. 꽃의 색과 모양이 다양하기 때문에 심는 곳에 잘 어울리는 종류를 선택하여 심으면 좋다. 가을에 주렁주렁 열리는 작은 열매도 관상가치가 있으며, 새들의 좋은 먹이가 된다.

재배 Point

적당히 비옥하고 다습하지만, 배수가 잘되는 토양이 좋다. 내한성은 강한 편이며, 햇빛이 잘 비치는 곳이 적지이지만 반음지에서도 잘 자란다.

나무				개화	└새순			꽃눈분화		열매		
월	1	2	3	4	5	6	7	8	9	10	11	12
전정	전정					전정					전정	
비료		한비			시비							

병충해 Point

병해로는 붉은별무늬병(녹병균)이 있다. 4~5월에 잎 앞면에 지름 2~5mm의 오렌지색 원형 병반이 나타나고, 그 위에 수 십개의 작은 흑갈색 점(녹병정자기)이 생기며, 여기에서 점질물(녹병정자)가 스며나온다. 5~6월에 잎의 병반 뒷면에 5mm 정도의 털 같은 돌기(녹포자기)가 나타난다. 이 녹포자기가 성숙해서 터지면 그 안에서 오렌지색 녹포자가 방출되어 바람에 날려 근처의 향나무로 옮겨와 햇잎을 감염시킨다.

7~8월의 잠복기를 거쳐 다음해 2~3월에 향나무의 침엽기부에 적갈색의 작은 돌기(겨울포자퇴)를 형성한다. 예방법은 꽃사과 주위에 중간기주인 향나무류를 심지 않는 것이며, 방제법은 4~5월에 터부코나졸(호리쿠어) 유제 2,000배액, 트리아디메폰

(티디폰) 수화제 1,000배액을 10~15일 간격으로 3~4회 살포한다. 또한 꽃사과 주위에 있는 향나무에도 같은 약제를 10일 간격으로 2~3회 살포한다. 녹자색의 반점이 생겨서 점점 커지는 균핵병은 주로 어린 가지의 잎에 발생하는데 베노밀 수화제,

▲ 사과등에잎벌 피해잎

만코제브 수화제 등을 살포하여 방제한다. 그 외에 근두암종병(뿌리혹병), 백문우병, 흰가루병, 잿빛무늬병, 부란병, 꽃썩음병 등의 병해와 진딧물, 응애, 하늘소 등의 해충이 발생한다.

전정 Point

목적에 따라 2가지 방법으로 전정할 수 있다. 먼저 꽃이 피는 시기를 앞당기는 전정으로, 이 방법으로 전정하면 가지의 모양이 산만해져서 수형이 좋지 않다.

다른 방법은 단정한 가지 모양을 가진 수형을 만들 수 있지만 꽃이 피는 시기는 늦어진다. 전정을 할 때마다, 불필요한 가지를 잘라주면 더 좋은 수형을 만들 수 있다.

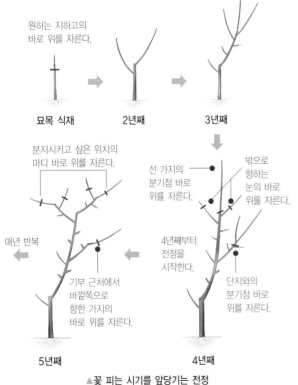

▲꽃 피는 시기를 앞당기는 전정

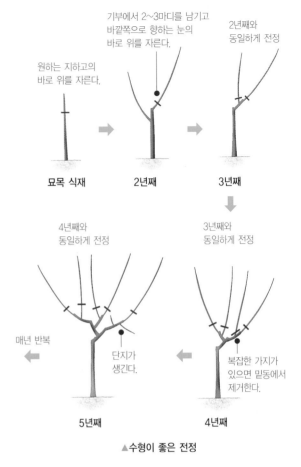

▲수형이 좋은 전정

번식 Point

아그배나무, 야광나무, 사과나무 등을 대목으로 사용하여 접목으로 번식시킨다. 1~2개월 전에 접수를 채취해서 모래 속에 저장해 두었다가 지온이 15℃ 이상 오르며(4월 중순경) 절접을 붙인다.

낙상홍

- 감탕나무과 감탕나무속
- 낙엽활엽관목 • 수고 2~3m
- 일본 원산, 중국; 전국에 식재

 | 학명 *llex serrata* 속명은 '늘푸른 참나무류(Quercus ilex)의 잎과 비슷함'에서 유래한 것이며, Holly genus(호랑가시나무류)에 대한 라틴명이다. 종소명은 '톱니가 있는'이라는 뜻이다. | 영명 Japanese winterberry | 일명 ウメモドキ(梅擬) | 중명 落霜紅(낙상홍)

| 잎

어긋나기.
달걀꼴 타원형이며,
가장자리에 날카로운
톱니가 있다.
잎면의 감촉이
까슬까슬하다.

100%

| 꽃

암꽃

수꽃

암수딴그루. 잎겨드랑이에 연한 자주 또는 연분홍색 꽃이 모여 핀다.

| 수피

짙은 회갈색을
띠며, 껍질눈이
있고 평활하다.

| 열매

핵과.
구형이며,
붉은색으로
익는다.
찜처럼
떫은 맛과
단맛이 난다.

| 겨울눈

구형 또는 원추형이며,
곁눈 밑에 세로덧눈이
붙는다.
4~8장의 눈비늘조각에
싸여 있다.

▲ 미국낙상홍(*l. verticillata*)
낙상홍보다 더 많은 열매가 달리고
1.5배 정도 더 크며, 색깔도 더 붉고
선명하다.
ⓒ SB_Johnny

천지가 흰 눈으로 덮인 겨울에는 꽃이나 단풍은 찾아볼 수 없고, 가끔 붉은 열매가 눈에 띈다. 낙상홍이나 호랑가시나무는 빨간 열매, 화살나무나 태산목, 돈나무는 주황색 열매, 작살나무는 보라색 열매를 매달고 있다. 산사나무 · 찔레나무 · 덜꿩나무 · 팥배나무 · 먼나무 등도 붉은색의 탐스러운 열매를 달고 산새들을 유혹한다.

겨울을 대비해서 식물들은 에너지 소비를 최소한으로 줄이기 위해 불필요한 것을 모두 털어내고 오직 생존과 결실에만 힘을 쏟는다. 이런 나무들은 꽃이 작고 보잘것없어서 온갖 꽃들이 다투어 피어나는 봄 · 여름에는 존재감을 발휘하지 못하지만, 삭막한 겨울이면 보석처럼 빛나는 자신의 참모습을 과시한다.

낙상홍이란 이름은 중국 이름 낙상홍을 그대로 차용한 것으로, 붉게紅 익은 열매가 서리霜가 내리고 잎이 떨어진落 후에도 달려있다 해서 붙여진 이름이다. 영어 이름도 윈터 베리Winter berry이다. 이름만 들어서는 우리나라 야산에서 흔하게 만날 수 있는 나무 같지만, 일본이 원산지인 수입종이다.

낙상홍은 암수딴그루이기 때문에 열매를 감상할 목적으로 심는다면 암나무인지를 꼭 확인해야 한다. 관상수

◀ 낙상홍 분재

로는 낙상홍보다 열매가 더 크고 많이 달리는, 미국낙상홍을 많이 심는다. 낙상홍 꽃이 연한 자주색인데 비해 미국낙상홍 꽃은 흰색이며, 열매가 흰색 또는 노란색인 개량종도 있다.

조경 Point

낙상홍은 이름처럼 흰 눈을 배경으로 붉은 열매가 겨우내 달려 있어서 겨울의 정취를 더해준다.

공해와 염분에 강하여 도심의 공원이나 바닷가에서도 생장력이 우수하다. 주택의 정원에는 현관이나 테라스 앞에 심어서 열매를 감상하고 새도 불러 올 수 있어서 좋다.

암수딴그루이므로 많은 열매가 열리게 하려면 암나무와 수나무를 함께 심어야 한다.

재배 Point

습기가 있고 배수가 잘되며 건조하지 않으면, 어떤 토양에서도 잘 자란다. 적당히 비옥하고 부식질이 풍부한 토양이 좋다.

식재나 이식은 늦겨울 혹은 초봄이 적기이다.

나무				새순		개화						열매
월	1	2	3	4	5	6	7	8	9	10	11	12
전정		전정										전정
비료		한비				시비						

병충해 Point

깍지벌레가 생기는 수가 있는데, 소량이 발생한 경우에는 솔 같은 것으로 긁어내어 제거한다.

5~7개의 줄기가 부채 모양으로 뻗어 자연스러운 수형을 나타내는 조경수이다. 그러나 어린 묘목일 때는 줄기가 하나이므로, 주위에 발생한 세력이 강한 움돋이는 자르지 않고 키워서 주립상 수형으로 만든다.

도장지는 5~6매 정도의 잎만 남기고 잘라준다. 전정을 거의 하지 않아도 되는 관리가 수월한 조경수이다. 그러나 가지가 너무 복잡하거나 크기가 너무 큰 경우에는 낙엽기에 전정을 해서 가지의 수를 줄여준다.

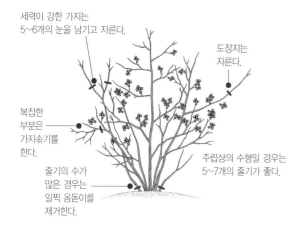

세력이 강한 가지는 5~6개의 눈을 남기고 자른다.

도장지는 자른다.

복잡한 부분은 가지솎기를 한다.

주립상의 수형일 경우는 5~7개의 줄기가 좋다.

줄기의 수가 많은 경우는 일찍 움돋이를 제거한다.

9월경에 잘 익은 열매를 채취하여 과육을 제거한 다음 노천매장을 해두었다가, 다음해 봄에 파종한다. 종자가 작기 때문에 얕게 복토하고, 건조하지 않도록 관리한다.

실생 번식은 개화·결실까지 6~7년의 오랜 시간이 걸리며, 꽃이 핀 후에야 암나무인지 수나무인지를 구별할 수 있다. 따라서 열매를 관상하기 위해서는 결실이 잘 되는 암그루를 골라 분주, 접목 또는 삽목 등의 방법으로 번식시키는 것이 편리하다.

조경수 상식

■ 잎이 붙는 모양

어긋나기(호생)

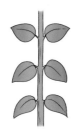
마주나기(대생)

돌려나기(윤생)

모여나기(속생)

노린재나무

- 노린재나무과 노린재나무속
- 낙엽활엽관목 · 수고 2~5m
- 중국(북동부), 일본; 전국에 산지에 자생

 학명 *Symplocos chinensis* f. *pilosa* 속명은 그리스어 symploke(결합한)라는 뜻으로 수술의 밑부분이 붙어 있는 것에서 유래한 것이다. 종소명은 '중국의', 품종명은 '부드럽고 긴 털로 덮여있는'을 뜻한다. | 영명 Asian sweetleaf | 일명 サワフタギ(澤蓋木) | 중명 華山礬(화산반)

| 잎

어긋나기.
반듯한 긴 타원형이며,
가장자리에 잔톱니가 있다.
잎의 질감은 거칠다.

60%

| 꽃

양성화. 새가지 끝과 잎겨드랑이에 흰색
꽃이 모여 피며, 향기가 있다.

| 열매

핵과. 타원형이며, 청자색으로 익는다.
약간 아린 맛이 난다.

| 수피

회갈색이고,
성장함에 따라
세로로 갈라진다.
노목에서는
코르크층이 발달한다.

| 겨울눈

달걀형 또는 원추형이고
끝이 뾰족하며,
6~8장의 눈비늘조각에
싸여 있다.

| 뿌리

중근형. 중·대경의 수평근과 수직
근이 발달한다.

노린재라는 이름은 '곤충 노린재가 좋아하는 나무'라는 뜻이 아니라, 염색할 때 이 나무를 태운 재를 매염제로 사용하는데 잿물이 노란색을 띤다고 해서 붙여진 이름이다. 따라서 노란 재를 만드는 나무라고 하여 황회목黃灰木이라고도 부른다. 섬유를 염색할 때 염색제가 잘 묻지 않으면, 섬유와의 친화력을 높여주기 위해 사용하는 백반이나 타닌과 같은 물질을 매염제라 한다. 하지만 옛날에는 백반이나 탄닌을 구하기 어려워서 노린재나무의 가지나 단풍잎을 태운 잿물을 매염제로 사용했다. 조선시대의 의식주에 관한 내용을 정리한 《규합총서閨閤叢書》에도 '자초염색을 할 때는 노란 잿물을 받아 사용한다'고 기록되어 있어서, 노린재나무가 조선시대에는 중요한 매염제였음을 알 수 있다. 또 산에서 나는 백반이라고 해서 산반山礬이라 불리기도 한다.

가을이면 타원형의 작은 열매를 맺는데, 익으면 짙은 남빛을 띤다. 대개 나무 열매가 빨간색이나 노란색인데 반해, 노린재나무 열매는 잉크처럼 짙은 파란색을 띠는 것이 특이하다. 초본이 아닌 목본의 열매가 파란색을 띠는 것은 극히 드물다. 일본에서는 노린재나무 열매를 청금석靑金石이라 부른다. 청금석은 유리琉璃라고도 하는데, 동서양을 막론하고 종교에서 최고급 색으로 취급되고 있다. 불교에서 유리는 정유리광세계淨瑠璃光世界라 하여 정토를 상징하는 색이며, 기독교에서는 모세가 하나님으로부터 받은 십계명이 청금석 석판에 새겨져 있다고 알려져 있다.

▲ 청금석
남아메리카의 안데스 지방, 러시아의 바이칼호 등에서 산출되며, 예로부터 보석으로 애용되어 왔다.
© Wikimedia commons

조경 Point

5월에 피는 수술이 긴 하얀 꽃은 흰 눈이 나무를 덮은 것과 같은 장관을 연출하며, 가을의 남색 열매와 단풍 또한 관상가치가 높다. 큰 나무 아래 무리로 식재하면 야생미를 살릴 수 있으며, 소나무 밑에 진달래나 철쭉 등과 같이 심어도 좋은 조화를 이룬다.

재배 Point

내한성이 강하며, 다습하지만 배수가 잘되는 중성~산성의 비옥한 토양이 좋다. 충분한 햇빛이 비치는 곳에 재배하며, 너무 노출된 장소는 피한다.

병충해 Point

박주가리진딧물, 식나무깍지벌레, 뒤흰띠알락나방 등의 해충이 발생한다. 박주가리진딧물은 새가지와 잎뒷면에 군집하여 흡즙 가해하며, 배설물에 의해 그을음병이 발생하여 미관을 해친다. 이미다클로프리드(코니도) 액상수화제 2,000배액을 10일 간격으로 2회 살포하여 방제한다.

뒤흰띠알락나방에 의한 피해는 주로 산림에 있는 노린재나무에서 발생하며, 잎의 앞면을 가해하므로 눈에 잘 띈다. 좀벌류, 맵시벌류, 알좀벌류 등의 기생성 천적을 이용하는 것도 좋은 생물학적 방제법이다.

번식 Point

삽목도 가능하지만 발근율이 좋지 않아서 주로 종자로 번식시킨다. 9~10월에 종자를 채취하여 1주일 정도 물에 가라앉힌 뒤, 물로 과육을 씻어 제거하고 노천매장을 해두었다가, 다음해 봄에 파종한다.

노박덩굴

- 노박덩굴과 노박덩굴속
- 낙엽덩굴식물 • 길이 10m
- 중국, 러시아, 일본: 전국의 산지에 분포

 | 학명 *Celastrus orbiculatus* 속명은 그리스어 kelastros(상록담쟁이)에서 유래한 것으로, 겨울에도 열매가 달려 있는 것을 뜻한다. 종소명은 '원형의'라는 뜻이다. | 영명 Oriental bittersweet | 일명 ツルウメモドキ(蔓梅擬) | 중명 南蛇藤(남사등)

| 잎

어긋나기.
타원형 또는 원형이며,
가장자리에
얕은 톱니가 있다.
잎끝이 길게 뾰족하다.

40%

| 꽃

암꽃

수꽃

암수딴그루. 황록색 꽃이 잎겨드랑이, 때로는 새가지 끝에 모여 핀다.

| 겨울눈

구형 또는 원추형이며,
끝이 뾰족하다.
가장 바깥쪽 눈비늘은
갈고리 모양이다.

| 열매

식과. 구형이고 노란색을 띠며, 익으며
3갈래로 갈라진다. 종자는 황적색 헛
씨껍질에 싸여있다.

| 수피

지름 3cm

회갈색이며,
성장함에 따라
세로로 긴
그물모양이 되고
융기한다.

노박덩굴이라는 이름은 '덩굴성 줄기가 길 위까지 뻗쳐 나와 길路을 가로막는다'는 뜻의 노박廢路廢 덩굴에서 유래한 것이다. 꽃은 5~6월에 연녹색으로 피고, 열매는 10월에 노란색으로 익으면 겉껍질이 3개로 갈라지면서 노란빛이 도는 붉은색의 종자가 드러난다.

늦가을의 노란 열매와 줄기는 꽃꽂이의 소재로 많이 이용된다. 봄에 돋아나오는 새순은 나물로 먹고, 줄기와 가지의 껍질에서 섬유를 뽑아 밧줄이나 노끈을 만드는 데 사용했다.

우리나라에는 약 20종 정도의 노박덩굴과의 식물이 자라고 있는데, 줄사철나무·화살나무·회나무·갈매나무·참빗살나무·미역줄나무 등이 이에 속한다. 이들의 특징은 모두 열매가 헛씨껍질假種皮에 싸여 있다는 것이다. 다른 종류같이 보이는 사철나무도 열매를 보면 노박덩굴과의 식물이라는 것을 금방 알 수 있다.

북한에서 펴낸 의학서《약초의 성분과 이용》에 보면 "노박덩굴 뿌리는 피 순환을 잘하게 하는 약으로 쓴다. 또 곪은 피부질병에 바른다. 민간에서는 허리 통증이나 류머티즘이 있을 때, 씨 1~1.5개를 먹으면 진정·진통작용이 있는 알려져 있다.

또 노박덩굴 열매는 월경이 없을 때 쓰며, 성 기능을 높이는 약, 염증약·항종양약·방부약·담즙분비약으로 쓴다. 뿌리껍질은 마취약·이뇨약·구토약·땀내기약·설사약·살충약·유산시키는 약으로 쓴다. 잎즙은 아편 중독에 해독약으로 쓴다"고 적혀 있다.

독사에 물렸을 때, 노박덩굴 잎을 찧어 웅황과 소주를 적당량 넣고 버무려 상처 주위에 바르면 잘 낫는다고 한다. 중국 이름 남사등南蛇藤도 노박덩굴 잎이 뱀독의 해독과 치료에 효과가 있는 것에서 유래한 것이다.

조경 Point

우리나라 중남부지방의 야산에서 흔하게 볼 수 있는 호광성 낙엽활엽 덩굴식물이다. 10월에 익는 노란색 캡슐열매 속에 빨간 종자가 들어 있는데, 이것은 화병에 꽂아 꽃꽂이의 소재로도 이용된다.

줄기의 신장력이 좋아서 담장, 퍼걸러, 아치 등의 조경시설물에 올리거나, 등나무와 칡과 같은 다른 덩굴식물과 함께 심어도 좋다. 비탈면 경사지나 절개지에 지면피복용으로도 심을 수 있다.

재배 Point

내한성이 강하며, 햇빛이 잘 들고 배수가 잘되는 토양에 식재한다. 결실을 보기 위해서는 암나무와 수나무를 최소한 1주씩은 심어야 한다. 10m 이상 크게 키울 경우에는 지주를 세워준다.

병충해 Point

목화진딧물, 잠자리가지나방, 버드나무얼룩가지나방 등의 해충이 발생하는 수가 있다. 버드나무얼룩가지나방은 사철나무에 많

◀ 노박덩굴 분재

이 발생하는 해충으로 알려져 있으며, 대발생하는 경우에는 잎을 모조리 먹어치우기도 한다.

애벌레발생기에 티아클로프리드(칼립소) 액상수화제 2,000배액, 인독사카브(스튜어드골드) 액상수화제 2,000배액을 1~2회 살포하여 방제한다. 흰가루병이 발생하면 페나리몰(훼나리)수화제 3,000배액을 발생초기에 1주 간격으로 2~3회 살포하여 방제한다.

▲ 버드나무얼룩가지나방

가을에 종자를 채취한 후 과육을 제거하고 노천매장을 해두었다가, 다음해 봄에 파종한다. 경삽(가지꽂이)이나 근삽(뿌리꽂이)도 가능하다.

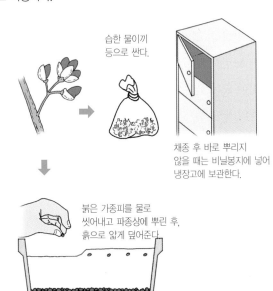

습한 물이끼 등으로 싼다.

채종 후 바로 뿌리지 않을 때는 비닐봉지에 넣어 냉장고에 보관한다.

붉은 가종피를 물로 씻어내고 파종상에 뿌린 후, 흙으로 얇게 덮어준다

▲ 실생 번식

딱총나무

- 인동과 딱총나무속
- 낙엽활엽관목 • 수고 3~5m
- 일본, 중국, 러시아, 몽골; 전국의 산지

학명 *Sambucus williamsii* var. *coreana* 속명은 그리스어 sambuce(고대 악기)에서 온 것으로 주립한 가지의 모양이 이 악기와 비슷한 것에서 유래된 것이다. 종소명은 영국의 Newton Williams를 기념한 것이며, 변종명은 '한국의'라는 뜻이다.

영명 Korean elder | 일명 コウライニワトコ(高麗接骨木) | 중명 朝鮮接骨木(조선접골목)

잎

마주나기.
작은잎이 2~3쌍인
홀수깃꼴겹잎이다.
작은잎은 긴 타원형이며,
끝이 길게 뾰족하다.

20%

꽃

양성화. 새가지 끝에 황백색 또는 황록색 꽃이 취산꼴 원추꽃차례로 핀다.

열매

핵과. 구형이며, 붉은색으로 익는다. 쓴맛이 난다.

수피

연한 갈색이며, 성장함에 따라 세로로 거칠게 갈라지고 코르크층이 발달한다.

겨울눈

하나의 겨울눈 속에
꽃눈과 잎눈이
함께 들어있다(섞임눈).
눈비늘조각은 6~8장.

▲ 섞임눈에서 잎과 꽃으로 전개한 모습

손으로 비비면 아이들이 가지고 노는 장난감 딱총에서 나는 화약 냄새가 난다고 하여, 딱총나무라는 이름이 붙여졌다. 혹은 나무의 속이 푸석하여 꺾으면 '딱' 하는 총소리가 난다고 하여 붙은 이름이라고도 한다. 딱총나무의 중국 이름은 접골목接骨木인데 이름이 말해 주듯이 뼈가 부러지거나 삐었을 때 혹은 부딪혀 멍들었을 때, 이 나무의 줄기를 달여 마시면 이만한 게 없다고 한다. 또 꾸준히 복용하면 골수를 채워주는 작용을 하여 골다공증도 치료하고 예방할 수 있다고 하니, 이름값을 톡톡히 하는 것 같다.

딱총나무류에는 딱총나무·덧나무·지렁쿠나무·말오줌나무 등이 있으며, 모두 작고 붉은 열매가 많이 열리는데, 매우 아름다워 근래에는 관상용으로 널리 활용되고 있다. 딱총나무는 우리나라·중국 북부·사할린·일본 등지에 분포하며, 서양에도 있는데 서양접골목은 엘더 Elder라 한다. 딱총나무와 엘더는 조금 차이가 나는데, 열매가 딱총나무는 진홍색이고 엘더는 흑자색을 띤다.

우리나라 딱총나무나 서양엘더의 죽은 나무에서 목이木耳버섯이 돋아나오는데, 이것은 오장의 독기를 풀어 주므로 한방약재로 널리 쓰인다. 또 목이버섯이 들어간 음식은 더디 상하므로, 냉장고가 없었던 옛날에는 매우 긴요하게 쓰였다고 한다. 특히 울릉도에서 자생하는 말오줌나무에서 생긴 목이버섯이 유명하다.

◀ **목이버섯**
버섯 모양이 나무의 귀와 같다고 하여 붙여진 이름이다.
© Akira Sasaki

조경 Point

황록색 꽃과 붉게 익는 열매가 관상가치가 있는 나무이다. 가을에 조롱조롱 열리는 붉은 열매는 어두운 숲속에서도 금방 눈에 뜨일 정도이다. 지금까지는 조경수보다 약용수로 많이 재배되고 있지만, 앞으로 조경수로 활용 가능성이 기대되는 나무이다. 정원 모퉁이에 첨경수로 한 그루 정도 심으면 좋을 듯하다.

재배 Point

적당히 비옥하고 부식질이 풍부하며, 습기가 있지만 배수가 잘 되는 토양에 재배한다. 충분히 햇빛이 비치거나 부분적으로 그늘지는 곳이 좋다. 이식은 3월, 10~11월에 한다.

병충해 Point

딱총나무수염진딧물, 참긴더듬이잎벌레, 두점알벼룩잎벌레 등의 해충이 발생한다. 딱총나무수염진딧물은 가해식물의 새잎이나 신초에 모여 살면서 흡즙가해하며, 피해를 받은 잎은 부분적으로 갈변하며 일찍 낙엽이 진다.

5월 하순경에 이미다클로프리드(코니도) 액상수화제, 수화제 2,000배액을 10일 간격으로 2회 살포하여 방제한다.

▲ **참긴더듬이잎벌레**

번식 Point

1월 하순~2월 중순에 삽수를 구해서 젖은 모래에 저장해 두었다가, 2월 하순~3월 중순에 숙지삽을 한다. 6월 중순~7월에 녹지삽도 가능하다. 실생 번식은 채종한 열매의 과육을 제거한 후, 습기가 있는 모래와 섞어 노천매장을 해두었다가, 봄에 파종한다. 발아까지는 2~3년 정도 걸린다.

말오줌나무

- 인동과 딱총나무속
- 낙엽활엽관목 • 수고 4~5m
- 한국 원산; 울릉도 특산 식물

학명 *Sambucus sieboldiana* var. *pendula* 속명은 그리스어 sambuce(고대 악기)에서 온 것으로, 주립한 가지의 모양이 이 악기와 비슷한 것에서 유래된 것이다. 종소명은 독일의 의사이자 식물학자 Siebold를 기념하는 것이며, 변종명은 '밑으로 처진'이라는 뜻이다.
영명 Ulleungdo elder ㅣ **일명** ニワトコ(接骨木) ㅣ **중명** 無梗接骨木(무경접골목)

| 잎

20%

마주나기.
작은잎이 2~3쌍인
홀수깃꼴겹잎이다.
잎을 비비면
이상한 냄새가 난다.

| 꽃

양성화. 가지 끝에 황백색 또는 녹백색의 꽃이 모여 핀다.

| 열매

핵과. 난상 구형이며, 붉은색으로 익는다. 쓴맛이 난다.

▲ 섞임눈에서 꽃과 잎으로 전개한 모습

| 겨울눈

달걀형이며, 하나의 겨울눈 속에
꽃눈과 잎눈이 함께 들어있다(섞임눈).

가지나 잎을 문지르면 말오줌 냄새가 심하게 난다고 하여, 말오줌나무라는 이름이 붙여졌다. 울릉도에서만 자라므로 울릉말오줌대, 줄기를 잘라 딱총으로 썼다 하여 넓은잎딱총나무로도 불린다. 또 이 나무를 접골목接骨木이라고도 하는데, 뼈를 붙여준다는 뜻을 가지므로 약효와 이름이 딱 들어맞는다고 할 수 있다. 뼈가 부러지거나 금이 갔을 때 타박상으로 멍들거나 통증이 심할 때 이용하면, 통증을 빨리 멎게 하는 효과가 있기 때문이다.

이외에 접골목이라 부르는 나무로는 지렁쿠나무 · 딱총나무 · 덧나무 등이 있는데, 모두 생김새가 비슷하며 뼈나 관절에 좋은 효과를 발휘한다. 서양에서도 접골목을 엘더베리elderberry라고 부르며, 여러 가지 질병의 치료약으로 사용되고 있다. 이와 이름이 비슷한 고추나무과의 말오줌때가 있는데, 잎과 꽃의 생김새는 비슷하지만 열매의 모양은 확연히 다르다.

말오줌나무는 이른 봄에 노란빛을 띤 흰색 꽃을 피우는데, 이 꽃과 어린 순을 소금물에 살짝 데쳐 나물로 먹기도 한다. 또 작은 구슬 모양의 빨간색 열매가 많이 달리는데, 이 열매는 기미나 주근깨를 없애는 데 효과가 있다고 한다.

열매를 100일 정도 소주에 담가 두면 열매의 붉은색이 모두 빠져나오는데, 이때 열매는 걸러내고 소주를 냉장 보관해 두었다가 수렴화장수나 스킨 대신 쓰면 피부를 깨끗하게 유지하는데 도움이 된다고 한다.

조경 **Point**

울릉도가 원산지이며, 붉은색 열매가 관상가치가 높은 나무이다. 가을에 조롱조롱 열리는 붉은 열매는 어두운 숲속에서도 금방 눈에 뜨일 정도이다. 정원 모퉁이에 첨경수로 한 그루 정도 심으면 좋다.

재배 **Point**

내한성이 아주 강하다. 적당히 비옥하고 부식질이 풍부하며, 습기가 있지만 배수가 잘되는 토양에 재배한다. 충분한 햇빛이 비치거나 부분적으로 그늘진 곳이 좋다.
잎은 일광에 의해 발색하지만, 색을 유지하기 위해서는 간접햇빛도 좋다.

병충해 **Point**

들명나방이 발생하면 페니트로티온(스미치온) 유제 1,000배액을 살포하여 방제한다.

번식 **Point**

1월 하순~2월 중순에 삽수를 구해서 젖은 모래에 저장해 두었다가, 2월 하순~3월 중순에 숙지삽을 한다. 6월 중순~7월에 녹지삽도 가능하다.
실생 번식은 채종한 열매의 과육을 제거한 후, 습기가 있는 모래와 섞어 노천매장을 해두었다가 다음해 봄에 파종한다. 2~3년 정도 지나면 발아한다.

말오줌때

- 고추나무과 말오줌때속
- 낙엽활엽관목 · 수고 3~5m
- 베트남, 중국, 대만, 일본; 제주도 및 서 · 남해안 도서 지역

 | 학명 *Euscaphis japonica* 속명은 그리스어 eu(좋다)와 scaphis(작은 배)의 합성어로 열매의 형태를 나타내며, 종소명은 '일본의'라는 뜻이다.
| 영명 Common euscaphis | 일명 ゴンズイ(權萃) | 중명 野鴉椿(야아춘)

| 잎

마주나기. 작은잎이
2~3쌍인 홀수깃꼴겹잎이다.
작은잎은 좁은
달걀형이며,
끝이 길게 뾰족하다.

20%

| 꽃

양성화. 새가지 끝에 황록색 또는 황백
색의 꽃이 모여 핀다.

| 열매

골돌과. 적색으로 익으면, 가장자리가 갈
라지면서 광택이 나는 까만 종자가 드러
난다.

| 수피

짙은
회갈색이며,
성장함에 따라
세로로
불규칙하게
갈라진다.

지름 15cm

| 겨울눈

붉은색을 띠고,
2~4개의 눈비늘조각에
싸여 있다. 가지 끝에
2개의 가짜끝눈이 붙는다.

말오줌때의 잎과 줄기를 달여 먹으면 말이 오줌 누는 것처럼 소변이 잘 나온다고 하여 말오줌때라는 이름이 붙여졌다고 한다. 또는 열매가 말오줌보처럼 생겨서 이런 독특한 이름으로 불린다고도 한다.

속명 유스카피스Euscaphis는 그리스어로 eu좋은와 scaphis작은 배의 합성어로 열매의 모양을 표현한 이름이다. 일본 이름 곤즈이權萃는 이 나무가 재목으로는 용도가 없기 때문에, 잡아도 도움이 되지 않는 물고기 곤즈이權瑞, 쏠종개에서 유래된 것이라 한다. 칠선주나무 · 나도딱총나무 · 오줌낭 등의 별명도 가지고 있다.

열매는 9월부터 익기 시작하는데, 그 모양이 어린 시절 설날에 한복을 입고 꼭 챙기던 복주머니처럼 생겼다. 시간이 지나면서 조금씩 벌어져서, 그 속에서 새까맣고 윤기가 반지르르 흐르는 동그란 종자가 드러난다.

어떻게 보면 미키마우스나 우주인을 연상시키는 재미나는 모양을 하고 있다. 조금은 이상한 이름을 가지고 있지만, 특이하고 아름다운 열매는 관상가치가 높다.

▲ **쏠종개**
지느러미에 붙은 독가시를 '쏜'다고 하여 쏠종개
라고 부른다.

조경 Point

추위에 약하며, 남부의 해안 혹은 산지에서 자란다. 이 나무는 꽃보다 이색적인 열매가 관상가치가 높다.

가을에 익는 타원형의 붉은 열매가 익어서 터지면, 그 속에서 윤기가 나는 까만 열매가 드러난다. 아직 널리 알려지지 않은 조경수로 정원이나 공원에 첨경수로 심으면 좋다.

재배 Point

토양환경은 물빠짐이 잘 되고, 통기성은 보통이고, 유기물이 풍부하며, 토양산도는 약산성에서 중성이다.

내한성은 약하며, 이식은 가을에 낙엽이 진 후와 봄(3~4월) 싹 트기 전에 한다.

병충해 Point

특별한 알려진 병충해는 없다.

번식 Point

종자를 채취하면 정선하여 바로 뿌리거나 습기 있는 모래와 섞어 노천매장을 해두었다가, 다음해 봄에 파종한다. 종자를 너무 건조하게 보관하면 2년 만에 발아한다.

백량금

- 자금우과 자금우속
- 상록활엽관목 • 수고 1m
- 중국, 대만, 인도, 베트남, 일본, 말레이시아; 제주도, 남해안 도서(홍도, 거문도, 흑산도)의 숲속

학명 *Ardisia crenata* 속명은 라틴어 ardis(창끝)에서 유래된 것으로 꽃밥이 뾰족한 것을 의미하며, 종소명은 '둔한 톱니의'라는 뜻이다.
영명 Coralberry ┃ 일명 マンリョウ(万兩) ┃ 중명 朱砂根(주사근)

| 꽃

양성화. 가지 끝에 흰색 꽃이 아래를 향해 모여 핀다.

| 열매

핵과. 구형이고 붉은색으로 익으며, 다음해에 꽃이 필 때까지 달려있다.

| 잎

어긋나기. 긴 타원형이며, 가장자리에 물결 모양의 톱니가 있다. 재질은 두꺼운 가죽질이다.

40%

자금우과에 속하는 열매가 비슷하게 생긴 삼총사가 있다. 백량금·자금우·산호수가 그것인데, 모두 남해안 섬지방 혹은 제주도에서 자생하는 난대식물이다.

자금우는 꽃집에서 천량금으로 불리고, 백량금은 이에 비해 키가 크고 열매도 크기 때문에 만량금이란 이름으로 불린다. 이처럼 이름을 부풀려서 부르는 데는 꽃집 주인들의 상술이 한 몫을 한 것으로 보인다.

백량금 열매는 연말연시에 가슴에 달고 다니는 '사랑의 열매'와 흡사하다. 사랑의 열매와 비슷한 열매로는 백량금말고도 앵두·호랑가시나무·비목나무·찔레 등이 있지만, 산림청에서는 백당나무가 사랑의 열매와 비슷하다고 발표한 적이 있다.

백량금은 뿌리를 자르면 붉은 점이 있다고 하여, 중국 이름은 주사근朱砂根이다. 중국에는 원래 주사근과 비슷한 우리나라의 백량금보다 잎이 좁은 다른 백량금百兩金, *Ardisia crispa*이라는 나무가 있다. 우리나라에서 백량금의 이름을 지을 때, 중국의 한자 이름을 빌려 쓰면서 주사근이라 해야 할 것을 착오로 백량금으로 잘못 붙인 것이다. 비슷비슷하게 생긴 식물을 표로 정리하면 다음과 같다.

학 명	한국 이름	중국 이름	일본 이름
Ardisia crenata	백량금(百兩金)	朱砂根(주사근)	マンリョウ(萬兩)
Ardisia pusilla	산호수(珊瑚樹)	九節龍(구절룡)	ツルコウジ(蔓柑子)
Ardisia japonica	자금우(紫金牛)	紫金牛(자금우)	ヤブコウジ(藪柑子), ジュウリョウ(十兩)
Ardisia crispa	–	百兩金(백량금)	ヒャクリョウ(百兩)
Sarcandra glabra	죽절초(竹節草)	草珊瑚(초산호)	センリョウ(千兩)

조경 Point

6~8월에 흰 바탕에 검은 점이 박힌 작은 꽃을 피우며, 9월에 붉게 익는 열매는 다음해 새 꽃이 필 때까지 달려 있다. 따뜻한 지방에서는 주택의 정원이나 공원 등 큰 나무 밑에 하목으로 심으면, 아담한 수형과 붉은 열매를 감상할 수 있다.

내한성이 약하여 중부지방에서는 화분에 심어 실내에서 빨간 열매와 늘푸른 잎을 감상한다.

재배 Point

내한성이 약하며, 그늘진 곳을 선호한다. 습기가 있고 배수가 잘 되며, 퇴비성분을 많이 포함한 곳에서 잘 자란다. 강풍이 부는 곳은 피한다. 이식은 5~6월에 한다.

나무		열매		새순		개화			열매		
월	1	2	3	4	5	6	7	8	9	10	11	12
전정		전정									
비료	시비								시비		시비

병충해 Point

건조하면 붉은응애가 발생하는 수가 있는데, 약충이 발견되면 아세퀴노실(가네마이트) 액상수화제 1,000배액을 살포하여 방제한다.

전정 Point

일반적으로 전정이 필요하지 않는 나무이다. 오래된 나무는 아랫부분의 가지가 떨어져 나가서 엉성한 수형을 보이는데, 이때에는 지면 가까이에서 줄기를 잘라서 수고를 낮추어준다. 그렇지 않을 경우에는 더 윗부분에서 자른다.

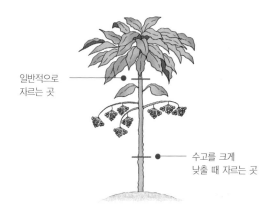

일반적으로
자르는 곳

수고를 크게
낮출 때 자르는 곳

번식 Point

4∼5월에 채종한 열매를 부엽토가 많고 습기가 있는 음지에 바로 파종한다. 실생묘가 개화·결실하려면 4∼5년이 걸린다. 원예품종은 대부분 삽목이나 접목으로 번식시킨다.

삽목은 5∼7월에 굳은 햇가지를 5∼6cm 길이로 잘라 마사토나 버미큘라이트를 넣은 삽목상에 꽂는다. 접목은 6월에 실생 대목에 햇가지를 잘라서 접을 붙인 후, 마르지 않도록 그늘진 곳에 두고 관리한다.

조경수

■ 삽목의 종류

 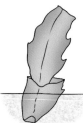 

잎꽂이[엽삽]

 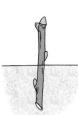 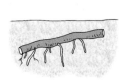 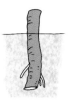

가지꽂이[경삽]　　　　　　　　뿌리꽂이[근삽]

보리수나무

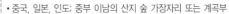

- 보리수나무과 보리수나무속
- 낙엽활엽관목 • 수고 3~4m
- 중국, 일본, 인도; 중부 이남의 산지 숲 가장자리 또는 계곡부

학명 *Elaeagnus umbellata* 속명은 그리스어 elaia(올리브)와 agnos(서양목형)의 합성어로 올리브와 비슷한 열매와 서양목형을 닮은 은백색의 잎을 가진 것에서 유래된 것이다. 종소명은 '우산모양꽃차례(傘形花序)'라는 뜻이다. | 영명 Autumn olive | 일명 アキグミ(秋茱萸) | 중명 牛乃子(우내자)

잎

70%

어긋나기.
긴 타원형이며,
가장자리는 밋밋하다.
잎앞면에 은색,
뒷면에 은색과 갈색의
비늘털이 있다.

수피

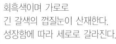

회흑색이며 가로로
긴 갈색의 껍질눈이 산재한다.
성장함에 따라 세로로 갈라진다.

꽃

양성화. 새가지의 잎겨드랑이에 은백색
꽃이 1~6개씩 모여 핀다.

열매

핵과. 거의 둥근형이며, 붉은색으로 익는
다. 약간 떫으면서 시고 단맛이 난다.

겨울눈

눈비늘이 없는 맨눈이며,
갈색과 은색의 잔털로 덮여있다.

뿌리

천근형. 몇 개의 굵은 측근이 옆으로 난다.

보리수나무라고 하면 제일 먼저 떠오르는 것이 부처님이 이 나무 아래에서 깨달음을 얻었다는 보리수나무일 것이다. 이 보리수나무는 아열대지방에 자라는 뽕나무과의 상록활엽수인 인도보리수 *Ficus religiosa*로 흔히 보트리 Bo tree 또는 피팔 peepal이라 한다.

우리나라에서는 인도보리수가 자랄 수 없기 때문에 이와 비슷하고, 염주로 쓸 수 있는 열매가 열리는 찰피나무를 사찰 주변에 심고 보리수나무라 부른다. 또 다른 것으로는 슈베르트의 유명한 가곡 〈린덴바움 Lindenbaum〉에 나오는 보리수나무가 있다. 중고등학교 시절에 배운 '성문 앞 우물 옆에 서 있는 보리수'인데 이 나무 역시 유럽산 피나무의 일종이다.

우리나라에서 보리수나무라 하면 보리수나무과 보리수나무속에 속하는 낙엽관목으로, 봄에 은백색 꽃이 피고, 가을에 약간 떫은듯한 단 맛이 나는 콩알만한 빨간 열매가 열리는 나무를 가리킨다. 보리수나무의 열매가 보리수인데, 지방에 따라 다양한 이름으로 불린다.

▲ 인도보리수
석가모니 부처님이 이 나무 아래서 깨달음을 얻었다고 한다.

충청도 지방에서는 뽀리떡 혹은 보리뚝, 경상도 지방에서는 볼똥 혹은 뽈똥, 전라도 지방에서는 포리똥 혹은 파리똥, 울릉도는 뽈뚜, 제주도에서는 볼래라 불리며, 그 밖의 지역에서는 보리똥 혹은 보리밥이라 불린다.

보리수나무라는 이름은 씨가 보리와 비슷한 모양이어서 보리에다 나무 수樹자를 붙여서 보리수나무라 한 것이다. 보리수나무도 고목과 나무를 합친 '고목나무' 혹은 역전과 앞을 합친 '역전앞'처럼 동어반복이지만, 이제는 함께 불러야 말하는 맛이 나고 정감이 묻어나는 이름이 되었다.

조경 Point

5~6월에 나무를 뒤덮는 흰색 꽃이 아름다우며 은백색의 잎 또한 특이하다. 그러나 무엇보다 10월에 조롱조롱 열리는 붉은 열매가 관상가치가 높으며, 식용하기도 한다.

관상 또는 열매를 식용하기 위해 정원이나 공원에 식재한다. 맹아력이 강하고 줄기의 가지가 침으로 변하기도 하므로, 산울타리로 활용하면 좋다.

재배 Point

내한성이 강한 편이며, 척박한 토양이나 건조한 토양에도 잘 견딘다. 배수가 잘되는 사질양토, 양지바른 곳에 심으면 좋다. 이식은 3~4월, 10~11월이 적기이다.

병충해 Point

뿔밀깍지벌레, 뽕나무깍지벌레, 진딧물류, 비로드병 등이 발생할 수가 있다. 비로드병의 피해를 입은 나무는 나뭇잎이 일찍 떨어져서 미관이 나빠진다. 감염된 낙엽은 모아서 태우며, 겨울철에 석회유황합제 50배액을 1~2회 살포한다. 깍지벌레는 이른 봄부터 아바멕틴.티아메톡삼(쏠비고) 액상수화제 4,000배액을 몇 차례 살포하여 방제한다.

여뀌못털진딧물은 보리수나무, 보리밥나무, 보리장나무 등에 흔히 발생한다. 성충과 약충이 잎에 집단으로 기생하면서 흡즙가해하며, 감로로 인해 그을음병을 유발시킨다.

▲ 여뀌못털진딧물

열매의 과육을 제거한 후 바로 뿌리거나 노천매장해두었다가, 다음해 봄에 뿌린다. 3~4월에 숙지삽, 6~7월에 녹지삽, 9월에 가을삽목이 가능하다. 휘묻이할 가지를 골라 줄기의 수피를 1cm 정도 돌아가며 벗겨낸(환상박피) 후, 흙으로 묻어둔다.

다음해 봄에 환상박피한 곳에서 잔뿌리가 나온 것을 확인하고, 뿌리 밑에서 잘라내어 다른 곳으로 옮겨 심는다.

조경수 상식

■ 나무의 생장억제 방법

• 뿌리자르기
줄기지름의 5~7배 되는 위치를 삽으로 찔러 뿌리를 자른다.

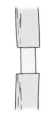 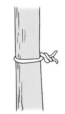

• 환상박피
3~5mm 폭으로 나무 껍질을 벗겨낸다.

• 철사감기
철사를 강하게 묶어서 1년 정도 지난 후 풀어준다.

블루베리

- 진달래과 산앵도나무속
- 낙엽활엽관목 • 수고 1~3m
- 미국, 캐나다가 원산지; 전국에 재배

 | 학명 *Vaccinium* spp. 속명은 bilberry(월귤나무)에 대한 라틴명 혹은 히야신스(Hyacinthus)의 그리스어 vakinthos에서 변한 라틴명이라고도 한다.
| 영명 Blueberry | 일명 ブルーベリー | 중명 越橘(월귤)

| 잎

어긋나기.
좁은 타원형이며,
가장자리는 밋밋하다.
질감은 약간 뻣뻣한 편이다.

70%

| 꽃

양성화. 봄에 종 또는 항아리 모양의 흰색 꽃이 핀다.

| 열매

핵과. 구형이며, 청자색을 띤다. 표면에 흰색 분이 생긴다.

| 수피

어릴 때는
녹색이다가,
자라면서
회갈색이 되며
세로로 길게
갈라진다.

| 겨울눈

둥근 달걀형
또는 구형이며,
눈비늘조각에
싸여있다.

블루베리는 북미 원산으로 20여 종이 알려져 있으며, 널리 재배되는 품종으로는 로부시lowbush, 하이부시highbush, 래비트아이rabbiteye 등 3가지 종류가 있다.

북미 대륙의 원주민인 아메리카 인디언들은 오래 전부터, 숲과 늪지에서 블루베리를 채취하여 바로 먹거나 저장해두고 먹었다고 한다. 또 북동부 지역의 부족들은 블루베리를 숭배했으며, 그로 인한 전설도 많이 전해지고 있다. 블루베리의 꽃받침이 완벽한 별 모양을 이루고 있어서, '위대한 영혼이 별 모양의 베리를 보내주셔서 기근이 든 동안 어린이들의 배고픔을 달래 주었다'라는 이야기도 부족 원로들에 의해서 구전되고 있다.

블루베리는 미국 타임지가 선정한 세계 10대 슈퍼푸드 중 하나로 알려지면서 유명세를 타고 있다. 특히 블루베리에 풍부한 안토시아닌anthocyanin 성분은 사람의 시력을 좋게 하는 식품으로 알려져 있다. 그 유래는 제2차 세계대전 중에 영국 공군의 한 조종사가 블루베리를 빵에 발라 먹은 결과 "희미한 빛 속에서도 물체가 잘 보였다"라고 증언한 것을 토대로 학자들이 연구한 결과, 블루베리의 안토시아닌 성분이 시력 개선 효과가 있다는 것이 밝혀낸 것이다. 사람의 눈 속 망막에는 로돕신rhodopsin이라는 자주색 색소체가 빛의 자극을 뇌로 전달하여 물체가 보이게 되는데, 안토시아닌 색소가 빛의 작용에 의하여 로돕신의 재합성을 촉진한다고 한다.

조경 Point

북아메리카가 원산지이며, 우리나라에는 유사종인 정금나무, 산앵도나무 등이 있다. 주로 열매를 생식하는 과수이며, 열매

는 짙은 하늘색이고 흰 가루가 묻어 있다. 블루베리 품종 중에는 열매를 생산하기 위한 용도뿐 아니라, 정원에 관상용으로 식재하는 품종도 다수 있다. 화분에 심어 실내에서 재배해도 좋다.

재배 Point

피트모스 또는 모래성분이 많은 산성토양을 좋아한다. 수분이 많지만 배수가 잘되는 곳, 해가 잘 비치거나 반음지인 곳에서 재배하면 잘 자란다. 도시오염에는 약하므로 도시와 도로변 식재는 피해야 한다.

나무				새순		개화			열매		단풍
월	1	2	3	4	5	6	7	8	9	10	11	12
전정	전정											전정
비료		시비							시비		시비

병충해 Point

주요 병해로는 줄기를 말라 죽게 하는 줄기썩음병과 가지마름병이 있다. 죽은 가지는 제거하고 코퍼하이드록사이드(코사이드) 수화제 1,000배액을 1~2회 뿌려 병원균의 밀도를 전반적으로 낮춰주는 것이 중요하다.

이외에도 풍이, 점박이꽃무지, 혹파리, 갈색날개매미충, 응애류, 총채벌레류 등이 발생한다.

▲ 풍이

▲ 점박이꽃무지

식재한 한 후에 가능하면 2~3년 정도는 전정을 하지 않고 키우는 것이 좋다. 꽃눈이 붙은 약한 가지나 뻗는 방향이 좋지 않은 가지는 잘라준다.

4년 이후부터는 열매를 생산한 오래된 가지에서는 꽃눈이 생기기 어려우므로 밑동에서 잘라주어 새로운 가지로 갱신시킨다.

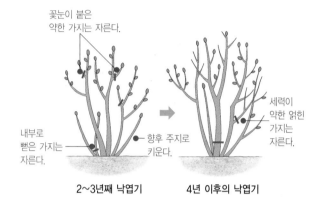

꽃눈이 붙은 약한 가지는 자른다.

내부로 뻗은 가지는 자른다.

향후 주지로 키운다.

세력이 약한 얽힌 가지는 자른다.

2~3년째 낙엽기

4년 이후의 낙엽기

숙지삽은 2~3월이, 녹지삽은 6~7월이 적기이다. 숙지삽은 충실한 전년지, 녹지삽은 충실한 햇가지를 삽수로 사용한다. 삽수는 10~12cm 길이로 잘라서 1시간 정도 물에 담가두었다가 강모래, 펄라이트, 버미큘라이트 등을 넣은 삽목상에 꽂는다.

숙지삽은 해가 잘 드는 따뜻한 곳에, 녹지삽은 반그늘에 두고 건조하지 않도록 관리한다. 새눈이 나오기 시작하면 서서히 햇볕에 내어 익숙해지도록 하고, 다음해 3월에 이식한다.

휘묻이(성토법)은 뿌리 주위에서 나온 가지에 흙을 덮어두었다가, 식재시기(12월~3월 중순)에 발근한 가지를 떼어내어 옮겨 심는다. 분주법은 옆으로 크게 번진 나무를 식재시기에 파서 2~3주씩 나누어 심는다.

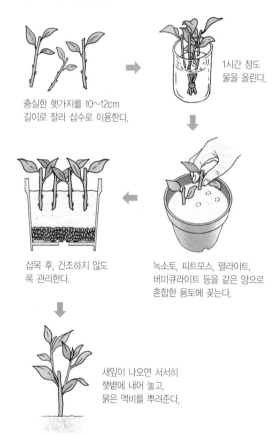

충실한 햇가지를 10~12cm 길이로 잘라 삽수로 이용한다.

1시간 정도 물을 올린다.

녹소토, 피트모스, 펄라이트, 버미큘라이트 등을 같은 양으로 혼합한 용토에 꽂는다.

삽목 후, 건조하지 않도록 관리한다.

새잎이 나오면 서서히 햇볕에 내어 놓고, 묽은 액비를 뿌려준다.

▲ 삽목 번식

아그배나무

- 장미과 사과나무속
- 낙엽활엽소교목 • 수고 3~10m
- 중국, 러시아, 일본; 중부 이남의 산지에 분포

학명 *Malus sieboldii* 속명은 그리스어 mala(뺨, 턱)에서 비롯되었으며, apple(사과)의 라틴명이다. 종소명은 19세기 독일의 의사이자 식물학자로 일본식물을 연구했던 Siebold를 기념한 것이다.   영명 Toringo crabapple   일명 ズミ(酸實)   중명 三葉海棠(삼엽해당)

| 잎

어긋나기.
달걀꼴 타원형이며,
3~5갈래의
결각이 있다.
잎가장자리에
날카로운
톱니가 있다.

50%

| 꽃

양성화. 짧은가지에 처음에는 담홍색이지만 차츰 흰색으로 변하는 꽃이 모여 핀다.

| 열매

이과. 구형이며, 붉은색으로 익는다. 신 맛과 떫은맛이 난다.

| 수피

오래되면
회갈색이 되며,
세로로 갈라져서
조각으로
떨어진다.

| 겨울눈

자갈색이고
긴 달걀형이며,
끝이 뾰족하다.
눈비늘조각은
3~4장이다.

1992년 5월 세계 정상들이 브라질 리우데자네이루에 모여 유엔환경개발회의, 이른바 그린라운드Green Round를 열었다. 이 회의에서 전세계 산림의 경영, 보전 및 지속가능한 개발에 관한 성명이 채택되었으며, 죽어가는 지구를 살릴 수 있는 대안이 나무라는 결론을 내렸다. 그리고 회의의 상징물로 각 나라마다 '생명의 나무'를 인공기념물로 만들어 지정하고 기념식을 가졌다. 이를 계기로 우리나라도 생명의 나무 명명식을 가졌는데, 인공조형물이 아닌 살아있는 나무로 '아그배나무'를 생명의 나무로 선정하였다. 따라서 아그배나무는 우리나라에서 지구환경보호라는 특별한 의미를 가진다고 할 수 있다. 작은 열매가 열린 모습이 돌배나무와 비슷하여 '아기배'라 부르다가 나중에 아그배로 변했다고 한다. 혹은 이 나무의 설익은 열매를 따 먹은 아이들이 배탈이 나서 '아이구 배야'라고 한 것에서 유래한 이름이라고도 한다. 그러나 배나무라는 이름이 들어가 있지만, 분류학적으로 보면 사과나무속에 속하므로 배나무보다는 사과나무와 더 가깝다.

아그배나무는 구름처럼 무리지어 피는 하얀색 꽃이 보기 좋다. 또 가을에 풍성하게 달리는 열매는 덜 익었을 때는 배처럼 누렇지만 익어가면서 점차 빨간색을 띤다. 열매는 과육이 적고 씨가 많아서 날 것으로 먹기에는 적합하지 않지만, 과실주를 담그면 술빛과 향기가 좋아 애주가들에게 인기가 많다.

조경 Point

나무를 덮는 흰색 또는 연홍색의 꽃과 조롱조롱 열리는 붉은 색 열매가 관상가치가 높은 조경수이다. 나무를 키우는 방식에 따라 수형을 달리하여, 무리심기나 홀로심기를 할 수 있다. 수형이 단정해서 정원, 공원, 학교 등 어디에 심어도 잘 어울린다.

재배 Point

내한성이 강하며, 부식질이 풍부하고 배수가 잘되는 비옥한 토양이 좋다. 중성~산성의 토양, 양지 또는 반음지에 식재하면 잘 자란다. 이식은 가을 낙엽 후부터 봄 싹트기 전까지 한다.

병충해 Point

니토베가지나방, 무지개납작잎벌, 배나무방패벌레, 잠자리가지나방, 콩독나방 등의 해충이 발생한다. 니토베가지나방은 애벌레가 잎을 식해하며 밀도가 높은 경우는 드물다. 잎을 갉아 먹는 형태는 잎벌 성충처럼 구멍을 내면서 가해한다. 애벌레 발생 시기에 페니트로티온(스미치온) 유제 1,000배액, 클로르플루아주론(아타브론) 유제 3,000배액을 1~2회 살포하여 방제한다.

전정 Point

11~3월 사이에 도장지, 내부의 복잡한 가지, 서로 교차하는 가지, 나무의 안쪽으로 향하는 가지 등 불필요한 가지를 잘라준다. 단지에서 꽃눈이 생기므로 6월 중순의 전정에서는 이것을 자르지 않도록 한다.

번식 Point

가을에 열매를 채취하여 열매껍질을 제거한 후에 노천매장해두었다가, 다음해 봄에 파종한다. 파종 후에 파종상이 마르지 않게 관수관리와 비배관리를 잘 하면, 5년 정도 후에는 개화·결실한다. 아그배나무 실생묘는 사과나무를 증식할 때에 대목으로 사용하기도 한다.

야광나무

- 장미과 사과나무속
- 낙엽활엽소교목 • 수고 5~8m
- 중국, 극동러시아, 일본, 네팔; 지리산 이북의 산지 및 계곡

학명 *Malus baccata* 속명은 그리스어 malon(사과)에서 유래한 것이며, 종소명은 '장과(漿果)의' 라는 뜻으로 열매의 특징을 나타낸다.
영명 Siberian crabapple | 일명 エゾノコリンゴ(蝦夷の小林檎) | 중명 山荊子(산형자)

| 잎

어긋나기.
잎 모양은 타원형이며,
잎끝이 꼬리처럼
뾰족하고 잎자루가 길다.

60%

| 꽃

양성화. 짧은가지에 흰색 꽃이 모여 피며, 은은한 향기가 난다.

| 열매

이과. 구형이며, 붉은색으로 익는다. 떫은 맛이 난다.

| 수피

지름 8cm

회갈색을 띠며
밋밋하고
광택이 있다.
오래되면
회색이 되며,
세로로 갈라져
너덜너덜해진다.

| 겨울눈

달걀형이며, 3~4개의
눈비늘조각에 싸여 있다.
눈비늘조각 가장자리에
회색 털이 있다.

조경수 이야기

까마귀 눈비 맞아 희는 듯 검노메라
야광명월이 밤인들 어두우랴
님 향한 일편단심이야 고칠 줄이 이시랴

단종이 노산군으로 강봉되어 영월로 유배되자, 사육신 박팽년이 단종과의 이별을 슬퍼하며 지은 시조이다. 세조의 왕위 찬탈과 어린 임금 단종을 소재로 한 것으로, 야광주夜光珠가 밤이라 해서 그 빛을 잃지 않는 것과 같이 자신의 충절 역시 일편단심임을 강조하고 있다.

야광주가 어떤 물건인지는 잘 알지 못하지만, 어두운 밤에도 밝은 빛을 내는 보물임에는 틀림이 없는 것 같다. 이처럼 야광나무도 밤에 야광주처럼 밝은 빛을 낸다 하여 붙여진 이름이다. 5월에 하얀 꽃이 나무를 뒤덮은 모습을 보면, 아무리 어두운 밤일지라도 주위가 환해지는 듯한 느낌이 든다. 조금 과장되게 말하자면 눈이 부실 정도이다.

야광나무와 비슷하게 생긴 장미과의 같은 사과나무속의 아그배나무가 있다. 이 둘은 비슷한 시기에 꽃이 피며, 꽃과 열매의 모양도 비슷하다.

잎으로 구분하자면, 야광나무는 잎 가장자리에 잔 톱니가 있으며 잎 끝이 갈라지지 않고 둥글다. 이에 비해 아그배나무는 잎에 좀 더 큰 톱니가 있으며, 때로 크게 3~5갈래로 갈라진다.

또 아그배나무는 잎자루에 털이 있으며, 야광나무는 이보다 길고 털이 없다. 이 두 나무는 모두 사과나무를 접붙일 때 대목으로 많이 이용된다.

조경 Point

야생 사과나무의 일종으로, 제주도를 제외한 전국의 산지에서 자란다. 5~6월에 피는 흰색 꽃과 9~10월에 붉게 익는 열매가 아름답다. 흰 꽃이 만개하면 온 나무를 뒤덮어 장관을 이루며, 조롱조롱 열리는 열매 또한 관상가치가 높다. 정원, 공원, 아파트 단지 등에 첨경수로 심으면 좋다. 분재의 소재로도 인기가 있다.

재배 Point

내한성이 강하며, 중성토양에서 잘 자란다. 다습하지만 적당히 비옥하고, 배수가 잘되는 토양이 좋다.
햇빛이 잘 비치는 곳이 적지이지만 반음지에서도 잘 자란다.

병충해 Point

붉은별무늬병, 매미나방 등의 병충해가 발생한다. 붉은별무늬병은 향나무녹병균에 감염된 배나무, 사과나무, 산사나무, 야광나무 등의 장미과 수목에서 발병한다.

감염되면 잎앞면에는 붉은 반점이, 뒷면에는 흰색 털모양의 녹포자퇴가 다량으로 형성되어 사람들에게 혐오감을 준다. 또 병든 잎은 일찍 떨어지므로 조경수목으로서의 미적 가치가 크게 손상된다. 따라서 가능하면 이들 나무는 향나무와 2km 이상 떨어진 곳에 심어야 한다.

번식 Point

10~11월에 열매를 채취하여 흐르는 물에 과육을 제거한 후 노천매장해두었다가, 다음해 봄에 파종한다. 파종한 후에 파종상이 마르지 않게 관수관리와 비배관리를 잘 하면, 그해에 30cm 정도 자란다.
2~3년 후에 식재거리를 넓혀서 이식해주면, 5년 정도 지나서 개화·결실한다.

이나무

- 이나무과 이나무속
- 낙엽활엽교목 • 수고 15m
- 중국, 대만, 일본; 전라도 및 제주도의 산지

학명 *Idesia polycarpa* 속명은 17세기 네덜란드의 식물수집가로서 러시아 Czar Peter대초원에서 활동한 E. Y. Ides의 이름에서 비롯된 것이며, 종소명은 그리스어 poly(다수의)와 carpos(열매)의 합성어로 '많은 열매가 열리는' 것을 뜻한다. 영명 Idesia   일명 イイギリ(飯桐)   중명 山桐子(산동자)

잎

어긋나기.
잎 모양은 하트형이며,
잎맥은 밑부분에서
5갈래로 갈라진다.
붉고 긴 잎자루에는
꿀샘이 여러 개 있다.

20%

꽃

암꽃

수꽃

암수딴그루. 새가지 끝이나 잎겨드랑이에 황록색의 꽃이 모여 핀다.

열매

장과. 구형이고 포
도송이처럼 달리며,
붉은색으로 익는다.

수피

지름 25cm

회백색이며, 갈색의
껍질눈이 많다.
성장하더라도
그다지 큰 변화는
나타나지 않는다.

겨울눈

끝눈은 반구형이며,
표면에 수지가 있어 끈적끈적하다.

나뭇잎이 모두 떨어진 한겨울에 오미자 같은 빨간 열매가 조롱조롱 달려 있어서, 나무의 이름을 알고자 옆 사람에게 물었다. "이 나무는 이름이 뭐죠?" "이나무입니다." 이 나무의 이름이 '이나무'라는 뜻이다.

이나무 목재를 세로로 쪼개면 나뭇결대로 잘 갈라져서, 각재나 판재로 가공하기가 쉽다. 따라서 의자를 비롯하여 각종 가구재를 만들기에 안성맞춤이었으므로, 옛 이름이 의나무椅木였다가 부르기 쉬운 이나무로 변한 것이다. 북한에서 그대로 의나무라고 부른다.

이나무는 전체적인 나무의 형태와 큰 잎의 모양이 오동나무를 닮았다 하여 산오동山梧桐 혹은 산동자山桐子라고도 부른다. 이나무의 가장 뚜렷한 특징은 낙엽이 진 후에도 포도송이처럼 달려 있는 빨간 열매이며, 종소명 폴리카르파polycarpa도 '열매를 많이 맺는'이라는 의미를 가지고 있다.

수많은 열매가 열린 모습이 남천南天을 닮았다 하여 남천오동이라고도 부른다. 일본에서는 하트 모양의 큰 잎에 주먹밥을 싸서 먹었다고 하여 이이기리飯桐라고 부른다. 중국에서는 의동椅桐이라 부르며, 금슬琴瑟, 거문고와 비파을 만드는 악기재로 이나무를 사용했다는 기록이 있다.

이나무도 은행나무·미선나무·메타세쿼이아 등과 같

◀ **이나무 잎**
일본에서는 나뭇잎에 주먹밥을 싸서 먹는다고 해서 이이기리(飯桐)라고 부른다.

이 1속·1종의 식물로 친척이 별로 없는 외로운 나무이다. 또 나이가 많은 노거수를 찾아보기가 어렵다. 그 이유는 나뭇잎 자루와 나무줄기에 있는 꿀샘에 벌레가 많이 꼬이는데, 특히 하늘소가 이나무 꿀샘을 좋아하여 나무둥치를 파먹기 때문이라고 한다.

조경 Point

10월부터 겨우내 주렁주렁 달려 있는 주황색 열매가 관상가치가 크다. 또, 열매는 새들의 좋은 먹잇감이 되므로 전원풍의 정원에 심으면 새울음 소리를 들을 수 있다.

암수딴그루로 암나무에서만 열매가 열리므로 암나무와 수나무를 함께 심어야만 열매를 감상할 수 있다. 잎이 크고 가지의 뻗음이 규칙적이어서 녹음수, 공원수, 가로수로 활용하면 좋다.

재배 Point

적당히 비옥하고 습기가 있으며, 배수가 잘되는 중성 또는 산성 토양이 좋다. 해가 잘 비치는 곳 또는 반음지에서도 성장이 양호하다. 이식은 4월이나 11~12월에 한다.

병충해 Point

하늘소, 버들꼬마잎벌레, 버들재주나방, 선녀벌레 등의 해충이 발생한다.

전정 Point

강전정에도 잘 견디지만 그다지 전정이 필요 없는 나무이다. 그러나 수간이 직립하고 가지가 수평으로 자라는 성질이 있으므로, 좁은 장소에 식재하였을 경우에는 전정이 필요하다.

매년 도장지나 지나치게 자란 옆가지를 가볍게 전정해 주어, 전체적으로 원추형의 수형으로 만들며 좋다.

한 번에 너무 무리하게 전정을 하면 수형도 흐트러지고 열매도 잘 열리지 않을 수가 있다.

번식 Point

열매가 열린 가지 하나에서 약 80개 정도의 종자를 얻을 수 있다. 종자를 정선하여 젖은 모래와 섞어서 노천매장하거나 종이봉지에 넣어 기건저장해두었다가, 다음해 봄에 파종한다.

성장이 빨라서 1년에 약 70~80cm씩 자란다. 그러나 실생묘에서 열매가 열리기까지는 7~8년 정도가 걸리며, 그 때 가서 꽃이 피는 것을 보고서야 암수나무를 구별할 수 있다.

열매가 열린 암나무가지를 접수로 사용하여 1~2년생 실생대목에 접을 붙이거나 봄~여름에 10~15cm 길이의 암나무 삽수로 삽목을 하면, 비교적 빨리 열매가 열리는 암나무 묘목을 얻을 수 있다.

■ 묘목의 종류

· 나묘
뿌리가 드러난 묘목

· 분달이 묘
뿌리를 천이나 끈으로 싼 묘목

· 포트묘
화분이나 비닐포트에 심은 묘목

자금우

- 자금우과 자금우속
- 상록활엽관목 • 수고 15~25cm
- 중국 남부, 대만, 일본; 울릉도 및 서남해안 도서의 숲속

 학명 *Ardisia japonica* 속명은 라틴어 ardis(창 끝)에서 유래된 것으로 꽃밥이 뾰족한 것을 의미한다. 종소명은 '일본의'라는 뜻이다.
영명 Marlberry │ 일명 ヤブコウジ(藪柑子) │ 중명 紫金牛(자금우)

│ 잎

마주나기.
타원형 또는 달걀형이며, 가장자리에 가는 톱니가 있다.
줄기의 윗부분에 3~4장씩 모여 달린다.

70%

│ 꽃

양성화. 줄기 끝의 잎겨드랑이에 연분홍
색 꽃이 아래를 향해 모여 핀다.

│ 열매

핵과. 구형이며, 붉은색으로 익는다.

│ 겨울눈

둥근꼴 원뿔형이며,
크기가 작아서 눈에
잘 띄지 않는다.

자금우는 꽃집에서 흔히 천냥금이라는 유통명으로 불린다. 자금우의 일본 이름은 쥬료우十兩인데, 우리나라 꽃집에서 자금우를 판매하면서 백량금보다 더 낫다는 뜻으로 '천량금'이란 이름으로 팔기 시작했다. 이에 질세라 백량금 유통업자들이 백량금을 자금우보다 10배는 더 낫다는 뜻으로 '만량금'으로 고쳐 부르기 시작한 것이다. 조경수 유통업자들의 상술인 셈이다. 이런 예는 또 있다. 서향은 향기가 천리를 간다고 하여, 꽃집에서는 천리향千里香이라는 이름으로 불린다. 그러나 돈나무는 이보다 더 향기가 좋다는 것을 강조하기 위해, 시중에서 만리향萬里香이라는 이름으로 유통되고 있다. 일종의 호칭 인플레이션인 셈이다.

흔히 시중에서 부르는 이름으로 백량금, 천량금, 만량금이 헷갈리는 수가 많다. 정리하면 자금우는 천량금이라는 이름으로 시중에 유통되고 있으며, 일본에서는 쥬료우十兩, 북한에서는 선꽃나무라는 이름으로 불린다. 백량금은 시중에서 만량금이라 하며, 일본 이름은 만료우萬兩이다. 둘 다 자금우과에 속하는 친척지간의 나무이다.

자금紫金이란 금 가운데서 최고의 금으로 가장 고귀하다 하여 '천상의 금' 혹은 '단금檀金'이라고도 한다. 불교에서는 부처님 조각상에서 나오는 신비한 빛을 자금이라 한다. 하지만 식물 이름 자금우는 부처님과는 연관이 없는 듯하다. 단지 한약명과 중국 이름이 자금우인 것을 우리나라에서 그대로 받아들인 것으로 보인다. 자금우는 잎과 줄기를 약재로 쓰는데, 그 속에 들어있는 라파논rapanon이라는 성분이 회충·요충 등의 기생충을 없애는데 효과가 있다고 한다. 또 기침·기관지염 등에 효과가 있으며, 종기를 다스리는 약으로도 쓰인다.

조경 Point

둥글고 붉은 열매가 9월부터 다음해 꽃이 필 때까지 달려있어서 볼거리를 제공해준다. 난대지역의 공원 또는 정원에서는 큰 나무 밑에 하목으로 식재하거나 바위틈에 심으면 좋다. 지피식물로도 활용이 가능하다. 중부지방에서는 화분에 심어서 실내 조경수로 활용하거나 꽃꽂이의 소재로 이용된다.

재배 Point

내한성이 약하며, 그늘진 곳을 선호한다. 습기가 있고 배수가 잘 되며, 퇴비 성분을 많이 포함한 곳이 좋다. 강풍이 부는 곳은 피한다. 이식은 2~4월, 9~11월에 한다.

병충해 Point

진딧물, 깍지벌레 등의 흡즙성 해충과 잎말이나방 같은 식엽성 해충이 발생한다.

전정 Point

전정한 후에 맹아가 잘 나오지만 나오는 속도는 매우 느리다. 측지의 신장은 줄기의 신장에 비해 원활하지 않기 때문에 측지는 자르지 않는 것이 좋다. 전정이 직접적으로 꽃눈에 영향을 미치는 것은 아니다.

번식 Point

가을에 열매를 따서 과육을 제거한 후에 노천매장해두었다가, 다음해 봄에 파종한다. 또는 이른 봄에 열매를 채취하여 종자를 발라내고 부엽토가 많은 나무그늘 밑에 바로 파종한다. 발아율은 높은 편이지만 열매 하나에 종자 하나가 들어 있어서 대량 파종이 어렵다. 숙지삽과 녹지삽이 가능하며, 크게 번진 포기를 파서 나누어 심는 분주 번식도 가능하다.

노각나무

- 차나무과 노각나무속
- 낙엽활엽교목 • 수고 7~15m
- 일본; 충청북도 소백산 및 전남 이남의 산지

 학명 *Stewartia pseudocamellia* var. *koreana* 속명은 린네가 스코틀랜드의 정치가 John Stuart를 기념하여 붙인 이름이 Stewart로 철자가 잘못 쓰여진 것에서 비롯되었다. 종소명은 '가짜 카멜리아속', 변종명은 '한국의'를 뜻한다.
영명 Korean stewartia │ 일명 ナツツバキ(夏椿) │ 중명 紅山紫莖(홍산자경)

| 잎

40%

어긋나기.
반듯한 타원형이며, 가장자리에
얕고 둔한 톱니가 있다.

| 꽃

양성화. 햇가지 아래 부분의 잎겨드랑이
에 흰색의 꽃이 한송이씩 핀다.

| 열매

삭과. 5각뿔 모양의 달걀형이고, 익으면
5갈래로 갈라진다.

| 겨울눈

눈비늘조각은
처음에는 2~4장이 있지만,
일찍 떨어져서 맨눈 생태가 된다.

| 수피

성장함에 따라 표면이
얇게 벗겨져서 황갈색
또는 적갈색의 얼룩무
늬가 된다.

노각나무라는 이름은 사슴뿔, 즉 녹각鹿角처럼 부드러운 황금빛을 가진 아름다운 나무껍질에서 유래되었다는 설과, 매끈하게 생긴 백로의 다리鷺脚에서 유래되었다는 설이 있다. 노각나무 껍질을 만지면 마치 비단을 만지는 듯한 부드러운 촉감이 느껴지므로 일본에서는 비단나무錦繡木로 불린다. 배롱나무나 모과나무처럼 오래 될수록 수피가 벗겨지면서 적황색 얼룩무늬가 나타나는 것이 노각나무의 특징이다. 목재는 단단하며, 장식재나 고급 가구재로 사용된다.

노각나무는 동백나무와 마찬가지로 차나무과에 속하며, 커다란 흰 꽃은 동백꽃을 닮았을 뿐 아니라 꽃이 질 때 동백꽃처럼 꽃송이째로 떨어지므로 여름동백夏冬柏이라는 별명도 가지고 있다. 이른 봄철 싹 트기 전에 나무에 상처를 내면 고로쇠나무보다 훨씬 많은 양의 달콤한 수액이 나오는데, 맛이 좋다고 하나 그리 알려지지 않았다. 세계적으로 7종의 노각나무가 있지만, 우리나라 특산의 노각나무가 가장 아름답다고 한다.

노각나무 껍질이나 잔 가지를 달여서 마시면 간질환·위장병·신경통·관절염 등의 질환에 효과가 있다고 한다. 또 고로쇠나무처럼 봄에 잎이 나오기 전에 수액을

◀ 노각나무 껍질에 그린 그림

받아 마시면, 뼈가 단단해지고 술에 잘 취하지 않는다고 한다. 넘어져 다치거나 발목을 접질렀을 때도, 껍질을 찧어 붙이고 가지나 껍질로 달인 물을 마시면 통증이 쉽게 가신다고 한다.

조경 Point

흰색 꽃은 동백꽃과 비슷하며, 얼룩지고 매끈한 수피는 배롱나무나 모과나무의 수피와 닮았다. 단정한 가지배열과 자연스러운 수형이 나무의 품위를 한층 더한다. 정원에 식재하면 잡목풍의 분위기를 연출할 수 있다.

내음성과 내공해성이 강한 우리나라 고유수종으로 지금까지 널리 알려지지는 않았지만 앞으로 전망있는 조경수 중 하나이다.

재배 Point

다습하고 배수가 잘되며, 적당히 비옥하고 부식질이 풍부한 중성~산성의 토양이 좋다. 충분한 햇빛을 받는 곳에서 잘 자란다. 이식은 싫어하며, 강한 바람으로부터 보호해준다.

나무				새순		개화		꽃눈분화	열매		단풍
월	1	2	3	4	5	6	7	8	9	10	11	12
전정	전정						전정				전정
비료	한비						시비				

병충해 Point

차독나방은 어린 애벌레기에는 잎살만 식해하여 잎이 갈색으로 변하며, 애벌레가 어느 정도 자랄 때까지는 일렬로 정렬해서 잎을 한 장씩 식해한다.

차독나방의 성충, 애벌레, 고치에 있는 독침이 피부에 닿으면 통증과 염증을 일으켜서, 어떤 때에는 한동안 잠을 잘 수 없을

정도로 고통이 심하다. 발생량이 적을 때는 군집해 있는 애벌레를 발견하는 즉시 잡아 죽이거나 채취하여 소각한다. 발생량이 많을 때에는 티아클로프리드(칼립소) 액상수화제 2,000배액을 살포한다.

병해로는 녹병, 흰날개무늬병, 겹둥근무늬병, 잿빛곰팡이병, 잎마름병이 알려져 있다. 보통은 큰 피해를 입히지 않으므로 크게 신경 쓸 것은 없다.

전정 Point

맹아력이 약하기 때문에 가능하면 전정을 하지 않는 것이 좋다. 넓은 정원에서 방임해서 키우면 가장 아름다운 수형을 만들 수 있다. 수고와 가지폭을 제한할 경우에는 가지솎기를 하지만 이것도 가능하면 하지 않는 것이 좋다.

번식 Point

10월경에 진한 갈색으로 익은 열매를 벌어지기 전에 채취하여, 그늘에서 말리면 속에서 종자가 나온다. 이것을 바로 파종하거나 비닐봉지에 넣어 냉장고에 보관하였다가, 다음해 3월에 파종한다.

파종상은 서리의 피해나 동해를 입지 않도록 하고, 또 건조하지 않게 관리한다. 본엽이 4~5장 나오면 묽은 액비를 뿌려주며, 다음해 봄에 이식한다.

그해에 나온 햇가지를 삽수로 이용하여, 6~7월에 녹지삽을 한다. 밝은 음지에 두고 건조하지 않도록 관리한다. 삽목상에 지주를 세우고 비닐봉지를 덮어 밀폐시키면, 건조해지지 않아서 효과적이다. 새눈이 나오기 시작하면 서서히 외기에 익숙해지도록 해주며, 다음해 3월에 이식한다.

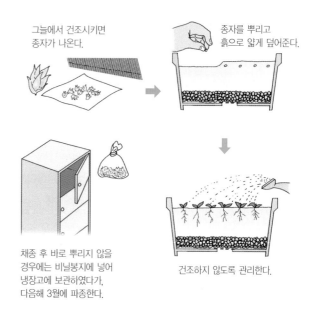

그늘에서 건조시키면 종자가 나온다.

종자를 뿌리고 흙으로 얇게 덮어준다.

채종 후 바로 뿌리지 않을 경우에는 비닐봉지에 넣어 냉장고에 보관하였다가, 다음해 3월에 파종한다.

건조하지 않도록 관리한다.

▲ 실생 번식

때죽나무

- 때죽나무과 때죽나무속
- 낙엽활엽소교목 • 수고 5~10m
- 중국(산둥반도 이남), 일본, 대만; 황해도~강원도 이남의 산지

학명 *Styrax japonicus* 속명은 나무진의 일종인 storax(안식향)을 생산하는 식물의 고대 그리스어 이름이다. 종소명 *japonicus*는 '일본의'를 뜻한다.
영명 Snowbell tree | 일명 エゴノキ | 중명 野茉莉(야말리)

| 잎

어긋나기.
긴 타원형이며, 잎끝이 길게 뾰족하다.
가장자리에 둔한 톱니가 있거나,
없는 것도 있다.

40%

| 꽃

양성화. 새가지의 잎겨드랑이에 1~6개
의 흰색 꽃이 모여 아래로 드리워 핀다.

| 열매

핵과. 달걀꼴 둥근형이며, 회백색으로 익
는다.

| 수피

흑갈색이고 평활하다.
오래되면 얕게 세로로
줄이 생기고 근육질 모
양이 된다.

| 겨울눈

긴 달걀형의
맨눈이며, 별모양의
갈색 털로 덮여있다.
겨울눈 밑에
세로덧눈이 붙는다.

열매에 독성이 있어서 열매를 찧어서 냇물에 풀어놓으면 작은 물고기들이 떼죽음을 당한다 하여 때죽나무라는 이름이 붙여졌다고 한다. 물고기가 떼죽음하는 이유는 열매껍질에 에고사포닌egosaponin이라는 독성성분이 포함되어 있기 때문이다.

이 성분을 물에 풀면 빨래의 때를 없애준다 하여, 비누 대용으로 사용하기도 했다. 또 열매에는 기름성분이 많아 동백기름을 대신해서 여자들의 머릿기름이나 등잔불을 밝히는 원료로 사용되기도 했다.

이름에 대해서는 또 다른 설이 있다. 가을에 열리는 동그랗고 반질반질한 열매가 마치 스님이 떼로 모여 있는 것 같다고 해서, 떼중나무라 부르다가 때죽나무로 변했다고도 한다. 가지 끝에 달려 있는 꽃이 마치 흰 눈을 맞은 종鐘 같다 하여, 영어 이름은 스노우벨Snowbell이다.

물이 귀한 제주도 산간의 부락민들은 비가 오면 빗물을 받아서 이용했는데, 이 빗물에는 2가지 종류가 있다고 한다. 하나는 지붕에서 흘러내려 처마를 통해 받은 물로 지신물이라 하며 주로 허드렛물로 사용했다. 다른 하나는 때죽나무 가지를 따로 엮어 빗물이 흘러내리도록 하여 받아썼는데, 이렇게 받은 물을 '참받음물'이라 하였다.

일주일만 보관해도 변질되어버리는 샘물과는 달리, 참받음물은 오래 간직해도 썩지 않고 물맛도 좋아서 제사에 쓰기도 했다. 이처럼 참받음물을 받을 때 때죽나무를 이용한 것은, 제주사람들이 이 나무를 매우 깨끗한 나무로 생각했기 때문으로 여겨진다.

조경 Point

소박한 느낌이 드는 순백의 꽃과 작은 종처럼 조롱조롱 열리는 열매, 잡목풍의 자연수형이 때죽나무의 특징이다.

추위와 공해, 병충해에 강하기 때문에 어디에 심어도 건강하게 자라는 조경수로 앞으로 더 많은 활용이 기대된다. 대교목의 하목이나 경관수, 첨경수, 독립수로 식재하면 좋다.

재배 Point

다습하지만 배수가 잘되며, 중성~산성의 비옥하고 부식질이 풍부한 토양에 심는다. 기후환경은 산비탈 아래 햇빛이 있는 반그늘이 알맞고, 가능하면 석양을 피할 수 있는 건물 동편에 심는 것이 좋다.

나무				새순	개화		꽃눈분화		열매			
월	1	2	3	4	5	6	7	8	9	10	11	12
전정		전정									전정	
비료		한비										

▲ 때죽나무 분재

잎에는 곤충이 식해하는 것을 대비한 방어물질인 탄닌을 많이 포함하고 있어서 식엽해충의 피해는 비교적 적은 편이나, 노랑쐐기나방류의 애벌레에 의한 잎의 식해나 알락하늘소에 의한 목재의 천공피해가 보인다.

알락하늘소의 애벌레가 수간을 천공하여 나무를 고사시키기도 한다. 나무 주위에 톱밥 같은 나무부스러기가 발견되면 구멍으로 철사를 찔러 넣어 애벌레를 포살한다.

때죽납작진딧물은 때죽나무에 특히 많은 피해를 준다. 어린 가지 끝에 황록색 꽃모양의 재미있게 생긴 벌레혹을 형성하며, 벌레혹 끝에는 돌기가 있다. 진딧물이 탈출한 후에는 벌레혹이 황색으로 변하여 미관상 좋지 않다. 5월 하순에 이미다클로프리드(코니도) 액상수화제 2,000배액을 10일 간격으로 1~2회 살포하여 방제한다. 성충이 탈출하기 전에 벌레혹을 채취하여 소각하는 물리적 방제법도 유용하다.

병해로는 발병부위의 표면에 두꺼운 막층이 생겨서 마치 고약을 붙인 것 같이 보이는 고약병, 잎에 갈색반점이 생기는 갈색무늬병 그리고 녹병, 윤문잎마름병 등이 있다.

▲ 때죽납작진딧물 벌레집

10월경에 열매껍질이 갈라지기 시작하면 새가 먹어버리기 전에 채종한다. 이것을 바로 파종하거나 보관해두었다가, 다음해 3월에 파종한다.

종자는 건조하면 발아하지 않으므로, 습한 모래와 섞어서 비닐봉지에 넣어 냉장고에 보관한다. 강모래, 펄라이트, 버미큘라이트 등의 용토를 넣은 파종상에 파종하고 건조하지 않도록 관리하면, 다음해 봄에 발아한다.

6~9월의 생육기에 충실히 자란 햇가지를 삽수로 사용한다. 강모래, 버미큘라이트, 피트모스 등의 혼합토를 넣은 삽목상에 꽂고, 반그늘에서 건조하지 않도록 관리한다.

접목은 4~5월 잎이 나오는 시기를 제외하면 연중 가능하다. 2~3년생 실생묘를 대목으로 사용하여 절접 또는 눈접을 붙인다. 눈이 나오기 전이나 장마기에 높이떼기로도 번식시킬 수 있다.

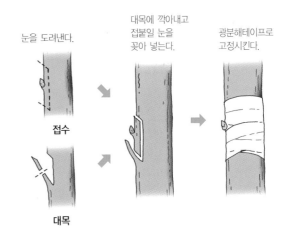

눈을 도려낸다.

대목에 깎아내고 접붙일 눈을 꽂아 넣는다.

광분해테이프로 고정시킨다.

접수

대목

▲ 접목(눈접) 번식

모과나무

- 장미과 모과나무속
- 낙엽활엽교목 · 수고 10m
- 중국 중남부가 원산지; 전국에 널리 식재

학명 *Chaenomeles sinensis* 속명은 그리스어 chaino(갈라지는)와 melon(사과)의 합성어로, 이런 관목에서 의해 생산되는 열매가 5개의 부분으로 갈라졌다는 한때의 잘못된 생각에 의해 붙여진 것이다. 종소명은 '중국의'라는 뜻이다.
영명 Chinese flowering-quince | 일명 カリン(榠櫨) | 중명 木瓜(목과)

| 잎

40%

어긋나기.
반듯한 타원형이며,
가장자리에 날카로운
잔톱니가 있다. 질감이 딱딱하다.

| 꽃

양성화. 짧은가지 끝에 연홍색 꽃이 1개
씩 핀다.

| 열매

이과. 타원형이며, 노란색으로 익는다.
향기가 매우 좋다.

| 겨울눈

넓은 달걀형이며,
끝은 약간 무디다.
3~4개의 눈비늘조각에
싸여있다.

| 수피

지름 10cm

녹갈색이고 표면이 불
규칙하게 벗겨진다. 성
장 후에도 작은 조각으
로 벗겨져서 얼룩무늬
가 생긴다.

모과나무의 종소명 시넨시스sinensis는 모과의 원산지가 중국인 것을 나타내며, 중국에서는 2,000년 전부터 열매를 약제로 사용했다. 모과나무를 우리나라에서 과수로 심은 기록으로는 광해군 때 허균이 쓴《도문대작屠門大嚼》에 나오는데, 예천에서 생산되는 맛있고 배같이 즙을 많은 과일로 소개되어 있다. 당시의 모과는 맛있는 과일로 소개되어 있지만, 사실 모과는 과일이면서도 과육이 석세포라서 날 것으로는 먹을 수 없으므로 과일 대접을 받지 못한다. 하지만 모과 향기만은 어느 과일이나 꽃에 비길 데 없이 좋아서, 예로부터 풍류를 즐기는 선비의 문갑 위에 한자리를 차지하기도 했다. 지금도 모과가 나오는 철이면 승용차 안에서 방향제 구실을 하기도 한다. 사람들은 모과를 보고 세 번 놀란다고 한다. 먼저 못 생긴 열매를 보고 한번 놀라고, 그 다음에 향기에 한번 더 놀라고, 마지막으로 열매의 떫은 맛에 깜짝 놀란다고 한다.

모과란 이름은 중국 이름 목과木瓜가 발음하기 편한 모과로 변한 것으로, 나무木에 참외瓜 같은 열매가 달린다는 데서 유래한 것이다. 하지만 매끈하게 잘 생긴 참외와는 달리 울퉁불퉁하고 못 생긴 과일로 이름이 나 있다. 그래서 '어물전 망신은 꼴뚜기가 시키고, 과일전 망신은 모과가 시킨다'는 말이 생겼고, 못생긴 사람을 모과에 비유하기도 한다.

▲ 화초장
장欌의 종류 중 하나로 문판에 꽃그림을 그려 장식하였다.

10월에 노랗게 익는 모과는 향기가 좋지만 과육이 딱딱하고 신맛이 강해서 날 것으로는 먹을 수 없다. 차·잼·과일주로 만들어 먹는데, 기침과 가래를 삭이는 데는 모과차를 최고로 친다. 이 외에도 감기·천식·토사·곽란·각기 등에 효과가 좋은 민간약제로 널리 사용되고 있다. 또 나무의 재질이 붉고 치밀하며 광택이 나기 때문에 고급 가구재로 사용되었다. 모과나무로 만든 장롱을 화류장樺榴欌이라 하여, 자단·화류 등으로 만든 진품 화류장의 모조품으로 사용되었다. 놀부가 흥부 집에 가서 얻어가는 화초장華草欌도 바로 이 모과나무로 만든 화류장이었다.

연분홍색의 단아한 꽃과 오래될수록 비늘 조각처럼 운치 있게 벗겨지는 수피가 아름다워, 예전부터 정자목으로 많이 활용되었다. 청원 연제리의 천연기념물 제522호 모과나무를 비롯하여, 우리나라에서 가장 오래된 수령 1,000년을 헤아리는 전라남도 담양군 창평면 용수리에 있는 모과나무 노거수 등 보호수로 지정된 것만 해도 20여 그루에 이른다. 최근 모과나무가 조경수로 각광을 받기 시작하면서, 조상들이 남겨준 모과나무 노거수들이 수난을 겪고 있다고 한다.

조경 Point

모과나무는 오랜 전부터 전통정원이나 사찰 경내에 심겨져 온 사랑받는 조경수종이다. 연분홍색 꽃과 노란 열매뿐 아니라 줄기의 얼룩무늬 또한 관상가치가 높으며, 오래된 고목일수록 줄기에서 예스런 멋이 묻어나온다. 일반 주택의 정원에 과실수나 첨경목으로 심으면 수피와 꽃을 감상할 수 있어 좋다. 또 가을에 커다란 열매를 감상하는 또 하나의 즐거움이며, 열매는 약재 또는 과실주를 담는데 사용한다. 공해에도 잘 견디므로, 도시의 가로수로 심겨진 것도 볼 수 있다.

◀ 복숭아명나방 피해과

재배 Point

적당히 비옥하고 배수가 잘 되며, 양지 또는 반음지에 식재한다. 해가 잘 비치는 곳에서 꽃이 많이 피고 열매가 많이 열린다. 석회질 토양에 대한 내성은 있지만, 강알칼리성 토양에서는 백화(白化)한다. 이식은 3~4월, 10~11월에 하며, 가능하면 크기가 작을 때 하는 것이 좋다.

나무		새순	개화								열매	
월	1	2	3	4	5	6	7	8	9	10	11	12
전정	전정											전정
비료		추비								한비		

병충해 Point

모과나무 가까이에 향나무가 있으면 매년 4~7월에 별모양의 붉은 반점이 생기는 붉은별무늬병이 발생하는 수가 있다. 일종의 녹병균이 겨울에는 향나무에서 월동하고 봄이 되면 모과나무로 옮겨오기를 반복하여 발생하므로, 모과나무 가까이에 향나무류를 심지 않도록 해야 한다. 방제법은 4~5월에는 산당화 등의 장미과식물에, 4~7월에는 향나무류에 트리아디메폰(티디폰) 수화제 1,000배액, 디페노코나졸(로티플) 액상수화제 2,000배액을 7~10일 간격으로 3~4회 살포한다. 만약 약제 살포 후에 비가 오면 다시 뿌려야 한다. 이외에 갈반병, 점무늬병(회색곰팡이낙엽병), 탄저병 등이 발생한다.

복숭아명나방은 연 2회 발생한다. 다 자란 애벌레가 고치 속에서 월동한 후에 제1회 성충은 6월에 우화하여 복숭아 등 과실에 산란하며, 1마리가 여러 개의 과실을 파먹는다.

▲ 모과나무붉은별무늬병(잎의 앞뒷면)

전정 Point

비교적 좁은 정원에 알맞는 수형이다. 낙엽기에 도장지 정도만 잘라주고 다른 가지는 방임해서 키운다. 원하는 수고까지 성장하면 길게 자란 가지와 도장지를 함께 잘라주어 수고와 수관폭을 제한한다.

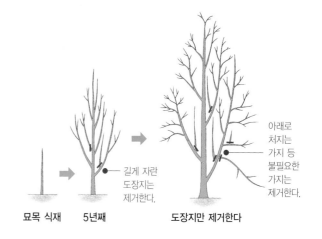

묘목 식재　5년째　길게 자란 도장지는 제거한다.　도장지만 제거한다　아래로 처지는 가지 등 불필요한 가지는 제거한다.

▲ 좁은 공간에 적합한 수형

번식 Point

실생 번식이 가장 일반적인 번식법이다. 가을에 잘 익은 열매에서 종자를 채취하여 저온저장 또는 노천매장해두었다가, 다음해 봄에 파종한다. 그러나 실생묘는 개화결실까지 수년이 걸린다. 따라서 결실기간을 앞당기고, 우량품종을 얻기 위해서는 주로 접목으로 번식시킨다. 2~3년 양성한 실생묘를 대목으로 하여 개화·결실한 모과나무의 당년지를 5~6cm 길이로 잘라서 접수로 사용한다. 시기는 4월이며, 절접 또는 할접으로 접을 붙인다.

배롱나무

- 부처꽃과 배롱나무속
- 낙엽활엽소교목 • 수고 3~6m
- 중국 남부, 인도, 네팔, 필리핀; 충청도, 전라도, 경상도에서 식재

학명 *Lagerstroemia indica* 속명은 린네의 친구인 스웨덴의 식물분류학자 Magnus von Lagerstroem을 기념한 것이며, 종소명은 '인도의'라는 뜻으로 인도가 원산지인 것을 나타낸다. | 영명 Crape myrtle | 일명 サルスベリ(猿滑) | 중명 紫薇(자미)

꽃

양성화. 새가지 끝에서 원뿔꽃차례의 꽃이 모여 핀다. 흰색, 홍색, 분홍색, 홍자색 등의 꽃색이 있다.

열매

삭과. 넓은 타원형 또는 구형이며, 익으면 6갈래로 갈라진다.

겨울눈

물방울형이고 끝이 뾰족하다. 2~4장의 눈비늘조각에 싸여 있다.

수피

연한 적갈색이고 성장함에 따라 표피가 벗겨진다. 오래되면 불규칙한 조각으로 떨어져서 얼룩무늬가 생긴다.

잎

잎이 가지에 어긋나지만, 좌좌우우 2장씩 짝을 이루어 어긋나는 것도 있다.

50%

조경수 이야기

배롱나무는 백일홍百日紅나무 또는 목백일홍이라고도 한다. 여름철에 꽃이 백일 가량 오래도록 피어 있기 때문에 붙여진 이름이다. 그러나 실제로는 하나의 꽃이 백일이나 오랫동안 피어 있는 것이 아니라, 여러 송이의 꽃이 연속적으로 피고지기 때문에 그렇게 보일 뿐이다.

배롱나무라는 이름도 백일홍나무에서 배기롱나무를 거쳐서 배롱나무가 되었고, 멕시코가 원산인 초본 백일홍과 구별하기 위해 나무백일홍 혹은 목백일홍이라고 부른다. 예로부터 '열흘 붉은 꽃이 없다花無十日紅' 하여 대부분의 꽃은 수명이 짧은 것으로 여겼는데, 배롱나무 꽃이 이처럼 오랫동안 피는 것이 신기해서 이름 붙인 것으로 보인다. 꽃색이 오랫동안 변하지 않는 천일홍千日紅이나 여름부터 늦가을까지 화단을 지키는

▲ 부산 양정동 배롱나무
천연기념물 제 168호. ⓒ 문화재청

만수국萬壽菊의 작명 동기 또한 이와 비슷한 것으로 여겨진다.

우리나라에서는 꽃이 오랫동안 피는 것을 보고 이름을 붙였지만, 중국과 일본에서는 비단결 같이 부드러운 나무껍질을 보고 이름을 붙였다. 일본에서는 나무타기의 명수인 원숭이도 수피가 매끄러운 배롱나무를 타다가 미끄러져 떨어진다 하여 사루스베리猿滑라고 부른다. 중국에서는 파양수怕癢樹라는 이름으로 부르는데, 이는 "매끄러운 줄기를 긁어주면 모든 나뭇가지가 흔들리면서 간지럼을 타므로 파양수라 한다"라는 중국 명대의 꽃에 대한 백과사전《군방보群芳譜》의 기록에서 연유한 것이다. 충청도에서는 '간지럼나무', 제주도에서는 '저금 타는 낭' 즉 간지럼 타는 나무라는 지방 이름으로 불리는 것도 같은 맥락이다.

배롱나무의 매끈한 수피가 여인의 벗은 몸을 연상시킨다는 이유로, 조선시대 사대부집 안채에는 심는 것이 금기시되었다고 한다. 절에 가면 흔히 배롱나무를 볼 수 있는데, 배롱나무가 나무껍질을 다 벗어 버리듯 스님 또한 세속의 모든 것을 벗어버리고 수행에 용맹정진하라는 의지가 담겨 있다고 한다.

종소명 인디카indica는 인도가 원산지임을 나타내지만 실제로는 중국 남부가 원산지이며, 자주색의 꽃이 핀다 하여 중국에서는 자미화紫薇花라고 부른다. 중국 사람들은 자미꽃을 매우 좋아하였으며, 특히 당나라 현종은 삼성三省 중 자신이 업무를 보던 중서성에 배롱나무를 많이 심었으며, 황제에 오른 해에 중서성의 이름을 자미성으로 고쳤다고 한다. 지금도 중국과 대만의 여러 도시에서 시화市花로 지정될 정도로 사랑을 받고 있다.

한여름에 꽃을 피우는 배롱나무는 추위에 약하기 때문에, 소쇄원瀟灑園·식영정息影亭·명옥헌鳴玉軒 등 남부 지방의 전통조경공간에서 정원의 꽃나무로 흔하게 볼 수 있다. 특히 명옥헌 원림의 연못 주위에는 스물여덟 그루의 붉디붉은 배롱나무꽃이 7월부터 피어 백일 동안 무릉도원을 이룬다. 배롱나무의 또 다른 이름 자미목紫薇木은 도교 선계의 하나인 자미탄紫薇灘과 관련이 있다. 따라서 배롱꽃 만발한 명옥헌은 도교의 선계이자 이상향인 셈이다.

조경 Point

배롱나무는 7월부터 개화하기 시작하여, 꽃이 적은 한여름에 100일 이상 붉은 꽃을 피우는 조경수이다. 또 모과나무나 노각나무처럼 매끈하고 얇게 벗겨지는 아름다운 수피가 특징이다. 우리 선조들은 예로부터 사찰, 서원, 재실, 묘지 등에 조경수로 배롱나무를 많이 심었다.

원래 추위에 약한 남부수종이지만, 기온이 상승함에 따라 지금은 중부지방에서도 정원수나 가로수로 많이 식재되고 있다. 큰 나무는 정원의 첨경수 혹은 잔디정원의 첨경목으로 식재해도 좋다.

재배 Point

내한성이 중간 정도이며, 중부 이북 지방에서는 겨울에 별도의 방한 조치가 필요하다. 햇빛이 잘 비치는 곳, 적당히 비옥하고 배수가 잘되는 토양에서 잘 자란다. 이식은 봄 3~4월과 가을 10~11월에 하며, 구덩이는 크게 파서 심고 큰나무는 뿌리돌림을 한다.

나무				새순			개화		열매		
월	1	2	3	4	5	6	7	8	9	10	11	12
전정		전정									전정	
비료	한비								시비			

병충해 Point

해충으로는 진딧물류, 깍지벌레류, 구리풍뎅이 등이 있다. 주머니깍지벌레는 가지와 줄기에 모여 살면서 흡즙가해하며, 대량으로 발생하는 경우는 잎에도 기생한다. 2차적으로 그을음병을 유발하여 배롱나무 특유의 매끈한 수피를 검게 덮는다.

약충 발생기에 뷰프로페진.디노테퓨란(검객) 수화제 2,000배액을 10일 간격으로 2회 살포하여 방제한다. 12월에 기계유유제를 줄기가 흠뻑 젖도록 살포한다.

잎에 갈색의 작은 반점이 생기는 갈색점무늬병(갈반병)은 자체로는 큰 피해가 없으나, 흰가루병과 함께 발생한 경우에는 피해가 심해져서 일찍 잎이 떨어진다. 병든 낙엽은 모아서 태우고, 계속적으로 발생하는 곳에는 터부코나졸(호리쿠어) 유제 2,000배액을 살포한다.

잎에 회색의 둥근 반점이 생기는 환문잎마름병은 코퍼하이드록사이드(코사이드) 수화제 1,000배액을 살포한다. 잎에 밀가루를 뿌린 것 같은 증상이 발생하는 흰가루병은 발생초기에 페나리몰(훼나리) 수화제 3,000배액을 10일 간격으로 2~3회 살포하여 방제한다.

◀ 주머니깍지벌레   ▲ 거북밀깍지벌레

▲ 목화진딧물   ▲ 흰가루병

전정 Point

보통 신초는 전정하지 않고 겨울에 당년지를 전정한다. 묘목을 양성하는 경우라면 수형과 가지의 모양새를 고려하여 원하는 수형으로 만들어 간다. 한번 수고와 가지폭이 만들어지면, 당년지는 매번 가지의 밑동에서 잘라주는 두목전정을 반복한다.

번식 **Point**

2~3월이 숙지삽, 6~9월이 녹지삽의 적기이다. 숙지삽은 전정할 때 잘라낸 전년지의 충실한 부분을 삽수로 이용하며, 녹지삽은 그해에 나온 충실한 햇가지를 삽수로 이용한다. 삽목을 한후에는 반그늘에 두고 건조하지 않도록 관리한다. 발근하면 서서히 햇볕에 익숙해지도록 하며, 다음해 봄에 이식한다.

6~7월에 환상박피를 해서 높이떼기로도 번식시킨다. 또 뿌리 부분에서 움돋이가 잘 나오는데, 여기에 흙을 쌓아서 반 년 정도 지나면 잔뿌리가 나온다. 3~4월에 어미나무에서 떼어내어 다른 곳에 식재한다.

10월경에 열매가 갈색으로 익으면 따서, 며칠 동안 그늘에 말리면 벌어져서 종자가 나온다. 이것을 바로 뿌리거나 건조하지 않도록 비닐봉지에 넣어 냉장고에 보관하였다가, 다음해 봄에 파종한다. 실생 번식은 변이가 많이 나온다.

줄기로 만들 가지 하나씩만 남겨서, 연필 굵기 정도 되는 곳을 자른다. 매년 반복

주립수형으로 키우려면 남기고, 단간수형으로 키우려면 잘라낸다.

잔 가지는 생기는 데로 밑동에서 자른다.

묘목 식재 　겨울 　겨울

원하는 수고에 도달하면 마디의 바로 위를 자른다.

취향에 따라 차이가 있지만, 통상 30cm 이내

매년 반복 　가지가 만들어지면 당년지의 밑동을 자른다. 　남긴 가지는 모두 전년과 동일하게 처리한다.

겨울 　겨울 　겨울

▲ 묘목의 수형만들기

낙엽기에 당년지의 밑동을 자르면, 자른 부분에서 새 가지가 나오고 다음해에 꽃이 핀다.
매년 같은 위치에서 가지를 자르기 때문에 혹이 생긴다(두목전정).

▲ 두목전정

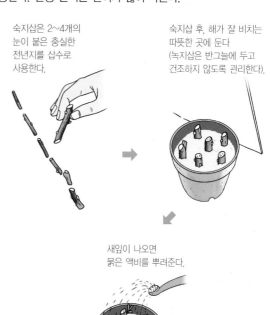

숙지삽은 2~4개의 눈이 붙은 충실한 전년지를 삽수로 사용한다.

숙지삽 후, 해가 잘 비치는 따뜻한 곳에 둔다 (녹지삽은 반그늘에 두고 건조하지 않도록 관리한다).

새잎이 나오면 묽은 액비를 뿌려준다.

▲ 삽목 번식

10-5 수피

자작나무

- 자작나무과 자작나무속
- 낙엽활엽교목 • 수고 20~30cm
- 일본, 중국, 몽골, 러시아, 유럽; 평안북도, 함경도의 높은 지대

학명 *Betula platyphylla* 속명은 Birch(자작나무)의 라틴 이름으로 켈트어의 betu(나무)에서 비롯된 것이며, 이 나무의 가는 가지꾸러미를 처벌용 채찍으로 사용하였다고 한다. 종명은 platys(넓다)와 phyllon(잎)의 합성어로 '넓은 잎의'를 뜻한다.

영명 White birch ┃ 일명 シラカンバ(白樺) ┃ 중명 白樺(백화)

| 잎

어긋나기.
삼각상의 넓은 달걀형이며,
가장자리에 겹톱니가 있다.
짧은 가지에
2장씩 모여 달린다.

30%

| 꽃

▲ 암꽃차례(위)과
수꽃차례(아래)
암수한그루. 4~5월에 잎
이 나면서 함께 꽃이 핀다.
암꽃차례는 햇가지, 수꽃
차례는 전년지에 달린다.

| 열매

소견과. 열매이삭은 원통형이고
아래를 향해 달리며, 다갈색으로 익는다.

| 겨울눈

잎눈과 암꽃눈은 비늘눈이고
긴 달걀형이다.
수꽃눈은 맨눈으로 겨울을 난다.

| 수피

어릴 때는 적갈색이며
광택이 있다.
성장함에 따라
수피 전체가 백색으로
변하며, 종잇장처럼
옆으로 벗겨진다.

자작나무 껍질은 기름기 성분이 있어서 불에 탈 때 '자작자작' 하고 소리를 내며 탄다고 해서 자작나무라는 이름이 붙여졌으며, 실제로 자작나무 껍질에 불을 붙여서 호롱불을 대신하기도 했다. 자작나무의 영어 이름은 버치 birch인데 그 어원은 '글을 쓰는 나무껍질'이란 뜻이며, 희고 얇은 껍질이 종잇장같이 겹쳐져 있어서 그것을 벗겨 글씨를 썼다고 한다.

자작나무 껍질은 흰색의 기름기가 있는 밀랍가루로 덮여있어 얇게 벗겨지며, 불에 잘 타지만 습기에는 매우 강한 특성을 지니고 있다. 또 자작나무 껍질에는 부패를 막는 성분이 들어 있어서 숲속에 죽어 넘어진 자작나무는 수십 년이 지나도 썩지 않는다고 한다.

이러한 특성 때문에 자작나무 껍질에 사랑을 고백하는 편지를 써서 사랑하는 사람에게 보내면 헤어지지 않는다는 말이 전해지기도 한다.

예로부터 이 나무껍질에 그림을 그리거나 불경을 적었다는 기록이 있다. 1996년 영국에서 발견된 세계에서 가장 오래된 불경도 자작나무 껍질에 쓰여진 것이라고 한다.

경주 천마총에서 출토된 말안장에 그려진 천마도의 채화판彩畵版도 자작나무껍질을 여러 겹 겹치고 맨 위에 고운 껍질로 누빈 후, 가장자리에 가죽을 대어 만든 것이다.

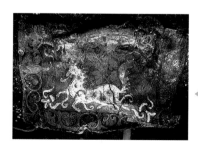

◀ **경주 천마총 장니천마도**
자작나무껍질에 그려진 천마도. 국보 제207호.
ⓒ 문화재청

무엇보다도 자작나무의 특징은 설백의 수피가 주는 아름다움이다. 중국과 일본에서는 자작나무를 백화白樺라고 부르는데, 이는 아름다운 흰색의 수피를 표현한 이름이다. 서양에서는 자작나무를 '나무의 여왕' 또는 '숲의 백미'라는 애칭으로 부른다. 러시아와 핀란드의 나라나무이며, 캐나다의 서스캐처원 주와 미국의 뉴햄프셔 주의 주나무이기도 하다.

영화 〈닥터 지바고〉에서 주인공 유리 지바고와 라라가 재회하여 짧은 기간 애절한 사랑을 나누었던 한 작은 마을의 외딴집을 둘러싸고 있던 것도 바로 자작나무였다.

시인 백석의 자작나무 〈화백 白樺〉도 있다.

산골집은 대들보도 기둥도 문살도 자작나무다
밤이면 캥캥 여우가 우는 산도 자작나무다
그 맛있는 모밀국수를 삶는 장작도 자작나무다
그리고 감로같이 단샘이 솟는 박우물도 자작나무다
산너머는 평안도 땅도 뵈인다는 이 산골은 온통 자작나무다

조경 Point

무엇보다도 하얀 수피가 아름다운 나무이며, 어릴 때에는 갈색이다가 차츰 흰색으로 변한다. 고산 수종으로 집단식재하면 흰색 수피가 돋보이며, 하얀 눈이 내리면 운치가 더해진다.

골프장, 아파트단지 등의 진입로로, 고층빌딩의 녹지공간 등에 심으면 수피의 흰색과 잎의 초록색이 대비를 이뤄 세련된 아름다움을 나타낸다. 가을이면 노랗게 물드는 단풍 역시 아름답다.

독일, 영국, 프랑스 등 유럽에서 가로수로 인기가 있는 수종이며, 우리나라 강원도 지방에서도 가로수로 심어진 자작나무를 볼 수 있다.

재배 Point

내한성이 강하며, 바람이 많이 부는 곳에서도 잘 자란다. 햇빛
이 잘 비치는 곳이나 나뭇잎 사이로 비치는 간접 햇빛을 받는
곳이 좋다.
배수가 잘되고 습기를 적당히 보유한 비옥한 토양에서 재배한
다. 이식은 2~3월, 10~11월에 한다.

나무			새순	개화					열매	단풍		
월	1	2	3	4	5	6	7	8	9	10	11	12
전정	전정											전정
비료	한비											

병충해 Point

대화병, 모잘록병, 박쥐나방, 비로드병, 사과독나방, 샌호제깍지
벌레, 줄하늘소(피나무호랑하늘소), 오리나무좀, 은무늬굴나방,
자작나무류 갈색반점병(갈반병) 등이 발생한다.
샌호제깍지벌레는 줄기, 가지, 잎, 과실에 기생하며 흡즙가해한
다. 때때로 대발생하여 나무를 고사시키기도 한다. 약충 발생초
기에 뷰프로페진.디노테퓨란(검객) 수화제 2,000배액을 10일
간격으로 2회 살포하여 방제한다.
갈색반점병(갈반병)은 주로 묘포에서 잘 발생하며, 심한 경우에
는 8월부터 잎이 떨어진다. 병든 낙엽은 모아서 태우며, 묘포에
서는 만코제브(다이센M-45) 수화제 500배액, 터부코나졸(호리
쿠어) 유제 2,000배액을 6월부터 2주 간격으로 3~4회 정도
교대로 살포한다.

전정 Point

낙엽기에 전정을 하며, 불필요한 가지를 솎아주는 정도로 충분
하다. 가지를 자를 때는 반드시 밑동에서 자르며, 자른 자리가
큰 경우에는 유합제나 유성페인트를 발라준다.

번식 Point

종자가 아주 작아서 발아력을 잃기 쉬우므로 가을에 채취하여
바로 파종하거나 종이봉지에 넣어 1~5℃의 저온에서 보관하였
다가, 다음해 3월 중순에 파종한다.
복토는 종자가 안보일 정도로만 얕게 하며, 파종한 그해 여름
동안에는 파종상이 건조하지 않도록 해가림을 해준다.

귀룽나무

- 장미과 벚나무속
- 낙엽활엽교목 • 수고 15m
- 일본(북해도), 중국, 몽고, 러시아, 유럽; 지리산 이북의 산지 계곡가

학명 *Prunus padus* 속명은 라틴어 plum(자두, 복숭아 등의 열매)에서 유래되었으며, 종소명은 그리스어로 '야생 앵두'를 의미한다.
영명 Bird cherry | **일명** エゾノウワミズザクラ(蝦夷の上溝櫻) | **중명** 稠李(조이)

| 잎

어긋나며,
긴 타원형 또는
거꿀달걀형이다.
잎자루 윗부분에
1쌍의 꿀샘이 있다.

30%

| 꽃

양성화. 새가지 끝에 총상꽃차례로 흰색
꽃이 모여 핀다.

| 열매

핵과. 달걀꼴 구형이며 흑색으로 익는다.

| 수피

지름 14cm

회흑색이고 껍질눈이 발달하며,
오래되면 세로로 불규칙하게 갈라진다.

| 겨울눈

달걀형이며, 끝이 뾰족하다.
6~9장의 눈비늘조각에 싸여 있다.

우리나라에는 구룡九龍이라는 이름이 붙은 지명이 많다. 평안북도 운산군의 구룡강, 금강산의 구룡폭포, 원주의 구룡사와 구룡소 등 여러 곳에 있다. 《조선왕조실록》에는 의주의 압록강변에 구룡연이 있었으며, 여기에 세종 때 구룡 봉화대를 설치했다는 기록이 나온다.

귀룽나무라는 이름은 함경남도 의주 구룡 근처에 특히 이 나무가 많이 자라며, 나무줄기의 검은 빛깔이 마치 아홉 마리 용이 꿈틀거리는 것 같다고 하여 붙여진 것이다.

처음에는 구룡나무라고 하다가 차츰 발음하기 쉬운 귀룽나무로 바뀐 것으로 짐작된다. 북한에서는 연초록색의 새잎 위로 하얀 꽃이 무리지어 피는 모양이 마치 여름날의 뭉게구름 같다 하여 구름나무라고 부른다.

한자로는 구룡목이라 하는데, 이 이름은 불교와 관련이 깊다. 불교에서는 갓 태어난 아기 부처를 씻어주는 의식인 관불회灌佛會가 있다. 석가모니가 탄생할 때 아홉 마리 용이 하늘에서 내려와 향수로 아기 부처의 몸을 씻어주고, 땅속에서 연꽃이 솟아올라 그 발을 떠받쳤다고 하여 지내는 의식이다.

귀룽나무 어린가지를 꺾거나 껍질을 벗기면 특이하면서도 강렬한 냄새가 난다. 파리가 이 냄새를 싫어한다 하여 옛 사람들은 파리를 쫓는 데 썼다고 한다. 또 간질환과 신경통·관절염·중풍 등에 탁월한 효과가 있어 한약재로 쓰이고 있다.

조경 **Point**

잎이 일찍 나오기 때문에, 이른 봄부터 푸르름을 제공해주는 수종이다. 5월에 피는 흰색 꽃은 작아서 잎에 가리기 때문에 벚나무에 비해 눈에 잘 띄지 않는다. 넓은 공간에서는 독립수나 녹음수로, 좁은 공간에서는 악센트식재로, 연못주변에서는 배경식재로 활용하면 좋다.

또, 내한성과 내공해성이 강하기 때문에 도시형 조경수로 좋은 수종이다.

재배 **Point**

내한성이 강하며, 해가 잘 비치는 곳에 식재하면 잘 자란다. 습기가 있고 배수가 잘되는 적당히 비옥한 토양이라면 어떤 곳에서도 식재할 수 있다.

석회질이 풍푸한 토양에서 더 잘 자라며, 토양산도 pH 5.0~7.0이다.

병충해 **Point**

진딧물이 생기면 약충과 성충 발생 시기에 이미다클로프리드(코니도) 액상수화제 2,000배액을 살포한다.

벚나무하늘소는 산란기와 애벌레기에 티아메톡삼(플래그쉽) 입상수화제 3,000배액을 주간부에 살포하고, 침입한 구멍을 발견하면 즉시 철사나 송곳으로 찔러 죽인다.

번식 **Point**

실생이 일반적 번식방법이다. 6~7월에 검붉게 익은 열매가 떨어지면, 이것을 주워서 과육을 제거한 후 바로 파종하거나 습한 모래에 저장하였다가, 다음해 봄에 파종한다.

느릅나무

- 느릅나무과 느릅나무속
- 낙엽활엽교목 • 수고 30m
- 중국, 일본, 러시아, 몽골; 전국의 산지

학명 *Ulmus davidiana* var. *japonica* 속명은 이 나무의 라틴어 이름 elm에서 유래된 것이며, 종소명은 중국 식물채집가인 프랑스 신부 A. David를 기념하여 붙인 것이다. 변종명은 '일본의'를 뜻한다. | **영명** Japanese elm | **일명** ハルニレ(春楡) | **중명** 春楡(춘유)

| 잎

어긋나기.
긴 타원형이며,
촉감이 까칠까칠하다.
잎의 좌우와 밑부분이
비대칭인 경우가 많다.

100%

| 꽃

양성화. 꽃은 잎이 나기 전에 전년지의 잎
겨드랑이에 7~15개가 모여 핀다.

| 열매

시과. 거꿀달걀형 또는 타원형이며, 가장
자리에 날개가 있다. 종자는 날개 중앙
에 있다.

| 수피

진한 갈색을 띠며
오래되면 비늘 모양으로
불규칙하게 벗겨진다.

| 겨울눈

달걀형이고
끝이 뾰족하다.
5~6장의 눈비늘조각에
싸여 있다.

느릅나무라는 이름은 '느름'에서 유래한 것으로 힘없이 흐늘흐늘하다는 뜻인데, 이는 느릅나무의 뿌리껍질을 하룻밤 정도 물에 담가 두면 흐늘흐늘해지기 때문에 붙여진 이름이다.

시골에서는 느릅나무 가지로 소코뚜레를 만들었으며, 먹고 살기가 어렵던 시절에 흉년이라도 들면 느릅나무는 귀중한 구황식물이었다. 느릅나무의 껍질을 벗겨서 율무나 옥수수가루와 섞어서 떡이나 국수를 만들어 먹었고, 잎은 쪄서 먹었으며, 열매는 술이나 장을 담가 먹었다고 한다.

《삼국사기》〈온달조〉에 평강공주가 바보 온달에게 시집을 가겠다고 처녀의 몸으로 궁궐을 나와 용감하게 온달의 집을 찾아갔을 때, 온달은 굶주림을 참다못해 산속에 들어가서 느릅나무 껍질을 벗겨서 지고 돌아오는 중이었다.

느릅나무 뿌리껍질은 유근피楡根皮라 하며 단순한 구황식물만이 아니라 약재로도 유명하다. 《동의보감》에는 "느릅나무는 성질이 평하고 맛이 달며 독이 없다. 배설

을 원활하게 함으로서 부은 것을 가라앉히고 불면증을 낮게 한다. 뿐만 아니라 피를 맑게 하며, 몸속의 나쁜 열과 독소를 배출시켜 각종 피부병 치료에 효능이 있다."라고 했다. 소염, 항균작용이 뛰어나서 민간에서도 종창약으로 널리 사용되었다.

서양에서는 느릅나무를 엘름elm이라 하며, 신화에도 자주 등장한다. 북유럽 신화에서는 천지창조의 신 오딘이 물푸레나무에 혼을 주어 남자로 만들고 '아스크 Askr'라고 이름 붙였다.

또 느릅나무는 여자로 만들고 '엠블라Embla'라고 이름 붙였으며, 이것이 엘름으로 변했다고 한다. 북유럽의 신들은 아름답고 상냥한 엘름에게는 벼락을 때리지 않았다고 한다.

느릅나무는 재질이 좋고 물속에서도 잘 썩지 않아 선박재나 교량재로 많이 사용되었다. 느릅나무 유楡 자는 나무를 파서 만든 작은 배를 뜻한다. 영국의 워털루브리지의 교량재가 느릅나무였으며, 해체된 올드 런던브릿지의 교각은 600년이 지났는데도 조금도 상하지 않았다고 한다.

▶ 아스크와 엠블라
2003년 페로 제도에서 발행한 우표

조경 Point

비대칭의 작은 잎, 납작한 열매, 노란 단풍, 하늘을 향해 쭉쭉 뻗은 수세가 매우 아름답다. 수간에서 많은 가지가 나와 사방으로 고르게 뻗어 우아하면서도 위엄이 넘치는 수형을 이룬다.

공해에 강하고 건조지와 저습지를 가리지 않고 잘 자라므로 도심의 가로수, 도시공원의 독립수 혹은 녹음수로 적합하다.

세계 3대 가로수 중 하나로 외국에서는 조경수로 많이 활용되지만, 우리나라에서는 아직 활용도가 낮은 편이다.

내한성이 강하다. 습기에 강하여 하천변에서도 잘 자란다. 배수가 잘되는 토양, 햇빛이 잘 비치거나 다소 그늘진 곳에서 자란다.

병충해 Point

느릅나무에 발생하기 쉬운 병충해로는 매미나방, 깍지벌레, 잎벌레류, 검은무늬병, 자주무늬날개병 등이 있다.

매미나방은 애벌레가 산림과 과수의 잎을 식해하는 해충으로 대발생할 경우에는 큰 피해가 나타난다. 대량으로 발생한 때에는 애벌레가 발생하는 4월 하순~5월 초순에 페니트로티온(스미치온) 유제 1,000배액을 살포한다.

진딧물에 의한 벌레혹도 많이 보이지만, 병충해에 대한 내성이 높아서 고사에 이르는 경우는 드물다. 습윤하고 비옥한 토양을 좋아하는 나무로, 뿌리가 신장함에 따라 양분과 수분을 흡수하는 능력이 저해되어 가지마름을 유발하기도 한다.

▲ 느릅나무 벌레혹

번식 Point

실생 번식과 삽목 번식이 가능하지만, 일반적으로 종자로 번식시킨다. 6월에 성숙한 종자를 채취하여 날개를 제거하고 파종한다.

생장이 매우 빠르기 때문에 파종한 그해 가을에 50cm까지도 자란다.

벽오동

· 벽오동과 벽오동속
· 낙엽활엽교목 · 수고 15m
· 중국 원산, 대만, 일본(오키나와); 전국에 식재

학명 *Firmiana simplex* 속명은 18세기 오스트리아제국 이탈리아 롬비디의 총독이고, 파우다 대학교 식물원의 후원자이었던 Karl von Firmian의 이름에서 비롯되었다. 종소명은 '단일한'이라는 뜻으로 홑잎을 뜻한다. **영명** Chinese parasol tree **일명** アオギリ(青桐) **중명** 梧桐樹(오동수)

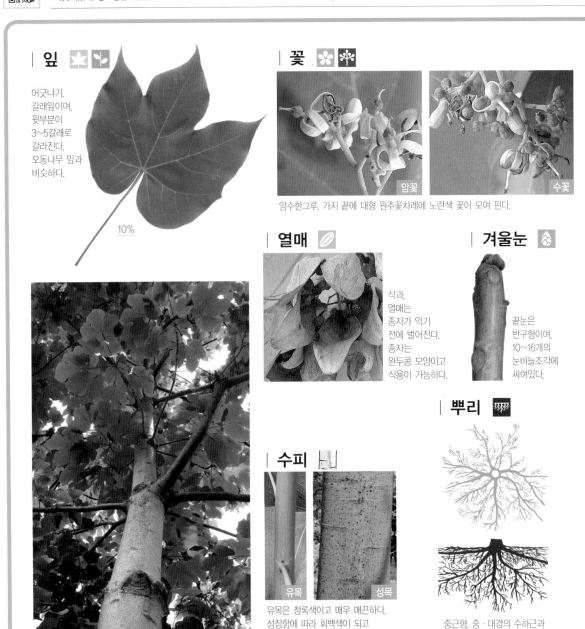

| 잎

어긋나기.
갈래잎이며,
윗부분이
3~5갈래로
갈라진다.
오동나무 잎과
비슷하다.

10%

| 꽃

암수한그루. 가지 끝에 대형 원추꽃차례에 노란색 꽃이 모여 핀다.

암꽃   수꽃

| 열매

삭과.
열매는
종자가 익기
전에 벌어진다.
종자는
완두콩 모양이고
식용이 가능하다.

| 겨울눈

끝눈은
반구형이며,
10~16개의
눈비늘조각에
싸여있다.

| 뿌리

중근형. 중·대경의 수하근과
사출근이 발달한다.

| 수피

유목   성목

유목은 청록색이고 매우 매끈하다.
성장함에 따라 회백색이 되고
세로줄이 생긴다.

벽오동에서 벽碧 자는 푸르다는 뜻이다. 벽천碧天은 푸른 하늘, 벽계수碧溪水는 물빛이 푸르게 보이는 시냇물, 벽안碧眼은 푸른 눈동자의 서양 사람을 가리키는 말이다. 따라서 벽오동碧梧桐은 푸른 빛의 오동나무, 즉 '나무껍질이 푸르고 나뭇잎이 오동나무 잎처럼 생긴 나무'라는 뜻이다. 중국에서도 청오靑梧 또는 청동목靑桐木라 하며, 북한 이름도 청오동이다.

《본초강목》에서는 오동나무를 동桐이라 하고 벽오동을 오동梧桐이라 구별하고 있지만, 대부분의 옛 문헌에는 이를 구분하지 않고 기술하여 오동나무와 벽오동은 형제쯤 되는 것으로 여기는 사람도 있다. 그러나 식물 분류학적으로는 벽오동과의 벽오동과 현삼과의 오동나무는 이름만 비슷할 뿐이지 완전히 남남이다.

> 벽오동 심은 뜻은
> 봉황을 보자는 것
> 울 님은 아니 오고
> 바람만 거세구나
> 죽실竹實도 거의 졌으니
> 올지 말지 하여라

정훈의 시조 〈벽오동〉이다.

전설의 새 봉황은 벽오동나무에 살고, 대나무 열매를 먹으며, 신령한 샘물을 마신다고 해서 존귀한 새로 여겨지고 있다. 그래서 옛날 임금의 의복이나 기물에는 용과 함께 봉황이 등장하며, 오늘날 대통령의 휘장도 봉황이다.

경상남도 함안은 가야국의 진관지鎭管地였던 곳으로 정구鄭逑가 이곳의 군수로 부임하여, 함안의 지세가 좋지 않음을 알고 풍수적으로 보완조치를 취했다. 그는 군청 뒷산이 날아오르는 봉황의 형국이라면 군청은 난구卵丘가 되는데, 서북방이 낮아서 봉황이 깃들지 못한다고 했다.

그래서 군청 뒷산에 흙을 돋우고 동북방에 벽오동 1천 그루를 심어 대동쑤大桐藪라 하였으며, 대산리에는 대나무를 심어 죽령竹嶺의 숲을 만들었다. 봉황이 깃드는 벽오동을 심고, 봉황의 먹이가 되는 대나무 열매가 있으면 봉황이 영원히 머물 것이라고 믿었던 것이다.

조경 Point

가지가 옆으로 퍼지고 오동나무처럼 잎이 크기 때문에 서향볕을 가리는 녹음수로 적합하다. 청록색의 수피로 인해 벽오동이란 이름이 붙여졌으며 정원, 학교, 공원녹지, 유원지 등에 많이 심는다.

추위에 약한 편이어서 서울에 심을 때는 특별한 월동대책이 필요하다. 남부지방에서는 가로수로 심겨진 것을 볼 수 있다. 꽃봉오리와 열매는 꽃꽂이의 소재로도 이용된다.

재배 Point

내한성이 약한 편이지만, 24℃ 이상의 온도에 오래 두면 내한성이 증가한다. 습기가 있지만, 배수가 잘되는 적당히 비옥한 토양이 좋다. 해가 잘 비치는 곳이나 반음지에 식재한다. 식재는 봄 3~4월, 가을 10~11월에 한다.

◀ 대봉대(待鳳臺)
소쇄원 입구에 있는 1칸 초정. 시원한 벽오동나무 그늘에 앉아 봉황새(귀한 손님)를 기다리는 곳이다.

남방차주머니나방이나 미국흰불나방 등은 잎을 식해하며, 박쥐나방은 줄기나 가지에 침입하여 피해를 준다. 남방차주머니나방은 많은 종류의 수목의 잎을 가해하는 다식성 해충으로 가끔 대발생하기도 한다.

가지나 잎에 주머니 모양의 애벌레(도롱이벌레) 집을 짓고 그 속에 매달려 생활하며, 근래에는 정원수나 조경수에서도 많은 피해가 발견되고 있다. 가을에 낙엽이 진 후에도 주머니가 가지에 달려 있어 경관을 해치기도 한다.

대량으로 발생하였을 때는 애벌레기인 7월 하순~8월에 에토펜프로스(세베로) 유제 1,000배액 또는 카탑하이드로클로라이드(파단) 수용제 1,000배액을 10일 간격으로 2회 살포하여 방제한다.

흰가루병, 탄저병, 갈반병, 근두암종병(뿌리혹병) 등의 병해가 알려져 있다.

종자를 채취하여 이틀 정도 흐르는 물에 담가서 충실한 종자를 선별한 후 모래와 섞어서 노천매장해두었다가, 다음해 봄에 파종한다. 종자를 채취하여 바로 파종하기도 한다.

삽목은 봄에 싹이 트기 전에 휴면지를 10~15cm 길이로 잘라서 삽목상에 꽂는다.

조경수 상식

■ 뿌리돌림

수목을 이식할 때, 활착을 돕기 위하여 사전에 뿌리를 잘라서 잔뿌리를 발생시키는 것을 뿌리돌림이라 한다.

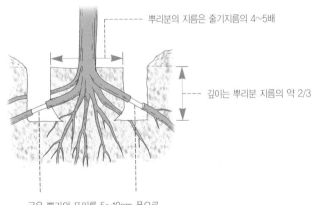

뿌리분의 지름은 줄기지름의 4~5배

깊이는 뿌리분 지름의 약 2/3

굵은 뿌리의 표피를 5~10cm 폭으로 형성층을 돌아가며 벗긴다. 여기에서 잔뿌리가 나온다.

11-4
녹음수

아까시나무

- 콩과 아까시나무속
- 낙엽활엽교목 • 수고 10~25m
- 북미 원산; 전국에 식재

 학명 *Robinia pseudoacacia* 속명은 1600년에 아까시나무를 북미에서 유럽으로 가져간 프랑스의 원예가 Jean Robin과 그것을 유럽에 널리 보급한 그의 아들 Verpasian Robin을 기념한 것이다. 종소명은 '가짜 아까시나무' 또는 '아까시나무를 닮은'이라는 뜻이다.

영명 False acacia ┃ **일명** ニセアカシア ┃ **중명** 刺槐(자괴)

| 잎

어긋나기.
4~9쌍의 작은잎으로 이루어진
홀수깃꼴겹잎이다.
잎자루 밑부분에 턱잎이 변한
1쌍의 가시가 있다.

20%

| 꽃

양성화. 새가지의 잎겨드랑이에 흰색 꽃이 모여 피며, 좋은 향기가 난다.

| 열매

협과. 납작한 선상 타원형이며, 갈색으로 익는다.

| 수피

회갈색 또는 황갈색이며, 코르크층은 세로로 가늘고 긴 그물 모양이다.

| 겨울눈

겨울눈은 잎자국 속에 숨어서 보이지 않는다(묻힌눈). 봄에 잎자국이 3갈래로 갈라져서 눈이 나온다.

겨울눈에서 새순이 나오기 시작하는 모습.

아카시아는 어릴 적 많이 불렀던 〈과수원길〉이라는 노래에 나오는 나무다. 이 노래는 아카시아의 하얀 꽃과 향기를 잘 표현하고 있다. 그러나 이 노래에 나오는 아카시아의 바른 이름은 '아까시나무'다. 진짜 아카시아는 열대아카시아라고 하는데 호주·스리랑카·중국을 비롯하여 열대 혹은 아열대 지역에서 자라는 다른 종류로 우리나라에서는 살 수 없는 나무다.

따라서 우리가 말하는 아까시나무는 '가짜아카시아' 혹은 '개아카시아'라고 이름 불러야 할 것을 실수로 아카시아라고 부른 것이다. 그래서 영어 이름도 가짜 아카시아False acacia이며, 일본 이름도 가짜 아카시아ニセアカシア이다. 프세우도아카키아pseudoacacia라는 종소명조차도 가짜 아카시아라는 뜻이다.

아까시나무가 우리나라에 도입된 것은 1891년 한 무역회사의 인천지점장으로 있던 사카키라는 사람이 중국 상해에서 묘목을 구입하여 인천공원에 심은 것이 효시

▲ **데알바타아카시아**(*Acacia dealbata*)
오스트레일리아가 원산지이며, 흔히 은엽아카시아라고 부른다.

이다. 그 후 조선총독부에서 북미 및 중국의 청도 등에서 종자를 수입하여 파종함으로서 전국적으로 보급되었다. 총독부에서 아까시나무를 널리 보급하게 된 동기는 이 나무의 재질이 강인하고 내구성이 매우 크기 때문에, 그때까지 철도침목으로 사용하던 밤나무를 대체하기 위해서였다고 한다. 따라서 일본 사람들이 우리나라 산을 망치기 위해 의도적으로 아까시나무를 도입해 심었다는 주장은 잘못된 것이다.

속명 로비니아Robinia는 16세기에 아까시나무를 북미에서 유럽에 가져간 프랑스의 원예가 진 로빈Jean Robin과 그것을 유럽에 널리 보급한 그의 아들 베스파시안 로빈Vespasian Robin을 기념하여 린네가 붙인 것이다.

아까시나무는 미국 동부 지방이 원산이며, 지금은 세계 어느 나라에서도 쉽게 볼 수 있는 대중적인 나무이기도 하다. 특히 헝가리는 전체 숲의 약 17%를 아까시나무가 차지하고 있으며, 헝가리의 나라나무國木이기도 하다. 또 목재로서의 용도뿐 아니라, 양봉업자들에게는 없어서는 안 될 귀중한 밀원식물이기도 하다. 이처럼 유용한 아까시나무가 유독 우리나라에서만은 강인한 생명력을 가진 뿌리가 조상의 묘지를 파고들어 훼손을 한다고 뿌리채 뽑히는 수난을 당하고 있다. 근래에 아까시나무를 정확하게 분석하여 재조명하려는 움직임이 일고 있다.

조경 **Point**

5~6월에 피는 흰색 꽃은 향기가 진하여, 대표적인 밀원식물로 꼽힌다. 콩과 소속으로 척박한 땅에서도 잘 자라며, 공해에도 강하다. 주로 풍치수, 가로수, 사방조림수로 심으며, 공원과 같이 넓은 장소에서는 녹음수로 활용해도 좋다. 미국이나 유럽 등지에서는 가로수나 관상수로 식재되고 있다.

재배 Point

내한성이 강하며, 햇빛이 비치는 곳에서 잘 자란다. 적당히 비옥하고 습기가 있으나, 배수가 잘되는 곳에 재배한다. 척박한 건조지에서도 잘 자란다.

나무					새순	개화		열매 꽃눈분화				단풍
월	1	2	3	4	5	6	7	8	9	10	11	12
전정		전정			전정							
비료	한비											

병충해 Point

재질썩음병의 일종인 아까시재목에 의한 줄기밑동썩음병이 가장 큰 문제다. 뿌리나 줄기하부에 아까시재목버섯균의 침해를 받아 심재부터 변재, 형성층까지 모두 썩는다. 썩은 부위는 담황색~백색으로 변하며, 아주 약해져서 강풍 등에 의해 잘 넘어지기 때문에 위험하다.

줄기밑동에 아까시재목버섯이 많이 보이면 이미 감염된 정도가 심하기 때문에 일찍 제거하는 것이 좋다. 감염된 나무는 벌채하여 병든 뿌리는 모아서 태우고, 다조멧(밧사미드) 입제를 10a당 40kg 토양혼화 후에 훈증처리한다. 그 외에 잎에 발생하는 흰가루병, 갈색무늬병 등이 있으며, 해충으로는 독나방, 매미나방(짚시나방), 박쥐나방, 미국흰불나방, 진딧물 등이 있다.

전정 Point

전정을 하지 않고 자연수형으로 키우는 나무이다. 그러나 생장이 빠르기 때문에 필요에 따라서는 너무 커지지 않도록 전정을 해주기도 한다. 가지가 복잡하게 얽히면 수형이 나빠지므로 2~3월에 가지치기를 겸해서 수형을 정리하는 전정을 한다.

번식 Point

주로 종자로 번식시킨다. 10월경에 열매를 채취하여 좋은 것만 골라서 마대나 종이봉지에 넣어 기건저장해 둔다.

파종하기 전에 끓는 물에 5~10분 동안 담가서 열탕처리한 후, 하룻밤 물에 담가두었다가 파종하면 발아율이 높아진다. 발아를 촉진하는 방법으로는 이 외에도 황산에 담그거나, 물로 씻은 후 1시간 동안 물에 침전시키거나, 종자껍질에 칼로 상처를 주는 방법 등이 있다.

근삽(뿌리꽂이)은 3월에 지름 1.5~2cm 정도의 뿌리를 8~15cm 길이로 잘라 비스듬히 꽂거나, 새끼손가락 굵기 만한 정도의 뿌리를 10cm 길이로 잘라 흙 속에 묻어두면 1년 후에 훌륭한 묘가 된다.

오동나무

- 현삼과 오동나무속
- 낙엽활엽교목 • 수고 15~20m
- 중국 원산; 전국적으로 식재

 학명 *Paulownia tomentosa* 속명은 Siebold가 경제적으로 후원을 받은 네델란드의 황후로서 러시아의 황제가 된 Paul 1세의 딸 Anna Paulownia를 기념한 것이며, 종소명은 '가는 털로 덮인'을 뜻한다. **영명** Princesstree **일명** キリ(桐) **중명** 白桐(백동)

| 잎

10%

마주나기, 삼각형 또는 오각형이며,
가장자리는 밋밋하다.
3~5갈래로 얕게 갈라지기도 한다.

| 꽃

양성화. 가지 끝에 연한 보라색의 꽃이
모여 피는데, 향기가 있다.

| 열매

삭과. 달걀형이고 끈적끈적한 샘털이 많
으며, 갈색으로 익는다.

| 겨울눈

끝눈은 발달하지 않고,
곁눈은 작다.
꽃눈은 둥글고 성목의
꼭대기에 붙는다.

| 수피

지름 17cm

회갈색이고 평활하며,
껍질눈이 흩어져 있다.
오래되면 세로로
갈라진다.

조경수 이야기

오동나무는 옛날에 머귀나무라 했는데, 머귀 오梧와 머귀 동桐에서 오동나무라는 이름이 유래한 것이다. 그러나 중국이나 일본에서 오동梧桐이라 하면 우리나라의 벽오동碧梧桐을 가리키며, 오동나무는 중국에서는 수피가 흰 것에서 백동白桐, 일본에서는 그냥 동桐이라 한다.

대구 팔공산에 있는 동화사桐華寺는 신라시대 때 극달화상이 창건하여 유가사瑜伽寺라 부르다가, 후에 심지왕사가 중창할 때 겨울인데도 오동나무 꽃이 상서롭게 피어나 동화사라 고쳐 불렀다고 한다.

화투는 19세기경 일본에서 건너왔지만 정작 일본에서는 없어지고 우리나라에서 화려하게 꽃 피운 놀이이다. 화투는 한자로 화투花鬪이며, 일본에서는 화찰花札 즉 '꽃이 그려진 패로 다투는 놀이'라는 뜻이다. 화투짝 48장은 1월에서 12월을 의미하며, 각 달마다 상징하는 꽃 혹은 식물이 있다.

1월은 소나무, 2월은 매화, 3월은 벚꽃, 4월은 흑싸리등나무, 5월은 창포, 6월은 모란, 7월은 홍싸리, 9월은 국화, 10월은 단풍나무, 11월은 오동나무, 12월은 버드나무가 그것이다. 8월은 일본에서는 가을을 상징하는 7가지 초목秋七草이 그려져 있었으나, 우리나라로 넘어오면서 없어지고 밝은 달과 기러기 세 마리로 바뀌었다.

이 중에서 11월을 상징하는 오동나무는 동桐 발음을 강하게 해서 속칭 '똥'이라 한다. 원래 일본 화투에서는 이 똥이 12월이었다. 동桐의 일본 발음 키리キリ가 끝을 의미하는 키리切와 발음이 같아서 마지막 달인 12월에 배치했다고 한다.

어떤 이유인지는 모르겠지만, 우리나라에서는 11월로 순서가 바뀌었다. 오동나무 잎이 화투장의 반을 차지할 정도로 크게 그려져 있어, 잎이 큰 나무의 특징을 잘 나타내고 있다. 그리고 똥광光에 있는 닭 모양의 동물은 전설 속의 봉황을 나타낸 것이다. 이것은 "봉황은 오동나무가 아니면 둥지를 틀지 않고 대나무 열매가 아니면 먹지 않는다"는 전설을 표현한 것이다.

◀ 화투의 똥광
11월을 상징하는 오동나무와 봉황이 그려져 있다.

조경 Point

대부분 좋은 목재를 생산하기 위한 목적으로 식재하였으며, 조경수로 활용한 예는 많지 않다. 그러나 어떤 나뭇잎보다 넓은 잎, 연보라색의 향기가 나는 꽃, 커다란 열매는 관상가치가 높다.

수형이 커서 공원녹지 등의 넓은 장소에 녹음수 혹은 독립수로 활용하면 좋다. 식재장소에 따라 가지의 높이와 수형을 조정하면 더 아름다운 경관을 연출할 수 있다. 꽃봉오리와 열매는 꽃꽂이의 소재로도 이용된다.

재배 Point

내한성이 강하지만, 어릴 때는 서리의 피해를 입기 쉽다. 햇빛이 잘 비치는 곳, 비옥하고 배수가 잘되는 토양에 재배한다. 서리가 내리는 지역에서는 차고 건조한 바람으로부터 보호해준다. 이식은 3~4월, 10~11월에 한다.

병충해 Point

가루나무좀, 끝검은말매미충(끝동말매미충), 박쥐나방, 뽕나무깍지벌레 등의 해충이 발생한다. 변재부후병, 자주빛날개무늬병, 뿌리혹선충병, 고약병, 오동나무탄저병, 오동나무새눈무늬병(두창병), 오동나무부란병, 오동나무빗자루병(천구소병), 아밀라리아뿌리썩음병 등의 병해가 있다.

빗자루병은 파이토플라스마(phytoplasma) 균에 의해 발생하는데, 잎과 가지가 작아지면서 황록색으로 밀생하여 빗자루 모양이 된다. 오동나무애매미충 등의 흡즙성 매개충에 의해 파이토플라스마균이 매개·전염된다.

방제법은 분근묘의 생산을 금지하고, 실생 파종묘를 양묘하여 조림한다. 병든 나무에는 옥시테트라사이클린(성보싸이클린) 수화제 200배액을 흉고직경 10cm당 1ℓ 를 수간주입한다. 매개충을 구제하기 위하여 페니트로티온(스미치온) 유제 1,000배액을 2주 간격으로 살포한다.

오동나무탄저병에 감염되면 병든 나무의 낙엽을 모아서 불태우고, 6월 상순부터 10일 간격으로 만코제브(다이센M-45) 수화제 500배액을 살포한다.

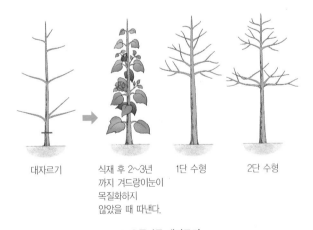

대자르기 → 식재 후 2~3년까지 겨드랑이눈이 목질화하지 않았을 때 따낸다. 1단 수형 2단 수형

▲ 오동나무 대자르기

전정  Point

조경수로 활용할지 아니면 목재로 활용할지에 따라 전정방법이 달라진다. 조경수로 활용할 경우에는 일반적인 전정 방법을 적용하여, 가지가 너무 넓게 퍼지면 5년에 한번 정도 겨울에 전정을 한다.

목재를 이용할 경우에는 묘목을 심고 1~2년 후에 밑동에서 대(臺)자르기를 해주고, 여기서 나온 새 순을 받아서 중심줄기로 키운다. 이 후에는 전정하는 방식에 따라 1단 수형 또는 2단 수형으로 키울 수 있다.

번식 Point

가을에 익은 종자를 채취하여 기건저장해두었다가, 다음해 봄에 파종한다. 실생 번식을 할 경우에는 묘입고병의 피해가 심할 수 있으므로, 반드시 토양살균과 종자소독을 해야 한다.

근삽(根揷)은 3월 하순경에 뿌리를 파서 길이 15㎝, 지름 1~3mm 이상 되게 잘라서 심는다. 묘상에 잘 썩은 퇴비를 토양과 섞어주고, 40㎝×10㎝의 간격으로 뿌리의 끝을 1㎝가량 땅 위로 올라오도록 심는다. 생장이 매우 빠르기 때문에 1년 지나면 큰 묘를 얻을 수 있다.

일본목련

- 목련과 목련속
- 낙엽활엽교목 • 수고 20m
- 일본 원산; 중부 이남에 식재

| **학명** *Magnolia obovata* 속명은 몽펠리에 대학의 식물학교수 Pierre Magnol을 기념한 것이며, 종소명은 '거꿀달걀형'이라는 뜻이다.
| **영명** Whiteleaf Japanese magnolia | **일명** ホオノキ(朴の木) | **중명** 日本厚朴(일본후박)

| 잎

20%

어긋나지만
가지 끝에서는 모여난다.
목련과 중에서
가장 큰 잎을
가지고 있다.

| 꽃

양성화. 잎이 난 후에 가지 끝에 황백색 꽃이 1개
씩 위를 향해 핀다. 강한 향기가 난다.

| 열매

골돌과. 긴 타원꼴 원기둥형이
고 적갈색으로 익는다.

| 겨울눈

끝눈은 아주 커서 금방 눈에 띈다.
2장의 큰 가죽질 눈비늘조각에
싸여 있다.

| 수피

지름 17cm

회백색이고 원형의 껍
질눈이 많으며, 매끈한
편이다.

일본목련의 일본 이름은 호오노키杵ノ木이며, 나무껍질이 두터워서 꼬우보쿠厚朴라고도 부른다. 우리나라에서는 일본목련을 후박厚朴나무라고 잘못 부르는 경우가 많은데, 이는 1920년경 이 나무가 처음 도입될 당시 수입업자들이 후박厚朴이라는 일본목련의 일본 이름을 그대로 번역해서 수입하였기 때문이다. 우리나라에는 녹나무과의 상록교목인 후박나무 *Machilus thunbergii*가 따로 있기 때문에, 이 나무는 반드시 일본목련 *Magnolia obovata*이라 불러야 한다. 우리나라의 후박나무를 일본에서는 타부노키榑ノ木라고 부른다.

일본목련은 다른 종류의 목련에 비해 키가 크고 잎도 크다. 5월경 잎이 나온 다음에 가지 끝에 큰 꽃이 피는데, 백목련만큼 수가 많지는 않지만 향기가 진하다. 가운데 붉은 색의 큰 수술대가 우뚝 솟아 흰색의 꽃잎과는 대조를 이룬다. 이처럼 다른 목련에 비해 관상가치가 떨어지지 않음에도 불구하고, 우리나라에서 많이 심지 않는 이유는 이름 앞에 일본이라는 단어가 붙어 있기 때문인 것으로 여겨진다.

일반 목련류와 달리 잎이 먼저 나오고, 가지 끝에 꽃이 1개씩 듬성듬성 달린다. 꽃의 크기는 지름이 15cm 정도로 어린아이 머리만큼 큼지막하다. 꽃은 노란색이 많이 섞인 유백색이며, 향기가 강해서 황목련 또는 향목련이라는 이름으로도 불린다.

조경 Point

다른 목련 종류와는 달리 커다란 잎이 나온 후에 연한 노랑 빛을 띠는 향기가 강한 꽃을 피운다. 수간이 곧게 자라고, 돌아가면서 가지가 뻗어 단정한 수형을 보여준다. 자연수형으로 키우면 주택의 정원, 공원, 가로수 등으로 활용하기에 좋다. 새싹이 나올 때의 가지는 꽃꽂이의 재료로도 인기가 있다.

재배 Point

다습하지만 배수가 잘 되며, 부식질이 풍부한 산성~중성토양이 좋다. 햇빛이 잘 비치는 곳이나 반음지에 식재한다. 내한성은 강한 편이며, 강풍으로부터 보호해준다.

병충해 Point

병해충으로는 잿빛곰팡이병, 흰가루병, 가문비왕나무좀 등이 알려져 있다. 가문비왕나무좀은 침엽수와 활엽수를 광범위하게 가해한다. 목질부로 침입하여 갱도 내에 암브로시아균을 배양하기 때문에 수세가 현저하게 쇠약해져서 수목이 고사하는 경우도 있다. 화학적 방제로 벌레똥을 배출하는 침입공에 페니트로티온(스미치온) 유제 50~100배액을 주입하여 성충을 죽인다. 피해목 안에 있는 성충은 4월 이전에 제거하여 소각하거나 땅에 묻는다.

전정 Point

맹아력이 강하여 강전정에도 잘 견디지만, 정원에 식재한 경우에는 보통 자연수형으로 키운다. 2월 하순~3월에 정원의 크기에 따라 적당한 높이에서 잘라주어 수고를 제한하고, 길게 자란 도장지 정도만 잘라서 수형을 정리한다.

번식 Point

가을에 잘 익은 열매를 채취하여 종자를 둘러싼 과육을 제거하고 바로 파종하거나 습기가 있는 모래 속에 노천매장해두었다가, 다음해 봄에 파종한다.

중국굴피나무

• 가래나무과 굴피나무속
• 낙엽활엽교목   • 수고 20~30m
• 중국 중북부 원산; 전국에 공원수, 정원수로 식재

학명 *Pterocarya stenoptera* 속명은 그리스어 pteron(날개)과 caryon(견과)의 합성어로 열매에 날개가 있는 것을 나타내며, 종소명은 '좁은 날개의'라는 뜻이다. | **영명** Chinese wingnet | **일명** シナサワグルミ(支那澤胡桃) | **중명** 楓楊(풍양)

잎

40%

어긋나기.
4~12쌍의 작은잎으로 이루어진
홀수깃꼴겹잎이다.
잎축에 좁은 날개가 있다.

꽃

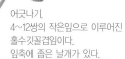

암꽃차례(좌)와 수꽃차례(우) ▶
암수한그루.
암꽃차례는 새가지 끝에서,
수꽃차례는 전년지의
잎겨드랑이에서 아래로 드리운다.

열매

소견과.
열매이삭은
아래로 드리우며,
갈색으로 익는다.

겨울눈

처음에는
눈비늘이 있지만,
곧 떨어져서
맨눈이 된다.

수피

지름 35cm

회갈색이며, 코르크층
이 발달한다. 성장함에
따라 세로로 긴 그물
모양으로 융기한다.

호두나무과의 3총사 굴피나무, 호두나무, 가래나무가 있다. 이 중에서 굴피나무는 우리나라 산에서 흔하게 볼 수 있지만, 그다지 사람들의 주목을 받지 못하는 나무다. 그러나 중국굴피나무는 1920년경 우리나라에 도입되어 거의 전국에 식재되어 있으며, 프랑스 · 미국 · 일본 등 세계 도처에서 풍치수로 심고 있다. 굴피나무와는 달리 잎축에 날개가 있고, 이삭 모양의 열매는 아래로 처지는 것이 특징이다.

영어 이름 차이나 윙넷Chinese wingnet은 원산지가 중국이며, 열매에 날개가 있는 것을 나타낸다. 일본 이름 시나사와구루미支那澤胡桃는 '중국의 습지에 사는 호두나무'라는 뜻이며, 중국 이름은 풍양楓楊이다.

속명 프테로카리아Pterocarya는 그리스어 pteron 날개와 caryon 견과의 합성어로 열매에 날개가 있다는 것을 나타내며, 종소명 스테놉테라stenoptera는 '좁은 날개'라는 뜻이다.

중국굴피나무는 번식력이 왕성하여 다른 나무의 생육을 방해하므로 생태계의 교란을 초래하기도 하여, 최근에는 애물단지로 취급받고 있는 곳도 있다. 또 왕성한 번식력으로 인해 하천 폭이 좁아져서 하천이 범람할 우려가 있으며, 건조기에는 하천을 메운 어린 나무로 인해 산불 위험도 높다고 한다.

조경 Point

9~25개의 작은잎으로 구성된 깃꼴겹잎과 20~30cm 길이의 양쪽에 날개가 있는 열매이삭이 특징적이다. 어릴 때, 생장이 빨라서 산림 조성용으로 이용하면 좋으며, 경기도 이남에서 공원수, 정원수로 심는다.

20m 이상 크게 자라며 녹음이 짙어서, 공원이나 캠퍼스 등 넓은 장소에 독립수 혹은 녹음수로 활용하면 좋다.

재배 Point

토심이 깊고 비옥한 토양에서 잘 자란다. 양수이며, 내한성이 강하다. 햇빛이 잘 비치고, 습기가 있지만 배수가 잘되는 곳에 식재한다.

병충해 Point

하늘소, 벼슬집명나방 등의 해충이 발생한다. 벼슬집명나방은 애벌레가 무리로 서식하면서, 거미줄로 잎을 말든가 두 잎을 겹치게 한 후 잎살만을 식해한다.

애벌레 발생기인 7월 하순에 페니트로티온(스미치온) 유제 1,000배액, 인독사카브(스튜어드골드) 액상수화제 2,000배액을 1~2회 살포한다.

번식 Point

가을에 충실한 종자를 채취하여 노천매장해두었다가, 이른 봄에 파종한다. 나무 위에 오래 달려있어서 너무 마른 종자나 땅에 떨어져 자연 건조된 종자는 발아가 잘 되지 않는다.

칠엽수

• 칠엽수과 칠엽수속
• 낙엽활엽교목   • 수고 20~30m
• 일본 원산; 전국에 가로수 및 공원수로 식재

 학명 *Aesculus turbinata* 속명은 라틴어 aescare(먹다)에서 온 것으로 열매가 식용 또는 사료용으로 사용된 것에서 유래한 것이다. 종소명은 라틴어로 '팽이'라는 뜻으로 열매가 거꿀원추형임을 나타낸다.   │ **영명** Japanese horse chestnut   │ **일명** トキノキ(栃の木)   │ **중명** 日本七葉樹(일본칠엽수)

│ 꽃

꽃차례

양성화

수꽃

수꽃양성화한그루. 흰색 또는 연한 황색의 꽃이 모여 피며, 대부분 수꽃이고 꽃차례 아래쪽에 적은 수의 양성화가 핀다.

│ 열매

삭과. 거꿀원추형이며, 갈색으로 익는다. 표면에 미세한 돌기가 있고, 3갈래로 갈라진다.

│ 잎

25%

마주나기.
5~9장의 작은잎을 가진 손꼴겹잎이다.
작은잎은 잎자루가 없으며, 가운데 잎이 가장 크다.

│ 겨울눈

끝눈은 크고 곁눈은 작다.
표면에 물엿같은 수지가
분비되어 있어 끈적끈적하다.

│ 수피

지름 20cm

흑갈색 또는 회갈색이
며, 세로로 파도 모양의
갈색 줄이 있다.
성장함에 따라 가늘게
갈라져서 벗겨진다.

▲ 미국칠엽수(A. pavia)

조경수 이야기

칠엽수라 하면 일본이 원산지인 일본칠엽수를 말하며, 마로니에는 그리스 북부와 알바니아가 원산지인 서양칠엽수를 말한다. 칠엽수에는 미국 원산의 붉은 꽃을 피

◀ 덕수궁 석조전 옆의 가시칠엽수
1912년 서울 주재 네덜란드 공사가 회갑을 맞은 고종황제에게 선물한 묘목이 자란 것이다.

우는 붉은칠엽수와 중국이 원산지인 중국칠엽수가 있으며, 우리나라에는 일제강점기 때 일본에서 들여와 조경용으로 심기 시작한 나무이다. 마로니에는 1912년 네덜란드 공사가 고종황제의 회갑을 기념하여 기증함으로써 처음으로 우리나라에 들여 온 것이 지금도 덕수궁 석조전 서편 뒤쪽에 자라고 있다.

마로니에는 피나무 · 느릅나무 · 플라타너스와 더불어 세계 4대 가로수 수종 중 하나이다. 특히 파리의 몽마르트 거리와 샹젤리제 거리의 가로수가 유명하며, 우리에게는 서울 대학로에 있는 마로니에 공원으로 인해 친숙하다.

칠엽수라는 이름은 5~7개의 커다란 잎이 둥글게 모여

서 나기 때문에 붙여진 것이다. 호두 모양의 칠엽수 열매가 익으면 3갈래로 갈라지고, 그 안에 밤처럼 생긴 종자가 들어있다. 이것은 독성이 있어서 사람이 먹어서는 안 된다. 브리태니커 백과사전에 의하면, 터키에서 말의 폐기종을 치료하기 위해 말에게 칠엽수의 열매를 먹였기 때문에 영어 이름은 호스 체스너트Horse chestnut라 붙였다고 한다.

5월경 가지 끝에 마치 촛불을 켜놓은 것 같은 큰 꽃을 피우는데 매우 아름답다. 또 벌과 나비의 소중한 밀원식물이기도 하며, 20그루의 성목에서 하루에 약 10ℓ의 많은 꿀이 나온다고 한다. 유럽에서는 종자·꽃·껍질 등을 약으로 사용하며, 종자의 액즙은 말의 눈병을 고치는 데 효과가 있다고 한다.

조경 Point

수형이 아름답고, 공해와 병충해에 강하기 때문에 피나무, 플라타너스, 느릅나무 더불어 세계 4대 가로수로 꼽는다. 우리나라에도 여러 곳에 가로수로 식재되어 있다. 수형이 웅대하고 잎이 넓기 때문에 주택의 정원수로 심기에는 무리가 있으며, 공원이나 교외같이 넓은 장소에 녹음수로 심는 것이 좋다. 원추꽃차례로 피는 커다란 꽃과 가을에 노란색 단풍으로 물드는 손모양겹잎도 아름답다. 큰 열매 또한 관상가치가 있다.

재배 Point

햇빛이 잘 드는 곳이나 반음지, 토심이 깊고 비옥한 곳이 좋다. 수분이 충분하면서 배수가 잘되는 곳에 식재한다. 내한성은 강하며, 어릴 때는 음수이지만 성장하면서 햇빛을 좋아한다.

나무			새순		개화			열매		단풍	
월	1	2	3	4	5	6	7	8	9	10	11	12
전정	전정				전정							전정
비료	시비					꽃후						시비

병충해 Point

칠엽수의 수세가 약해지는 것은 본래의 생식지와 식재지의 환경의 차이에 기인하는 경우가 많다. 강전정 등으로 인해 줄기부분이 급격하게 노출되면 볕데기[皮燒]를 일으킬 수도 있다. 이때에는 수피를 녹화마대로 싸서 보호해주면 방지할 수 있다.

진사진딧물, 말채나무공깍지벌레, 가문비왕나무좀, 말매미충, 흰불나방 등의 해충이 발생한다. 가로수에 많이 발생하는 말매미충은 잎뒷면을 흡즙하며, 피해를 입은 잎은 갈색으로 변한다. 진사진딧물은 성충과 약충이 봄에 새잎 뒷면이나 어린 가지에 집단으로 기생하며 흡즙가해하여 잎이 오그라들고 변색된다.

전염성이 있는 병으로 잎에 갈색 반점이 생기는 갈색무늬병이 있다. 처음에는 반점이 작지만 점차 확대되어 10mm 정도까지 커지기도 한다. 감염된 잎은 모아서 태우고, 계속적으로 발생하는 곳에서는 만코제브(다이센M-45) 수화제 500배액, 이미녹타딘트리스알베실레이트(벨쿠트) 수화제 1,000배액을 발생초기부터 9월말까지 2주 간격으로 살포한다.

▲ 진사진딧물

▲ 칠엽수얼룩무늬병

전정 Point

자연수형이 아름다운 나무이며, 일반적으로 전정을 하지 않는다. 만약 전정을 할 경우에는 2~3월경에 하며, 가지가 굵고 수가 적기 때문에 강전정은 하지 않는 것이 좋다.

번식 Point

가을에 잘 익은 종자를 따서 바로 파종하거나 노천매장해두었다가, 다음해 봄에 파종한다. 굵은 직근이 나오면 단근한 후에 이식해서 잔뿌리의 생성을 촉진시킨다. 3~4년 정도 키우면 정식할 수 있을 정도로 자란다. 삽목은 숙지삽과 녹지삽이 가능하며, 발근 촉진제를 사용하면 발근율을 높일 수 있다.

11-9 녹음수

팥배나무

- 장미과 마가목속
- 낙엽활엽교목 · 수고 15m
- 중국(중북부), 대만, 일본 전역; 전국의 산지

학명 *Sorbus alnifolia* 속명은 라틴어 옛 이름 sorbum에서 유래되었다는 설과 열매가 떫기 때문에 켈트어 sorb(떫다)에서 유래되었다는 설이 있다. 종소명은 '오리나무속(*Alnus*)의 잎과 비슷한'이라는 뜻이다. │ **영명** Mountain ash │ **일명** アズキナシ(小豆梨) │ **중명** 水楡花楸(수유화추)

잎

50%

어긋나기.
달걀형 또는 거의 둥근형이며,
가장자리에 불규칙한 겹톱니가 있다.

꽃

양성화. 잎이 나면서, 새가지 끝에 5~12개의 흰색
꽃이 모여 핀다.

겨울눈

물방울형이며,
자갈색을 띤다.
5~6개의
눈비늘조각에
싸여있다.

열매

이과. 구형이며, 황갈색 또는 흑갈색으
로 익는다. 단맛이 난다.

수피

지름 12cm

흑회색 또는 회색이
고 흰색의 껍질눈이 발
달한다. 오래되면 세로
로 얕게 갈라진다.

5월경 배꽃을 닮은 흰색의 꽃이 피고, 9월경 팥 모양의 붉은 열매가 열려 팥배나무라는 이름이 붙었다. 팥배나무는 장미과 마가목속에 속하며, 배나무를 접붙일 때 대목으로 사용한다는 것 외에는 배나무와 별 연관이 없는 나무다.

그런데도 한자 이름에 당리棠梨 · 두리 豆梨 · 두리 杜梨 등 배나무 이梨 자가 들어가고, 일본 이름 역시 아즈키나시 小豆梨로 팥과 배를 합친 것이다. 팥배나무와 아그배나무는 열매가 비슷한데, 아그배나무는 동그랗고 팥배나무는 약간 타원형인 것이 차이점이다. 모두 떫고 시큼해서 사람보다 산새가 좋아하는 열매이다. 우리나라에 자생하는 장미과 마가목속 안에는 기본종으로 마가목과 팥배나무 2종류가 있다.

팥배나무를 뜻하는 한자는 팥배나무 당棠 자이다. 명자나무를 가리키는 산당화, 황매화를 가리키는 체당, 해당화나 서부해당 등에도 이 당棠 자가 들어간다. 중국 주나라 무왕의 동생이었던 소백이 팥배나무 아래에서 송사를 처리하고 선정을 베풀었다고 한다. 이런 연유에서 당음棠陰은 관청을 의미하며, 당사棠舍는 선정을 의미한다.

조경 Point

봄에 녹색의 잎을 배경으로 배꽃을 닮은 작은 꽃이 무리로 피어나는 모습이 특징이다. 가을에 열리는 팥 모양의 붉은색 열매와 붉은 단풍 또한 아름답다. 붉은 열매는 겨울 동안에도 흰 눈을 배경으로 달려 있어서 관상가치도 높으며, 조류유치용으로도 활용가치가 높다. 척박한 땅에서도 잘 생육하기 때문에 도심공원, 학교교정, 아파트단지, 도로변 등 어디에 심어도 잘 자란다. 독립수나 녹음수로 활용하면 좋다.

재배 Point

적당히 비옥하고 부식질 풍부한 토양이 좋으며, 햇빛이 잘 비치거나 반음지에서 재배한다. 내한성이 강하며, 배수가 잘되는 산성~중성 토양이 적합하다. 이식은 3~4월 또는 10~11월에 하고, 뿌리돌림을 하고 뿌리분은 크게 떠서 옮긴다.

나무			새순	개화					단풍	열매		
월	1	2	3	4	5	6	7	8	9	10	11	12
전정	전정										전정	
비료		시비					시비			시비		

병충해 Point

수세가 약해지면 탄저병이 발생하는 수가 있는데, 발병한 잎은 크고 작은 반점이 생기고 심하면 일찍 낙엽이 져서 미관을 해친다. 감염된 낙엽은 모아서 태우며 만코제브(다이센M-45) 수화제 500배액, 이미녹타딘트리스알베실레이트(벨쿠트) 수화제 1,000배액을 발병초기부터 10일 간격으로 3~4회 살포한다.
붉은테두리진딧물은 새가지의 선단부에 모여 살면서 흡즙가해하므로, 나무의 생장이 저해되며 잎의 전개나 과실의 생장에 영향을 준다.

번식 Point

가을에 잘 익은 열매를 채취하여 종자를 발라내고 직파하거나 노천매장해두었다가, 다음해 봄에 파종한다. 생장속도는 느린 편이다. 뿌리꽂이[根揷]는 1~4년 미만의 나무에서 연필 굵기 정도의 뿌리를 캐어 10~15cm 길이로 잘라서 묻는다. 노지에서 하는 것보다 비닐하우스에서 하는 것이 발근율이 높고 병충해의 방제도 쉽다.

11-10
녹음수

회화나무

- 콩과 회화나무속
- 낙엽활엽교목 · 수고 25~30m
- 중국 원산; 전국적으로 식재

학명 *Sophora japonica* 속명은 Linne가 어떤 식물의 아랍명 sophera를 전용한 것이고, 종소명은 원산지 일본을 가리킨 것으로 린네가 처음 명명하였지만 분포는 중국과 일본에 모두 자라며, 문헌적으로 보면 중국이 더 가깝다. | **영명** Japanese pagoda tree | **일명** エンジュ(槐) | **중명** 槐(괴)

잎

15%

어긋나기.
4~8쌍의 작은잎을 가진
홀수깃꼴겹잎이다.
아까시나무 잎과는
달리 잎끝이 뾰족하다.

꽃

양성화. 새가지 끝에 황백색 꽃이 모여
핀다.

열매

협과. 염주처럼 잘록잘록한 긴 타원형이
며, 익어도 벌어지지 않는다.

수피

지름 22cm

어릴 때는
진한 녹색이며,
갈색의 껍질눈이 많다.
오래되면
회갈색이 되며,
세로로 깊게 갈라진다.

겨울눈

겨울눈은 잎자국 아래
숨어 있지만, 흑갈색 털로
덮인 일부가 보인다(반묻힌눈).

조경수 이야기

회화나무는 한자로 괴수槐樹라 하며, 꽃은 괴화槐花라 한다. 괴槐라는 한자는 우리나라에서 홰나무를 뜻하는데, 이 홰나무가 변하여 회화나무가 된 것이다. 중국이 원산지이며, 수형이 점잖은 학자풍의 나무다. 그래서 중국에서는 학자수學者樹라고도 부르며, 영어 이름 또한 스칼라 트리Scholar tree이다.

중국에서는 회화나무를 길상목 중 하나로 매우 귀히 여긴다. 그 기원은 주나라 때 삼괴구극三槐九棘이라 하여 조정의 관료들이 집무하는 관청이 배치되는 외조에 3그루의 회화나무槐를 심고, 우리나라의 3정승에 해당하는 삼공三公을 마주보고 앉게 하였으며, 좌우에 각각 9그루의 가시나무棘를 심어 오른쪽에 경대부, 왼쪽에 공·후·백·자·남을 앉게 한 제도에서 유래한 것이다.

이런 고사로 인해 회화나무를 심으면 출세를 한다고 믿었으며, 또 출세할 때마다 이 나무를 심는다고 한다. 그래서 과거에 급제하면 회화나무를 심었으며, 관직에서

▲ 인천 신현동 회화나무
마을 사람들은 나무에 꽃이 필 때 위쪽에서 먼저 피면 풍년이 오고, 아래쪽에서 먼저 피면 흉년이 든다고 예측했다 한다.
천연기념물 제315호.
ⓒ 문화재청

퇴직할 때 기념으로 심는 나무도 회화나무였다고 한다. 창덕궁 돈화문을 들어서자마자 양 옆에 천연기념물 제472호로 지정된 회화나무 노거수 8그루가 있다. 이 회화나무 역시 같은 연유로 심은 것이다.

중국에서 주나라 때 묘지에 심는 5종의 관인수종이 있었다. 왕의 능에는 소나무, 왕족의 묘지에는 측백나무, 고급관리의 묘지에는 회화나무, 학자의 무덤에는 모감주나무, 서민의 무덤에는 사시나무가 그것이다. 고관대작의 무덤에 회화나무를 심은 것 역시 삼괴의 고사에서 유래한 것이라 할 수 있다.

조경 Point

아까시나무와 비슷한 꽃을 피우고, 염주 모양의 꼬투리 열매가 특이하다. 예로부터 귀신을 물리치는 나무라 하여 고궁, 서원, 문묘, 양반동네 등에 많이 심었다. 수관의 질감이 곱고, 녹음효과도 커서 요즘은 아파트단지나 공원의 녹음수, 경관수로도 각광을 받고 있다.

공해와 병충해에도 강하기 때문에 가로수로도 많이 식재되고 있다. 프랑스를 비롯한 유럽 각국에서도 가로수로 많이 이용되고 있다.

재배 Point

추위와 공해에 강하다. 양수로 토심이 깊고 비옥한 곳을 좋아한다. 햇빛이 잘 비치는 적당히 비옥한 토양에 재배한다.

병충해 Point

회화나무녹병, 붉나무소리진딧물, 주름재주나방(등먹재주나방) 등이 발생한다. 회화나무녹병은 가지와 줄기에 방추형 혹이 형

성되고 점차 커지면서 혹 표면에 균열이 생긴다.

병원균이 중간기주로 이동하지 않고 회화나무에서만 기생하며, 혹이 생긴 부위의 생육이 나빠지고 쉽게 부러진다. 혹이 생긴 가지는 제거하여 소각하고, 트리아디메폰(티디폰) 수화제 1,000배액, 터부코나졸(호리쿠어) 유제 2,000배액을 7~10일 간격으로 3~4회 살포하여 방제한다.

전정 Point

묘목을 식재하고 3~4년이 지나면, 주간을 잘라서 윗가지의 생장을 억제시키고 아래가지를 나오게 하여 수형을 만들어 간다.

번식 Point

10월경에 누렇게 익은 열매 꼬투리를 따서 깍지를 제거하고 안에 있는 까만 씨를 모아서 바로 파종하거나 젖은 모래와 섞어 노천매장을 해두었다가, 다음해 봄에 뿌리면 발아가 잘 된다. 직파한 종자는 겨울에 동해를 입지 않도록 짚이나 거적으로 덮어준다. 2년 동안은 파종상에서 키우고, 3년째 되는 봄에 옮겨 심는다. 이른 봄에 전년지를 이용한 삽목 번식도 가능하다.

수양회화나무와 같은 원예품종은 접목으로 증식시킨다.

조경수 상식

■ 전정도구

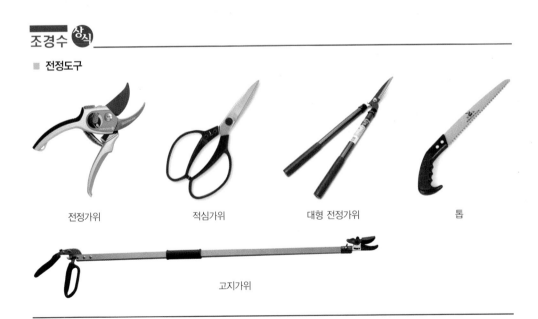

전정가위   적심가위   대형 전정가위   톱

고지가위

꽝꽝나무

- 감탕나무과 감탕나무속
- 상록활엽관목 • 수고 3m
- 중국, 대만, 일본; 전남, 전북(변산반도), 경남, 제주도의 산지

학명 *Ilex crenata* 속명은 '늘푸른 참나무류(Quercus ilex)의 잎과 비슷한'에서 유래한 것이며, Holly genus(호랑가시나무류)에 대한 라틴명이다. 종소명은 '둔한 톱니'라는 뜻이다. | **영명** Box-leaf holly | **일명** イヌツゲ(犬黄楊) | **중명** 齒葉冬靑(치엽동청)

| 잎

어긋나기.
잎이 두꺼워서
불에 태우면 '꽝꽝'
소리가 난다 하여
붙여진 이름이다
(이름의 유래).

60%

| 꽃

암꽃

수꽃

암수딴그루. 새가지 밑이나 드물게 잎겨드랑이에 녹백색 꽃이 모여 피며, 향기가 좋다.

| 수피

지름 3cm

회백색을 띠며,
껍질눈이 많다.
성장함에 따라
세로로 융기하는
근육 모양이 나타난다.

| 뿌리

중근형. 굵은 주근과 측근이 함께 발달한다.

| 열매

핵과. 구형이며, 검은색으로 익는다. 약간 단맛이 난다.

| 겨울눈

구형 또는 달걀형이며,
끝이 뾰족하다.

조경수 이야기

잎살葉肉이 두껍고 살이 많아서 불에 태우면 잎 속의 공기가 갑자기 팽창하여 터지면서 '꽝꽝' 하는 소리가 난다 하여, 꽝꽝나무라는 이름이 붙여졌다고 한다. 이순신 장군이 이 나무를 불태울 때 나는 큰 소리로 왜적을 교란시켜 물리쳤다는 믿거나 말거나 한 이야기도 전해지고 있다. 그래서인지 충무공의 유적지인 아산 현충사에도 꽝꽝나무가 심겨져 있다는 내용이 텔레비전에 소개되면서 유명세를 탄 나무이다.

회양목과 모양이 비슷하기 때문에 일본 사람들은 이누쯔게 犬黃楊, 개회양목라 부른다. 잎가장자리에 둔한 톱니가 있어서 중국에서는 둔치동청 鈍齒冬靑이라 부른다. 종소명 크레나타crenata도 '둔한 톱니'라는 뜻이며, 백량금과 밤나무도 같은 종소명을 가지고 있다. 회양목과 생김새나 용도가 비슷하지만, 꽝꽝나무는 감탕나무과 감탕나무속에 속하고 잎이 어긋나며, 회양목은 회양목과 회양목속에 속하고 잎이 마주난다.

전라북도 부안 중계리에 있는 꽝꽝나무 군락은 과거 기록에 의하면 약 700여 그루가 모여 대군락을 형성하였다고 하나, 지금은 그 수가 크게 줄어 200여 그루만 남아 있다. 이 군락은 분포상 꽝꽝나무가 자랄 수 있는 가장 북쪽지역이기 때문에 천연기념물 제124호로 지정하여 보호하고 있다. 또한 이곳의 꽝꽝나무는 바위 위에서 자라고 있어, 건조한 곳에서도 잘 자라는 건생식물 군락이라는 점에서도 큰 가치를 인정받고 있다.

조경 Point

잎이 치밀하고 강전정에도 잘 견디므로 토피어리 수종으로 적합하다. 강아지, 곰, 새 등 여러 가지 형상의 토피어리를 만들기 위해서는 4~5년 정도 자연형으로 키운 나무를 사용한다.
둥근 모양이나 곡(曲)을 넣은 수형을 만들어 정원에 첨경목으로 식재한다. 수세가 강하고 맹아력이 좋아서 식재장소에 맞게 전정하여 산울타리의 용도로도 활용된다.
공해와 염분에 강하므로 도심이나 바닷가의 조경수로도 적합하다.

재배 Point

상록수 중에서는 내한성이 강한 편이다. 습기가 있고 배수가 잘되며, 적당히 비옥하고 부식질이 풍부한 토양이 좋다.
식재나 이식은 늦겨울 혹은 이른 봄이 적기이다.

▲ **부안 중계리 꽝꽝나무군락** ⓒ 문화재청
꽝꽝나무가 자랄 수 있는 가장 북쪽지역이며, 과거에는 약 700여 그루가 모여 대군락을 형성하였으나 지금은 약 200여 그루 정도만 남아 있다. 천연기념물 제124호.

나무				새순	개화					열매		
월	1	2	3	4	5	6	7	8	9	10	11	12
전정				전정		전정	전정		전정			
비료	한비				추비							

병충해 Point

매실애기잎말이나방의 애벌레는 잎을 모아서 말고 식해함으로
쉽게 눈에 띈다. 피해를 입은 잎은 갈색으로 변하므로 미관을
해친다. 피해잎은 따서 불태우고, 애벌레 발생초기에 페니트로
티온(스미치온) 유제 1,000배액을 10일 간격으로 2회 살포한다.
루비깍지벌레, 가루깍지벌레, 사철깍지벌레, 앞노랑뾰족가지나
방, 선녀벌레 등이 발생하며, 병해는 거의 없는 것으로 알려져
있다.

▲ 앞노랑뾰족가지나방 애벌레

전정 Point

산옥형 또는 둥근수형의 경우는 1년에 두 번, 즉 봄부터 햇가지
가 나와서 굳기 전인 6월 상순과 장마가 시작하기 전에 수관깍기
전정을 한다. 2차 전정은 1차 전정 이후 웃자란 가지를 가볍게
정리하는 정도로 충분하며, 2차 생장을 멈출 때까지 완료한다.
낮은 수고의 수형으로 만들 경우에는 일찍 중심줄기를 원하는
위치에서 자르고, 옆가지의 많이 나게 하여 서서히 원하는 크기
의 수관으로 만들어간다.

움돋이는
보이는 대로
제거한다.

매년 2번 전정하여
소지의 수를 늘린다.

해마다 깍아주면
가지 끝이 무성해진다.

▲ 산옥형 수형

번식 Point

10~11월경에 열매가 검게 익으면 채종하여, 흐르는 물에 과육
을 씻어서 종자를 발라낸다. 이것을 바로 파종하거나 건조하지
않도록 비닐봉지에 넣어 냉장고에 보관하였다가, 2월 하순에 파
종한다. 발아하면 해가림을 해서 건조하지 않도록 관리하고, 서
서히 햇볕에 내어둔다. 5~10cm 정도 자라면 이식한다.
숙지삽은 3~4월 중순, 녹지삽은 6월 하순~9월이 적기이다. 숙
지삽은 충실한 전년지를, 녹지삽은 충실한 햇가지를 삽수로 이
용한다. 반입종은 품종의 특징이 분명히 나타나는 가지를 삽수
로 골라 사용한다.

충실한 가지를
10~15cm 길이로
잘라서 아랫잎은
따낸다.

기부는 경사지게
자른다.

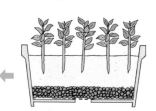

밝은 그늘에 두고 관리하며,
새눈이 나오면 서서히
햇볕에 내어놓는다.

잎이 닿을 정도의
간격으로 꽂는다.

▲ 삽목 번식

눈주목

- 주목과 주목속
- 상록침엽관목 • 수고 1m
- 일본, 러시아; 강원도 설악산 등 강원도 설악산 주로 소청봉과 중청봉, 전남 백양산

| **학명** *Taxus cuspidata* var. *nana* 속명은 그리스어 taxos(주목) 또는 taxon(활)에서 유래된 것이며, 종소명은 '날카롭게 뾰족한'이라는 뜻이다. 변종명은 여자아이 이름 앤을 귀엽게 부르는 이름 혹은 그리스어 nanus(키가 작은)에서 유래한 것이다.

| **영명** Dwarf Japanese yew | **일명** キャラボク(伽羅木) | **중명** 矮紫杉(왜자삼)

| 잎

잎이 가지에
나선 모양으로
돌려가며 난다.
잎의 촉감이
부드럽다.

40%

| 꽃

암꽃

수꽃

암수딴그루. 초록색의 암꽃은 짧은 가지 끝에, 갈색의 수꽃은 잎겨드랑이에 달린다.

| 수피

성목의 수피는 붉은 갈색이고
노목이 될수록 붉은색을 많이 띠며,
얇게 띠모양으로 벗겨진다.

| 뿌리

심근형. 중 · 대경의 사출근이 발달한다.

| 열매

둥근 컵처럼 생긴 붉은 헛씨껍질[假種皮] 안에 하나의 종자가 들어 있다.

눈주목에서 '눈'은 누워 있다는 의미이며, 주목보다 생장속도가 느리고, 높이 올라가기보다는 옆으로 퍼지면서 자란다. 주목의 변종으로 일반 주목과는 달리 원줄기가 옆으로 기다가 가지가 땅에 닿으면 그 곳에서 뿌리를 내려 견고하게 붙는 성질이 있다.

주목의 일본 이름은 가라보쿠伽羅木인데, 이는 인도산 향목香木인 가라伽羅에서 유래한 것이다. 조경수 생산업자들 사이에서는 아직도 눈주목을 가라목이라는 일본 이름으로 부르는 경우가 많으며, 북한에서도 가라목이라 한다.

종소명 쿠스피다타cuspidata는 '갑자기 뾰족해지는'의 뜻이며, 변종명 나나nana는 여자애 이름 앤을 귀엽게 부르는 이름 혹은 그리스어 'nanus 키가 작은'에서 유래된 것이다. 영어 이름 '드워프 재패니스 유Dwarf Japanese yew'는 이 나무가 일본이 원산지인 난쟁이 주목이라는 뜻을 담고 있다.

설악눈주목 *T. caespitosa*은 전라남도 백양산과 강원도 설악산 지역에 자생하는 우리나라 특산식물로 외부형태학적으로 원줄기가 여러 개 나오며 옆으로 기고 잎의 길이와 폭은 주목에 비해 0.8∼0.9배 작은 특징으로 뚜렷이 구별된다.

리용이나 산울타리용으로 사용된다. 강음수로 내음성이 강하기 때문에 건물의 북쪽 그늘 진 곳에 심어도 잘 자란다.

재배 Point

배수가 잘되고 비옥한 토양, 석회질토양 또는 산성토양에서 잘 자란다. 내한성이 강하며, 양지바른 곳이나 음지에서 재배한다. 이식은 비교적 잘 되지만, 가을에 하면 한풍해가 심하다.

나무		새순	개화							열매		
월	1	2	3	4	5	6	7	8	9	10	11	12
전정			전정			전정						
비료		한비			추비							

병충해 Point

솔송나무깍지벌레, 삼나무깍지벌레, 주목깍지벌레 등이 발생한다. 애벌레가 발생하면 뷰프로페진.디노테퓨란(검객) 수화제 2,000배액을 1주 간격으로 3∼4회 살포하여 방제한다.

건조하면 응애류가 발생하기 쉬우며, 발생 시에는 아세퀴노실(가네마이트) 액상수화제 1,000배액, 사이플루메토펜(파우샷) 액상수화제 2,000배액을 내성충 출현을 방지하기 위해 교대로 1∼2회 살포한다.

전정 Point

둥근 수형 또는 산옥형 수형으로 키우는 것이 일반적이다. 일단 수형이 만들어지면 이후부터는 매년 수관을 깎는 전정한다. 그러나 매년 얕게 깎으면 가지의 밑부분에 햇빛이 미치지 않아 가지가 고사하는 수가 있으므로, 3년에 한번 정도는 강전정을 한다.

조경 Point

줄기의 폭이 높이의 2배 정도의 비율로 옆으로 넓게 퍼지면서 나무의 내부를 꽉 채우기 때문에 지면피복용으로 많이 활용된다. 또, 잎과 가지가 조밀하고 강전정에도 잘 견디므로 토피어 일반적으로 주목은 종자로 번식시키지만, 눈주목은 삽목으로 번식시킨다. 3월 상순에 전년지를 15cm 길이로 잘라서 1시간 정도 물을 올린 후에 삽목상에 꽂는다.

삽목시기가 늦어져서 발근하기 전에 새 눈이 나오기 시작하면 발근율이 떨어진다.

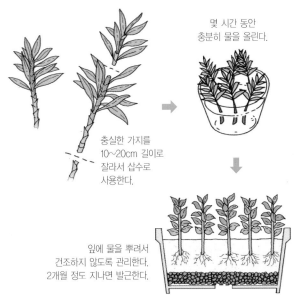

몇 시간 동안 충분히 물을 올린다.

충실한 가지를 10~20cm 길이로 잘라서 삽수로 사용한다.

잎에 물을 뿌려서 건조하지 않도록 관리한다. 2개월 정도 지나면 발근한다.

▲ 삽목 번식

조경수 상식

■ 격년 결과

과일나무 등에서 열매가 잘 열리는 해와 잘 열리지 않는 해가 1년마다 번갈아가면서 나타나는 것을 격년결과(隔年結果)라고 한다. 열매가 많이 열린 가지에는 다음해에 꽃눈이 잘 형성되지 않는 성질로 인해 나타나는 현상으로 감, 밤, 감귤 등이 대표적인 예이다. 해거리라고도 한다.

코니퍼

• 상록침엽수

| 영명 Conifer | 일명 コニファー | 중명 針葉樹(침엽수) |

▲ 천리포 수목원의 왜성침엽수원

ⓒ メルビル

조경수 이야기

솔방울毬果, corn이 열리고, 바늘 모양의 잎을 가진 나무를 침엽수라고 한다. 코니퍼conifer란 이러한 침엽수를 의미한다. 그러나 조경에서 말하는 코니퍼란 주로 유럽에서 개량된 원예품종의 침엽수를 가리키는 경우가 많으며, 서구풍의 정원을 구성하는 조경수종으로 인기가 높다. 화분에 심어서 키우는 키가 1m 미만인 왜성에서부터 10m 이상 되는 큰 종류도 있으며, 잎색도 다양하고 단풍이 드는 종류도 있다. 기온과 습도가 높은 곳에서는 잘 자라지 않는 특성이 있다.

일반적으로 코니퍼는 다음과 같은 특징이 있다. 녹색·황록색·황금색·등황색·청록색·회록색·은청색·연록색·노란색·반점 등 잎색이 다양하여 선택의 폭이 넓다. 코니퍼의 한 종류인 개잎갈나무, 아라우카리아, 금송 등은 세계 3대 공원수에 속할 정도로 수형이 아름답다. 또 수고가 50m에 달하는 것부터 10년이 지나도 10cm밖에 자라지 않는 것 등 수종에 따라 생육 차가 큰 특징을 가지고 있으며, 햇빛이 잘 들지 않는 곳이나 투과량이 5% 이하의 그늘진 곳에서도 장기간 생육이 가능하다. 피로회복·혈압저하·신경안정·살균 등에 효과가 있는 피톤치드를 많이 발산하므로, 코니퍼 숲에서 삼림욕을 하면 건강이 증진된다.

조경 Point

보통 상록침엽수를 코니퍼(conifer)라고 부르지만, 조경에서 주로 유럽에서 개량된 원예품종의 침엽수를 가리킨다. 아름다운 수형, 풍부한 잎의 색채, 높은 내음성 등이 코니퍼의 특징이며, 서구풍의 정원에서는 빠지지 않는 인기 수종이다. 지면을 커버하는 종류, 잎이 아름다운 종류, 좁은 정원에 적합한 왜성 코니

퍼 등 다양한 종류가 있기 때문에 장소에 맞는 다양한 품종을 선택하여 식재할 수 있다.

전정 Point

코니퍼류는 대부분 자연수형으로 키운다. 일정한 크기를 유지하도록 정기적으로 깎기전정을 해주며, 이때는 수관을 돌출한 가지를 잘라주는 정도로 충분하다.
또 어떤 종류는 오래되면 지엽이 빽빽해져서 나무 내부의 채광과 통풍이 원활하지 않아 병해충이 발생하고 고사하는 수가 있으므로, 내부의 가지를 솎아주는 전정을 한다.

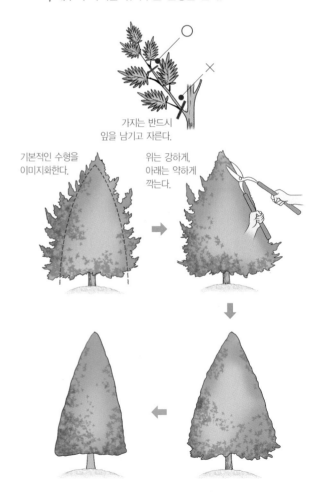

가지는 반드시 잎을 남기고 자른다.

기본적인 수형을 이미지화한다.

위는 강하게, 아래는 약하게 깎는다.

숙지삽은 3월 중순~4월, 녹지삽은 6~9월이 적기이다. 숙지삽은 충실한 전년지를, 녹지삽은 잎살이 두터운 충실한 햇가지를 삽수로 사용한다. 15~20cm 정도의 길이로 잘라서, 아랫잎은 제거하고 밑부분을 잘 드는 칼로 깨끗하게 자른다.

2~3시간 정도 충분히 물을 올린 후에 삽목상에 꽂는다. 바람이 불지 않고 해가 잘 비치는 곳에 놓아두며, 여름에는 차광을 해서 건조하지 않도록 관리한다. 다음해 눈이 나오기 시작하면 액비를 조금 뿌려준다. 2년째 되는 봄에 이식한다.

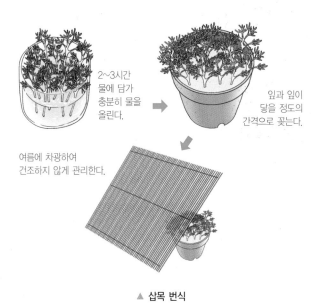

2~3시간 물에 담가 충분히 물을 올린다.

잎과 잎이 닿을 정도의 간격으로 꽂는다.

여름에 차광하여 건조하지 않게 관리한다.

▲ 삽목 번식

고형 비료

고형비료(固形肥料)는 제2종 복합비료라고도 하며, 일종의 화성비료로서 질소, 인산, 칼륨을 혼합한 것에 부자재를 가하여 만든다. 우리나라에서는 복숭아씨 모양으로 성형한 무게 15kg 정도의 고형비료가 생산되고 있다.

피라칸다

• 장미과 피라칸다속
• 상록활엽관목   • 수고 1~2m
• 중국 서남부 원산; 전라북도 및 경상북도 이남에서 식재

학명 *Pyracantha angustifolia* 속명은 그리스어 pyro(불꽃)와 acantha(가시)의 합성어로, 열매가 붉고 가지에 가시가 많은 것을 나타낸다. 종소명은 라틴어 좁은과 잎의 합성어로 '폭이 좁은 잎'을 뜻한다.   │ 영명 Narrowleaf firethorn   │ 일명 タチバナモドキ(橘擬)   │ 중명 窄葉火棘(착엽화극)

잎

어긋나기.
좁고 긴 타원형이며,
짧은가지에서는 모여 난다.

70%

꽃

양성화. 위쪽 가지의 잎겨드랑이에 자잘한 흰색 또는 황백색 꽃이 모여 핀다.

열매

이과. 구형이며, 붉은색 또는 주황색으로 익는다. 약간 단맛이 난다.

수피

지름 3cm

회갈색이고
껍질눈이 있으며, 평활하다.
성장함에 따라 회흑색이 되며,
줄기가 융기한다.

겨울눈

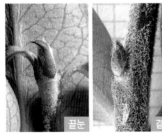

끝눈   곁눈

피침형~방추형이고, 적갈색의 비단 털로 싸여 있다.

줄기끝이 가시로 변한 것이 많다.

피라칸다는 우리나라 이름이 따로 없고 속명을 따라 부르다 보니 피라칸사·피라칸타·피라칸사스 등 여러 이름으로 불린다. 속명 피라칸타 *Pyracantha*는 그리스어로 불꽃을 의미하는 피로pyro와 가시를 의미하는 아칸타acantha의 합성어이다. 가지 전체에 창같이 긴 가시가 달려 있고, 가지가 보이지 않을 정도로 많이 열리는 붉은 열매가 불타는 듯하여 붙여진 이름이다.

중국 사람들이 좋아하는 붉은색 열매를 주렁주렁 달고 있기 때문에, 원산지인 중국에서는 행운을 가져다주는 나무로 여긴다. 중국 이름 착엽화극窄葉火棘은 '좁은 잎을 가진 불가시나무'라는 뜻으로 속명과 같은 의미를 가지고 있다. '알알이 영근 사랑'이란 꽃말 역시 빨간 열매로 뒤덮인 이 나무의 특징을 잘 표현하고 있다.

피라칸다는 세계적으로 6종이 있다. 우리나라에서는 중국서남부 원산의 안구스티폴리아 *P. angustifolia*를 많이 심지만, 근래에는 이보다 열매가 크고 많이 열리는 남유럽에서 아시아 서부 원산의 코키네아 *P. coccinea*와 중국과 히말라야 원산의 크레눌라타 *P. crenulata* 등도 많이 심는 추세이다.

나무의 가시는 자신을 보호하기 위해 표면에 돋은 끝이 뾰족한 바늘 모양의 딱딱한 돌기물을 말한다. 가시의 대부분은 가지가 변형된 것이지만 잎자루나 턱잎 혹은 기타 다른 부분이 변형된 것도 있다. 변형된 기관의 종류에 따라 가지가 변한 줄기가시莖針, 잎이 변한 잎가시葉針, 뿌리가 변한 뿌리가시根針 등으로 구분된다. 피라칸다에 생긴 가시는 매실나무처럼 잔가지가 날카로운 가시로 변한 것이다.

조경 Point

6월에 피는 흰 꽃은 작아서 눈에 잘 띄지 않으며, 가을에 열려 겨우내 달려 있는 등황색 열매가 매력적이다. 열매는 새들을 유인하는 역할을 하며, 꽃꽂이 소재로도 이용된다.

지엽이 치밀하고 강전정에도 잘 견디므로 산울타리용, 경계식재, 차폐식재, 토피어리의 소재로 활용하면 좋다. 상록활엽수이지만 내한성이 강하여 충남 이남에서는 생육이 가능하며, 종류에 따라서는 중부지방에서 월동이 가능한 종류도 있다.

재배 Point

배수가 잘되는 비옥한 토양이 좋다. 해가 잘 비치는 곳이나 반음지에 식재하며, 서리가 내리는 지역에서는 차고 건조한 바람을 막아준다.

나무	열매		새순		개화			꽃눈분화		열매	
월	1	2	3	4	5	6	7	8	9	10	11	12
전정			전정					전정				
비료	한비											

병충해 Point

깍지벌레류, 배나무방패벌레 등이 발생한다. 흰가루병은 가지와 잎을 전정하여 통풍과 채광을 좋게 해주면 어느 정도 예방이 가능하다.

▲ 공깍지벌레　　　▲ 배나무방패벌레 피해잎

일반적으로 산울타리로 많이 활용되지만 드물게는 정형 독립수로 활용되기도 한다. 어느 쪽이든 신초의 생장이 왕성하기 때문에 깎기전정을 하지 않으면 미관이 나빠진다.

마지막 전정을 언제 할 것인가에 따라 다음해의 개화·결실의 많고 적음, 겨울동안 수관의 상태가 결정된다. 그 시기는 품종, 생육상태, 기후에 따라 결정하지만, 대개 9월 정도가 좋다.

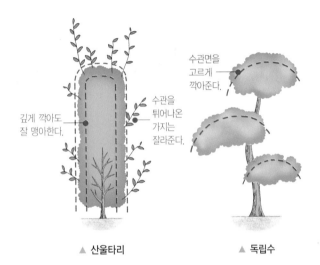

깊게 깎아도
잘 맹아한다.

수관면을
고르게
깎아준다.

수관을
튀어나온
가지는
잘라준다.

▲ 산울타리　　　　　▲ 독립수

11~2월경까지 채종이 가능하지만 새들이 먹기 전에 미리 열매를 채취한다. 딴 열매는 흐르는 물에 과육을 씻어내고 바로 파종하고, 한해와 동해를 입지 않도록 관리한다. 묘가 5~6cm 정도 자라면 이식한다.

숙지삽은 3월 중순~4월, 녹지삽은 6~9월 중순이 적기이다. 숙지삽은 충실한 전년지나 2년생 가지를, 녹지삽은 충실한 햇가지를 삽수로 사용한다. 10~20cm 정도의 길이로 잘라서 아랫잎의 1/3 정도는 제거하고 1시간 정도 물을 올린 후에 삽목상에 꽂는다.

바람이 불지 않는 반그늘에 두고 건조하지 않도록 관리하면, 1개월 정도 지나서 발근한다. 5~6월에 높이떼기로도 번식이 가능하다.

5~6월이
높이떼기의
적기이다.

줄기를
환상박피하여
물이끼로
감는다.

발근하면 떼어내어
옮겨 심는다.

▲ 높이떼기 번식

회양목

- 회양목과 회양목속
- 상록활엽관목 또는 소교목 • 수고 5~7m
- 일본; 제주도, 남해 도서지역의 산간 바위지대 혹은 석회암지대

 학명 *Buxus microphylla* 속명은 회양목류(Common boxwood)의 라틴어로 이 나무로 작은 상자를 만들었기 때문에 puxas (상자)에서 유래한 것이다. 종소명은 micro (작은)와 phylla (잎)의 합성어로서 '작은 잎의'를 뜻한다. │ **영명** Boxwood │ **일명** ヒメツゲ(姫黄楊) │ **중명** 黃楊(황양)

| 잎

마주나기.
거꿀달걀형이며,
가장자리는 밋밋하다.
잎끝이 약간 뒤로 말린다.

170%

| 꽃

▲ 암꽃 기부에 여러 개의 수꽃이 둘러싸고 있다.
암수한그루. 가지 끝이나 잎겨드랑이에 몇 개의 황록색의 암꽃과 수꽃이 모여 난다.

| 열매

삭과. 달걀형 또는 거의 구형이며, 갈색으로 익는다.

| 수피

회백색 또는 회갈색이며,
성장함에 따라 불규칙한
조각으로 갈라진다.
노목에는 이끼류가
붙어있는 것이 많다.

| 겨울눈

꽃눈

잎눈

꽃눈은 구형이고,
그 안에 작은꽃봉오리가
여러 개 발달한다.
잎눈은 길고
뾰족한 타원형이다.

회양목이라는 이름은 강원도 회양淮陽에서 많이 자라므로 붙여진 이름이라고도 하고, 한자 이름 황양목黃楊木이 변하여 회양목이 되었다고도 한다.

회양목은 아주 천천히 자라기 때문에 재질이 매우 단단하고 치밀하면서 잘 쪼개지지 않는 반면 가공하기는 쉽다. 그래서 예부터 도장 · 목활자 · 호패 · 인쇄판 · 얼레빗 등을 만드는 조각재로 널리 사용되었다. 특히 도장 재료로 많이 사용되었기 때문에 도장나무라고도 부른다.

회양목으로 만든 얼레빗은 재질이 치밀하여 격지가 일지 않고 매끄러워서 머리카락이 뜯기지 않고 잘 빗겨지므로 최고의 빗으로 쳤다. 중국에서는 회양목 재목이 노란 빛을 띠므로 황양黃楊이라 하며, 회양목으로 만든 빗을 황양즐黃楊櫛이라 한다. 일본에서도 회양목을 쓰게黃楊라 하고, 회양목으로 만든 빗을 쓰게구시黃楊櫛라 하여 지금도 귀하게 여긴다. 유럽에서도 마찬가지로 빗을 만드는 재료로 사용했다고 한다.

회양목은 조선시대 때 16세 이상의 남자라면 누구나 차고 다녀야 했던 호패의 재료로도 사용되었다. 호패를 만드는 재료와 기재 내용은 신분에 따라 달랐다. 《속대전續大典》에 의하면 2품 이상은 상아로 만든 아패, 3품 이하와 잡과에 합격한 자는 검은 뿔로 만든 각패, 생원과 진사는 회양목패, 선비나 서리, 향리는 소목방패, 공천이나 사천은 대목방패를 사용했다고 한다. 이외에도 장기짝 · 자 · 의치 등 다양한 용도로 사용되었다고 한다.

◀ 호패
생원과 진사의 호패는
회양목으로 만들었다.

조경 Point

전국의 석회암지대의 지표식물로 산이나 산기슭의 바위틈에서 잘 자라는 나무이다. 전정에도 잘 견디므로 둥글게 다듬어서 바위틈에 식재하거나 산울타리, 경계식재 등의 용도로 사용하면 좋다.

가지와 잎이 치밀하여 잘 전정하면 여러 가지 모양의 형상수(Topiary)를 만드는데도 활용한다.

재배 Point

내한성이 강하며, 자연상태에서는 주로 석회암지대에 자란다. 직사광선에는 잘 견디지만 토양의 건조가 더해지면, 잎의 광택이 없어지고 잎타기[葉燒]를 야기하는 수가 있다.

이식은 3~6월과 9~10월이 하며, 가을에 너무 늦게 하면 추위에 상할 수 있다.

병충해 Point

거북밀깍지벌레, 단풍주머니깍지벌레, 뿔밀깍지벌레, 사철깍지벌레, 회양목명나방, 회양목혹응애, 매실애기잎말이나방, 회양목잎마름병 등이 발생한다. 회양목잎마름병은 감염된 잎이 마르면서 일찍 떨어져서, 조경수목으로서의 가치를 크게 떨어뜨린다. 감염된 잎은 모아서 태우며 발생초기부터 만코제브(다이센M-45) 수화제 500배액, 아족시스트로빈(오티바) 액상수화제 1,000배액을 10일 간격으로 3~4회 살포하여 방제한다.

회양목혹응애는 회양목의 눈 속에 침입하여 가지에 공 모양의 벌레혹을 형성하므로, 회양목의 생장과 수형유지에 지장을 준다. 피해가 발견되면 즉시 아세퀴노실(가네마이트) 액상수화제 1,000배액 사이플루메토펜(파워샷) 액상수화제 2,000배액을 내성충의 출현을 방지하기 위해 교대로 2~3회 살포한다.

전정 Point

주로 산울타리용으로 많이 식재한다. 산울타리로 식재한 경우에는 매년 수관깎기 전정을 해서 같은 모양과 크기를 유지하도록 해준다.

▲ 회양목명나방

번식 Point

실생과 삽목으로 번식시킨다. 7월경에 종자를 채취한 후 바로 파종하거나, 습윤저온저장하였다가 파종한다. 종자는 다년생 발아이므로 파종한 그해에는 발아하지 않는다.

녹지삽은 7월경이 적기이다. 생육이 좋은 당년생 가지를 15~20cm 길이로 잘라서 아래쪽 5cm 부분의 잎은 따내고 물에 한나절 담가두었다가 삽목상에 꽂는다.

조경수 상식

■ 액체 비료

분말 또는 입자 모양의 비료를 희석하여 액상으로 만든 비료를 액체비료라고 한다. 고체비료보다 속효성이며, 인산의 시비에도 유리하지만 수용성이기 때문에 비료의 효과가 오래 가지 않으므로 자주 사용해야 한다. 액비라고도 한다.

고광나무

- 수국과 고광나무속
- 낙엽활엽관목 • 수고 2~4m
- 중국, 러시아; 전국의 숲 가장자리에 자람

 | 학명 *Philadelphus schrenckii* 속명은 기원전 3세기 예술과 과학의 후원자이었던 이집트의 왕 Ptolemy Philadelphus의 이름에서 유래한 것이며, 종소명은 20세기 독일 자리학자인 Alexander Schrenek를 기념한 것이다.
| 영명 Korean mock orange | 일명 チョウセンバイカウツギ(朝鮮梅花空木) | 중명 朝鮮山梅花(조선산매화)

| 잎

마주나기.
달걀형이며, 가장자리에는
톱니가 드문드문 나있다.

40%

| 꽃

양성화. 가지 끝에서 총상꽃차례의 흰색
꽃 3~9개가 모여 핀다.

| 열매

삭과. 타원형 또는 구형이며, 종자는 한
쪽 끝에 긴 날개가 있다.

| 수피

성장함에 따라 회갈색이 되고, 리본
모양으로 세로로 얇게 벗겨진다.

| 겨울눈

겨울눈은 잎자국 속에 있어
보이지 않는다(묻힌눈).
봄에 잎자국이 갈라지면서
눈이 나온다.

이름에 빛 광光 자가 들어가는 고광나무는 하얀 꽃이 무리로 피어 밤을 환하게 밝힌다는 의미를 가지고 있다. 혹은 멀리 보이는 '외로운 빛'이라는 고광孤光에서 유래한 것이라고도 한다. 이름처럼 밝고 깨끗한 하얀색 꽃이 특징이며, 매화꽃을 닮았다 하여 산매화라고도 부른다. 그러나 매화꽃은 꽃잎이 5장이고, 고광나무는 4장이어서 구별된다.

잎을 비비면 오이 냄새가 난다고 하여 '오이순'이라고도 하며, 나무 전체에 털이 많다고 하여 지방에 따라서는 털고광나무 또는 쇠영꽃나무라고도 부른다.

영어 이름 모크 오렌지Mock orange는 '모조 오렌지'라는 뜻으로 오렌지나 레몬 꽃과 유사하고 향기가 좋아서 붙여진 이름이다. 실제로 1981년 프랑스의 한 향수회사 조사에서 선호하는 향기 10가지 중 하나로 꼽히기도 했다. 기품 · 추억 · 외로운 빛 등의 꽃말이 잘 어울리는 향기로운 꽃이다.

세계적으로 고광나무속에는 70여 종이 있는데, 우리나라에는 털고광나무 · 꼭지고광나무 · 애기고광나무 · 서울고광나무 · 얇은잎고광나무 · 양덕고광나무 · 섬고광나무 등 약 10종류가 분포한다.

조경 Point

단정한 모양의 흰 꽃에서 고귀한 기품과 야생적인 매력을 함께 느낄 수 있는 조경수로 정원수나 공원수로 적합하다. 지금까지는 잘 알려지지 않았지만 꽃이 깨끗하고 향기가 진해서 앞으로 조경수로 개발할 여지가 많은 나무이다.

경계식재, 차폐식재, 산울타리 등의 용도로 활용하면 좋다.

재배 Point

추위와 건조함에 강하다. 햇빛이 잘 비치는 곳 또는 반음지에서 잘 자란다. 적당히 비옥하고 배수가 잘되는 토양에 식재하면 좋다.

나무				새순	개화			꽃눈분화		열매	
월	1	2	3	4	5	6	7	8	9	10	11	12
전정	전정						전정				전정
비료		시비				꽃후					

병충해 Point

녹병과 진딧물의 피해를 입을 수 있다. 이른 봄 햇가지에 진딧물이 발생하면, 초기에 이미다클로프리드(코니도) 액상수화제 2,000배액을 7일 간격으로 2~3회 살포하여 방제한다. 진딧물이 보이지 않아도 새로 나온 잎이 기형이라면 진딧물의 피해를 입은 것일 수 있다.

전정 Point

방임해서 키우면 꽃의 수는 많지만 수형이 흐트러진다. 단정한 수형을 만들기 위해서는 겨울에 가볍게 깎아준다. 나무의 크기를 줄이려면 꽃이 진 후에 강하게 전정해주는데, 이렇게 강전정을 하면 꽃의 수는 적어진다.

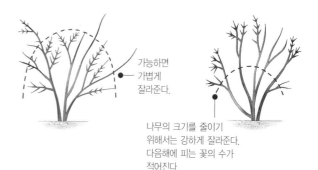

가능하면 가볍게 잘라준다.

나무의 크기를 줄이기 위해서는 강하게 잘라준다. 다음해에 피는 꽃의 수가 적어진다.

▲ 겨울 전정　　　　▲ 꽃이 진 후의 전정

3~4월에 전년지를 10~15cm 길이로 잘라서 숙지삽을 하거나, 6~7월에 당년지의 아랫잎을 반 정도 따내고 윗잎을 1~2장 남겨서 녹지삽을 한다. 삽목상은 건조하지 않도록 해가림을 해서 관리하며, 뿌리가 내리면 서서히 해가림을 제거한다.

휘묻이는 길게 늘어난 가지에 흙을 덮어 뿌리가 나게 한 다음 이것을 떼어내어 심는 방법으로, 간단하게 할 수 있으며 실패할 확률이 적다. 나무의 뿌리가 옆으로 번지는 성질이 있으므로, 크게 번진 포기를 파서 나누어 심는 분주법도 가능하다.

조경수 상식

■ 왼감기와 오른감기

덩굴이 식물을 감고 올라가는 방법으로, 위에서 보아 시계방향으로 감고 올라가는 것을 왼감기[左券]라 하며 등나무, 인동덩굴 등이 이에 속한다. 반대방향으로 감고 올라가는 것을 오른감기[右券]라 하며 으름덩굴, 칡 등이 있다.

왼감기　　　　　오른감기

고추나무

- 고추나무과 고추나무속
- 낙엽활엽관목 • 수고 2~3m
- 일본, 중국; 전국 산지 또는 계곡에 자생

 학명 *Staphylea bumalda* 속명은 그리스어 staphyle(포도송이)라는 의미로 총상꽃차례로 꽃이 피는 것을 나타내며, 종소명은 인명 Bumalda에서 유래한 것이다. | 영명 Bumald's bladdernut | 일명 ミツバウツギ(三葉空木) | 중명 省沽油(성고유)

| 잎

마주나기.
작은잎이 3장 달리는 삼출겹잎.
작은잎은 타원형이고,
가장자리에는
잔톱니가 있다.

60%

| 꽃

양성화. 가지 끝에 흰색 꽃이 모여 피는데,
좋은 향기가 난다.

| 열매

삭과. 고무 베개처럼 부푼 반원형이
며, 윗부분이 2갈래로 갈라져있다.

| 수피

회갈색이며,
성장함에 따라
세로로 얕게
갈라진다.

| 겨울눈

달걀형이며, 2개의
눈비늘조각에 싸여있다.
보통 가짜끝눈이 2개 붙는다.

고추는 매운맛 때문에 먹기 힘들어서 '괴로운 풀'이란 뜻의 고초苦草, 苦椒로 불리다가 고추가 된 것이다. 고추의 원산지는 남아메리카 아마존 유역이다. 멕시코에서는 기원전 6,500년경의 유적에서 고추가 출토되었으며, 페루에서는 2,000년 전부터 재배되기 시작했다고 할 정도로 역사가 오랜 식물이다.

고추가 세계적으로 널리 퍼지게 된 것은 아메리카대륙을 발견한 콜럼버스가 유럽으로 전파한 뒤부터이며, 동양에는 17세기에 들어온 것으로 알려져 있다. 우리나라에는 중국에서 들어왔다는 설과 일본에서 들어왔다는 설이 있다. 일설에 의하면 임진왜란 때 왜군들이 우리 민족을 독살시키려고 독한 고추를 갖고 왔으나, 오히려 우리 민족의 체질에 잘 맞아 재배가 왕성해졌다고 한다.

고추나무과 고추나무속에 속하는 낙엽활엽관목인 고추나무는 밭에서 나는 고추와 어떤 연관이 있어서 같은 이름이 붙여진 것일까? 고추나무의 잎 모양과 하얀 꽃이 고추의 잎과 꽃을 닮았기 때문이다. 고추나무 잎은 가지 끝에 90도 각도로 3개가 나기 때문에, 일본 이름은 '3장의 잎을 가진 빈도리'라는 뜻의 미쯔바우쯔기三葉空木이다.

새순은 나물로 무쳐 먹거나 덖어서 차로 마시기도 하는데, 고추를 닮아서 그런지 덖을 때 매운 향이 나서 눈물을 흘리기도 한다. 수선화를 닮은 하얀 꽃은 향기가 좋으며, W자 혹은 하트 모양의 특이한 열매가 이 나무의 특징이다.

조경 Point

9~10월에 익는 방패 또는 W자를 연상시키는 독특한 모양의 열매가 관상가치가 있다. 지형에 맞게 전정하여 산울타리나 경계식재에 활용하면 좋다.
아직까지 우리에게 잘 알려지지는 않았지만 조경수로 잠재가치가 높은 수종이다.

재배 Point

추위와 건조함에 강하며, 다습하지만 배수가 잘되는 토양이 좋다. 햇빛이 있는 곳이나 그늘진 곳에서 모두 잘 자란다.

병충해 Point

진딧물이나 뿔무늬가시나방 등이 발생하는 수가 있는데, 티아클로프리드(칼립소) 액상수화제 2,000배액 등을 뿌려서 방제한다.

▲ **고추나무의 새순**
고추나무의 어리고 연한 순은 나물로 먹는다.

나무가 식재장소에 어울리지 않을 정도로 커진 경우에는 가지의 1/3 정도를 잘라준다. 이때 대형 전정가위를 사용하지 않고 도장지나 불필요한 가지만 제거해주면 자연미를 느낄 수 있는 수형을 만들 수 있다.

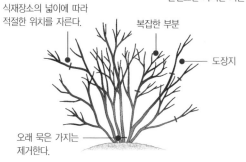

1~2m 정도의
자연형 수형을 유지하도록
불필요한 가지만 자른다.

식재장소의 넓이에 따라
적절한 위치를 자른다.

복잡한 부분

도장지

오래 묵은 가지는
제거한다.

▲ 자연스러운 수형

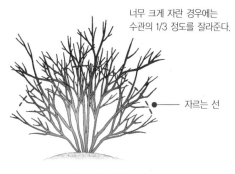

너무 크게 자란 경우에는
수관의 1/3 정도를 잘라준다.

자르는 선

▲ 수관이 고른 수형

가을에 잘 익은 종자를 따서 직파하거나, 습기 있는 모래와 섞어 저온저장하였다가, 다음해 봄에 파종한다. 파종 후에 파종상이 건조하지 않도록 짚으로 덮어 두었다가 발아하면 제거한다.

성토법은 뿌리 부분에서 줄기가 뻗어 주립상을 이루는 것을 성토해두었다가, 12~3월에 발근하면 줄기를 떼어내어 따로 심는 번식방법이다.

분주법은 크게 자란 나무를 3줄기 정도씩 분리해서 따로 심는 번식방법이다. 3월부터 7월까지 숙지삽, 9~10월에 녹지삽이 가능하다.

국수나무

- 장미과 국수나무속
- 낙엽활엽관목 • 수고 1~2m
- 중국 동북부, 대만, 일본; 전국의 숲 가장자리에 분포

학명 *Stephanadra incisa* 속명은 그리스어 strphanos(관)와 andron(수술)의 합성어로 수술이 관(冠) 모양이라는 뜻이며, 종소명은 '예리하게 갈라진'이라는 뜻으로 나뭇잎의 모양을 나타낸 것이다. | **영명** Lace shrub | **일명** コゴメウツギ(小米空木) | **중명** 小珍珠花(소진주화)

| 잎

어긋나기.
가장자리에는 몇 개의
얕은 결각과 불규칙한
겹톱니가 있다.

50%

| 겨울눈

가지 끝이
마르고 끝눈은
발달하지 않는다.
5~8장의 눈비늘조각에
싸여 있다.

| 뿌리

천근형. 수평으로 넓게 퍼지고, 분지가
많다.

| 수피

연한 회갈색이고, 성장
함에 따라 세로로 불규
칙하게 벗겨진다.

| 꽃

양성화. 새가지 끝 또는 잎겨드랑이에 자잘한
흰색 꽃이 모여 핀다.

| 열매

골돌과. 구형이며, 하나의 씨
방 안에 1~2개의 종자가 들
어있다.

국수나무라는 이름은 가지를 잘라 벗기면 국수같이 하얀 줄기가 나오기 때문에 붙여진 이름이라는 설과 줄기의 골속이 국수처럼 생겨서 붙여진 이름이라는 설이 있다. 가지가 늘어져서 덤불 모양이고 묵은 가지와 새 가지가 섞여서 그 모양이 말쑥하지 않고 지저분해 보이기 때문에 '거렁뱅이나무'라고도 부른다.

국수는 빵보다 더 오래 전인 기원전 6,000~5,000년경부터 중국에서 만들어졌다고 한다. 메소포타미아의 밀 재배기술과 밀가루를 만드는 기술이 실크로드를 따라 아시아에 전파되었을 것으로 추정하기 때문이다.

우리나라에서 국수를 만들어 먹기 시작한 역사는 정확히 알 수 없지만, 《고려도경 高麗圖經》에 "고려의 음식은 십여 가지가 있는데, 그중에서도 국수를 으뜸으로 삼았다"는 기록이 있는 것으로 보아 고려시대 때는 귀한 음식으로 여겨졌던 것으로 보인다.

지금도 생일이나 혼례식 등 경사스러운 잔치에서는 으레 국수가 나온다. 국수가 길다ㅌ 하여 음이 같은 길할 길ㅛ 자와 연관시켜 긴 수명과 좋은 인연을 연상하기 때문으로 여겨진다.

가난한 백성들이 쉽게 먹을 수 없었던 국수를 산에 가면 흔하게 볼 수 있는 국수나무를 보면서 위안으로 삼았던 것 같아 가슴이 아프다.

또 공해에 약하여 환경오염의 지표식물로 심는다. 가지는 광주리나 바구니의 재료로 쓰이며, 염료식물로도 활용된다.

재배 Point

다습하고 배수가 잘 되며, 비옥한 토양을 좋아한다. 충분한 햇빛을 받는 곳이 좋으며, 부분적으로 그늘을 만들어 재배하기도 한다.

병충해 Point

조팝나무진딧물, 붉나무소리진딧물 등이 발생한다. 조팝나무진딧물은 새가지와 새잎에 모여 흡즙가해하므로 피해를 받은 부위는 생장이 저해되며, 잎은 뒷면으로 말리면서 여름에 일찍 낙엽이 진다.

4월에 벌레가 조금 보이기 시작할 때, 이미다클로프리드(코니도) 액상수화제 2,000배액을 10일 간격으로 2회 살포한다.

번식 Point

9월경에 채취한 종자를 바로 파종하거나 노천매장해두었다가, 다음해 봄이나 가을에 뿌린다. 옆으로 번진 포기를 따로 떼어내어 심는 분주법도 가능하다.

삽목은 5월과 8~9월경에 하는데, 줄기 가운데 심 같은 것이 들어있는데 이것을 손상시키지 않고 해야 하므로 쉽지 않다.

조경 Point

한여름에 짙은 녹음을 배경으로 심으면 흰색 꽃이 두드러져 보인다. 화단이나 공원에 산울타리, 자연공원의 경계부 가장자리 또는 경사면에 심으면 좋다.

꽃댕강나무

- 인동과 댕강나무속
- 반상록활엽관목 • 수고 1~2m
- 중국, 일본: 중부 이남에 식재

 학명 *Abelia* × *grandiflora* 속명은 영국의 의사인 클라크 아벨(Clark Abel)을 기념한 것이며, 종소명은 '큰 꽃의'라는 뜻이다.
영명 Glossy abelia | 일명 アベリア | 중명 大花六道木(대화육도목)

잎

마주나기.
따뜻한 곳에서는 푸른 잎을 달고
겨울을 나는 반상록성이다.

130%

꽃

양성화. 작은 가지 끝에 연분홍색 꽃이 모여 피며,
좋은 향기가 난다.

열매

수과. 선상의 긴 타원형이고 털이 있다. 4개
의 날개가 있고, 대부분 성숙하지 않는다.

댕강나무는 나뭇가지를 꺾으면 '댕강' 하고 부러지는 소리가 난다고 하여 붙여진 이름이다. 댕강나무는 우리나라 1세대 식물학자인 정태현 박사가 평안남도 맹산에서 처음 발견하여 국제식물학회에 보고하면서, 그의 이름이 들어간 'Abelia mosanensis T. H. CHUNG'라는 학명을 가지게 되었다. 그는 새로운 식물 28종에 이름을 붙였으며, 58종류의 미기록종을 보고한 우리나라 식물분류학 연구의 선구자였다.

꽃댕강나무는 중국산 댕강나무 사이에서 원예종으로 육성된 중간잡종으로, 1930년경 일본에서 우리나라에 들여왔다. 일본에서는 아벨리아Abelia라는 이름으로 알려져 있으며, 아벨리아는 식물학자이자 의사로 식물연구를 위해 중국에 들어간 영국인 클라크 아벨Clarke Abel을 기념하여 붙인 이름이다.

꽃댕강나무는 북반구 온대지역에 분포하며 추운 곳에서는 낙엽지고, 더운 곳에서는 상록성을 띠는 반상록 관목으로 잎에는 광택이 있다. 트럼펫 모양의 꽃이 5월부터 피기 시작하여 거의 반년 동안 지속되며, 꽃에서는 은은한 향기가 난다. 잎에 흰색·노란색·분홍

▲ 클라크 아벨(Clarke Abel)
댕강나무속의 속명 Abelia는 클라크 아벨을 기념하여 붙인 이름이다.

색 등의 무늬가 있는 무늬종도 있으며, 키가 작은 품종을 화분에 심어 감상하기도 한다. 내한성이 강하기 때문에 남부 지방은 물론이고 서울 근교까지도 식재가 가능하다.

조경 Point

6월부터 11월까지 연분홍빛이 도는 흰색의 꽃과 은은한 향기를 감상할 수 있다. 또, 반상록의 잎을 봄부터 초겨울까지 오랫동안 볼 수 있다.

맹아력이 강하기 때문에 가지치기를 해주면, 가지와 잎이 조밀해져서 낮은 산울타리로도 활용된다. 배기가스나 매연과 같은 도시공해에 강해서 도심의 도로에서 가로수의 하목으로 심은 것도 흔하게 볼 수 있다.

재배 Point

해가 잘 비치고 배수가 잘되는 비옥한 토지에 식재하며, 차고 건조한 바람은 막아준다.

나무				새순			개화				꽃눈분화	
월	1	2	3	4	5	6	7	8	9	10	11	12
전정		전정					전정					
비료		한비										

병충해 Point

병충해는 거의 없는 편이지만 간혹 진딧물이 생기는데, 이때는 이미다클로프리드(코니도) 액상수화제 2,000배액을 살포하여 방제한다.

토양이 알칼리성으로 변하면 잎의 녹색이 퇴색되면서 누르스름한 반점이 나타난다.

통상 연 1회, 1~3월에 깍기전정을 한다. 다른 시기에 수시로 전정을 해도 되지만, 전정을 한 후부터 착화할 때까지는 꽃을 볼 수 없게 된다.

나무가 그다지 커지지 않으므로 특별히 전정을 하지 않아도 된다.

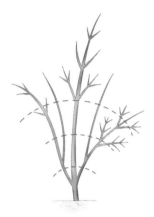

● **성장기의 전정**
얕게 자를수록 다음 개화까지의 기간이 짧아진다. 소지가 많아진다.

● **겨울 전정**
얕게 자를수록 최초의 개화시기는 다소 빨라진다. 소지가 많아진다.

활착이 잘 되기 때문에 삽목으로 간단히 번식시킬 수 있다. 숙지삽은 3~4월경에 전년지를 15~20cm 길이로 잘라서 5~6시간 정도 물에 담가 물을 올린 후에 마사토나 강모래, 버미큐라이트 등을 넣은 삽목상에 15cm 간격으로 꽂는다.

녹지삽은 장마철에 당년지 삽수를 이용하며, 발근하기까지는 40일 정도 걸린다. 꺾꽂이 후 2~3년 지나면 정식할 수 있을 정도로 묘목이 자란다. 이밖에 분주나 휘묻이로도 번식시킬 수 있다.

조경수 상식

■ **카를 폰 린네**(Carl von Linne)

스웨덴 웁살라 대학의 의학·식물학교수. 식물의 분류를 정리하고 인위분류체계(린네의 체계)를 완성하여, 속명과 종명으로 표시하는 이명식 명명법을 확립하였다.

나무수국

- 수국과 수국속
- 낙엽활엽관목 • 수고 2~4m
- 일본 원산, 중국, 러시아; 전국에 식재

 학명 *hydrangea paniculata* 속명은 그리스어 hydro(물)와 angion(그릇)의 합성어로 이 속의 식물이 습기가 많은 곳에서 잘 자라기 때문에, 혹은 열매의 형태에서 유래한 것이다. 종소명은 원추꽃차례를 의미한다. | **영명** Paniculata hdrangea | **일명** ノリウツギ(糊空木) | **중명** 圓錐繡球(원추수구)

| 잎

마주나거나,
3장씩 돌려난다.
타원형이며, 가장자리에
잔톱니가 있다.

30%

| 꽃

원추꽃차례에 백색 장식화와 양성화가 모여 핀다.

| 열매

삭과. 열매 끝에 암술대가 남아 있다. 종자는 양 끝에 날개가 있다.

| 겨울눈

원추형 또는 구형이며,
4~6개의 눈비늘조각에 싸여 있다.

일본이 원산지이며 목수국이라고도 한다. 일본 이름은 노리우쯔기糊空木인데 이 나무의 수피를 벗겨서 물에 담가두면 점액이 나오는데 이것을 일본종이和紙를 뜰 때 풀糊로 썼으며, 가지의 골속髓을 빼내면 공동이 생기기 때문에 붙여진 이름이다.

꽃은 7~8월에 가지 끝에 원추꽃차례로 핀다. 그래서 중국 이름은 '원추꽃차례의 수국'이라는 뜻의 원추수구圓錐綉球이며, 종소명 파니쿨라타paniculata 역시 원추꽃차례를 의미한다. 꽃은 무성화중성화와 양성화가 한 꽃차례에 피지만, 무성화만 피는 것을 큰나무수국 Hydrangea paniculata f. grandiflora이라 한다. 목재는 희고 광택이 있으며, 지팡이나 우산자루, 나무못 등을 만드는데 사용되기도 했다. 또 뿌리로는 담배파이프를 만드는데, 애연가들 사이에는 꽤 인기가 있다고 한다.

산수국·수국·나무수국 그리고 백당나무·불두화가 비슷한 모양이어서 헷갈리는 수가 많다. 산수국·수국·나무수국은 모두 수국과Hydrangeaceae 수국속 Hydrangea에 속하며, 산수국과 나무수국은 양성화와 무성화로 이루어져 있지만, 수국은 무성화만 있다.

백당나무와 불두화는 인동과Caprifoliaceae 가막살나무속 Viburnum에 속하며, 백당나무는 양성화와 무성화로 이루어져 있지만, 불두화는 무성화만 있다.

조경 Point

원추꽃차례에 흰색 장식화와 양성화가 모여 피기 때문에 1~2 그루만 심어도 풍성한 모습을 느낄 수 있다. 산성토양에서는 푸른 색, 염기토양에서는 분홍색을 띠는 꽃을 피운다.
겨울에도 시든 꽃이 떨어지지 않고 붙어있어서 볼거리를 제공한다. 정원수, 독립수, 산울타리용을 심으면 좋다.

재배 Point

내한성이 강하며, 서리에도 잘 견딘다. 비료성분이 적고 부식질이 풍부하며, 적당한 습도가 유지되면서 배수가 잘되는 토양이 재배적지이다.
중용수이며, 햇빛이 잘 비치는 곳이나 반음지에도 재배가 가능하다.

병충해 Point

진딧물, 깍지벌레, 응애, 반점병 등이 발생한다.

번식 Point

주로 삽목과 분주로 번식시킨다. 번식방법은 수국을 참조한다.

▲ **나무수국의 뿌리로 만든 담배파이프**

눈향나무

- 측백나무과 향나무속
- 상록침엽관목 • 수고 50cm
- 중국 북부, 일본, 극동러시아; 한라산, 지리산, 설악산 등 고산지대의 바위지대

학명 *Juniperus chinensis var. sargentii* 속명은 켈트어 '거칠다'는 뜻 또는 라틴어 juvenis(젊은)와 pario(분만하다)의 합성어로 이 식물이 낙태제로 쓰인 것에서 유래한다. 종소명은 중국이 원산지라는 것을 나타내며, 변종명은 미국의 식물학자 C. S. Sargent 교수를 기념한 것이다.
영명 Dwarf juniper | **일명** ミヤマビャクシン(深山柏槇) | **중명** 優柏(언백)

| 잎

비늘잎과 바늘잎이 함께 있으며, 대개 비늘잎이 많다.
바늘잎은 주로 어린 가지에 달린다.

80%

| 꽃

암꽃차례

수꽃차례

암수딴그루(간혹 암수한그루). 수꽃차례는 넓은 달걀형이며 황갈색이고, 암꽃차례는 구형이며 연녹색이다.

| 열매

구과. 녹색을 띠다가 다음해 가을에 흑자색으로 익는다. 표면에 백색 분이 생긴다.

눈향나무는 누운향나무·눈상나무라고도 부른다. 향나무에 비해 원줄기가 위로 자라지 않고 옆으로 뻗어 나가기 때문에 '누워 있는 향나무'라는 뜻을 가지고 있다. 옆으로 자라다가 지면에 가지가 닿으면 거기서 뿌리를 내리기도 하며, 바위틈에서도 잘 자란다. 어린 잎은 날카로운 바늘잎이다가, 시간이 지남에 따라 점차 비늘잎으로 변한다.

분재의 소재로도 널리 이용되는데, 비늘잎만 달고 있는 것을 진백 眞柏이라 하여 따로 구분해서 부른다. 평지에 심어도 태생적으로 옆으로 뻗는 성질이 있어서, 지면 피복용 조경소재로 많이 활용된다.

우리나라에서는 제주도를 비롯하여 설악산·지리산에서 함경북도까지 백두대간의 아고산지대 바위틈에서 자란다. 내한성은 강하지만 양지를 좋아하고 그늘에서는 잘 자라지 못한다.

암수한그루이며, 5월에 꽃이 핀다. 수꽃은 달걀 모양이고, 암꽃은 공 모양으로 가지 끝에 달린다. 열매는

▲ **진백 분재**
향나무 중에서 가장 잎이 부드러워 분재의 소재로 널리 이용된다.

구과로 다음해 10월에 익으며, 공 모양의 열매 안에 달걀 모양의 종자가 1~3개 들어 있다.

조경 Point

가지와 잎이 치밀하고, 땅으로 기면서 옆으로 퍼지는 성질이 있어서 지면피복용, 암석원용, 경사지식재용, 기초식재용 등에 많이 이용된다. 또, 바위 사이에 심어서 가지가 위에서 아래로 드리워지게 키우는 경우도 많다.
군식하여 양지바른 곳의 절개지 경관조성에 활용하기 좋은 나무이다.

재배 Point

내한성이 강하며, 석회질 또는 사질의 배수가 잘되는 토양에 재배한다. 해가 잘 비치는 곳 또는 나뭇잎 사이로 간접햇빛이 비치는 곳이 좋다.

나무		새순		개화							열매		
월	1	2	3	4	5	6	7	8	9	10	11	12
전정			전정			전정						
비료		한비				시비						

병충해 Point

녹병, 측백나무하늘소, 향나무혹응애 등의 병해충이 발생한다. 향나무혹응애는 가는 가지끝에 벌레혹을 형성하여 여름부터 변색되어 미관을 해치고 나무의 생장을 저해한다. 특히 눈향나무에 피해가 심한 편이다.

피해를 발견하면 아세퀴노실(가네마이트) 액상수화제 1,000배액, 사이플루메토펜(파우샷) 액상수화제 2,000배액을 내성충 출현을 방지하기 위해 교대로 1~2회 살포한다.

빽빽한 지엽으로 인해 내부의 가지가 고사하여, 조경수로서의 가치가 떨어지는 경우가 많다. 원인은 밀도가 높은 지엽으로 인한 일조 부족이며, 가지솎기를 해주는 것이 필수다.
시기는 6월경이 좋으며, 길게 자란 햇가지와 내부의 복잡한 가지를 잘라준다.

일반적으로 삽목과 휘묻이로 번식시킨다. 휘묻이는 4월 상순에 지름 2cm, 길이 30~40cm 정도 되는 가지를 휘어서 땅에 묻어 두었다가, 8월 중하순에 잘라서 옮겨 심는다.
꽤 굵은 가지라도 발근이 잘 되는 편이다.

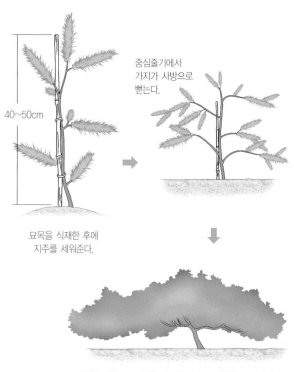

40~50cm

중심줄기에서 가지가 사방으로 뻗는다.

묘목을 식재한 후에 지주를 세워준다.

봉긋한 모양으로 지면을 덮도록 가지의 강약을 조정해준다.

▲ 수형만들기

13-7
하목

박쥐나무

- 박쥐나무과 박쥐나무속
- 낙엽활엽관목　•수고 2~3m
- 일본, 중국, 대만; 전국의 산지에 분포

학명 *Alangium platanifolium* 속명은 인도 Malabar 지방에서 박쥐나무를 가리키는 alangi가 라틴어화한 것이며, 종소명은 platan(플라타너스)과 folium(잎)의 합성어로 플라타너스 잎과 비슷한 것을 나타낸다.
영명 Trilobed-leaf alangium　|**일명** ウリノキ(瓜の木)　|**중명** 三裂瓜木(삼렬과목)

| 잎

어긋나며, 3~5갈래로
갈라진 갈래잎이다.
잎몸이 박쥐가
날개를 편 모양이다
(이름의 유래).

20%

| 꽃

양성화. 새가지의 잎겨드랑이에 흰색 꽃
이 아래를 향해 달린다. 노란색의 꽃밥
은 암술대와 길이가 비슷하다.

| 열매

핵과. 구형 또는 타원형이고 남색으로
익는다.

| 수피

회색이고 평활하며,
껍질눈이 흩어져 있다.

| 겨울눈

달걀형이고 긴 털이 있는
2장의 눈비늘조각에 싸여 있다.
잎자국은 겨울눈을 둘러싼다.

조경수 이야기

박쥐나무는 하얀 꽃잎이 위로 도르르 말렸고 노란 꽃술이 길게 삐죽이 나온 특이한 모양이어서, 한번 보면 절대 잊을 수 없는 예쁜 꽃이다. 어떻게 보면 이웃집 아줌마의 말아올린 파마머리 같기도 하고, 중세 유럽 귀족의 가발머리 같기도 하다. 9월경에 익는 타원형의 열매도 검은빛이 도는 푸른색을 띠며 관상가치가 높다.

박쥐는 낮에는 동굴 같은 어두운 곳에 숨어 낮잠을 자다가 어두워지면 활동을 시작하며, 얼굴이 흉측해서 사람들이 싫어하는 동물이다. 그러면 왜 이렇게 꽃과 열매가 아름다운 나무에 '박쥐'라는 이름을 붙인 것일까? 그것은 다섯 갈래로 갈라진 큼직한 잎이 박쥐의 펼친 날개처럼 보이기 때문이다. 나뭇잎을 따서 햇빛에 비춰보면 뚜렷한 잎맥이 마치 박쥐날개의 실핏줄을 연상시킨다. 키가 작은 박쥐나무가 잎이 큼직막한 것은 큰 나무 아래에서 조금이라도 더 햇빛을 받기 위한 나름대로의 생존전략이다. 잎 모양이 참외를 닮았다 하여 중국 이름은 과목瓜木이며, 일본에서도 같은 뜻으로 우리노키瓜ノ木라 부른다.

봄에 나는 어린 잎은 데쳐서 물에 담가 독성을 우려내고 나물로 먹거나 장아찌로 담가 먹는다. 뿌리는 팔각풍근八角楓根이라 하며, 봄에 채취하여 햇볕에 말려서 술을 담가 조금씩 마시면 중풍으로 인한 마비나 신경통에 좋다고 한다.

◀ **박쥐의 날개**
박쥐나무라는 이름은 나뭇잎이 박쥐의 펼친 날개를 닮아서 붙여진 이름이다.
© PD-USGov

조경 Point

박쥐날개를 닮은 큼지막한 잎과 앙증맞은 작은 꽃이 관상가치가 있다. 전원풍의 정원이라면 큰 나무 밑에 하목이나 첨경목으로 활용하면 좋다. 나무의 크기가 작고, 자연미를 잘 나타내는 수형이어서 가벼운 마음으로 감상할 수 있는 나무이다. 산에서는 종종 볼 수 있지만, 조경수로는 아직까지 별로 알려지지 않은 개발할만한 가치가 있는 수종이다.

재배 Point

내한성이 강하며, 미성숙 가지는 서리의 피해를 입기 쉽다. 비옥하고 배수가 잘되는 곳, 해가 잘 드는 곳이나 반음지가 재배 적지이다. 서리가 내리는 곳에서는 벽면을 따라 심거나, 나무 사이에 심어서 보호하면 좋다.

병충해 Point

녹병이 발생하는 수가 있다. 피해가 현저하면 석회유황합제, 트리아디메폰(티디폰) 수화제 1,000배액을 살포하여 방제한다.

전정 Point

원칙적으로 전정을 하지 않고 자연수형으로 키우는 나무이다.

번식 Point

9월에 하늘색으로 익은 열매를 채취하여 과육을 제거한 후 직파하거나 습기 있는 모래와 섞어서 저장해두었다가, 다음해 봄에 파종한다.

병꽃나무

- 인동과 병꽃나무속
- 낙엽활엽관목 • 수고 2~3m
- 한반도 고유종; 전국의 산지

학명 *Weigela subsessilis* 속명은 독일의 식물학 교수 C. E. von. Weigel을 기념한 것이며, 종소명은 sub(부분적으로, 거의)와 라틴어 sessile(꽃지가 없는)의 합성어로 '잎자루가 거의 없는'을 뜻한다.
| 영명 Korean weigela | 일명 コウライヤブウツギ(高麗藪空木) | 중명 錦帶花(금대화)

| 잎

마주나기.
달걀형이며, 가장자리에 잔톱니가 있다.
종소명 *subsessilis*은 '잎자루가 거의 없는'을 뜻한다.

30%

| 꽃

양성화. 잎겨드랑이에 1~2개의 꽃이 핀다. 꽃색은 황록색에서 차츰 붉은색으로 변한다.

| 열매

삭과. 원기둥꼴이며, 잔털이 밀생하고 익으면 2갈래로 갈라진다.

| 겨울눈

달걀형이고 끝이 뾰족하며, 14~16장의 눈비늘조각에 싸여있다. 곁눈에 가로덧눈이 붙는다.

| 뿌리

천근형. 주근과 측근이 비대하며, 잔뿌리가 밀생한다.

▲ 붉은병꽃나무(*W. florida*)

조경수 이야기

햇볕이 잘 드는 산지 어디에서나 흔하게 볼 수 있는 우리나라 특산의 꽃나무이다. 인동과 병꽃나무속에 속하며, 병꽃나무속에는 세계적으로 약 10종이 분포한다. 우리나라 자생종으로는 병꽃나무를 비롯하여 붉은병꽃나무·삼색병꽃나무·색병꽃나무 등이 있으며, 많은 원예품종이 관상용으로 개발되어 있다.

5월경에 잎이 나오고 꽃이 피기 시작하는데, 꽃색이 처음에는 황록색을 띠다가 점차 붉은색으로 변해간다. 꽃이 피는 시기가 다르므로 한 나무에서도 여러 가지 빛깔의 꽃을 볼 수 있으며, 2주 이상 오랫동안 피어 있다.

병꽃나무라는 이름은 일본의 식물분류 학자 나카이中井 박사가 꽃이 피기 직전의 꽃봉오리가 마치 술병을 매달아 놓은 것 같이 보인다고 하여 붙인 것이다. 또 꽃은 전체적으로 보드라운 털로 덮여 있어서, 여러 가지 이름을 한글 또는 한자로 풀이한 어휘사전《물명고物名攷》에서는 '비단을 두른 아름다운 꽃'이란 뜻으로 금대화錦帶花라 하였다.

약용이나 식용보다는 관상용으로 많이 재배하며, 예전에는 열량이 높아 숯을 제조하는 과정에서 땔감으로 많이 사용했다고 한다.

조경 Point

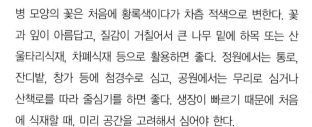

병 모양의 꽃은 처음에 황록색이다가 차츰 적색으로 변한다. 꽃과 잎이 아름답고, 질감이 거칠어서 큰 나무 밑에 하목 또는 산울타리식재, 차폐식재 등으로 활용하면 좋다. 정원에서는 통로, 잔디밭, 창가 등에 첨경수로 심고, 공원에서는 무리로 심거나 산책로를 따라 줄심기를 하면 좋다. 생장이 빠르기 때문에 처음에 식재할 때, 미리 공간을 고려해서 심어야 한다.

재배 Point

비옥하고 배수가 잘되는 곳이라면, 토양은 그다지 가리지 않는다. 내한성이 강하며, 햇빛이 잘 비치는 곳 또는 반음지에서 재배한다. 숲속에서도 잘 번식할 뿐 아니라, 공해가 많은 도시환경에도 잘 적응한다. 이식은 3~4월, 10~11월에 낙엽이 진 후부터 봄 싹트기 전으로 한다.

나무			새순		개화			꽃눈분화				
월	1	2	3	4	5	6	7	8	9	10	11	12
전정	전정						전정					전정
비료	한비					꽃후						

병충해 Point

식나무깍지벌레는 줄기, 가지, 잎뒷면의 잎맥 주위에 기생하며 흡즙가해한다. 기생부위는 하얀 밀가루를 발라 놓은 듯이 보이며, 잎의 기생부위 반대편에 노란 무늬가 형성된다. 피해를 입은 잎은 흰색을 띠어 발견하기 쉬우므로 제거하여 소각한다. 피해초기(부화약충기)에 뷰프로페진.디노테퓨란(검객) 수화제 2,000배액을 10일 간격으로 2회 살포하여 방제한다.

전정 Point

가지 모양이 성기기 때문에 가능하면 가지를 자르지 않는 것이 좋다. 그러나 수형이나 공간에 따라 잘라야 할 경우에는 가능하면 가볍게 자른다. 지면부에서 나온 가지는 수시로 제거한다.

번식 Point

숙지삽은 봄에 싹이 트기 전에 전년지를 10~15cm 길이로 잘라서 삽목상에 꽂는다. 녹지삽은 6~7월에 그해에 새로 나온 햇가지를 삽목상에 꽂는데, 녹지삽이 숙지삽보다 활착율이 더 높다.

산호수

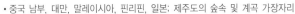

• 자금우과 자금우속
• 상록활엽관목 • 수고 15~20cm
• 중국 남부, 대만, 말레이시아, 필리핀, 일본; 제주도의 숲속 및 계곡 가장자리

학명 *Ardisia pusilla* 속명은 라틴어 ardis(창끝)에서 유래된 것으로 꽃밥이 뾰족한 것을 의미하며, 종소명은 '힘이 없는'이라는 뜻으로 줄기가 바로 서지 않는 것을 나타낸다. | 영명 Tiny ardisia | 일명 ツルコウジ(蔓柑子) | 중명 九節龍(구절룡)

| 잎

마주나기.
타원형이며, 잎가장자리에 드문드문 톱니가 있다.
가지 끝에 3~4장의 잎이 모여난다.

80%

| 꽃

양성화. 줄기 또는 잎겨드랑이에 흰색 꽃이 모여 핀다.

| 열매

핵과. 구형 또는 타원형이며, 붉은색으로 익는다.

| 줄기와 겨울눈

조경수 이야기

산호수珊瑚樹라는 이름은 열매가 바다 속에 사는 붉은 산호와 닮았다 하여 붙여진 것이다. 일본 이름 쯔루코우지蔓柑子는 '덩굴성 자금우藪柑子'라는 의미로 자금우가 직립하는데 비해, 산호수는 덩굴로 뻗는 것을 나타낸 것이다. 잎과 줄기에 털이 많아 털자금우라고도 부른다. 속명 아르디시아Ardisia는 그리스어 창 끝 혹은 화살촉을 나타내는 ardis에서 유래한 것으로 꽃잎의 끝이 뾰족한 것을 의미하며, 종소명 푸실라pusilla는 '힘이 없는'이라는 뜻으로 줄기가 바로 서지 않고 덩굴로 뻗어나가는 것을 나타낸다.

공기정화식물은 실내의 공기 속에 있는 각종 유해물질과 미세먼지를 제거하고 실내습도를 조절하여, 실내환경을 쾌적하게 하는 식물이다. 영국의 한 연구팀은 실내 공기의 오염인자가 눈·코 등의 호흡기 질환뿐 아니라 두통·피부염 등을 유발할 수 있는데, 이때 실내 식물을 키우면 위험도를 크게 줄일 수 있다고 조언하였다.

국내에서도 호흡기를 통해 질병을 유발하는 미세먼지를 줄이는데, 공기정화식물이 도움이 된다는 연구결과가 있다. 농촌진흥청의 연구에서는 빈 방에 미세먼지와 산호수·뱅갈고무나무·관음죽·스킨답서스 등의 식물을 넣고 4시간 후에 2.5㎛ 이하의 초미세먼지 농도를 측정한 결과, 산호수를 들여놓은 방에서는 70%가 줄어들었고, 다른 식물이 있는 방에서는 44% 정도밖에 줄어들지 않았다고 한다.

조경 Point

7월에 흰색 꽃이 피고 10월에 붉은 열매가 익기 시작하여 다음해 2월까지 떨어지지 않고 붙어 있어서, 겨울동안 아름다운 열매와 푸른 잎을 감상할 수 있다. 또 내음성이 강하므로 화분에 심어 실내조경으로 많이 활용하고 있다. 남부지방에서는 큰 나무의 하부식재용이나 공원 등에서 지피식재용으로 활용하면 좋다.

재배 Point

내한성은 약하며, 그늘진 곳을 선호한다. 습기가 있고 배수가 잘 되며, 퇴비 성분을 많이 포함한 곳에서 잘 자란다. 강풍이 부는 곳은 피한다.

병충해 Point

통풍이 잘되지 않으면, 갈색깍지벌레가 발생하여 잎에 기생하면서 수액을 빨아 먹어 잎이 노랗게 변하고 일찍 잎이 떨어진다. 약충 시기에 뷰프로페진·티아메톡삼(킬충) 액상수화제 1,000배액을 10일 간격으로 2~3회 살포한다.

번식 Point

실생 번식은 가을에 열매를 채취하여 종자를 발라낸 다음 젖은 모래 속에 묻어두었다가, 다음해 봄에 파종한다. 열매 하나에 종자 하나가 들어 있어서 대량번식이 어렵다.

봄에 싹이 트기 전에 전년지로 숙지삽, 여름 장마철에 그해에 자란 햇가지로 녹지삽을 한다.

분주법은 오래된 큰 포기를 파서 몇 개의 줄기씩 나누어 다시 심는 번식방법으로, 단번에 큰 포기를 얻을 수 있는 장점이 있다.

13-10

하목

유카

- 용설란과 유카속
- 상록활엽관목 · 수고 1~4m
- 북아메리카 원산; 남부지방에서 재배

학명 *Yucca gloriosa* 속명은 전체적으로 상이한 식물에 대한 카리브해 지역의 이름에서 비롯되었으며, 종소명은 라틴어로 '영광스러운'이라는 뜻이다.
영명 Lord's candlestick | **일명** アツバキミガヨラン(厚葉君が代蘭) | **중명** 鳳尾蘭(봉미란)

꽃	열매

1m 안팎의 꽃줄기에 흰색 꽃이 아래를 향해 많이 달리는데, 향기가 좋다.

장과. 긴 타원형이며, 맺지 못하는 경우가 많다.

▲ **실유카**(*Y. filamentosa*) © William Avery

유카는 북미 원산의 상록관목으로 반사막식물이며, 온난한 지역에서 정원수로 많이 심는다. 여름에 초롱꽃 모양의 흰색 꽃이 원추꽃차례에 모여 핀다. 영어 이름 아워 로즈 캔들Our Load's Candle, 신의 촛불은 쭉 솟은 촛대같은 줄기 위에 꽃이라는 촛불이 켜져 있는 것을 표현한 것이다. 종소명 글로리사*gloriosa*는 '빛나는'이라는 뜻의 라틴어에서 유래된 이름이다.

이와 비슷하며 잎 가장자리에 흰 실 같은 것이 있는 것을 실유카라 한다. 모두 용설란과 소속이고 미국 남부 및 동남부 지역에 자생하는 식물이다. 유카는 줄기가 자라지만, 실유카는 원줄기가 높이 자라지 않고 잎이 연하다. 유카는 1910년대에 우리나라에 도입되었으며, 남부지방에서는 실외에서 겨울나기가 무난하며 영하 10도 정도의 기온에도 별 문제 없이 잘 자란다.

제주도에서는 2m까지 자라며, 관상가치가 높은 조경수로 대접받고 있다. 잎이 날카로워 찔릴 우려가 있으므로 잎의 끝부분을 자르고 기르기도 한다.

줄기의 어디를 자르더라도 눈이 잘 나오는 강한 생명력으로 인해, 일본에서는 '청년의 나무靑年の木'라는 별명으로 불리는 꽤 인기 있는 조경수이다.

조경 Point

6월에 백목련 같은 커다란 흰색 꽃을 피우며, 꽃과 잎이 관상 포인트이다. 북아메리카 원산의 열대성 관목이지만, 내한성이 있어서 중부지방에서도 월동이 가능하다.
서양풍의 잔디밭에 무리심기 혹은 줄심기를 하면 잘 어울린다. 원예품종이 많으며, 화분에 심어 실내에서 감상하기도 한다.

재배 Point

햇빛이 많이 들고, 배수가 잘되는 모래흙이나 모래참흙에 심으며, 수분이 많은 곳에서는 죽을 수도 있다. 토양형 또는 토양산도는 특별하게 요구하지 않는다.
결실을 위해서는 인공수분이 필요하다.

병충해 Point

잎이 마르거나 시드는 것은 잎의 뒷면 또는 뿌리 부분에 깍지벌레가 발생한 경우가 많다. 방치해두면 피해가 확대되어 잎이 고사하므로, 발견하는 대로 살충제나 살비제를 살포하여 퇴치한다.
깍지벌레는 고온다습한 환경에서 많이 생기므로, 유충인 경우는 살충제로 퇴치하고, 성충인 경우는 살충제가 효과가 없으므로, 칫솔 등으로 문질러서 제거한다.

번식 Point

분주나 삽목으로 번식시킨다. 선인장처럼 높이 자란 줄기를 잘라서 모래땅이나 흙속에 꽂으면 뿌리가 잘 내린다.
아랫부분의 잎을 떼어주면 뿌리가 마르지 않고 잘 자란다. 또 뿌리에 붙은 어린 주를 봄에 따로 떼어내어 옮겨 심는다.

이대

• 벼과 이대속
• 상록활엽관목 • 수고 2~4m
• 중국, 대만, 일본; 중부 이남의 해안지대에 분포

 학명 *Pseudosasa japonica* 속명은 그리스어 pseudos(가짜)와 sasa(조릿대의 일본 이름)의 합성어이며, 종소명은 원산지를 가리킨다.
영명 Arrow bamboo **일명** ヤダケ(矢竹) **중명** 矢竹(시죽)

| 잎

어긋나기.
좁은 피침형이며, 가장자리에
가는 털이 있다.
잎이 다 자라도 줄기를
둘러싸고 있는 잎껍질이
떨어지지 않는다.

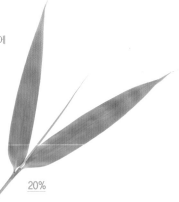

20%

| 꽃

죽기 전에 마지막으로 가지 끝
에서 검은 자주색으로 핀다.

| 줄기껍질

마디 사이는 잎집으로 감싸여 있
으며, 점차 연한 갈색이 되었다가
몇 년 후 벗겨져 나간다.

전죽箭竹은 화살의 몸을 이루는 대를 가리키는 말이며, 화살대의 원료가 되는 대나무의 한 품종인 '이대'의 옛 이름이기도 하다. 이대의 일본 이름 야다케矢竹 역시 화살대를 만든 것에서 유래한 것이며, 무사들의 집에 많이 심었다고 한다. 같은 한자를 쓰는 중국 이름 시죽矢竹도 같은 뜻을 가지고 있다. 이처럼 이대가 화살대로 널리 애용된 것은 대나무 종류 중에서 화살대로 쓰기에 아주 적합한 나무이기 때문이다. 일반 대나무는 너무 굵고, 조릿대나 신이대는 지름이 3~6mm 정도밖에 자라지 않아서 화살대로 쓰기에는 너무 가늘다.

《동국여지승람》에는 전죽이 울진 지방의 특산물로 기록되어 있으며, 울진 죽변항의 전죽 숲은 고려시대에 왜구를 퇴치하기 위해 조성된 것이라 한다. 또 《조선왕조실록》에 "전라좌수사가 질 나쁜 전죽화살대을 바쳐 파직시켰다"는 기록이 있는 것으로 보아 전죽을 매우 중요하게 여긴 것으로 보인다.

나관중의 장편소설 《삼국지연의三國志演義》의 백미는 유비와 손권의 연합군이 조조와 천하를 놓고 다투는 적벽대전赤壁大戰이고, 이 중에서도 하이라이트는 유비의 일등 참모 제갈량이 볏짚으로 만든 빈 배를 띄우는 대목이다. 제갈량은 안개가 자욱한 새벽에 짚을 실은 배를 조조군의 진영에 보내 북소리를 요란하게 울린다. 그러자 조조는 제갈량이 쳐들어 온줄 알고 놀라서 무차별적으로

◀ **울진 죽변항의 전죽 숲길**
"용의 꿈길"이라는 이름이 붙어 있다.

화살을 쏘아댄다. 결국 제갈량의 지략으로 힘들이지 않고 화살을 10만 개를 공짜로 볏짚 배에 모아온다는 이야기다. 활이 중요한 무기였던 시대에 화살 10만 개를, 그것도 적으로부터 얻는다는 것은 대단한 전과였을 것이다.

조경 Point

대나무의 한 종류로 높이가 2~4m까지 자란다. 비슷하게 생긴 조릿대는 높이가 1~2m로 이보다 작다. 대나무 잎과 비슷한 상록의 잎을 이용하여 배경식재, 차폐식재, 경계식재 등으로 활용하면 여름에는 시원한 느낌, 겨울에는 상록의 푸르름을 감상할 수 있다.

재배 Point

내한성이 강하며, 습기가 있지만 배수가 잘되는 비옥한 토양이 좋다. 해가 잘 비치는 곳 또는 반음지에 심는다. 꽃이 핀 경우는 뿌리 부위에서 자르고, 다목적용 비료나 유기질 비료를 뿌려주면 원래의 수세를 회복한다.

병충해 Point

녹병, 갈색무늬병, 흑반병, 중순나방, 대먹나방, 조릿대응애(댓잎응애) 등이 발생한다.

◀ 조릿대응애

번식 Point

주로 분주로 번식시킨다. 3월에 넓게 번진 포기를 굴취해서 마대 등으로 싸서 가식해두고, 뿌리가 마르지 않도록 물을 뿌려주며, 혹한기를 제외한 어느 때나 다른 곳으로 옮겨 심을 수 있다.

진달래

- 진달래과 진달래속
- 낙엽활엽관목 • 수고 2~3m
- 중국(동북부), 일본(대마도), 러시아, 몽골; 전국의 산지에 분포

 학명 *Rhododendron mucronulatum* 속명은 그리스어 rhodon(붉은 장미)과 dendron(나무)의 합성어로 '붉은 장미같은 아름다운 꽃이 피는'이라는 뜻이며, 종소명은 '끝이 뾰족한'이라는 뜻이다. │ **영명** Korean rhododendron │ **일명** カラゲンカイツツジ(唐紫躑躅) │ **중명** 迎紅杜鵑(영홍두견)

| 잎

어긋나기.
긴 타원형이며,
잎끝이 뾰족하다.
잎뒷면에
흰색과 갈색의
비늘털이 많다.

70%

| 꽃

양성화. 잎이 나오기 전에 가지 끝에
1~5개의 분홍색 꽃이 모여 핀다.

| 열매

삭과. 원통형이며, 익으면 위쪽이 4~5
갈래로 갈라진다.

| 겨울눈

가지 끝에 여러 개의
꽃눈이 모여 붙는다.
곁눈은 끝눈보다 작고
아래로 갈수록
더 작아진다.

| 수피

지름 3cm

회갈색이며 매끈하다.
어린 가지는 연한 갈색
이고 드물게 비늘털이
있다.

▲ 흰진달래(*R. mucronulatum* f. *albiflorum*)

조경수 이야기

진달래는 봄이면 우리 산야의 어느 곳에나 피는 우리 민족의 정서를 잘 표현해 주는 꽃이자, 우리에게는 가장 낮익은 꽃이다. 그래서 어떤 이는 북쪽 지방에서는 잘 살지 못하는 무궁화보다는 차라리 전국 어느 곳에서도 잘 사는 진달래를 나라꽃으로 삼자고 주장하기도 한다.

이른 봄이면 여수 영취산, 완주 모악산, 창원 천주산, 밀양 종남산, 대구 비슬산, 부천 원미산, 강화도 고려산 등에서는 진달래 축제가 벌어진다. 그리고 한라산 철쭉제는 진달래꽃의 축제이다.

중부지방에서는 진달래를 참꽃이라고 하는데, 이는 봄에 꽃을 따서 그대로 먹거나 전煎을 붙여 먹기 때문에 '참꽃나무'라 하고, 이에 비해 철쭉꽃은 유독성이어서 먹을 수 없으므로 '개꽃나무'라 한다. 화전은 꽃전이라고도 하며, 진달래꽃을 따서 꽃술을 제거하고 찹쌀가루를 묻혀서 참기름에 띄워 지져 먹는 떡을 말한다.

조선 후기의 세시풍속지《경도잡지》에도 "삼월 삼진날에 진달래꽃을 따서 찹쌀가루에 묻혀 떡을 만들어 참기름에 지진 것을 화전이라 한다"라 나와있다. 또 진달래 술은 두견주杜鵑酒라 한다. 진달래 꽃의 꽃술을 제거하고 꽃잎만 사용해서 만드는데 청주를 빚을 때 찹쌀 고두밥과 진달래꽃을 켜켜이 쌓아 빚거나, 청주 항아리 속에 진달래꽃을 명주 주머니에 넣어 한 달쯤 담가두어 숙성시키는 방법을 사용한다.

남도 지방의 은어에 앳된 처녀를 일컬어 연달래라 하고, 성숙한 처녀는 진달래, 그리고 과년한 노처녀는 난

◀ 김소월 초판본 시집〈진달래꽃〉
등록문화재 제470-3호
ⓒ 문화재청

달래라 한다. 이규태는 이것을 이렇게 풀이하고 있다. "진달래는 꽃 빛깔이 달래꽃보다 진하다 하여 진달래란 이름을 얻고 있다. 진달래꽃의 빛깔이 달래의 그것보다 연한 것은 연달래라 하며, 숙성한 처녀를 진달래, 그리고 시드는 장년 여인을 난달래라 불렀는데 그것은 바로 그 나이 무렵의 젖꼭지 빛깔을 연달래, 진달래, 난달래의 꽃 빛깔로 비유한 것이니 아름다운 외설이 아닐 수 없다"

진달래의 중국 이름은 두견화杜鵑花이다. 이는 두견새, 즉 소쩍새가 울기 시작할 무렵에 꽃이 피기 때문에 붙여진 이름이다. 두견화에는 슬픈 전설이 전한다.

촉蜀나라의 망제望帝 두우杜宇가 위魏나라에 망한 후, 다시 나라를 찾으려는 꿈을 이루지 못하고 죽어 그 넋이 두견새가 되었다고 한다. 한 맺힌 두견새가 피를 토하며 울었는데, 그 피가 진달래 꽃잎에 떨어져 꽃잎이 붉게 물들었다고 한다. 또 두우가 촉나라로 돌아가고 싶어서 '귀촉歸蜀 귀촉'하며 피를 토하듯 운다고도 전한다. 두견새는 봄이 되면 더욱 슬프게 밤낮으로 울어 한번 우는 소리에 진달래꽃이 한 송이씩 떨어진다고도 한다.

어쨌거나, 진달래꽃은 나 보기가 역겨워 가시는 님이 고이 돌아오시도록 걸음걸음에 뿌리는 아름답고도 슬픈 우리 민족의 꽃이다.

재배 Point

내한성이 강하며, 생장속도는 느리다. 습기가 있고 배수가 잘 되며, 부엽토를 포함하는 유기질이 풍부한 산성(pH4.5~5.5) 토양에 재배한다. 얕게 심는 것이 좋다.

병충해 Point

꼬마쐐기나방(벚나무꼬마쐐기나방), 수검은줄점불나방(뽕나무알락불나방), 진달래방패벌레, 철쭉떡병, 철쭉잎녹병 등이 발생한다. 진달래방패벌레는 주로 잎뒷면에 모여 살면서 흡즙가해하여, 잎표면이 황백색으로 변한다.

피해를 받아서 나무가 죽는 경우는 거의 없지만, 수세가 쇠약해지고 나무의 미관을 해친다. 발생초기에 티아클로프리드(칼립소) 액상수화제 2,000배액, 에토펜프록스(세베로) 유제 1,000배액을 10일 간격으로 2회 살포하여 방제한다.

철쭉떡병은 철쭉류와 진달래류에서 드물게 발생하며, 병든 잎이 기형으로 뒤틀리므로 나무의 미관을 해친다. 감염된 부위를 채취하여 소각하고, 발병초기부터 터부코나졸(호리쿠어) 유제 2,000배액을 10일 간격으로 1~2회 살포하여 방제한다.

▲ 진달래방패벌레

조경 Point

4월에 잎보다 꽃이 먼저 피어 산 전체를 붉게 물들이는 꽃나무이다. 소나무와 같이 야생의 척박한 토양에서도 잘 자라는 우리나라 고유의 수종이다.

군락성이 강하므로 공원, 정원, 아파트단지 등에 무리로 심어 배경식재로 활용하면 좋다. 원로를 따라 줄심기를 하여, 경계식재나 산울타리식재로 이용해도 좋다.

전정 Point

보통은 전정을 하지 않지만, 키가 너무 커져서 곤란한 경우에는 긴 가지를 솎아준다. 생육상태가 좋다면 수관깎기를 해도 괜찮지만, 수관깎기를 하면 도장지가 발생하기 쉽다.

단정하고 둥근 형태로 깎아 다듬는 전정을 하면 많은 꽃이 피는 것을 기대할 수 없다.

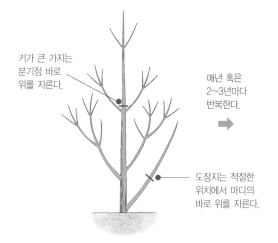

키가 큰 가지는 분기점 바로 위를 자른다.

매년 혹은 2~3년마다 반복한다. ➡

도장지는 적절한 위치에서 마디의 바로 위를 자른다.

10월경에 열매를 채취하여 그늘에 말려서 털면, 쉽게 종자를 얻을 수 있다. 채취한 종자를 바로 파종하거나 기건저장해두었다가, 이듬해 3~4월에 파종한다. 미세한 종자를 흩어뿌림(산파)한 후에 물이끼를 뿌려주면 발아율을 높일 수 있다. 실생묘를 키워서 조경수로 활용하기까지는 7~8년 정도의 시간이 걸린다.

삽목 번식은 발근율이 낮기 때문에 그다지 사용하지 않는다. 접목은 봄접목과 여름접목이 가능하며, 흰진달래를 번식할 때 많이 활용된다. 포기가 커짐에 따라 아래쪽에서 새 줄기가 계속 나오는데, 이것을 떼어내어 따로 심는 분주법도 가능하다.

열매가 갈색을 띠면 터지기 전에 채종하여 건조시켜서 종자를 얻는다.

묘가 너무 밀하게 나오면 솎아주어 생육이 잘 되게 해준다.

종자가 미세하기 때문에 두꺼운 종이로 조금 위에서 고르게 뿌린다.

바로 파종하지 않을 때는 건조한 상태로 밀폐용기에 넣어 보관한다.

▲ 실생 번식

참빗살나무

- 노박덩굴과 화살나무속
- 낙엽활엽소교목 • 수고 3~8m
- 중국, 일본, 러시아, 인도; 중부 이남의 산지 숲 가장자리

학명 *Euonymus hamiltonianus* 속명은 그리스어 eu(좋은)와 onoma(명성)의 합성어로 '좋은 평판'이란 뜻이지만 가축에 독이 될 수 있다는 나쁜 이름을 반대로 나타낸 것이라고 하며, 그리스 신화 중의 신의 이름이기도 하다. 종소명은 Cactus and Succulent Journal의 첫 편집장이었던 Scott E. Haselton의 이름에서 유래한 것이다. | **영명** Spindle tree | **일명** マユミ(眞弓) | **중명** 西南衛矛(서남위모)

| 잎

마주나기.
긴 타원형이며, 가장자리에 고르지 않은
잔톱니가 있다.
잎끝이 길게 뾰족하다.

70%

| 꽃

장주화

단주화

전년지의 잎겨드랑이에 황록색 꽃이 모여 핀다. 수술과 암술의 길이에 따라 장주화와 단주화가 피는 그루가 따로 있다. 암술이 수술보다 긴 꽃이 장주화이다.

| 뿌리

| 열매

삭과. 달걀형 또는 긴 타원형이며, 갈색
으로 익는다.

| 수피

지름 18cm

회갈색이며,
세로로 얕게 갈라진다.
성장함에 따라
세로줄 무늬나
그물 모양으로
굵게 갈라진다.

중근형. 소·중경의 수평근과 사출근이 발달
하며, 잔뿌리는 표층에 많이 분포한다.

| 겨울눈

물방울형이며, 8~12개의 눈비늘조각에
싸여있다. 주위에 흰색 테두리가 있다.

조경수 이야기

독일의 의사 겸 생물학자인 지볼트Siebold는 일본에서 서양 의학을 처음 가르친 유럽인이며, 일본의 식물과 동물 고유종을 연구한 것으로도 유명하다.

아그배나무 *Malus sieboldii*, 함박꽃나무 *Magnolia sieboldii*, 구실잣밤나무 *Castanopsis sieboldii* 등의 학명에도 그의 이름이 들어가 있다. 그는 일본에 머물면서 일본에 자라는 소나무를 국제 사회에 '재패니즈 레드 파인Japanese red pine'으로 소개하기도 했다. 참빗살나무 *Euonymus sieboldiana*의 학명을 붙인 것도 지볼트이다.

참빗살나무의 이름에 대해서는 나뭇잎이 빗살 모양을 하고 있어서, 혹은 이 나무로 이를 잡을 때 쓰는 참빗을 만들었기 때문이라는 설이 있다. 일본에서는 이 나무로 활을 만들었기에 마유미眞弓라고 부른다. 줄기는 활의 재료뿐 아니라, 지팡이나 바구니 등 소품의 재료로도 이용되기도 했다.

중국 이름 도엽위모桃葉衛矛는 '복숭아 잎을 가진 화살나무'라는 뜻이다. 참빗살나무는 화살나무와 같은 과에 속하고 생김새가 비슷하지만, 나무줄기에 날개가 없다.

10월에 거꾸로 된 삼각형 모양의 사람 심장을 닮은 것 같은 지름 1cm 정도의 붉은 열매가 열리고, 다 익으면 열매껍질이 4갈래로 갈라져 붉은 자줏빛 씨앗이 드러난다. 눈이 내린 겨울에도 나뭇가지에 달려 있어서 겨울산을 오르는 사람들의 탄성을 자아내게 한다.

▲ 참빗
빗살이 매우 촘촘한 빗으로 머리를 가지런히 정리하거나 비듬,
이 등을 제거하는데 사용하였다.

조경 Point

최근 정원수로 주목을 받고 있는 자연풍의 조경수이다. 정원의 햇볕이 잘 드는 곳이나 현관 앞에 첨경목으로 심으면 붉은색 단풍과 예쁜 열매를 감상할 수 있다.
4갈래로 갈라져서 붉은색 종자가 드러나는 열매는 다소 화려한 느낌이 들기 때문에 잔디정원에 심어도 잘 어울린다.

재배 Point

내한성이 강하며, 배수가 잘되면 토양은 그다지 가리지 않고 잘 자란다. 양지바른 곳이나 조금 그늘진 곳이 좋으며, 양지바른 곳에서는 충분한 토양수분이 필요하다.

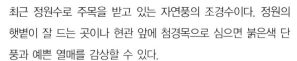

나무				새순		개화				단풍		열매
월	1	2	3	4	5	6	7	8	9	10	11	12
전정		전정									전정	
비료		시비					시비			시비		

병충해 Point

사철깍지벌레(사철긴깍지벌레), 화살나무집나방, 노랑털알락나방, 노박덩굴집나방 등의 해충이 발생한다. 화살나무집나방은 애벌레가 잎과 잎 사이에 벌레집을 짓고 모여 살면서 잎을 식해한다. 대발생하면 나무 전체가 벌레집으로 뒤덮이며 하얗게 보이는 경우도 있다.
애벌레발생기에 뷰프로페진.디노테퓨란(검객) 수화제 2,000배액 또는 에토펜프록스(세베로) 유제 1,000배액을 10일 간격으로 2회 수관에 살포하여 방제한다.

▲ 노랑털알락나방   ▲ 노박덩굴집나방 피해잎

전정 Point

묘목을 식재한 후에 결실할 때까지 기다린다. 개화하고 나서 수고와 가지폭이 원하는 크기까지 자라면, 각 주지의 가운데 가지를 자른다. 수관 내부의 잔가지도 잘라주어 통풍과 채광이 잘되도록 해준다.

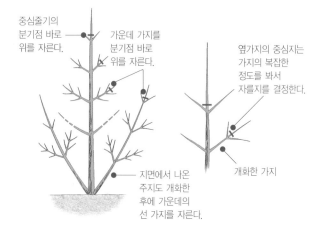

중심줄기의 분기점 바로 위를 자른다.
가운데 가지를 분기점 바로 위를 자른다.
옆가지의 중심지는 가지의 복잡한 정도를 봐서 자를지를 결정한다.
지면에서 나온 주지도 개화한 후에 가운데의 선 가지를 자른다.
개화한 가지

10월경에 열매가 익어서 갈라지기 시작하면 채취하여, 흐르는 물로 붉은 가종피를 씻어내고 종자를 얻는다. 이것을 바로 파종하거나 건조하지 않도록 비닐봉지에 넣어 냉장고에 보관해두었다가, 다음해 3월에 파종한다.

참빗살나무는 암수딴그루이므로, 3년째 개화기에 암나무와 수나무를 구별할 수 있다.

숙지삽은 2~4월 중순이, 녹지삽은 6~8월이 적기이다. 숙지삽은 충실한 전년지, 녹지삽은 충실한 햇가지를 삽수로 사용한다. 3~5장의 잎을 붙인(남긴 잎도 반 정도 자른다) 삽수를 만들어서, 몇 시간 물을 올려서 삽목상에 꽂는다. 숙지삽은 따뜻한 곳에 두고, 녹지삽은 반그늘에 두어 발근하면 서서히 햇볕에 노출시킨다.

근삽은 3월경에 뿌리 주위를 파서 지름 1cm 정도의 뿌리를 15~20cm 길이로 잘라서, 2cm 정도 지면 위로 나오도록 해서 묻는다. 4~6월에 환상박피를 해서 휘묻이(압조법)로 번식시킬 수도 있다.

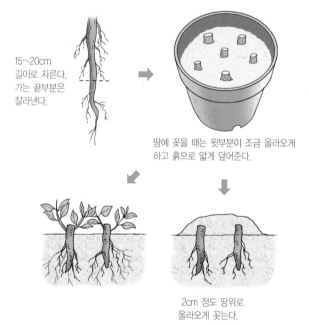

15~20cm 길이로 자른다. 가는 끝부분은 잘라낸다.

땅에 꽂을 때는 윗부분이 조금 올라오게 하고 흙으로 얕게 덮어준다.

2cm 정도 땅위로 올라오게 꽂는다.

▲ 삽목(근삽) 번식

가시나무

- 참나무과 참나무속
- 상록활엽교목 · 수고 15~20m
- 일본, 중국, 베트남; 제주도, 전남 진도 및 남해안 일부 도서

학명 *Quercus myrsinaefolia* 속명은 켈트어 quer(질이 좋은)와 cuez(목재)의 합성어로 Oak Genus(참나무류)에 대한 라틴명에서 비롯한 것이며, 종소명은 '자금우과 *Myrsine*속의 식물과 닮은 잎의'라는 뜻이다. │영명 Bamboo-leaf oak │일명 シラカシ(白樫) │중명 小葉靑岡(소엽청강)

| 잎

어긋나기.
피침형 또는 긴 타원형이며,
잎의 상반부 2/3 이상까지
둔한 톱니가 있다.

40%

| 꽃

암꽃차례

수꽃차례

암수한그루. 수꽃차례는 아래로 드리워 피며, 암꽃차례는 잎겨드랑이에 달린다.

| 겨울눈

달걀형이며, 눈비늘조각은
서로 포개져 있다.

| 열매

견과. 각두의 총포조각은 동심원 상의
띠 모양이며 6~7개의 줄이 있다.

| 수피

지름 24cm

검은 회색이고 평활하
며, 작은 껍질눈이 세로
로 배열한다.

내 속엔 내가 너무도 많아 당신의 쉴 곳 없네
내 속에 헛된 바램들로 당신의 편할 곳 없네
내 속엔 내가 어쩔 수 없는 어둠 당신의 쉴 자리를 뺏고
내 속엔 내가 이길 수 없는 슬픔 무성한 가시나무숲 같네

〈가시나무 새〉라는 노래가 한때 유행했다. 자신의 이기적인 사랑 때문에 사랑하는 연인이 상처를 입었다는 내용의 가사이다. 여기서 가시나무는 찔리면 아픈 가시로 둘러싸인 자기 자신을 의미한다. 그러나 실제로 가시나무에는 가시가 없다.

가시나무라는 이름은 바람에 흔들리는 것처럼 보인다는 뜻의 가서목哥舒木에서 가서나무를 거쳐 가시나무로 변한 것이다. 탱자나무에 난 가시와는 전혀 다른 뜻이다.

가시나무는 참나무과 참나무속에 속하며, 가시나무류에는 붉가시나무·참가시나무·졸가시나무·개가시나무·종가시나무 등이 있다. 상록성 참나무로 가을에 도토리 열매를 맺는데 도토리묵을 만들어 먹을 수 있다.

고대 희랍에서는 '나는 가시나무를 보면서 말한다'라는 말이 있는데, 이 말은 '나는 하늘을 두고 맹세한다'는 뜻이다.

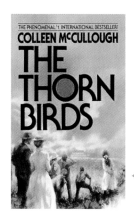

◀ 가시나무 새(The Thorn Birds)
콜린 맥콜로우(Colleen McCullough)의 장편소설.

또 행실이 좋지 않은 사람은 가시나무를 볼 때마다 그가 나쁜 사람이라는 것을 깨닫게 된다는 말이 있는 것으로 보아 가시나무를 신령스러운 나무로 여긴 것으로 보인다.

유럽에서는 백수의 왕은 사자이고, 백금의 왕은 독수리이며, 숲의 왕은 가시나무라는 말이 있는데, 이 역시 가시나무에 신령스러운 영혼이 깃들어 있다고 믿는 것에서 유래한 것이다.

조경 Point

난대림의 대표 수종으로 웅대한 수형을 자랑한다. 강전정에도 잘 견디므로 아래에서부터 가지가 많이 나오도록 주립상으로 키우면 산울타리용, 방풍수, 방화수, 차폐림으로도 활용이 가능하다. 교목처럼 키워서 녹음수나 독립수로도 활용할 수도 있다.

재배 Point

토심이 깊고 배수가 잘되는 비옥한 토양이 좋으며, 해가 잘 비치는 곳 또는 반음지에 재배한다.

낙엽성 가시나무에 비해 내한성이 약하기 때문에 유목일 때는 서리나 찬바람을 막아준다. 특별한 경우가 아니면 석회질 토양에서도 잘 자란다.

나무				새순┐개화							열매	
월	1	2	3	4	5	6	7	8	9	10	11	12
전정			전정				전정				전정	
비료	시비											

병충해 Point

피해를 주는 병충해의 종류는 많으나, 병충해로 인해 큰 피해를 입거나 나무가 쇠약해지는 일은 드물다. 깍지벌레나 진딧물이 발생한 경우에는 배설물(감로)을 영양원으로 하는 균류에 의해 2차적으로 그을음병이 발생하는 수가 있다.

수세에는 큰 영향을 미치지는 않으나 미관상 좋지 않으므로, 밀식을 피하고 적절한 가지솎기로 채광과 통풍이 잘 되도록 하면 예방에 도움이 된다. 또 밀식으로 인해 통풍이 불량한 곳이나 습하고 그늘진 곳에서는 흰가루병이 발생하기 쉽다.

열매는 밤바구미 등에 의해 식해를 입기 쉬우므로, 자연 상태에서의 실생 발아율은 대단히 낮다. 따라서 숲에 떨어진 도토리를 채취하여 파종하면 거의 발아하지 않는다. 번식을 위해 종자를 채취하는 경우에는 나무 밑에 시트를 깔고 가지를 흔들어 종자를 채취하거나, 나무 밑에서 주은 도토리를 물에 침적시켜 벌레를 구제한 후에 파종한다.

▲ 흰가루병

번식 Point

가을에 채취한 도토리 모양의 열매를 습기가 많은 모래 속에 저장하였다가, 다음해 봄에 파종한다. 열매를 저장하기 전에 종자를 살균·살충 처리하는 것이 중요하다.

밭에 뿌릴 때는 홈을 얕게 파고 줄뿌림[條播]을 하며, 파종상에 뿌릴 때는 흩어뿌림[散播]을 하고 종자 크기의 2배 정도로 흙을 덮고 눌러준다. 특히 주의할 것은 종자가 건조하면 발아율이 현저히 낮아진다는 것이다.

실생묘는 뿌리가 아래쪽으로 곧고 길게 자라기 때문에, 잔뿌리를 많이 나오도록 묘목으로 키우면서 2~3번 이식해준다. 싹이 나오기 전인 4~6월이 이식의 적기이다. 그러나 산울타리로 사용할 때에는 그 곳에 직접 파종하여 키우는 것이 이식하는 일손을 덜 수 있다.

전정 Point

가시나무류는 봉형, 주립형, 단간형 등의 수형으로 키울 수 있다(종가시나무 참조). 봉형 수형과 단간형 수형은 6~7월 상순에 봄에 자란 도장지를 잘라주고 복잡한 가지를 솎아주는 전정을 가볍게 해주고, 가을에 수형을 정리하는 전정을 강하게 해준다.

정원에서는 주로 봉형 수형으로 키운다. 가시나무를 산울타리로 활용할 때는 1년에 한번, 즉 장마가 끝난 후에 전정을 해준다.

광나무

- 물푸레나무과 쥐똥나무속
- 상록활엽관목 · 수고 3~5m
- 일본(혼슈 이남); 경남, 전남, 제주도의 해안 가까운 산지

학명 *Ligustrum japonicum* 속명은 라틴어 ligare(매다, 엮다)에서 온 것으로, 같은 종류인 유럽종 (*L. vulgare*)의 가지로 물건을 잡아 맨 것에서 유래한다. 종소명은 '일본의'라는 뜻이다. │ 영명 Wax-leaf privet │ 일명 ネズミモチ(鼠黐) │ 중명 日本女貞(일본여정)

| 잎

마주나기.
넓은 타원형이며,
가장자리는 밋밋하다.
두꺼운 가죽질이고
광택이 있다.

80%

| 꽃

양성화. 새가지 끝에 흰색 꽃이 모여 피
며, 좋은 향기가 난다.

| 열매

핵과이며 타원형이다. 10월부터 자흑색
으로 익기 시작하여, 겨울동안에도 가지
에 달려 있다.

| 수피

회갈색 또는
회백색을 띤다.
평활하며,
가로방향의
껍질눈이 있다.

| 뿌리

천근형. 몇 개의 대경 수평근과 수하
근으로 구성되어 있다.

| 겨울눈

적갈색을 띠고 둥근원뿔꼴이
며, 눈비늘조각에 싸여있다.

광나무는 우리나라 남부 지방에서 자라며, 두껍고 반짝 거리는 잎을 가진 조엽수照葉樹다. 도톰하고 광光이 나는 잎을 달고 있어서 광나무라는 이름이 붙여졌다. 잎 표면에 왁스 성분이 많아서 햇빛을 받으면 반짝반짝 광이 나고, 열매는 쥐똥나무 열매를 닮았다 하여 영어 이름은 '왁스 리프 프리비트Wax-leaf privet'이다. 광나무를 제주도 방언으로 '꽝낭'이라 하는데, 이 역시 같은 의미를 가진 것으로 여겨진다.

광나무의 한자 이름은 여정목女貞木 또는 정목貞木이며, 그 열매를 여정자女貞子라고 한다. 정절을 지키는 여자처럼 매서운 추위 속에서도 고고하고 푸른 자태를 그대로 지니고 있다 하여 이런 이름이 붙었다.

광나무는 소금 성분을 많이 함유한 나무로 여느 나무보다 오래 살고, 또 죽은 뒤에도 수백 년 혹은 수천 년 동안 썩지 않는 특성을 지녔다고 한다. 한방에서는 열매를 말린 것을 여정실女貞實이라 하여 강장약으로 쓰고, 잎이나 열매, 가지 등은 노화방지와 신장을 튼튼하게 하는 데 사용한다.

한자 이鱂 자는 '끈끈이 풀'이라는 뜻이며, 일본에서는 '모찌'라고 읽는다. 광나무의 일본 이름은 네즈미모찌鼠鱂인데, 이 역시 광나무 껍질에서 쥐나 곤충을 잡는 끈끈이를 채취한데서 유래한 것이다.

쥐똥과 흡사한 모양의 열매가 열리는 나무로는 쥐똥나무와 광나무가 있다. 둘 다 물푸레나무과 쥐똥나무속 소속이지만, 광나무 잎은 상록성이고 광택이 있으며 쥐똥나무 잎은 낙엽성이고 광택이 없다는 차이점이 있다.

조경 Point

관상적인 가치는 비교적 떨어지는 조경수이다. 그러나 맹아력이 대단히 강하고, 강전정에도 잘 견디며, 나무의 모양도 다듬기 쉬워서 아파트단지나 공원 등의 산울타리, 차폐식재, 경계식재로 활용하면 좋다.

또, 잎이 상록이면서 수분 함량이 많아서 해안가 등의 방풍, 방화용 나무로도 활용이 가능하다.

재배 Point

온대 남부와 난대지역의 따뜻하고, 공중습도가 높고, 온도 5℃ 이상에서 겨울나기 한다. 토양환경은 통기성이 좋고, 탄질율은 높고, 질소고정능력은 없고, 토양산도는 pH 5.5~6.9정도인 곳이 좋다.

해가 잘 비치는 곳 또는 부분적으로 그늘이 지는 곳에서 재배한다. 반입종은 햇빛을 많이 받을수록 잎색이 좋아진다.

병충해 Point

4~5월경에 쥐똥나무진딧물이 잎을 흡즙하는 경우가 있다. 큰 나무라면 피해가 덜하지만, 묘목인 경우는 피해가 클 수도 있다. 피해가 심하면 뷰프로페진.디노테퓨란(검객) 수화제 2,000배액

◀ 광나무 분재

을 살포하여 방제한다. 깍지벌레류가 잎과 가지에 기생하면서 흡즙가해하며, 이들이 배출하는 배설물로 인해 2차적으로 그을음병을 일으키기도 한다.

잎에 갈색 반점이 생기는 점무늬병이 발생하면 병든 잎은 모아 소각하고, 4~7월에 코퍼하이드록사이드(코사이드) 수화제 1,000배액, 이프로디온(로브랄) 수화제 1,000배액을 살포한다.

▲ 루비깍지벌레

▲ 루비깍지벌레의 분비물에 의한 그을음병

 번식 **Point**

실생과 삽목으로 번식시킨다. 가을에 종자를 채종하여 노천매장을 해두었다가, 다음해 4월에 파종한다. 열매껍질은 얇기 때문에 미리 제거할 필요는 없지만, 소량이라면 모래와 섞어 비벼서 껍질에 상처를 내어 파종하면 좋다. 발아율이 높으며 다소 습기가 있는 곳에서 생장이 빠르다.

봄에 전년지를 10~15cm 길이로 잘라 아랫잎을 따내고 숙지삽을 한다. 또, 6~7월에 그해에 자란 충실한 햇가지를 잘라서 녹지삽을 하면 발근이 잘된다.

단풍철쭉

- 진달래과 등대꽃나무속
- 낙엽활엽관목 • 수고 2~3m
- 일본 원산; 최근 지리산에서 자생지가 발견됨

 학명 *Enkianthus perulatus* 속명은 라틴어 enkyos(임신한)와 anthos(꽃)의 합성어로 '부풀은 꽃'을 의미하며, 꽃모양에서 유래한 것이다. 종소명은 '비늘조각의' 또는 '호주머니 모양의'이라는 뜻이다. **영명** White enlianthus **일명** ドウダンツツジ(灯台躑躅) **중명** 日本吊鐘花(일본적종화)

| 잎

어긋나기.
타원형이며, 가장자리에 ·
잔톱니가 있다.
가을 단풍이 아름답다.

60%

| 꽃

양성화. 가지 끝에 1~5개의 흰색 꽃이
아래를 향해 핀다.

| 열매

삭과. 긴 타원형이며, 열매줄기(果梗)는
위를 곧게 펴진다.

| 뿌리

천근형. 소·중경의 수평근이 발달한다.

| 겨울눈

삼각형이며,
적자색의
눈비늘조각에
싸여 있다.

| 수피

성장하면서 불규칙하게
갈라지고 작은 조각으
로 벗겨져서, 얼룩덜룩
한 무늬가 나타난다.

가을에 붉은색으로 단풍든다(이름의 유래).

▲ **등대꽃나무**(*E. campanulatus*)
단풍철쭉은 통꽃의 끝부분이 약간 말려 올라가 있지만, 등대꽃나무는 끝이 바로 뻗어 있다.

조경수 이야기

철쭉과 유사하고 단풍이 아름다운 나무라는 뜻으로 단풍철쭉이란 이름이 붙여졌지만, 철쭉과의 유사성은 거의 없어 보인다. 아래로 드리운 흰색 꽃이 등대불처럼 보인다 하여 등대철쭉, 동그란 방울을 닮았다 하여 방울철쭉이라는 이름으로도 불린다.

속명 엔키안투스*Enkianthus*는 라틴어 enkyos임신하다와 anthos꽃를 합친 것으로 '부푼 꽃'을 의미하는데, 이는 꽃 모양에서 유래한 것이다. 종소명 페루라투스 *perulatus*는 '종 모양의'라는 뜻이며, 영어 이름도 벨 플라워Bell flower로 모두 꽃 모양이 종鐘을 닮은 것을 나타낸다.

또 일본 이름 도단쯔쯔지灯台躑躅는 등대철쭉이라는 뜻이며, 중국 이름 만천성滿天星은 하늘에 가득한 별이라는 뜻이다. 일본이 원산지인 것으로 알고 있었으나, 최

근 우리나라 지리산 낙엽수림 계곡에서 자생지가 발견되었다고 한다.

이와 비슷한 일본 원산의 등대꽃나무가 있다. 가지 끝에 종모양의 꽃이 여러 송이가 달리는데 꽃자루가 아래로 처져 늘어진다. 또 꽃잎의 끝이 5갈래로 얇게 갈라

▲ **단풍철쭉 분재**

지며, 붉은 세로줄 무늬가 있고 끝부분은 붉은색을 띤
다. 단풍철쭉은 꽃잎의 끝부분이 말려 올라가 있지만,
등대꽃나무 곧은 것이 현저한 차이점이다. 등대꽃나무
란 꽃 모양이 등잔걸이를 닮아 등대불처럼 보인다 하여
붙여진 이름이다.

조경 Point

가을에 붉은색 선명한 단풍이 들기 때문에 단풍철쭉이라 불린
다. 맹아력이 강하여 강전정하여 산울타리로 활용하거나, 여러
가지 수형을 만들어 다양한 용도로 활용할 수 있다.
정원에 심으면 신록, 꽃, 열매, 단풍, 그리고 겨울에 층 모양의
가지 등 사계절 내내 아름다움을 즐길 수 있다. 염분과 대기오
염에 강한 성질이 있어서 해안지방과 도심지에서도 잘 자란다.

재배 Point

부식질이 풍부하고 습기가 있는 곳, 산성~중성의 토양이 좋다.
양지바른 곳 또는 나뭇잎 사이로 간접햇빛이 비치는 정도의 그
늘에서 재배한다.

나무				개화	새순		단풍	열매		
월	1	2	3	4	5	6	7	8	9	10	11	12
전정	전정			전정							전정
비료		한비		시비			시비			

병충해 Point

녹병은 수병(銹病)이라고도 하며, 잎에 쇳녹 같은 포자덩어리가
생기는 병이다. 병이 심한 경우는 묘목 전체를 제거하고, 심하
지 않은 경우는 병든 잎과 가지만 잘라내어 태운다.
발생초기에 디페노코나졸(로티플) 액상수화제 2,000배액을 살
포하여 방제한다. 솎음전정을 해서 통풍과 채광이 잘 되게 해주
면 흰가루병과 응애류의 발생을 줄일 수 있다.

전정 Point

일반적으로 수관깎기 전정을 해서 둥근 수형으로 키운다. 이때
에는 가능하면, 일찍 윗부분을 강하게 잘라서 옆가지는 많이 나
오게 하여, 둥글게 수형을 만들어가는 것이 중요하다.
여름에 그해에 신장한 가지 끝에서 다음해에 꽃이 피는 꽃눈이
생긴다. 꽃눈을 없애지 않기 위해서는, 꽃눈이 생기는 7월 이전
에 전정한다. 단풍잎을 즐기고자 한다면 꽃이 진 직후에 전정
한다.

번식 Point

삽목의 적기는 당년지가 충분히 굳는 6월경이다. 금년에 자란
햇가지를 15cm 길이로 잘라서 아랫잎은 따내고, 삽목상이나 화
분에 꽂는다.
직사광선이 바로 비치지 않고, 통풍이 잘 되는 곳에서 건조하지
않게 관리한다. 2개월 정도 지나면 발근하며, 다음해 봄에 이식
한다. 실생 번식은 철쭉과 같은 방법으로 한다.

당매자나무

- 매자나무과 매자나무속
- 낙엽활엽관목 • 수고 2~3m
- 중국, 만주, 간도, 몽고, 유럽; 경기도 수원, 강원도 등의 산지에 자생

 학명 *Berberis poiretii* 속명은 아랍어 barbaris(열매)를 라틴어화한 것이라는 설과 잎의 모양이 조개껍질과 비슷하여 berberi(조개껍질)에서 유래되었다는 설이 있다. 종소명은 프랑스 식물학자 Marie Poiret에서 유래한 것이다. | 영명 Barberry | 일명 トウメギ(唐目木) | 중명 細葉小蘗(세엽소벽)

| 잎

100%

어린가지에서는 어긋나고,
짧은가지에서는 모여난다.
장자리는 밋밋하며, 마디마다
1~3개의 가시가 있다.

| 꽃

양성화. 짧은가지 위의 잎겨드랑이에 노란색 꽃이 모여 아래로 늘어져 달린다.

| 열매

장과. 타원형 또는 긴 타원형이며, 붉은색으로 익는다.

| 겨울눈

타원형의 겨울눈은
가시의 겨드랑이에
붙는다.
7~8장의 적갈색
눈비늘조각에 싸여 있다.

매자나무는 우리 주위에서 흔하게 볼 수 없지만, 우리나라 고유수종이다. 매자나무의 옛 이름은 소벽小蘗인데, 작은 황벽나무라는 뜻이다. 이는《물명고》에 "매자나무 겉껍질을 벗기면 얇은 황색 껍질이 있는데, 이는 황벽나무와 비슷하나 크기가 작다"라고 한데서 유래한 것이다. 노란 껍질은 염색하는데 사용하였기에 황염목黃染木이라고도 부른다. 9월경에 붉은 열매가 열리는데, 중국에서는 이 모양이 석류 같다 하여 산석류山石榴라고도 부른다. 일본에서는 메기目木라는 이름으로 부르는데, 이 나무를 달인 물을 안약으로 사용한데서 유래한 것이다. 세계적으로 매자나무속 나무는 450여 종이 있는데, 북반구에서부터 남반구에 이르기까지 그 분포범위가 대단히 넓다. 현재 우리나라에 자생하는 수종은 우리나라 특산종인 매자나무와 중국·몽고·유럽 등지에 분포하는 당매자나무, 우리나라·일본·중국 헤이룽강 등지에 분포하는 매발톱나무, 그리고 일본 큐슈·시코쿠 등지에 분포하는 일본매자나무 등 4종류가 있다. 매자나무·당매자나무·매발톱나무는 우리나라 전역에서 키울 수 있고, 일본매자나무는 비교적 추위에 약하므로 남쪽 지방에서나 심을 수 있다. 이 중에서 당매자나무와 일본매자나무를 조경용으로 많이 심고 있다. 4월에 잎보다 작은 노란색 꽃이 아래를 향해 피며, 광택이 있는 열매 또한 꽃 못지않지 않게 볼만 하다.

 조경 Point

꽃과 열매가 관상가치가 있다. 특히 가을에 조롱조롱 달리는 붉은 열매는 겨울의 정취와 멋을 한층 더 해준다. 그러나 마디마다 예리한 가시가 있어서 주의를 해야 한다. 수목원, 도시공원,

도시녹지 등의 진입로나 산책로 주변의 출입금지 구역에 산울타리로 조성하면 울타리의 역할도 하고 계절의 변화도 느낄 수 있다.

 재배 Point

내한성은 강한 편이며, 해가 많이 비치는 곳이나 반음지에서 잘 자란다. 토양은 가리지 않으며, 배수가 잘되는 곳이면 어디서나 재배가 가능하다. 결실과 단풍을 목적으로 한다면 해가 잘 비치는 곳에 식재하는 것이 좋다.

 병충해 Point

식나무깍지벌레는 나무의 줄기, 가지, 잎뒷면의 잎맥 주위에 기생한다. 기생부위가 하얀 밀가루를 발라 놓은 듯이 보이며, 기생부위의 반대편에는 흡즙으로 인한 노란 무늬가 생성된다. 피해부위가 발견되면 뷰프로페진.디노테퓨란(검객) 수화제 2,000배액을 10일 간격으로 2회 살포하여 방제한다. 피해를 받은 잎은 흰색을 띠어 발견이 쉬우므로 제거하여 소각한다.

 전정 Point

전정을 하지 않아도 수관이 퍼져서 둥근 수형을 이룬다. 전정을 해야 한다면 꽃이 진 후에 대형 전정가위로 수관을 둥글게 깍아주며, 장마가 끝난 후에는 도장지를 잘라준다. 산울타리로 식재한 경우는 장마가 끝나고 생장이 멈추었을 때 전정한다.

 번식 Point

삽목은 발근율이 낮고 분주는 대량생산이 어려워서, 주로 종자로 번식시킨다. 실생 번식은 9~10월에 잘 익은 열매를 채취하여 과육을 제거한 후에 노천매장 또는 저온저장하였다가, 다음 해 4월 초순경에 파종한다. 발아가 잘 되는 편이며, 3년 정도 키우면 정식할 수 있다.

멀꿀

- 으름덩굴과 멀꿀속
- 상록활엽덩굴식물 • 길이 15m
- 중국 원산, 대만, 일본(오키나와); 전국에 식재

 | 학명 *Stauntonia hexaphylla* 속명은 영국의 의사이자, 중국대사로 중국에 주재했던 G. L. Staunton을 기념한 것이며, 종소명은 '6장의 잎의'라는 뜻이다.
| 영명 Stauntonia vine | 일명 ムベ(郁子) | 중명 牛藤果(우등과)

| 잎

15%

어긋나기,
5~7장의
작은잎을 가진 손꼴겹잎이다.
종소명 헥사필라(hexaphylla)는
'6장의 잎의'라는 의미한다.

| 꽃

암꽃

수꽃

암수한그루. 새가지의 잎겨드랑이에 연한 녹백색의 꽃이 모여 핀다.

| 수피

지름 1cm

1년생 줄기는
초록색이고
성장함에 따라
회갈색이 된다.

| 겨울눈

원추형 또는
긴 타원형이며,
10~16개의
눈비늘조각에
싸여 있다.

| 열매

장과. 적갈색의 타원형 또는 달걀형이며, 과육
은 꿀처럼 단맛이 난다.

멀꿀은 제주도를 비롯한 남쪽 섬지방에서 흔하게 볼 수 있는 난대성 과일이다. 열매가 꿀처럼 달다 하여 멀꿀이라는 이름이 붙여졌으며, 열매에 멍든 것 같은 자국이 있어서 멍나무라고도 부른다.

열매가 으름덩굴 열매와 비슷하지만, 으름덩굴은 익으면 저절로 벌어지고 멀꿀은 익더라도 벌어지지 않는다. 또 열매가 달걀 모양이며, 으름덩굴 열매보다 더 먹을 게 많고 맛있다.

멀꿀의 옛 이름은 연복자燕覆子이다. 《동의보감》에서는 연복자를 목통씨와 같은 뜻으로 사용하여, 으름덩굴의 열매라고 기록하고 있다.

그러나 연복자라 하면 대부분 멀꿀을 가리킨다. 조선 효종 때 이원진이 편찬한 제주도 읍지인 《탐라지》를 보면 "연복자는 목통 중에서 특이한 종류로서 열매가 모과에 비하면 동떨어지게 작은데, 《본초도감》에서는 작은 모과와 같다고 했다.

이것이 제일 진품이므로 세상에서 쓰는 것은 다만 열품일 뿐이다. 남해안 모든 고을에도 이것이 있다"라고 하였다. 당시에도 제주도를 비롯한 남부 해안 지방에서 흔하게 볼 수 있었던 것 같다.

멀꿀의 일본 이름 무베郁子는 오오무베苞苴, 즉 '조정에

◀ 멀꿀 종자로 만든 요리

진상한 과일'이란 뜻에서 유래한 것이다. 맛이 있어서 그만큼 대우 받았던 과일이었던 것을 알 수 있다.

또 '상록의 으름덩굴常葉通草, トキワアケビ'이라는 별명도 가지고 있어서, 으름덩굴과 비슷하며 상록인 것을 나타내고 있다.

조경 Point

꽃과 열매를 즐길 수 있는 덩굴성 조경수이다. 손바닥 모양의 겹잎과 달걀 크기 정도의 맛있는 열매가 관상가치가 있다.

벽, 담장, 고목 등에 올려서 미관을 좋게 할 용도로 사용하거나, 퍼걸러나 아치 등에 올려서 그늘을 만드는데 활용하면 좋다. 최근에는 관절염치료제로 효과가 있다고 하여 관심을 받고 있다.

재배 Point

비옥하고 배수가 잘되는 토양, 온난하고 보호된 곳에서 잘 자란다. 충분한 햇빛을 받거나 부분적으로 그늘진 곳이 좋으며, 적당한 지주를 세워서 재배한다.

나무				새순	개화					열매		
월	1	2	3	4	5	6	7	8	9	10	11	12
전정					전정				전정			
비료		한비			시비							

병충해 Point

으름밤나방은 애벌레가 멀꿀, 으름덩굴, 복사나무 등의 잎을 식해한다. 또 성충은 각종 과실을 흡즙가해하여 경제적으로 큰 피해를 입히는 해충이다.

애벌레 발생 초기에 페니트로티온(스미치온) 유제 1,000배액, 인독사카브(스튜어드골드) 액상수화제 2,000배액을 수관에 살포하여 방제한다.

전정 **Point**

야취가 풍부한 덩굴식물이므로, 자연스러움을 살려주는 전정을 하는 것이 중요하다. 산울타리나 시렁 등에 활용할 경우에도 너무 정연한 것 보다는 자연스럽게 덩굴을 뻗도록 해준다.

많은 열매가 열리게 하려면, 전정을 해서 개화·결실하는 단지를 많이 만들어준다.

번식 **Point**

9월 하순경에 열매가 보라색으로 익으면 채취한다. 열매껍질을 흐르는 물에 씻어 제거 한 후, 바로 파종하거나 건조하지 않도록 비닐봉지에 넣어 냉장고에 보관하였다가, 다음해 3월 중순~4월 상순에 파종한다.

강모래, 펄라이트, 버미큘라이트 등을 혼합한 용토를 넣은 삽목상에 꽂고, 반그늘에 두어 건조하지 않도록 관리한다. 새눈이 나오기 시작하면 서서히 햇볕에 내어두고 묽은 액비를 시비한다. 다음해 4월에 이식한다.

3월에 숙지삽, 6월 중순~7월에 녹지삽이 가능하다. 숙지삽은 충실한 전년지를, 녹지삽은 충실한 햇가지를 접수로 사용한다.

멀꿀은 덩굴나무이므로 휘묻이가 용이하다. 덩굴을 지면에 닿게 내려서 성토를 해두었다가, 4~5월에 발근하면 떼어내어 옮겨 심는다.

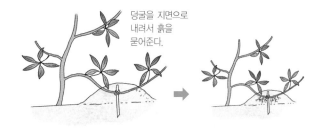

덩굴을 지면으로 내려서 흙을 묻어준다.

발근하면 덩굴을 잘라내어 이식한다.

▲ **취목(압조법) 번식**

백정화

- 꼭두서니과 백정화속
- 상록활엽관목 • 수고 1m
- 대만, 인도, 중국 남부, 베트남; 남부 지역에 식재

 학명 *Serissa japonica* 속명은 18세기 스페인의 식물학자 Serissa를 기념한 것이라는 견해와 인도 이름에서 왔다는 견해가 있다. 종소명은 '일본의'라는 뜻이다. │ 영명 Snowrose │ 일명 ハクチョウゲ(白丁花) │ 중명 六月雪(유월설)

잎

60%

마주나기.
좁은 타원형이며, 잎면이 구불구불하다.
잎에 반점이 있는 원예종을 많이 심는다.

꽃

양성화. 잎겨드랑이에 1~2개의 흰색 또는 연분홍색의 꽃이 핀다.

열매

핵과. 구형이고, 꽃받침자국이 있다.

조경수 이야기

백정화白丁花라는 이름은 흰색白 꽃이 마치 한자 정丁자처럼 핀다 하여 붙여진 이름으로, 일본 이름에서 유래한 것이다. 흰색 또는 연한 핑크색 꽃을 피우는데 어떤 이는 흰색 꽃을 백정화, 핑크색 꽃을 단정화丹丁花라 부르기도 한다. 그러나 〈국가표준식물목록〉에는 백정화와 잎에 무늬가 들어간 무늬백정화만 있을 뿐 단정화란 이름은 없다. 따라서 흰색 꽃이나 핑크색 꽃이나 모두 백정화라는 정명正名으로 부르는 것이 옳다. 중국에서는 꽃 핀 모양이 마치 6월에 내린 눈과 같다 하여 유월설六月雪이라 한다. 영어권에서는 나무에 천 개의 별이 있다고 해서 Tree of thousand stars 또는 Snow rose라고 부른다.

생약명은 전초全草를 백마골白馬骨라 하며, 열을 내리고 풍을 제거하며 해독기능이 있다고 한다. 뿌리는 백마골근이라 하여 두통·편두통·치통·황달·대하를 치료하는데 쓰인다.

상록으로 분류하지만 낙엽이 지기도 하므로 반상록이며, 원산지인 대만·인도·중국 남부에서는 1년에 2~3번 꽃이 핀다. 우리나라 남해안 및 제주도에 분포하며, 남부지방에서는 산울타리용으로 많이 심는다. 분재용 소재로도 인기가 많다.

조경 Point

남부 지방에서 주로 꽃을 관상하는 용도로 심는다. 또, 가지가 많이 갈라져서 옆으로 퍼지는 성질이 있어서, 경계용식재 또는 낮은 산울타리 용도로도 활용된다. 경계용 산울타리로 심을 때는 20cm, 녹화용은 15cm 간격으로 심으면 적당하다. 꽃과 잎을 감상하기 위해 정원에 단식할 때는 둥근 수형으로 키우는 것이 좋다.

재배 Point

내한성이 약하며, 최저온도는 7℃이다. 식재 장소로는 해가 잘 비치는 곳이 좋다. 적당히 비옥하고 습기가 있으며, 배수가 잘 되는 토양에서 재배한다.

병충해 Point

진딧물이 발생하면 이미다클로프리드(코니도) 액상수화제 2,000배액을 살포하여 방제한다.

전정 Point

낮은 산울타리용이나 지피용으로 심는 경우가 많다. 용도에 맞추어 수관을 고르게 깎을 경우에는 가능하면 옅게 깎는다.

꽃이 진 후에 가능하면 얕게 깎아준다. 겨울에는 돌출한 가지만 제거한다.

번식 Point

전정을 하고 난 후에 나온 가지를 6~10cm 길이로 잘라 삽목상에 꽂으면 활착이 잘 된다. 연필 굵기만한 가지를 원하는 곳에 직접 꽂아도 발근이 잘 된다. 5~9월에 뿌리 부근에 나온 옴돋이를 떼어내어 따로 심는 분주번식도 가능하다.

14-7

산울타리

비자나무

- 주목과 비자나무속
- 상록침엽교목 • 수고 25m
- 일본; 전남 해남, 전북(내장산) 이남, 제주도의 낮은 산지

| 학명 *Torreya nucifera* 속명은 미국 화학교수이며 식물학자이고, 북미식물지의 공동저자인 J. Torrey를 기념한 것이고, 종소명은 '견과가 달리는'이라는 뜻이다. | 영명 Japanese torreya | 일명 カヤ(榧) | 중명 日本榧樹(일본비수)

| 잎

잎은 아닐 비(非)자
모양으로 좌우로
나란하다(이름의 유래).
뒷면에 흰색
숨구멍줄이
2줄 있다.

50%

| 꽃

암꽃차례   수꽃차례

암수딴그루. 암꽃차례는 녹색의 난형이고, 수꽃차례는 황갈색의 타원형이다.

| 열매

핵과 형태.
다음해 9~10월에 녹색으로 익는다.
익은 가종피는 쓴맛이 난다.

| 수피

회백색 또는
회갈색이며,
성장함에 따라
세로로 얇게
갈라져
긴 조각으로
벗겨진다.

| 겨울눈

꽃눈은 구형이며,
잎겨드랑이에
어긋나게 달린다.

문화재청에서 천연기념물로 지정한 비자나무는 3건이 있고, 비자나무 숲은 7건이 있다. 이 중에서 천연기념물 제11호인 진도 상만리 비자나무는 200여 년 된 노거수로 아이들이 올라가서 놀다가 떨어져도 크게 다치는 일이 없다는 신목으로 알려져 있다.

비자나무는 자생 북한계지가 장성 백양사 비자나무 숲 천연기념물 제153호인 남부지방에서 자라는 상록침엽수이다. 원래는 내한성이 약한 편이지만, 어릴 때부터 추위에 단련시키면 중부지방에서도 재배가 가능한 나무이다. 깊은 산중에서 나며, 삼나무와 닮았다고 해서 야삼野杉이라고도 한다. 정약용이 지은 《아언각비雅言覺非》에서도 '비자나무는 야삼이라고도 한다'고 《본초강목》을 인용하여 기술하였다.

비자나무 재목은 광택이 있고 향기로울 뿐 아니라, 무늬가 아름다워서 '문목文木' 또는 '나무의 황제'라는 별칭을 가지고 있으며, 가구재·조각재·선박재·관재 등으로 쓰인다.

바둑판·장기판·장기짝·염주 등을 만드는 소재로도 사용되며, 오늘날에도 비자나무로 만든 바둑판은 최고로 친다.

비자榧子나무 잎은 참빗처럼 바늘잎이 양쪽으로 나란히 줄지어 있는데, 한자 아닐 비非 자 모양이어서 비자나무라는 이름이 붙여졌다. 주목 잎과 모양은 비슷하지만 끝이 날카롭고 단단해서 손을 대봐서 따가우면 비자나무, 그렇지 않으면 주목으로 구별하면 된다.

예로부터 비자나무 열매 속의 씨는 구충제로 널리 사용되었다. 천연 구충제를 얻기 위한 목적으로 인공조림하기도 했는데, 전라북도 정읍군에 있는 내장산 비자림이 그 사례이다.

천연기념물 제39호인 강진 삼인리의 비자나무는 우리나라에서 가장 큰 비자나무로 나이가 약 500살 정도로 추정된다. 이 나무가 500여 년 동안이나 벌채를 피해 자랄 수 있었던 것에 대해서는 두 가지 설이 있다.

첫째는 태종 때 이곳에 전라병마절도사영을 설치하기 위해 주변의 쓸만한 나무는 모조리 베었으나, 당시 이 나무는 굽고 보잘 것 없어서 건축용 목재로 부적당하였기 때문에 오늘날까지 살아남았다는 설이다.

둘째는 조선조 500년 간 진수부鎭守府로 내려오는 동안 갑오동란으로 동학군에 함락되어 폐영될 때까지 많은 병사들의 구충제 약제를 채취하기 위해 보호되어 온 것이라는 설이 전해지고 있다.

◀ **비자나무 바둑판**
비자나무로 만든 바둑판은 색깔이 곱고 나이테가 조밀하여, 반면이 매끄럽고 손에 닿는 감각이 부드럽다.

조경 **Point**

늘푸른 잎과 피라밋 모양의 정형적인 수형이 아름다운 조경수이다. 겨울철 녹색 수목이 부족한 중부지방에 공원수나 기념수로 심으면 상록의 경관을 즐길 수 있다.

내염성이 강하여 서해안 해변조경에 활용해도 좋다. 또 수형조절이 용이하고, 큰 나무 아래에서도 잘 자라기 때문에 좁은 공간에 식재해 볼만한 수종이다.

습기가 있지만 배수가 잘되는 비옥한 토양을 좋아한다. 햇빛이
비치는 곳 또는 나뭇잎 사이로 간접햇빛이 비치는 곳이 좋다.
차고 건조한 바람이 불지 않는 습한 곳에서 잘 자란다. 어릴 때
생장은 느리며, 이식은 2~3월에 한다.

가루깍지벌레, 오리나무좀, 역병 등의 병충해가 발생할 수 있다.
오리나무좀은 건전한 나무보다는 수세가 쇠약한 나무, 벌채한
원목, 고사목, 표고의 버섯나무 등을 주로 가해한다.
외부로 흰색의 벌레똥을 배출하므로 피해부위를 발견하기가 쉽
다. 살아있는 나무에 오리나무좀의 침입공이 보이면 주사기로
페니트로티온(스미치온) 유제 100배액을 주입한다.

가을에 잘 익은 열매를 채취하여 과육을 제거한 후에 직파하거
나 습기가 많은 모래와 섞어 저장해두었다가, 다음해 5월에 파
종한다. 직파한 것은 다음해 5월에 거의 대부분 발아하지만, 다
음해 봄에 파종한 것은 그해부터 다음해 사이에 발아한다.
2~3년 동안은 생장이 느리지만, 이후로는 생장이 빠르다. 직근
성이므로 가능하면 빨리 직근을 잘라주면 뿌리가 옆으로 발달
하여 튼튼하게 자란다.

정원이나 공원에 심었을 때는 원주형 수형으로 키우는 것이 좋
다. 자연수형을 원주형 수형으로 만들려면, 먼저 전체 수형을
원주형으로 깍아서 나무의 폭을 유지하면서 작은 가지를 늘려
나간다.
일단 기본적인 수형이 만들어지면, 이 후로는 매년 외곽선을 따
라 수관을 다듬어준다.

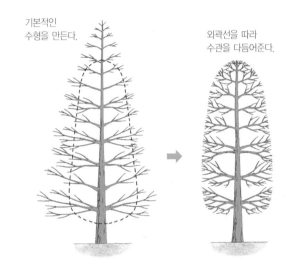

기본적인
수형을 만든다.

외곽선을 따라
수관을 다듬어준다.

사철나무

- 노박덩굴과 화살나무속
- 상록활엽관목   • 수고 3~5m
- 일본, 중국; 중남부 지역의 바닷가 및 인근 산지

 학명 *Euonymus japonicus* 속명은 그리스어 eu(좋은)와 onoma(명성)의 합성어로 '좋은 평판'이란 뜻이지만 가축에 독이 될 수 있다는 나쁜 이름을 반대로 나타낸 것이라고 하며, 그리스 신화 중의 신의 이름이기도 하다. 종소명은 '일본의'를 뜻한다.

| **영명** Evergreen spindletree | **일명** マサキ(正木) | **중명** 冬靑衛矛(동청위모)

| 잎

마주나기.
타원형이며,
가장자리에 둔한
톱니가 있다.
가지 끝에는 잎이 모여난다.

60%

| 겨울눈

긴 달걀형이고,
6~10개의 눈비늘조각에
싸여 있다.

| 꽃

양성화. 잎겨드랑이에 황록색 또는 황백
색 꽃이 모여 핀다.

| 열매

삭과, 구형이며, 황갈색 또는 적갈색으로 익
는다. 종자는 주황색 가종피에 싸여 있다.

| 수피

어릴 때는
녹색이다가,
성장하면서
회갈색이 되고
세로줄이 생긴다.

▲ 황금사철나무

겨울에도 잎이 떨어지지 않고 '사철 푸른 나무'를 상록수라고 한다. 많은 상록수 중에서 유독 이 나무만 '사철나무' 라는 이름으로 부른다.

이름만으로 따지자면 소나무 · 잣나무 · 광나무 · 동백나무 등도 모두 사철 푸른 사철나무이지만, 넓은 잎을 가지고 추운 지방에서도 잘 자라는 사철나무가 상록수를 대표하는 나무라 여겨 붙인 이름 같다.

이름에 걸맞게 꽃말 역시 '변함없다'이다. 사철나무는 겨우살이나무 혹은 동청목冬靑木이라고도 불리며, 북부 지방을 비롯한 우리나라 어디에서도 잘 자라는 늘푸른 넓은잎떨기나무常綠闊葉灌木이다.

2012년 천연기념물 제538호로 지정된 독도의 사철나무는 독도를 구성하는 2개 섬인 동도와 서도 중 동도의 천장굴 급경사 지역 위쪽 끝 부분에서 자라고 있다.

강한 해풍과 열악한 토양조건에도 불구하고 100년 이상 자란 나무로, 독도에서 자라는 몇 안 되는 수목 중 가장 오래된 나무로 영토적 상징가치가 크다고 할 수 있다.

> 그랬으면 좋겠다 살다가 지친 사람들
> 가끔씩 사철나무 그늘 아래 쉴 때는
> 계절이 달라지지 않고 시간이 흐르지 않아

▲ **독도의 사철나무**
천연기념물 제538호
© 문화재청

> 오랫동안 늙지 않고 배고픔과 실직 잠시라도 잊거나
> 그늘 아래 휴식한 만큼 아픈 일생이 아물어진다면
> 좋겠다 정말 그랬으면 좋겠다
>
> 장정일의 <사철나무 그늘 아래 쉴 때는> 중에서

바쁘게 돌아가는 세상을 살다보면, 느티나무나 팽나무 같이 큰 정자나무 그늘 아래 널찍한 평상을 펴고 편히 누워 쉬는 모습을 상상하곤 한다.

그러나 이 시에 나오는 사철나무는 키가 작은 관목이어서 그 아래에서 몸을 쉴 수는 없다. 쉰다기보다는 사철나무의 사시사철 푸른 '변함없음'에 몸을 맡기고 세상의 시름을 잊는다고 해석하는 편이 좋을 것 같다.

조경 Point

윤기 나는 밝은 녹색의 잎, 노란 과육과 붉은 종자가 좋은 대비를 이루는 매력적인 조경수이다. 단식하여 정원의 첨경수로 심기도 하지만, 맹아력이 강하고 강전정에도 잘 견디므로 원하는 모양으로 다듬어 활용하면 좋다.

차폐식재, 경계식재, 기초식재 등의 용도로도 이용한다.

재배 Point

배수가 잘되는 토양이라면 어디에서나 잘 자란다. 햇빛이 잘 비치는 곳 또는 조금 그늘진 곳이 좋다. 해가 잘 비치는 곳에서 재배하는 경우는 습기가 충분한 토양이 필요하다. 반입종의 선명한 무늬가 돋보이기 위해서는 충분한 일조가 필요하다.

나무					새순	개화				열매	
월	1	2	3	4	5	6	7	8	9	10	11	12
전정				전정			전정					
비료	한비				시비							한비

식엽성 해충인 노랑털알락나방, 버드나무얼룩가지나방, 차잎말
이나방, 목화진딧물 등이 발생하여 잎을 가해한다.

이세리아깍지벌레, 거북밀깍지벌레, 사철깍지벌레 등의 깍지벌
레류가 발생하여 흡즙가해한다.

병해로는 흰가루병, 갈문병, 탄저병, 고약병, 대화병 등을 들
수 있다. 특히 흰가루병이 잘 발생하는데, 큰 나무일지라도 눈
이나 새순이 침해를 받으면 생장이 위축되어 나무의 생육이 나
빠진다.

새순이 나오기 전에는 석회유황합제를 살포하며, 여름에는 디페
노코나졸(로티플) 액상수화제 2,000배액, 페나리몰(훼나리) 수
화제 3,000배액을 2주 간격으로 살포한다.

특히 사철나무 등에 심한 피해를 주는 노랑털알락나방이 대발
생하면 잎 전체를 식해하여, 산울타리로 조성된 사철나무는 울
타리가 엉성해진다. 애벌레 발생초기에 페니트로티온유제 및 수
화제를 10일 간격으로 2회 살포하여 방제한다.

탄저병, 더뎅이병, 갈문병 등의 병해가 발생하면 만코제브(다이
센M-45) 수화제 500배액, 터부코나졸(호리쿠어) 유제 2,000배
액을 2~3회 살포하여 방제한다.

▲ 노랑털알락나방　　　▲ 흰가루병

사철나무는 맹아력이 강하기 때문에 강전정에도 잘 견딘다. 연
간 2번(11~12월, 7~8월) 전정을 해서 수형을 만들어준다.

산울타리의 경우는 수관깍기용 대형 전정가위로 기존의 외곽을
따라가며 윤곽선 위로 돌출한 가지를 깍아준다.

가을에 잘 익은 종자를 채취하여 3~5일 정도 흐르는 물에 담
가 열매껍질을 제거한 후에, 습한 모래와 섞어 저온저장 또는
노천매장해두었다가, 다음해 봄에 파종한다. 파종상이 건조해지
는 것을 방지하기 위해 짚이나 거적으로 덮어준다.

봄에 싹이 트기 전에 전년지를 이용한 숙지삽과 장마철에 당년
지를 이용한 녹지삽이 가능하며, 시기적으로 9~11월에도 할 수
있다. 삽수를 10~15cm 길이로 잘라 마사토나 강모래를 넣은
삽목상에 꽂고 차광해주고 비배관리한다.

종가시나무

- 참나무과 참나무속
- 상록활엽교목 · 수고 15~20m
- 중국(남부), 일본, 인도(북부), 베트남, 대만; 서남해안, 제주도의 해발고도가 낮은 산지

학명 *Quercus glauca* 속명은 켈트어 quer(질이 좋은)와 cuez(목재)의 합성어로 Oak genus(참나무류)에 대한 라틴명에서 비롯한 것이며, 종소명은 회청색 이라는 뜻으로 잎 뒷면의 색을 나타낸 것이다. │ **영명** Ring-cupped oak │ **일명** アラカシ(粗樫) │ **중명** 靑剛(청강)

| 잎

어긋나기.
달걀형 또는 거꿀달걀형이며,
잎의 상부에만 톱니가 있다.

40%

| 꽃

암꽃차례

수꽃차례

암수한그루. 암꽃차례는 잎겨드랑이에
달리고, 수꽃차례는 아래로 드리워 핀다.

| 뿌리

| 열매

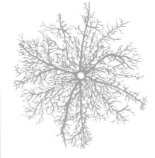

견과. 달걀형 또는 타원형이며, 다갈색
으로 익는다.

중근형. 중·대경의 경사근과 수하근
이 고르게 분포한다.

| 수피

회갈색이고
작은 껍질눈이
많으며,
성장함에 따라
흑회색으로
변한다.

| 겨울눈

둥근 달걀형이며,
눈비늘조각에
광택이 있다.
가지 끝부분에
여러 개가
송이처럼 달린다.

▲ 새순

조경수 이야기

상록의 참나무과 참나무속에 속하는 가시나무류에는 가시나무·붉가시나무·참가시나무·졸가시나무·개가시나무·종가시나무 등이 있다. 모두 상록교목이며, 가을에 열리는 도토리로는 도토리묵으로 만들어 먹을 수 있다.

종가시나무는 남부 지방에서 가로수나 조경수로 많이 심으며, 특히 염분에 강하여 바닷가에 심으면 좋은 나무다.

속명 쿼커스*Quercus*는 켈트어로 quer, 양질의와 cuez 재목의 합성어로 '훌륭한 목재'를 나타내는 이름이다. 특히 상록성 가시나무는 낙엽성 참나무보다 물관의 크기와 수가 훨씬 적어 재질은 더 단단하고 고르다.

그래서 튼튼한 병기를 만드는 데는 안성맞춤이었으며, 남부지방에서는 다듬이방망이 등 박달나무와 거의 같은 용도로 널리 쓰였다.

천연기념물 제375호인 제주 납읍리 난대림은 북제주군 애월읍 납읍 마을에 인접한 금산공원에 있으며, 온난한 기후대에서 자생하는 식물들이 숲을 이루고 있다.

이곳에는 후박나무·생달나무·식나무·종가시나무·아왜나무·동백나무·모밀잣밤나무·자금우 등 다양한 수종이 분포하는 것으로 알려져 있다. 그러나 최근 식생조사 결과 납읍 난대림 지대가 종가시나무 군락으로 변하고 있어, 학계가 주목하고 있다.

현재 어린 종가시나무와 후박나무는 약 300개체 이상이 확인되었다. 이 중에서 종가시나무는 80~90%를 차지하고 있고 후박나무는 10~15%를 차지하여, 최후에는 완전히 종가시나무 군락으로 변화할 것으로 전망된다고 한다.

조경 Point

난대성 수종이지만 내한성이 강한 편이어서 대구, 김천, 대전까지도 월동이 가능하여 중부지방에서도 상록수종 가로수로 식재할 수 있을 정도이다.

강전정에도 잘 견디므로 키가 큰 산울타리 또는 방풍수, 방화수

로도 활용하면 좋다. 이때에는 아래에서부터 가지가 많이 나오
도록 주립상의 수형을 만들어 준다. 하나의 수간만 크게 키워서
녹음수나 독립수로 활용해도 좋다.

재배 Point

토심이 깊고 배수가 잘되는 비옥한 토양이 좋으며, 해가 잘 비
치는 곳 또는 반음지에 재배한다.

상록 가시나무류는 내한성이 약하기 때문에 서리나 찬바람을
막아준다. 특별한 경우가 아니면 석회질 토양에서도 잘 자란다.

병충해 Point

니토베가지나방, 붉은머리재주나방, 선녀벌레, 표주박깍지벌
레, 털관진딧물, 자줏빛곰팡이병, 흰가루병 등이 발생한다. 니
토베가지나방은 애벌레가 잎을 식해하며, 밀도가 높은 경우는
드물다.

애벌레가 쉽게 발견되므로 애벌레 발생시기에 페니트로티온(스
미치온) 유제 1,000배액 또는 인독사카브(스튜어드골드) 액상수
화제 2,000배액을 1~2회 살포한다.

가시나무류자줏빛곰팡이병은 잎뒷면에 회백색 가루 모양의 균
총이 나타나고 점점 두꺼워지다가, 가을이 되면 갈색~흑갈색의
융단 같은 모습을 띤다. 밀식을 피하고 가지솎기 전정을 해서,
채광과 통풍이 잘되게 하면 예방이 가능하다.

베노밀 수화제 1,500배액, 터부코나졸(호리쿠어) 유제 2,000배
액을 1달에 1~2번 살포하고, 휴면기에는 석회유황합제를 1~2
회 살포한다.

▲ 흰가루병

전정 Point

가시나무류는 자연수형 또는 봉형, 주립형, 단간형 등의 수형으
로 만들어 키울 수 있다. 정원에는 주로 봉형으로 키우는 경우
가 많다.

자연수형과 봉형은 6~7월 상순에 봄에 자란 도장지를 잘라주
고 복잡한 가지를 솎아주며, 가을에는 수형을 정리하는 강전정
을 해준다. 가시나무류를 산울타리로 심은 경우에는 1년에 한
번 장마가 끝난 후에 수관깎기 전정을 해준다.

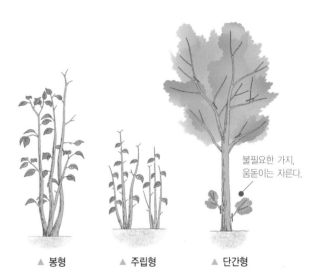

불필요한 가지,
움돋이는 자른다.

▲ 봉형　　　▲ 주립형　　　▲ 단간형

번식 Point

가을에 잘 익은 도토리를 따서 젖은 모래 속에 저장하였다가,
다음해 봄에 파종한다. 참나무류의 종자는 저장하기 전에 종자
를 살균·살충 처리하는 것이 중요하다. 밭에 뿌릴 때는 홈을
얕게 파고 줄뿌림(조파)을 하며, 파종상에 뿌릴 때는 흩어뿌림
(산파)을 하고 종자 크기의 2배 정도로 흙을 덮고 눌러준다.

종자가 건조하면 발아율이 현저하게 떨어진다. 실생묘는 뿌리가
아래쪽으로 곧고 길게 자라기 때문에, 잔뿌리를 많이 나오도록
하기 위해서는 직근을 자르고 2~3번 이식해준다. 산울타리로
활용할 때는 그 곳에 직접 파종해서 키우는 것이 이식하는 일손
을 덜 수 있다. 삽목(꺾꽂이)도 가능하지만 까다롭다.

쥐똥나무

· 물푸레나무과 쥐똥나무속
· 낙엽활엽관목   · 수고 2~3m
· 중국(동부 및 동북부), 일본; 전국의 낮은 산지

학명 *Ligustrum obtusifolium* 속명은 라틴어 ligo(엮다)에서 온 것으로 이 식물의 나뭇가지로 바구니 등을 만든 것에서 유래한다. 종소명은 abtusi(잎끝이 뭉뚝한)와 folium(잎)의 합성어로 끝이 무딘 잎을 뜻한다.   영명 Border privet   일명 イボタノキ(水蠟樹)   중명 水蠟樹(수랍수)

| 잎

마주나기.
깃꼴겹잎처럼
보이지만, 홑잎이다.
잎가장자리에
톱니가 없다.

50%

| 꽃

양성화. 새가지 끝에 흰색 많은 꽃이 모여 핀다.

| 열매

핵과. 달걀 모양의 구형이며, 검은색으로 익는다. 쥐똥을 닮았다(이름의 유래).

| 수피

지름 5cm

회색 또는 회갈색이며,
가로로 긴 껍질눈이 있
다. 잔가지는 흔히 가시
처럼 된다.

| 겨울눈

달걀형이고 끝이 뾰족하며,
눈비늘조각은 6~8개이다.
끝눈은 잘 발달하지 않고,
곁눈은 마주난다.

과거에 법원은 이름이 고도의 사회성을 가지고 있다고 하여, 특별한 경우에만 개명을 허가해줬다. 그러나 2005년 11월 대법원이 개명을 폭넓게 허용해야 한다고 판결하면서부터 개명 신청은 꾸준히 늘어, 근래에는 해마다 이름을 바꾸고 싶어 하는 사람의 수가 16만 명이나 된다고 한다.

개명을 신청하는 이유 중에는 이름의 어감이 좋지 않아서, 혹은 이름으로 인해 수치심을 느끼거나 놀림당하기 때문이라는 것이 가장 많다고 한다. 이것은 비단 사람들만의 이야기는 아닌 듯하다.

이름으로 인한 억울함으로 치자면 나무나라에서는 아마 쥐똥나무가 첫손가락에 꼽힐 것이다. 단지 열매가 쥐의 배설물을 닮았다는 이유 하나로 사람들이 가장 싫어하는 쥐, 그것도 모자라 쥐의 똥에 비유하느냐 하고 불평할 것이다.

만약 쥐똥나무가 개명신청을 한다면 어떤 새 이름을 가질까? 북한에서는 이 나무의 열매로 차를 끓여 먹기도

▲ **쥐똥나무밀깍지벌레**
백랍벌레라고도 하며 수컷의 유충이 분비한 물질을 수랍 또는 백랍이라 한다.

하므로 차마 쥐똥나무라고는 부를 수 없어서인지, 검정알나무라는 그나마 괜찮은 이름을 붙여주었다.

쥐똥나무와 비슷하게 생기고, 같은 물푸레나무과 쥐똥나무속에 속하는 상록활엽수인 광나무가 있다. 쥐똥나무는 남성의 정력에 좋다 하여 남정목男貞木이라 하며, 광나무는 여성에게 좋다는 여정목女貞木이라 부른다. 또 쥐똥나무 열매는 남정실男貞實, 광나무 열매는 여정실女貞實이라 부르며, 이 두 나무를 음양목이라고도 한다.

쥐똥나무를 중국에서는 수랍수水蠟樹, 일본에서는 같은 한자를 써서 이보타노키水蠟樹라고 부른다. 수랍은 백랍白蠟과 같은 말로 백랍벌레쥐똥나무밀깍지벌레의 집 또는 수컷의 유충이 분비한 물질을 가열하고 용해하여 찬물로 식혀서 만든 것이다.

백랍으로 초를 만들면 다른 밀랍으로 만든 것보다 훨씬 밝고 오래 간다고 한다.

또 일본에서는 쥐똥나무를 수랍수와 같은 발음의 이보타노키疣取木, 즉 '사마귀를 없애는 나무'라고도 한다. 백랍을 바르면 사마귀가 없어진다 하여 이렇게 부른다.

조경 Point

5~6월에 하얗게 무리지어 피는 꽃이 아름다우며, 향기도 짙다. 나무의 성질이 강하여 척박한 곳, 그늘진 곳, 공해가 있는 곳 등 악환경에서도 잘 자란다.

공원, 정원, 도심지 주변에 식재하여 산울타리나 경계식재의 용도로 활용하면 좋다. 큰 나무 아래에 하목으로 심어도 이용 가치가 크다.

재배 Point

내한성이 강하며, 배수가 잘되는 곳이라면 그다지 토양은 가리지 않고 잘 자란다. 해가 잘 비치는 곳 또는 부분적으로 그늘이 지는 곳에서 재배한다.

이식은 2~4월, 10~11월에 하며, 적응성이 높다.

병충해 Point

매실애기잎말이, 쥐똥나무진딧물, 별박이자나방(별자나방), 식나무깍지벌레, 왕물결나방(쥐똥나방), 좀검정잎벌, 쥐똥밀깍지벌레, 큰쥐박각시, 쥐똥나무반문병 등이 발생한다.

쥐똥나무진딧물은 새가지에 모여 살면서 흡즙가해한다. 벌레가 보이기 시작하면, 이미다클로프리드(코니도)액상수화제 2,000배액을 10일 간격으로 2회 살포하여 방제한다.

쥐똥나무반문병은 쥐똥나무에서 흔히 볼 수 있는 병으로서 묘목, 정원수, 산울타리 등에 흔히 발생하며, 때로는 나무에 심한 피해를 입히기도 한다.

가을에 감염된 낙엽을 모두 모아서 소각하거나 땅속에 묻는다. 5~9월에 만코제브(다이센M-45) 수화제 500배액, 클로로탈로닐(다코닐) 수화제 600배액 등의 살균제를 1달에 2회 정도 뿌린다.

전정 Point

지면에서 여러 개의 줄기가 나와 주립상의 수형을 이룬다. 나무의 키가 원하는 정도까지 자랐다면 도장지를 잘라주어 가지런한 수형으로 기르는 것이 좋다.

번식 Point

실생, 삽목, 휘묻이, 분주 등이 가능하며, 대량으로 번식시킬 때는 주로 실생과 삽목이 많이 이용된다. 실생 번식은 가을에 잘 익은 열매를 채취하여 바로 파종하거나, 노천매장해두었다가 다음해 봄에 파종한다.

숙지삽은 전년지를 15cm 정도의 길이로 잘라 삽목하며, 녹지삽은 여름 장마철에 그해에 자란 당년지를 삽수로 삽목한다. 파종 후에는 용토가 마르지 않게 짚이나 거적으로 해가림을 해준다. 쥐똥나무의 2년생 삽목묘는 라일락을 접목할 때 대목으로 사용되기도 한다.

14-11
산울타리

편백

- 측백나무과 편백속
- 상록침엽교목 • 수고 20~30m
- 일본 원산, 대만; 제주도 및 남부 지방에 식재

 학명 *Chamaecyparis obtusa* 속명은 chami(작은)와 cyparissos(사이프러스나무)의 합성어로 사이프러스보다 열매가 작은 것에서 유래한 것이며, 종소명은 '뭉툭하다'는 뜻이다. | 영명 Hinoki cypress | 일명 ヒノキ(檜) | 중명 日本扁柏(일본편백)

| 잎

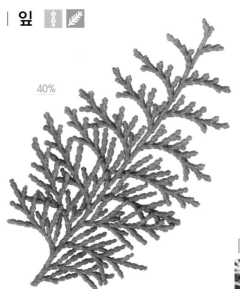

40%

작고 납작한 잎이 포개져 난 모양이 물고기의 비늘을 닮았다. 뒷면에 Y자 모양의 흰색 숨구멍줄이 있다.

| 꽃

암꽃 　수꽃

암수한그루. 암꽃은 연한 갈색의 구형이며, 수꽃은 적갈색의 타원형이다.

| 열매

구과. 구형이며, 적갈색으로 익는다.

| 수피

지름 24cm

적갈색이며, 세로로 긴 리본이나 띠 모양으로 벗겨진다.

| 뿌리

천근형. 중·소경의 수직근과 사출근이 발달한다.

편백이라는 나무 이름은 비늘 모양의 잎이 가지에 밀착하여 난 것에서 유래된 것이다. 편백과 화백 모두 일본이 원산지이고, 재질이 매우 단단한 나무다.

편백과 화백의 잎은 물고기 비늘처럼 작고 납작한 것이 포개져 나있어서 구분이 쉽지 않은데, 잎 뒷면에 흰색의 숨구멍줄이 Y자형으로 난 것이 편백이고, W자형으로 난 것이 화백이다.

편백은 1904년 처음 우리나라에 들여와 제주도와 남부지방에만 심었으며, 화백은 1920년경 우리나라에 들여와서 주로 중부 이남에 식재되었다.

피톤치드phytoncide는 희랍어로 '식물의'라는 뜻의 phyton과 '죽이다' 라는 뜻의 cide를 합친 단어이다. 러시아의 생화학자 토킨Tokin 박사가 처음으로 사용한 용어이며, 식물이 병원균이나 해충으로부터 자신을 보호하기 위해서 뿜어내는 살균성 물질을 말한다.

피톤치드의 주성분은 테르펜terpene이라는 물질이며, 이 물질이 숲 속의 향긋한 냄새를 만들어 낸다.

▲ **편백나무 피톤치드 제품**
세균에 대한 항균 및 살균
작용이 뛰어나 웰빙용품
소재로 많이 사용된다.

따라서 숲속에 들어가 삼림욕을 하면서 피톤치드를 마시면, 스트레스가 해소되고 장과 심폐기능이 강화되며 살균작용도 이루어진다.

모든 나무는 피톤치드를 발산하지만, 분사하는 양은 물론이고 성질과 특성 그리고 기능면에서도 큰 차이가 있다. 활엽수보다는 겨울에 잎이 떨어지지 않는 침엽수가 훨씬 많은 피톤치드를 발생한다.

침엽수 중에서도 편백이 피톤치드를 가장 많이 발생하며, 겨울보다 나무의 활동이 활발한 여름에 더 많이 발생한다.

조경 Point

피톤치드 발생량이 가장 많아서 산림치유용 조림수종으로 많이 식재되고 있다. 어릴 때는 원추형의 수형이 아름답지만 오래되면 아래가지가 죽기 때문에 수형이 흐트러진다.

산책로나 진입로에 줄심기를 하여 산울타리를 조성하거나, 크게 키워서 독립수로 활용해도 좋다.

재배 Point

다소 건조하고 척박한 토양에도 잘 자라며, 중성~약산성의 토양이 최적이다. 햇빛이 잘 비치고 수분을 많이 함유하며, 배수가 잘되는 곳에 식재한다.

이식은 2~3월에 한다. 큰 나무는 뿌리돌림을 하고, 잔가지를 솎아낸 뒤 균형을 유지시켜 준다.

나무		새순	개화							열매		
월	1	2	3	4	5	6	7	8	9	10	11	12
전정			전정		전정				전정			
비료	시비											

병충해 Point

가문비왕나무좀, 구리풍뎅이, 편백깍지벌레, 남방차주머니나방(주머니나방), 박쥐나방, 뿌리썩이선충병, 뿌리혹선충병, 삼나무독나방, 애우단풍뎅이, 향나무하늘소(측백나무하늘소) 등이 발생한다.

뿌리혹선충은 기주범위가 매우 넓으며 곰팡이, 박테리아, 바이러스 등과 밀접한 관계를 가지고 있다. 수목에 발병하면 나무의 생장을 감소시키고, 심하며 나무가 고사한다.

다조멧(밧사미드) 입제를 10a당 40kg 토양혼화 후 훈증처리한다. 식재된 나무에서 발생한 경우에는 포스티아제이트(선충탄) 액제 4,000배액을 2ℓ /㎡씩 토양관주처리한다.

편백깍지벌레는 잎에 기생하며, 기생부위에는 누런 반점이 생긴다. 피해가 지속되면 수관 전체가 엉성해지고 잎이 변색되며, 수세가 쇠약해진다. 약충 발생시기에 뷰프로페진.티아메톡삼(킬충) 액상수화제 1,000배액을 10일 간격으로 2회 살포하여 방제한다.

번식 Point

9~10월에 종자를 채취하여 기건저장해두었다가, 다음해 봄에 파종한다. 발아율 25% 정도로 높지 않다. 삽목은 4~6월중에 전년지를 10~15cm 길이로 잘라 2-3시간 물올림을 한 후에, 아래쪽의 잎만 따서 삽수의 길이의 반 정도를 땅 속에 꽂는다. 발근촉진제를 처리하고 삽목 후에 해가림을 해주면, 발근율을 높일 수 있다.

전정 Point

세력이 강한 가지는 가지의 밑동을 자르며, 가지가 복잡하게 밀생한 부분은 가지솎기를 한다. 상부의 가지는 세력이 강하기 때문에 위쪽으로 갈수록 강하게 전정한다.

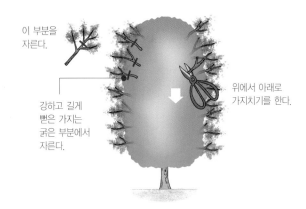

이 부분을 자른다.

강하고 길게 뻗은 가지는 굵은 부분에서 자른다.

위에서 아래로 가지치기를 한다.

▲ 가지치기

아래에서 위로 수관을 다듬는다.

▲ 수관다듬기

호랑가시나무

• 감탕나무과 감탕나무속
• 상록활엽관목 • 수고 2~3m
• 중국(중부 이남); 전라도, 제주도의 바닷가 가까운 산지

학명 *llex cornuta* 속명은 '늘푸른 참나무류(Quercus ilex)의 잎과 비슷한'에서 유래한 것이며, Holly genus(호랑가시나무류)에 대한 라틴명이다. 종소명은 '뿔이 난 모양'이라는 뜻으로 잎바늘(엽침)을 나타내는 것이다. | 영명 Chinese holly | 일명 シナヒイラギ(支那柊) | 중명 枸骨(구골)

| 잎

어긋나기.
잎몸에 3~5쌍의 날카로운 가시가 있다.
잎은 크리스마스 때 장식용으로 사용된다.

80%

| 꽃

암꽃 · 수꽃

암수딴그루. 전년지의 잎겨드랑이에 녹백색 꽃이 모여 피며, 향기가 좋다.

| 열매

핵과. 구형이며, 붉은색으로 익는다. 단맛이 난다.

| 겨울눈

▲ 꽃눈(아래), 잎눈(위)
원뿔형이며 작다.

| 수피

회백색이며 사마귀 모양의 코르크질 껍질눈이 있다.

조경수 이야기

호랑가시나무의 이름의 유래에 대해서는 2가지 설이 있다. 하나는 잎 끝에 호랑이 발톱같이 날카롭고 단단한 가시가 나 있기 때문이라는 설과 다른 하나는 이 단단한 가시가 호랑이의 등긁게로 사용되었다는 데서 유래한다는 설이다.

어느 쪽이든지 잎에 난 날카로운 가시 때문에 붙여진 이름이며, 호랑이발톱나무라고도 부른다. 중국에서는 구골목狗骨木이라 하며, 가시가 새끼 고양이의 발톱 같다 하여 묘아자猫兒刺라고도 부른다.

호랑가시나무는 영어로 홀리Holly라 하며, 우리나라와 중국 등에 자생하는 호랑가시나무Chinese holly, *Ilex cornuta*, 유럽의 중남부와 서부아시아에 자생하는 잉글리시홀리English holly, *I. aquifolium*, 북미에 자생하는 아메리칸홀리American holly, *I. opaca* 등의 종류가 있다.

서양에서는 크리스마스에 덩굴식물인 겨우살이mistletoe와 빨간 열매가 달린 호랑가시나무를 장식하는 오래된 관습이 있다. 기독교에서는 크리스마스 때 월계수로 문을 장식하여, 그 곳으로 그리스도가 들어올 수 있게 하는 풍습이 있었는데, 나중에 이것이 호랑가시나무와 담쟁이덩굴로 바뀌었다고 한다.

호랑가시나무를 둥글게 엮는 것은 예수의 가시관을 상징하며, 빨간색 열매는 예수의 핏방울을 나타낸다. 또 호랑가시나무의 흰 꽃은 우윳빛 같아서 예수의 탄생을, 담즙처럼 쓴 맛이 나는 수피는 예수의 수난을 나타내는 것이라 믿고 있다. 크리스마스 카드에는 호랑가시나무의 오각형 잎과 붉은 열매가 자주 등장한다.

미국호랑가시학회Holly Society of America에서는 매년 세계 각국 대표들이 참가하여 이 나무의 신품종 개발과 분포지역에 대한 정보를 서로 교환한다.

우리나라의 천리포수목원은 이 학회가 지정한 '공인 호랑가시 수목원Official Holly Arboritum'이며, 호랑가시나무 370여 종을 보유하고 있다. 완도호랑가시나무*Ilex × wandoensis* C. F. Miller의 학명에는 천리포 수목원의 설립자이자 이 종의 최초 발견자인 민병갈 원장의 원래 이름 밀러Miller가 들어가 있다.

◀ 미국호랑가시학회의 로고
http://www.hollysocam.org/

조경 Point

상록활엽수로 일년내내 광택이 나는 푸른 잎과 가을에 붉게 익는 아름다운 열매가 관상가치가 높다. 병충해가 적고, 어떤 환경에서도 잘 자라므로 관리하기가 용이하다.
산울타리, 경계식재, 차폐식재 등의 용도로 활용하면 좋다.

재배 Point

습기가 있고 배수가 잘되며, 적당히 비옥하고 부식질이 풍부한 토양이 좋다. 잎에 무늬가 있는 반입종은 해가 잘 비치는 곳이나 나뭇잎으로 햇빛을 차광해주는 곳에 식재하면 잎색이 살아난다.

나무	새순		개화									열매
월	1	2	3	4	5	6	7	8	9	10	11	12
전정			전정						전정			
비료	한비											

병충해 Point

식나무깍지벌레, 가루깍지벌레, 뽕나무깍지벌레, 매실애기잎말
이나방 등이 발생한다.

깍지벌레류는 그늘지고 통풍이 잘 안되는 곳일수록 많이 발생
하며, 이로 인해 그을음병이 유발된다. 약충 발생초기에 뷰프로
페진.티아메톡삼(킬충) 액상수화제 1,000배액을 살포하여 방제
한다.

▲ 매실애기잎말이나방 피해잎

번식 Point

가을에 잘 익은 열매를 따서 종자를 발라낸 다음 1년간 노천매
장해두었다가, 2년째 봄에 파종한다. 실생묘는 6~7년이 지나야
개화 · 결실한다. 암나무는 열매가 잘 열리지만 수나무가 가까이
없으면 단위결실하는 것이 많다.

숙지삽은 4월 상순에 잎이 4~5장 붙은 전년지를 12~13cm 길
이로 잘라서 꽂고, 녹지삽은 6~7월에 그해 봄에 나온 굳은 가
지를 잘라서 삽목상에 꽂는다. 접목도 가능하지만 그다지 활용
하지 않는 편이다.

전정 Point

정형목을 깎기전정하여 매년 같은 수형을 유지하면, 열매는 적
게 열린다. 묘목을 키울 때는 둥근형 또는 원통형으로 깎기전정
을 해서 매년 조금씩 나무의 크기를 키워간다.

성목을 구입한 경우는 원래의 모양을 유지하면서 깎기전정을
반복한다.

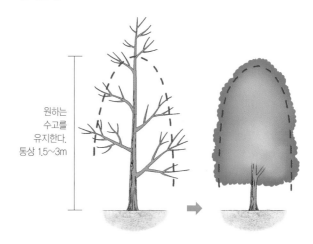

원하는
수고를
유지한다.
통상 1.5~3m

▲ 원통 수형

일반적으로
30cm 이상

▲ 둥근 수형

APPENDIX

❶ 햇빛이 쬐는 방향으로 자란다.

❷ 위로 향한 가지가 세력이 강하다.

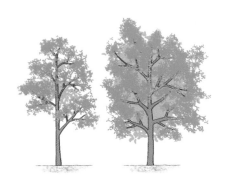

❸ 가지 수가 많을수록 빨리 자란다.

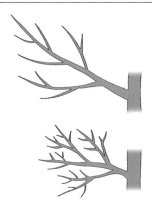

❹ 분지가 적은 가지가 잘 자란다.

❺ 가지가 복잡하면 내부의 고사지가 많다.

❻ 선단의 가운데 가지가 세력이 가장 강하다.

■ 수고를 제한한다

주간을 잘라서 수고성장을 정지시킨다.
수간이나 가지를 자를 때는 수종에 따라
적절한 시기를 선택하는 것이 중요하다.

■ 아름다운 수형으로 키운다

길게 자란 가지 등은 수관선을 따라 잘라
주어 나무의 전체적인 형태를 정리한다.

■ 건강한 나무로 키운다

가지가 너무 많으면 채광과 통풍이 나빠
져서 병충해의 온상이 되기 쉽다. 가지를
적당히 솎아서 건강한 나무로 키운다.

■ 가지의 수를 늘린다

전정을 해줌으로서 눈이 많이 생겨서
가지의 수가 증가한다. 새로 나온 가지
중에서 나무의 형태를 결정짓는 가지를
선택한다.

■ 눈이 뻗는 방향

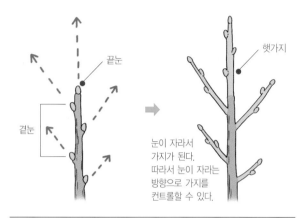

끝눈

곁눈

햇가지

눈이 자라서
가지가 된다.
따라서 눈이 자라는
방향으로 가지를
컨트롤할 수 있다.

■ 심 자르기

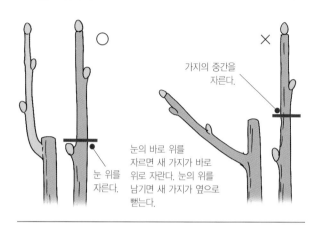

○

×

가지의 중간을
자른다.

눈 위를
자른다.

눈의 바로 위를
자르면 새 가지가 바로
위로 자란다. 눈의 위를
남기면 새 가지가 옆으로
뻗는다.

■ 안눈과 바깥눈

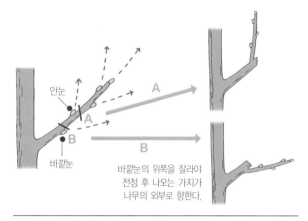

안눈

A

B

바깥눈

바깥눈의 위쪽을 잘라야
전정 후 나오는 가지가
나무의 외부로 향한다.

■ 자르는 눈의 위치

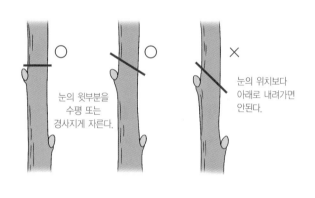

○ ○ ×

눈의 윗부분을
수평 또는
경사지게 자른다.

눈의 위치보다
아래로 내려가면
안된다.

■ 가지를 자르는 위치

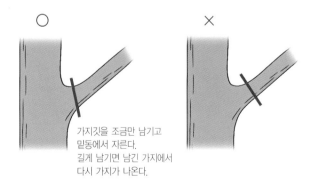

○ ×

가지깃을 조금만 남기고
밑동에서 자른다.
길게 남기면 남긴 가지에서
다시 가지가 나온다.

■ 강전정

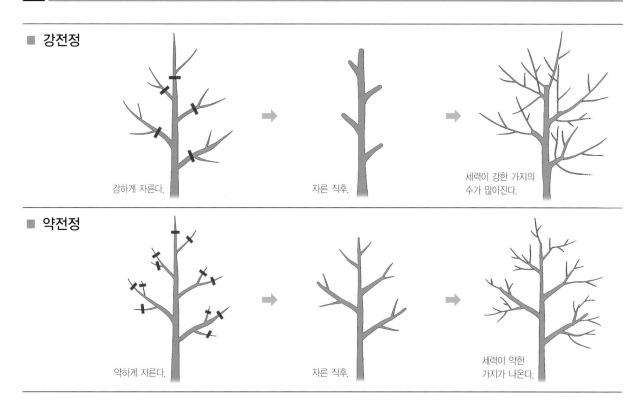

강하게 자른다.

자른 직후.

세력이 강한 가지의
수가 많아진다.

■ 약전정

약하게 자른다.

자른 직후.

세력이 약한
가지가 나온다.

■ 정자(Trimming) 전정

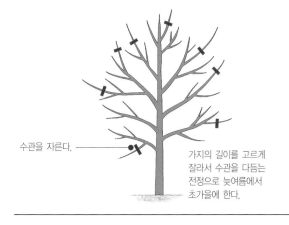

수관을 자른다.

가지의 길이를 고르게
잘라서 수관을 다듬는
전정으로 늦여름에서
초가을에 한다.

■ 정지(Training) 전정

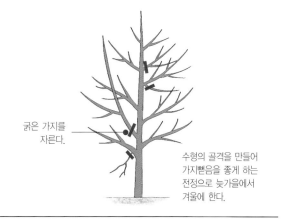

굵은 가지를
자른다.

수형의 골격을 만들어
가지뻗음을 좋게 하는
전정으로 늦가을에서
겨울에 한다.

■ 유목의 전정

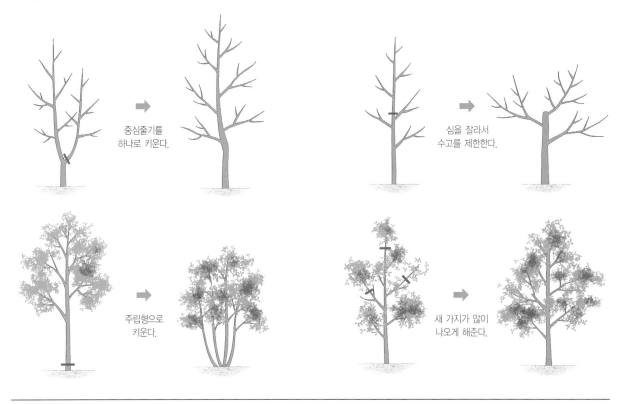

중심줄기를
하나로 키운다.

심을 잘라서
수고를 제한한다.

주립형으로
키운다.

새 가지가 많이
나오게 해준다.

■ 성목의 전정

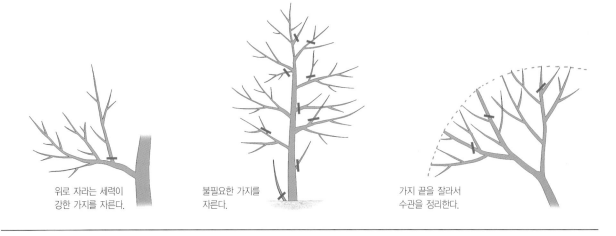

위로 자라는 세력이
강한 가지를 자른다.

불필요한 가지를
자른다.

가지 끝을 잘라서
수관을 정리한다.

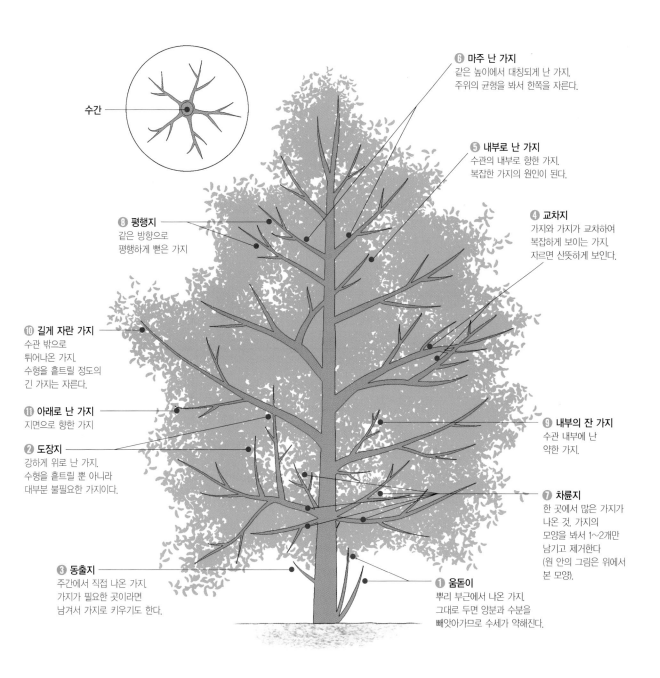

6 마주 난 가지
같은 높이에서 대칭되게 난 가지.
주위의 균형을 봐서 한쪽을 자른다.

5 내부로 난 가지
수관의 내부로 향한 가지.
복잡한 가지의 원인이 된다.

4 교차지
가지와 가지가 교차하여
복잡하게 보이는 가지.
자르면 산뜻하게 보인다.

수간

8 평행지
같은 방향으로
평행하게 뻗은 가지

10 길게 자란 가지
수관 밖으로
튀어나온 가지.
수형을 흐트릴 정도의
긴 가지는 자른다.

11 아래로 난 가지
지면으로 향한 가지

2 도장지
강하게 위로 난 가지.
수형을 흐트릴 뿐 아니라
대부분 불필요한 가지이다.

9 내부의 잔 가지
수관 내부에 난
약한 가지.

7 차륜지
한 곳에서 많은 가지가
나온 것. 가지의
모양을 봐서 1~2개만
남기고 제거한다
(원 안의 그림은 위에서
본 모양).

3 동출지
주간에서 직접 나온 가지.
가지가 필요한 곳이라면
남겨서 가지로 키우기도 한다.

1 움돋이
뿌리 부근에서 나온 가지.
그대로 두면 양분과 수분을
빼앗아가므로 수세가 약해진다.

■ 적심가위 사용법

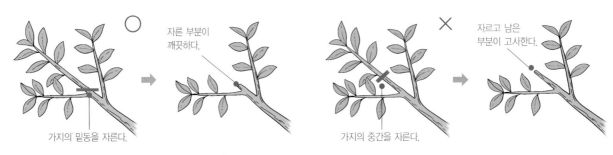

○ 자른 부분이 깨끗하다.

가지의 밑동을 자른다.

✕ 자르고 남은 부분이 고사한다.

가지의 중간을 자른다.

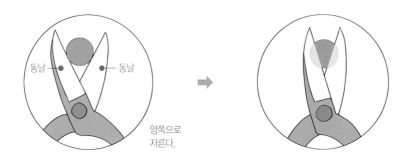

동날 ● ● 동날

양쪽으로 자른다.

■ 전정가위 사용법

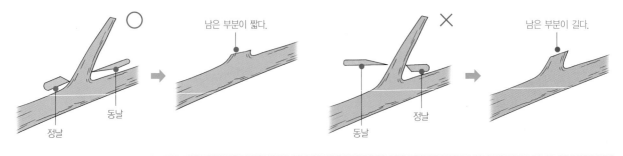

○ 남은 부분이 짧다.

정날 동날

✕ 남은 부분이 길다.

동날 정날

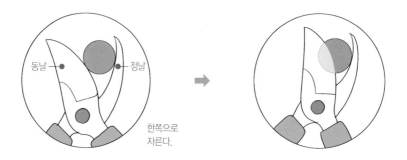

동날 ● ● 정날

한쪽으로 자른다.

■ 대형 전정가위 사용법

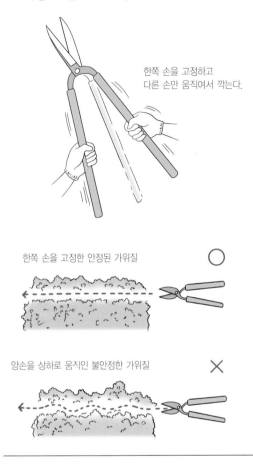

한쪽 손을 고정하고
다른 손만 움직여서 깎는다.

한쪽 손을 고정한 안정된 가위질 ○

양손을 상하로 움직인 불안정한 가위질 ×

■ 톱 사용법

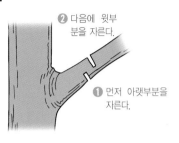

❷ 다음에 윗부분을 자른다.

❶ 먼저 아랫부분을 자른다.

❹ 마지막으로 자른다.

❸ 꺾는다.

가지깃을 남긴다.

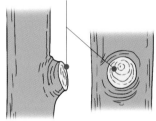

 ×

남은 부분이 너무 길다.

×

수피가 손상되었다.

 ×

자른 부분이 깨끗하지 않다.

■ 1년

봄(묘목 식재)
새눈은 나오지만
식재 스트레스로
인해 묘목에서
꽃이 피기도 한다.

여름
생장하여 가지가
자란다.

가을
가을 늦게
낙엽진다.

겨울
낙엽이 지고
휴면한다.

■ 2년

봄
꽃은 피지 않고
새 눈이 나온다.

여름
빠르게 생장하여
많은 잎이 나온다.

가을
노란색으로 물들어
낙엽진다.

겨울
낙엽이 지고
휴면한다.

■ 3년

초봄
초봄에 눈이 나와서
결실을 준비한다.

봄
꽃이 피어 성목이 된 것을
알 수 있다.

여름
3년째부터 본격적으로 꽃이 피고
열매를 맺는다.

반복 성장
3년 이후부터는
반복해서 성장한다.

■ 꽃눈 분화기와 개화기

수 종	꽃눈 분화기	개화기	꽃눈의 위치
찔레꽃	4월 상순~중순	다음해 5월	끝눈과 곁눈
배롱나무	5월	7~9월	끝눈과 곁눈
백목련	5월 상순~중순	다음해 3~4월	끝눈
무궁화	5월 하순	7~8월	곁눈
산수유	6월 상순	다음해 3~4월	곁눈
등	6월 중순~하순	다음해 5월	곁눈
산당화	6월 하순	다음해 4월	곁눈
동백나무	6월 하순~7월 상순	11월~다음해 4월	끝눈과 곁눈
철쭉류	6월 하순~8월 중순	다음해 5월	끝눈
서향	7월 상순	다음해 3~4월	끝눈
벚나무류	7월 상순~8월 상순	다음해 4월	끝눈과 곁눈
라일락	7월 중순	다음해 4~5월	끝눈
옥매	8월 상순	다음해 4~5월	곁눈
복사나무	8월 상순~중순	다음해 4~5월	곁눈
꽃사과	8월 상순~하순	다음해 4~5월	끝눈과 곁눈
목서	8월 중순	9월	곁눈
단풍철쭉	8월 중순	다음해 5월	끝눈
개나리	8월 중순~9월 중순	다음해 3~4월	끝눈과 곁눈
모란	8월 중순~하순	다음해 5월	끝눈
조팝나무	10월 상순~중순	다음해 4~5월	곁눈
수국	10월 중순~11월 중순	다음해 6~7월	곁눈
피라칸다	11월	다음해 5~6월	곁눈

■ 꽃눈의 개화 생리

그해에 자란 가지에 꽃이 피는 조경수	장미, 무궁화, 배롱나무, 싸리, 협죽도, 능소화, 포도, 불두화, 목서, 감나무, 대추나무, 아까시나무 등
2년생 가지에 꽃이 피는 조경수	진달래, 개나리, 벚나무, 박태기나무, 수수꽃다리, 매실나무, 목련, 철쭉류, 복사나무, 산수유, 앵도나무, 모란, 살구나무 등
3년생 가지에 꽃이 피는 조경수	사과나무, 산당화, 배나무 등

꽃눈이 생기는 위치	그해에 자란 가지에 꽃이 피는 종류	2년생 가지에 꽃이 피는 종류

■ 끝눈이 꽃눈이 되는 것

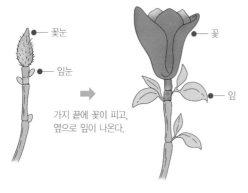

꽃눈

잎눈

가지 끝에 꽃이 피고,
옆으로 잎이 나온다.

꽃

잎

협죽도

백목련

망종화

서향

■ 곁눈이 꽃눈이 되는 것

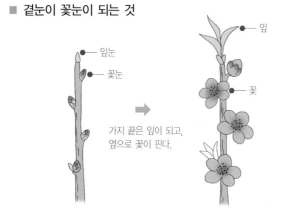

잎눈

꽃눈

잎

꽃

가지 끝은 잎이 되고,
옆으로 꽃이 핀다.

금목서

매실나무

목서

박태기나무

■ 끝눈과 곁눈이 꽃이 되는 것

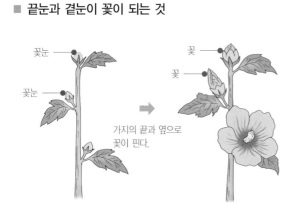

꽃눈

꽃눈

꽃

꽃

가지의 끝과 옆으로
꽃이 핀다.

석류

히어리

꽃댕강나무

단풍철쭉

꽃눈이 생기는 위치	가지 끝	가지 끝과 아래	잎 겨드랑이
❶ 전년지의 순정꽃눈 잎눈 / 잎 / 열매 / 순정꽃눈 / 겨울 / 여름	비파나무	블루베리	복사나무
			매실나무
❷ 전년지의 혼합꽃눈 열매 / 잎 / 혼합꽃눈 / 결과모지 / 잎눈 / 겨울 / 여름	모과나무	무화과나무	키위
	호두나무	감나무	
			포도
	석류나무	귤	

❸ 2년지의 혼합꽃눈(단과지)

잎눈 / 2년지 / 잎 / 열매 / 혼합꽃눈 / 단과지
1년째 겨울 / 2년째 겨울 / 3년째 겨울

가지 끝과 아래

사과나무	배나무

순정꽃눈
하나의 눈 속에 꽃봉오리만
포함하는 눈.

혼합꽃눈
하나의 눈 속에 잎과
꽃봉오리만 포함하는 눈.